高等学校通信工程专业"十二五"规划教材

通信原理

郭丽梅　施荣华　主编

中国铁道出版社

CHINA RAILWAY PUBLISHING HOUSE

内 容 提 要

全书共分 8 章，主要内容包括：模拟调制系统、信源与 PCM 信源编码、数字基带传输系统、数字频带传输系统、数字通信系统的抗噪声性能分析、信道与信道编码、数字信号的复用和同步。为了便于读者使用，本书除了介绍基本原理之外，每章会介绍一个课题实例或课程扩展知识点以及一个 MATLAB 仿真实例，用来说明相关知识点在实际通信系统中的应用，并通过计算机仿真加强学生的动手能力，进一步巩固书本的理论知识。正文中大部分波形图都有配套的仿真程序。书中列举了部分例题和习题以加强学生对知识点的掌握和理解。

本书适合作为普通高等院校电子、信息、通信类专业本科生的教材，也可以供有关科学技术人员参考。

图书在版编目（CIP）数据

通信原理/郭丽梅，施荣华主编. —北京：中国铁道
出版社，2018.2（2018.8 重印）
高等学校通信工程专业"十二五"规划教材
ISBN 978-7-113-24259-6

Ⅰ. ①通… Ⅱ. ①郭… ②施… Ⅲ. ①通信原理-高等
学校-教材 Ⅳ. ①TN911

中国版本图书馆 CIP 数据核字（2018）第 019506 号

书　　名：通信原理
作　　者：郭丽梅　施荣华　主编

策　　划：周海燕　曹莉群　　　　　　读者热线：（010）63550836
责任编辑：周海燕　鲍　闻
封面设计：一克米工作室
封面制作：刘　颖
责任校对：张玉华
责任印制：郭向伟

出版发行：中国铁道出版社（100054，北京市西城区右安门西街 8 号）
网　　址：http://www.tdpress.com/51eds/
印　　刷：北京虎彩文化传播有限公司
版　　次：2018 年 2 月第 1 版　2018 年 8 月第 2 次印刷
开　　本：787 mm×1 092 mm　1/16　印张：20　字数：518 千
书　　号：ISBN 978-7-113-24259-6
定　　价：52.00 元

高等学校通信工程专业"十二五"规划教材

丛书序

在社会信息化的进程中，信息已成为社会发展的重要资源，现代通信技术作为信息社会的支柱之一，在促进社会发展、经济建设方面，起着重要的核心作用。信息的传输与交换的技术即通信技术是信息科学技术发展迅速并极具活力的一个领域，尤其是数字移动通信、光纤通信、射频通信、Internet 网络通信使人们在传递信息和获得信息方面达到了前所未有的便捷程度。通信技术在国民经济各部门和国防工业以及日常生活中得到了广泛的应用，通信产业正在蓬勃发展。随着通信产业的快速发展和通信技术的广泛应用，社会对通信人才的需求在不断增加。通信工程（也作电信工程，旧称远距离通信工程、弱电工程）是电子工程的一个重要分支，电子信息类子专业，同时也是其中一个基础学科。该学科关注的是通信过程中的信息传输和信号处理的原理和应用。本专业学习通信技术、通信系统和通信网等方面的知识，能在通信领域中从事研究、设计、制造、运营及在国民经济各部门和国防工业中从事开发、应用通信技术与设备的相关工作。

社会经济发展不仅对通信工程专业人才有十分强大的需求，同样通信工程专业的建设与发展也对社会经济发展产生重要影响。通信技术发展的国际化，将推动通信技术人才培养的国际化。目前，世界上有 3 项关于工程教育学历互认的国际性协议，签署时间最早、缔约方最多的是《华盛顿协议》，也是世界范围知名度最高的工程教育国际认证协议。2013 年 6 月 19 日，在韩国首尔召开的国际工程联盟大会上，《华盛顿协议》全会一致通过接纳中国为该协议签约成员，中国成为该协议组织第21 个成员。标志着中国的工程教育与国际接轨。通信工程专业积极采用国际化的标准，吸收先进的理念和质量保障文化，对通信工程教育改革发展、专业建设，进一步提高通信工程教育的国际化水平，持续提升通信工程教育人才培养质量具有重要意义。

为此，中南大学信息科学与工程学院启动了通信工程专业的教学改革和课程建设，以及 2016 版通信工程专业培养方案，并与中国铁道出版社联合组织了一系列通信工程专业的教材研讨活动。他们以严谨负责的态度，认真组织教学一线的教师、专家、学者和编辑，共同研讨通信工程专业的教育方法和课程体系，并在总结长期的通信工程专业教学工作的基础上，启动了"高等院校通信工程专业'十二五'系列教材"的编写工作，成立了高等院校通信工程专业"十二五"规划教材编委会，由中南大学信息科学与工程学院主管教学的副院长施荣华教授、中南大学信息科学与工程学院电子与通信工程系李宏教授担任主任，邀请国家教学名师、国防科技大学邹逢兴教授担任主审。力图编写一套通信工程专业的知识结构简明完整的、符合工程认证教育的教材，相信可以对全国的高等院校通信工程专业的建设起到很好的促进作用。

本系列教材拟分为三期，覆盖通信工程专业的专业基础课程和专业核心课程。教材内容覆盖和知识点的取舍本着全面系统、科学合理、注重基础、注重实用、知识宽泛、关注发展的原则，比较完整地构建通信工程专业的课程教材体系。第一期包括以下教材：

《信号与系统》《信息论与编码》《网络测量》《现代通信网络》《通信工程导论》《北斗卫星通信》《射频通信系统》《数字图像处理》《嵌入式通信系统》《通信原理》《通信工程应用数学》《电磁场与电磁波》《电磁场与微波技术》《现代通信网络管理》《微机原理与接口技术》《微机原理与接口实验指导》《信号与系统分析》《计算机通信网络安全技术及应用》）。

本套教材如有不足之处，请各位专家、老师和广大读者不吝指正。希望通过本套教材的不断完善和出版，为我国计算机教育事业的发展和人才培养做出更大贡献。

高等学校通信工程专业"十二五"规划教材编委会

2015 年 7 月

前　言

通信原理是通信工程与电子信息专业的专业基础课程之一。通信的内容非常庞杂，本课程上承"模拟电子线路""高频电子线路""信号与系统""数字信号处理"等基础课程，下启"移动通信""卫星通信""光纤通信""程控交换技术""现代通信网"等专业课程，因此"通信原理"课程起着承前启后的作用，是通信工程专业非常重要的专业基础课程。本课程系统阐述了模拟通信和数字通信的基本原理和方法，侧重于数字通信技术，强调理论与实践相结合，重点在于夯实学生的理论基础，提高创新能力和实际动手能力。

全书共分8章。第1章概论，主要介绍通信的基本概念、通信系统的组成、发展历史、衡量通信系统的性能指标及带宽等内容；第2章模拟调制系统，主要介绍模拟通信中的AM、DSB、SSB、VSB和FM、PM的调制/解调方法、系统性能分析、加重和预加重技术等相关内容；第3章信源与PCM信源编码，主要介绍信息及其度量，PCM、ΔM、DPCM等模拟信号数字化的方法与性能；第4章数字基带传输系统，主要介绍数字基带信号波形、传输码型、码间串扰、眼图、时域均衡等；第5章数字频带传输系统，主要介绍二进制和多进制数字幅移键控（ASK）、频移键控（FSK）、相移键控（PSK）的调制解调，以及QAM、MSK、OFDM等新的调制解调技术；第6章数字通信系统的抗噪声性能分析，主要介绍数字基带传输系统和数字带通传输系统的抗噪声性能，数字信号的最佳接收技术；第7章信道与信道编码，主要介绍了信道、信道容量、信道编码的基本概念、线性分组码、循环码、卷积码等；第8章数字信号的复用和同步，主要介绍频分复用、时分复用、同步的基本概念、载波同步、位同步、帧同步和网同步的实现方法与系统性能指标等。

本书在内容选取时，尽量避免烦琐的数学推导，对学科知识进行了恰当取舍，突出定性分析，深浅得当，有助于促进学生的求知欲和学习的主动性。在编写过程中，注重科学性与通俗性的结合，叙述简明扼要，讲解深入浅出，力求用通俗易懂的语言将枯燥的理论知识阐述清楚，提高学生的学习兴趣和阅读效率。

本书各章后均有课程实例或课程扩展，以及MATLAB仿真和习题。本书适合作为普通高等院校电子、信息、通信类专业本科生的教材，也可以供有关科学技术人员参考。

本书由中南大学郭丽梅、施荣华主编，国防科技大学邹逢兴教授主审。通信工程系列教材编委会，特别是中南大学王国才、李登、董健和石晶晶老师对本书的编写提供了很多宝贵意见和建议；中国铁道出版社的有关负责同志对本书的出版给予了大力支持，并提出了很多宝贵意见；本书在编写过程中，参考了大量国内外通信原理相关的文献和资料，书后的参考文献仅列出其中的一部分，其他出处实难一一列举，在此特向所有引用资料的作者表示衷心的感谢。同时向为本书的出版付出了大量心血和汗水的编辑同志们表示衷心的感谢。

由于通信原理的理论性强、知识面广，限于编者的水平和经验，书中难免存在疏漏与不妥之处，殷切希望广大读者批评指正。

编　者
2017 年 12 月

目　录

通
信
原
理

第1章 绪论

通信技术是现代科技发展中不可缺少的技术,是 20 世纪 80 年代以来发展最快的技术之一。通信技术不断进步和完善,相继出现了电话、无线电广播、电视、因特网等各种通信方式,给人们的生活带来了巨大的改变,推动了社会进步和经济发展。本章主要介绍通信系统的基本概念、发展概况和通信系统的主要性能指标等。

1.1 通信系统的基本概念

1.1.1 通信系统的组成

通信的根本目的在于传输或交换含有信息的消息。消息是对物质或精神状态的变化进行描述的一种具体形式,它是信息的载体,如语音、图像和文字等。信息是消息中所包含的有效内容,它是一个抽象的概念。信号是携带消息的载体,是为了传送消息、对消息进行变换后在通信系统中传输的某种物理量,如电信号、光信号等。

通信系统是指完成通信这一过程的全部设备和传输媒介的总和,任何通信系统都包括三个基本部分:发送设备、信道和接收设备,如图 1-1 所示。

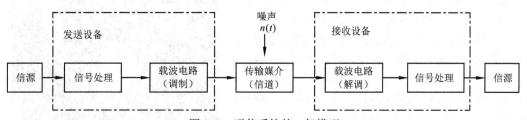

图 1-1 通信系统的一般模型

发送设备就是将信源产生的消息变换成适合在信道中传输的信号,它先将采集到的原始信息转换为相应的电信号,然后再经放大、滤波、调制等一系列处理后,将信号送入传输信道,这个过程是为了使信号的特征与传输信道相匹配,以便提高传输效率和可靠性。接收设备的功能是将从传输信道送来的信号再经滤波、放大、解调等一系列处理后,设法使原来发送的信息准确无误地恢复,相当于完成发送设备的逆过程。

信道是将信号由发送设备传输到接收设备的物理媒介或传输途径。通信系统的传输信道可以是有线的,也可以是无线的。例如:双绞线、同轴电缆和光纤等为有线信道;地波传播、微波视距中继、人造卫星中继以及各种散射信道等为无线信道。虽然信道对不同种类的信号有不同的传输特性,但数字和模拟调制的一般原理对所有类型的信道都是适用的。信道中的噪声是指信道中存在的不需要的电信号的统称,是通信系统中各种设备以及信道所固有的,为了分析方便,把噪声源视为各处噪声的集中表现而抽象加入信道。

信源可以是模拟的,也可以是数字的,它是产生消息的源(人或机器),是发信者,输出消息,携带信息。信宿是收信者,收到消息,获得信息。

📖经过调制以后的信号称为已调信号。它应具有两个基本特征:一是携带信息;二是适合于在信道中传输。

1.1.2　通信发展概况

通信技术是当代生产力中最活跃的技术因素,如今通信已经渗透到我们生活的各个角落,对生产力的发展和人类社会的进步起着直接的推动作用。通信技术的发展代表着人类社会的文明和进步。最早的通信包括最古老的文字通信以及我国古代的烽火传信。而当今所谓的通信技术是指18世纪以来以电磁波为信息传递载体的技术。通信技术的发展历史主要经历了三个阶段:初级通信阶段(以1837年电报发明为标志)、近代通信阶段(以1948年香农提出的信息论为标志)和现代通信阶段(以20世纪80年代以后出现的互联网、光纤通信、移动通信等技术为标志)。

人类通信史上革命性的变化,是从把电作为信息传输载体后发生的。电通信的最早形式——电报,是在19世纪30年代发展起来的,1837年莫尔斯(S. Morse)发明电报系统,此系统于1844年在华盛顿和巴尔的摩之间试运行。这可认为是电通信或远程通信的开始,也是数字通信的开始。莫尔斯电报系统包括发射机、接收机和传输信道,具备了通信系统的所有基本要素。

如果说电报的发明是人类文明史上的一个重要起点的话,那么电话的发明则是人类通信史上的一个里程碑。1876年贝尔(A. G. Bell)发明了电话,开始了利用电子话音进行通信的时代。起初系统不包括任何电子器件,随着电子管和晶体管的出现,电话系统中使用了放大器,从而大大增加了信号的传输距离。图1-2是1892年纽约到芝加哥的电话线路开通时,电话发明人贝尔第一个试音:"喂,芝加哥",这一历史性声音被记录下来的场景。

无线通信是通信领域的一个非常重要的方式,麦克斯韦(Maxwell)于1865年建立了完整的电磁场理论框架,不仅科学地预言了电磁波的存在,而且揭示了光、电和磁现象的内在联系及统一性,为现代无线电通信技术提供了理论基础。1887年赫兹(H. Herlz)实验证明电磁波的存在,实验得出了电磁能量可以越过空间进行传播的结论。19世纪末20世纪初无线电话开始投入实际使用。1901年马可尼(G. Marconi)成功进行了从英国到纽芬兰的跨大西洋的无线通信。1918年,阿姆斯特朗(Armstrong)发明了超外差无线接收机,至今仍是现代无线电接收设备的重要组成部分。1928年,奈奎斯特(Nyquist)提出了著名的抽样定理。1936年调频无线

图1-2　1892年纽约芝加哥的电话线路开通

广播商用。1937年雷沃斯(Reeves)提出了脉冲编码调制,奠定了当今几乎所有数字通信系统基础。1938年黑白电视广播系统商用。1940—1945年,第二次世界大战刺激了雷达和微波通信系统的发展。

1947年,晶体管在贝尔实验室问世,为通信器件的进步创造了有利条件。1948年香农(C. E.

通信原理

Shannon)提出信息论,建立了通信统计理论。1950年时分多路通信应用于电话。1956年,铺设了越洋电缆。1957年发射第一颗人造卫星。1958年发射第一颗通信卫星。1962年,发射了第一颗同步通信卫星,开通了国际卫星电话。1960年发明激光,研究现代化光通信的时代也从此开始。1961年发明集成电路,从此微电子技术诞生。1966年,Kao与Hockman提出了光纤通信,与此同时,公用电报与电话组织提出了数字载波系统。大约在1970年,数字传输理论和技术得到迅速发展,出现高速数字电子计算机,出现了第一个通用大规模数据网络,激起了对分组交换浓厚的商业兴趣。1970—1980年,大规模集成电路、商用卫星通信、程控数字交换机、光纤通信系统、微处理机等迅速发展。1980年以后,互联网崛起。20世纪90年代新型数字传输技术出现了巨大进步,其中包括数字用户线技术,采用该技术可以提高低带宽铜线电缆的最大可能数据率,还包括实现高效视频压缩的MPEG标准以及时分多址蜂窝移动通信系统和码分多址蜂窝移动通信系统。进入21世纪以后,随着微电子技术和计算机技术的发展,通信技术将沿着数字化、远程与大容量化、网络与综合化、移动与个人化等方向发展,从而进入一个新的发展阶段。

1.2 模拟通信和数字通信

1.2.1 模拟信号和数字信号

信源发出的消息具有各种不同的形式和内容,但总的可以分为两大类:模拟消息和数字消息。为了能在接收端准确地从信号中恢复原始消息,消息和电信号之间必须建立严格的对应关系。通常把消息携载在电信号的某个参量上。按信号参量的取值方式不同可把信号分为两类:模拟信号和数字信号。

如果电信号的参量携带模拟消息,则该参量必将是连续取值的或取无穷多个值,称这样的信号为模拟信号,如模拟电话机送出的语音信号、模拟电视摄像机输出的图像信号等,以及各种经过模拟调制之后的信号如图1-3(a)所示。这个连续是指信号参量的取值是连续变化的,但不一定在时间上也是连续的,如图1-3(b)所示的抽样信号,时间上是离散的,但参量的取值(即抽样值)是连续的,所以它仍是一个模拟信号。

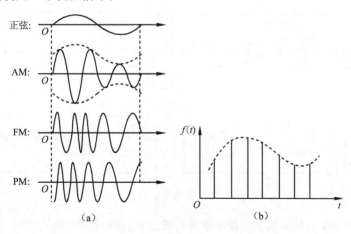

图1-3 模拟信号

如果电信号的参量携带数字消息,则该参量必是离散取值的或只取有限个值,这样的信号就称为数字信号,如电报信号、计算机输入/输出信号、PCM 信号等,以及图 1-4 所示的二进制带通信号。这个离散是指携带信号的某一参量是离散变化的,而不一定在幅度上也是离散的。例如,图 1-4 所示的 2ASK、2FSK 和 2PSK 信号等,其幅度是连续的,但表示信号的参量取值(幅度、频率和相位)是离散的或只有有限多个值,所以其是数字信号。

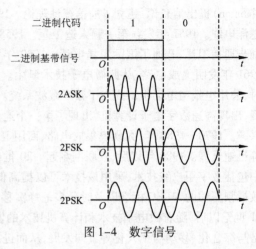

图 1-4　数字信号

按照信道中传输的是模拟信号还是数字信号,可以相应地把通信系统分为模拟通信系统和数字通信系统。

📖 区别模拟信号与数字信号的关键是看携带消息的信号参量(如幅度、频度、相位)取值是连续(无限个值)的还是离散(有限个值)的,而不是看时间上是连续的还是离散的。

1.2.2　模拟通信系统与数字通信系统

1. 模拟通信系统

信道中传输模拟信号的系统称为模拟通信系统。例如,在电话通信的用户线上传送的电信号是随着用户声音大小的变化而变化的模拟信号,则在用户线上传输模拟信号的通信方式称为模拟通信。模拟通信的优点是占用频带较窄、直观且容易实现,但存在保密性差、抗干扰能力弱、设备不易大规模集成等缺点,所以不能满足飞速发展的计算机通信的要求。

模拟通信一般采用频分复用方式实现多路通信,以提高信道的利用率。

2. 数字通信系统

数字通信系统是利用数字信号来传递信息的通信系统。典型的数字通信系统模型如图 1-5 所示。

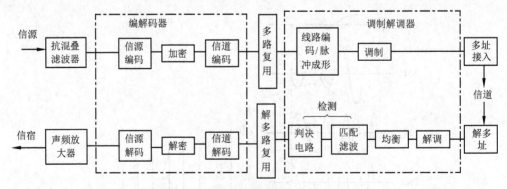

图 1-5　典型的数字通信系统模型

图 1-5 的上部表示从信源到发送端的信号传输过程,包括信源编码、加密、信道编码、多路复用、线路编码/脉冲成形、带通调制、多址接入等。上部分的发送框图和下部分接收框图存在可逆性,发送端中大部分信号处理步骤与接收端的步骤相反。

通信原理

信源编码的作用之一是设法减少码元数目和降低码元速率,即通常所说的数据压缩;作用之二是将信源的模拟信号转化成数字信号,以实现模拟信号的数字化传输,模拟信号数字化(A/D 转换)由抽样、量化和 PCM 脉冲编码组成,抽样是把时间上连续的模拟信号变成一系列时间上离散的抽样值的过程;量化则是用预先规定的有限个电平来表示模拟信号抽样值的过程;编码是用一组二进制数字代码来代替量化值的过程。为了降低抽样引起的失真,有时在抽样之前加入抗混叠滤波器。

在接收机的 D/A 转换中,接收到的二进制脉冲由 PCM 解码器转换为量化电平,之后经低通滤波器平滑重构原始模拟信号。

密码则是以提高通信系统安全性为目的的编码,通常通过加密和解密来实现。数字信号在信道传输时,由于噪声、衰落以及人为干扰等,将会引起差错。为了减小差错,信道编码器对传输的信息码元按一定的规则加入保护成分(监督元),接收端的信道译码器按一定规则进行解码,从解码过程中发现错误或纠正错误,从而提高通信系统的抗干扰能力,实现可靠通信。

信道解码、解密和信源解码过程是发射端相对应的功能的逆过程。

在同一信道上同时传送多路独立信号的技术称为复用技术,复用的目的是充分使用传输媒质的带宽,提高信道的利用率,从而相应地提高系统的容量。解多路复用器将复合比特流重新恢复为各路独立的信号。

在通信系统中,原始电信号一般含有直流成分和频率比较低的频谱分量,称为基带信号,基带信号往往不能直接在信道中传输,为了便于传输、提高抗干扰能力和有效利用带宽,通常需要通过调制将信号的频谱搬移到适合信道和噪声特性的频率范围内进行传输。在通信系统的接收端对已调信号进行解调,恢复出原始的基带信号。

均衡器的作用是用于补偿(消除或削弱)由非理想的信道所导致的任何形式的信号失真。当信道冲激响应使接收信号严重失真时,均衡器就必不可少了。判决电路是将均衡后的基带信号变换为二进制符号序列。

多址接入是指允许不止一对收发信机共享相同的传输媒质(如一条光纤、一台卫星转发器或一段电缆)的技术和规范,实质上就是如何高效且平等地共享传输媒质的有限资源的问题。

同步(在图 1-5 中未画出)是保证数字通信系统有序、准确和可靠工作不可缺少的前提条件,同步是使收发两端的信号在时间上保持步调一致。

图 1-5 是数字通信系统的典型模型,实际的数字通信系统不一定包括图中的所有环节,如在某些有线信道中,若传输距离不太远且通信容量不太大,数字基带信号无须调制,可以直接传送,称为数字信号的基带传输,其模型中就不包括调制与解调环节。而在扩频通信中还包括扩频与解扩,扩频是对所传信号进行频谱的扩宽处理,以便利用宽频谱获得较强的抗干扰能力、较高的传输速率,同时由于在相同频带上利用不同码型可以承载不同用户的信息,因此扩频也提高了频带的复用率。

3. 数字通信特点

与模拟通信相比,数字通信有如下优点:

(1)抗干扰能力强,可消除噪声积累,因此可靠性高。因模拟通信系统中传输的是连续变化的模拟信号,一旦信号叠加上噪声,即使噪声很小,也很难消除。

在数字通信中,由于数字信号的幅度值为有限个数的离散值,在传输过程中受到噪声干扰虽然也要叠加噪声,但当信噪比还没有恶化到一定程度时,即在适当的距离,采用再生中继的方法即可消除噪声干扰,将信号整形再生成原发送信号。因此,数字通信方式可以做到无噪声积累,以实现长距离、高质量的传输。图1-6给出了模拟数字和数字通信系统中分别采用中继电路后抗干扰性能的比较。

图1-6　模拟通信和数字通信系统抗干扰性能比较

（2）差错可控：如利用信道编码技术来进行检错和纠错以降低误码率，提高通信的可靠性。

（3）数字电路可以用大规模和超大规模集成电路实现，具有体积小，功耗低，易于集成的特点。

（4）便于加密处理：数字信号的加密处理比模拟信号容易得多，以话音信号为例，经过数字变换后的信号可用简单的数字逻辑运算进行加密、解密处理。

（5）有利于实现综合业务传输：在数字通信中，各种消息（模拟的和离散的）都可变成统一的数字信号进行传输、处理、存储和分离，可以实现各种综合业务的传输。

但数字通信也有以下两个缺点：

（1）占用频带宽：如一路模拟电话通常只占据4 kHz带宽，而一路数字电话的频带为64 kHz，因此数字通信的许多优点都是用比模拟通信占据更宽的系统带宽为代价的。

（2）由于数字通信对同步的要求高，因而系统设备比较复杂。在数字通信中，按照同步的功用分为载波同步、位同步、群同步和网同步。

但随着卫星通信、光纤通信等宽频通信系统和压缩技术、集成技术的日益发展，以上问题逐渐得到解决，因此数字通信是现代通信的主要发展方向之一。

1.3　通信频段及频率分配

无线通信系统通常采用大气层作为传输信道。这时干扰和电波传播条件主要取决于所采用的传输频段。从理论上说，任何调制方式都可以在任意频段上使用。但是为了维护电波传播秩序，减小干扰，政府相关部门对指定的频段上使用的调制类型、信号带宽、发射功率以及传输的信息内容都做出了规定。

例如，GSM有两种频段：900 MHz频段和1 800 MHz频段。其中，中国的GSM 900 MHz频段的发射和接收频率范围分别为：

- 中国移动：下行935～954 MHz，上行890～909 MHz。
- 中国联通：下行954～960 MHz，上行909～915 MHz。

中国的GSM 1 800 MHz频段的发射和接收频率范围分别为：

- 中国移动：下行1 805～1 830 MHz，上行1 710～1 735 MHz。
- 中国联通：下行1 830～1 850 MHz，上行1 735～1 755 MHz。

频率的命名是按照频率数量级的大小进行分配的，而且一直沿用至今。如今最常用的频率范围大致为300 kHz～3 MHz，称为中频（MF）。表1-1列出通信使用的频段的名称、传播特性及典型应用。

通信原理

表 1–1　频段名称、传播特性及典型应用

频率范围	名称	传输媒介	无线电波传播特性	用　途
3 kHz～30 kHz	甚低频(VLF)	有线线对 长波无线电	地波传播;白天和晚上,损耗小;大气噪声电平高	音频、电话、数据终端、长距离导航,海底通信
30 kHz～300 kHz	低频(LF)	有线线对 长波无线电	与甚低频类似,但可靠性稍差;白天有吸收	导航、信标、电力线通信
300 kHz～3 MHz	中频(MF)	同轴电缆 中波无线电	地波传播,晚上天波传输;晚上损耗小,白天损耗大;有大气噪声	调幅广播、移动陆地通信、
3 MHz～30 MHz	高频(HF)	同轴电缆 短波无线电	电离层反射,随时间、季节及频率变化;30 MHz 以下时大气噪声电平低	业余无线电、移动无线电话、短波广播、定点军用通信
30 MHz～300 MHz	甚高频(VHF)	同轴电缆 米波无线电	接近视线(LOS)传播,温度变化会引起散射	电视、调频广播、空中管制、车辆通信、导航
300 MHz～3 GHz	特高频(UHF)	波导 分米波无线电	视频传播,宇宙噪声	电视、空间遥测、雷达导航、点对点通信、移动通信
3 GHz～30 GHz	超高频(SHF)	波导 厘米波无线电	视线传播,10 GHz 以下时有雨滴损耗,氧气、水蒸气会引起大气损耗,22.2 GHz 时有大的水蒸气吸收	微波接力、卫星和空间通信、雷达
30 GHz～300 GHz	极高频(EHF)	波导 毫米波无线电	同上;183 GHz 时有大的水蒸气吸收,60 GHz 及 119 GHz 时有氧气吸收	雷达、微波接力、射电天文学
10^5 GHz～10^7 GHz	紫外、可见光、红外	光纤 激光空间传播	视线传播	光纤通信

📖无线电波也可以按波长进行分类,分为长波通信、中波通信、短波通信、远红外线通信等。波长和频率之间的关系可表示为

$$c = f\lambda \tag{1-3-1}$$

式中,$c = 3 \times 10^8$ m/s,是光的传播速率;f 是波的传播频率,单位为 Hz;λ 是波长,单位为 m。由于波长和频率成反比关系,低频信号有时也称为长波,而高频信号有时也称为短波。

1.4　通信系统主要性能指标

通信系统是设计用来传输信息的,通信系统设计的主要目标通常是在最小化信号带宽和(或)传输时间的同时最小化设备成本、设备复杂度以及设备功耗。在设计或评估通信系统时,往往要涉及通信系统的多种性能指标,图 1-7 给出了通信的几种性能指标。

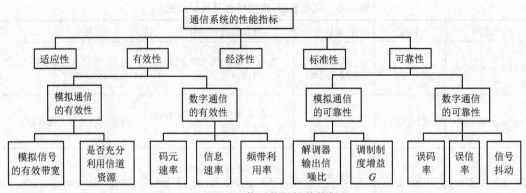

图1-7 通信系统的性能指标

尽管对通信系统的设计有很多的实际要求,但是从消息传输的角度来说,通信的任务是快速、准确地传递信息。因此,评价一个通信系统优劣的主要性能指标是系统的有效性和可靠性。这里所说的有效性是指在给定信道内所传输的信息内容的多少,是消息传输的"速率"问题,而可靠性是指接收信息的准确程度,也是指消息传输的"质量"问题。然而,这是两个相互矛盾的问题,这对矛盾通常只能根据实际要求取得相对的统一。例如,在满足一定可靠性指标下,尽量提高消息的传输速率;或者在维持一定有效性指标下,使消息传输质量尽可能地提高。由于模拟通信系统和数字通信系统所传输的信号不同,这两个指标的具体内容是不同的。

在信息论观点中,有效性和可靠性常常是一对矛盾。而形成矛盾的根本原因是信道不理想、带宽和时间受限以及噪声和干扰的影响。

1.4.1 模拟通信系统性能指标

1. 有效性

模拟通信系统的有效性可用有效传输频带来衡量。同样的消息采用不同的调制方式,则需要不同的频带宽度,所需的频带宽度越小,则有效性越高。

2. 可靠性

模拟通信系统的可靠性用接收端最终的输出信噪比(SNR)来衡量。输出信噪比是指输出信号的平均功率 S_o 与输出噪声的平均功率 N_o 之比,即 S_o/N_o。不同模拟通信系统在同样的信道信噪比下所得到的最终解调输出信噪比是不同的,信噪比越高,说明噪声对信号的影响越小。在相同的条件下,系统的输出端的信噪比越大,则系统抗干扰的能力越强,就称其通信质量越好。不同业务的通信系统,对信噪比的要求也是不同的,如电话通信要求信噪比为 20～40 dB,电视图像则要求 40～60 dB。

前面已经指出,通信系统的有效性和可靠性指标是一对矛盾,同样的,模拟通信系统的有效传输带宽和输出信噪比也是一对矛盾。例如,调频系统(FM)的抗干扰能力比调幅系统(AM)好,但调频系统所需传输带宽却宽于调幅系统,即 FM 通过降低系统有效性来换取可靠性的提高。

1.4.2 数字通信系统性能指标

1. 有效性

数字通信系统的有效性用传输速率或频带利用率来衡量。在相同的条件下,传输速率越快,有效性就越好。传输速率有两种:码元传输速率 R_B 和信息传输速率 R_b。

(1)码元传输速率 R_B:数字通信系统中传输的是数字信号,即信号波形数是有限的,但数字信号有多进制与二进制之分。如 4PSK 系统中,有四种不同的数字信号,称四进制数字信号;而在 2PSK 系统中,只有两种不同的数字信号,称二进制数字信号。不管是多进制数字信号,还是二进制数字信号,每一个数字信号都称之为码元。码元传输速率 R_B 是指单位时间(1 s)传输的码元个数,单位为波特(Baud,或简写为 Bd,B)。码元传输速率简称码元速率或传码率,也称符号速率。

$$R_B = 1/T_s \qquad (B) \tag{1-4-1}$$

式中,T_s 为码元间隔。码元速率与所传的码元进制无关,即码元可以是多进制的,也可以是二进制的。通常,M 进制的一个码元携带了 $\log_2 M$ 个比特。

📖 码元速率仅仅表征单位时间传送码元的数目,而没有限定码元是何种进制。仅与码元的持续时间有关。系统的码元速率或波特率(而不是比特率)确定了所要求的传输带宽。好比如在运输中,波特类似轿车,比特类似乘客,一辆轿车可载运一个或多个乘客。轿车的辆数(而不是乘客人数)确定了交通情况,因此类似地,波特率确定了所要求的传输带宽。

---

(2)信息传输速率 R_b:信息传输速率 R_b 定义为单位时间内(1 s)传递的信息量或比特数,单位为比特/秒,可记为 bit/s 或 b/s,其英文缩略语为 bps。信息传输速率简称传信率,或称比特率。

对于二进制数字通信系统,传送的是二进制码元,每一个码元携带 1 bit,所以系统的信息速率在数值上等于码元速率,但两者的含义还是不同的,单位也是不同的。例如,若码元速率为 600 Bd,那么二进制时的信息速率为 600 bit/s。

对于 M 进制数字系统,传送的是 M 进制码元,每一个码元携带 $\log_2 M$ 比特,所以信息速率与码元速率的关系为

$$R_b = R_B \log_2 M \tag{1-4-2}$$

相对应的,有

$$R_B = \frac{R_b}{\log_2 M} \tag{1-4-3}$$

【例 1-1】若码元速率为 800 Bd,那么等概四进制时的信息速率为 $R_b = R_B \log_2 4 = 800 \times 2 = 1\ 600$ bit/s。若已知八进制数字传输系统的信息速率为 1 200 bit/s,则码元速率为 $R_B = R_b/\log_2 8 = (1\ 200/3)$ Bd = 400 Bd。

📖 关系式 $R_b = R_B \log_2 M$ 的物理意义

◇$R_B \leqslant R_b$,当为二进制($M = 2$)时,$R_B = R_b$,数值相同,单位不同;

◇R_b 一定时,增加进制数 M,可以降低 R_B,从而减小信号带宽,节约频带资源,提高系统频带利用率;

◇R_B 一定时(即带宽一定),增加进制数 M,可以增大 R_b,从而在相同的带宽中传输更多的信息量;

◇从传输的有效性考虑,多进制比二进制好;从传输的可靠性考虑,二进制比多进制好。

---

(3)频带利用率:比较不同通信系统的有效性时,单看它们的传输速率是不够的,还应看在这样的传输速率下,所占信道的频带宽度。所以,真正衡量数字通信系统传输效率的应当是传输速率与频带宽度之比,即单位频带内的传输速率,称为频带利用率。

$$\eta_B = R_B/B \qquad (B/Hz) \tag{1-4-4}$$

或

$$\eta_b = R_b/B \qquad [bit/(s \cdot Hz)] \tag{1-4-5}$$

式中,B 为所需的信道带宽。

2. 可靠性

数字通信系统的可靠性用差错率和信号抖动来衡量,差错率越大或信号抖动越大,可靠性就越差。差错率也有两种:误码率和误信率。

(1)误码率:误码率是单位时间内错误接收的码元数在传送总码元数中所占的比例,更确切地说,误码率是码元在传输系统中被传错的概率,即

$$P_e = \frac{\text{错误码元数}}{\text{传输总码元数}} \tag{1-4-6}$$

(2)误信率:误信率又称误比特率,是指单位时间内错误接收的比特数在传送总比特数中所占的比例,或者说,它是码元的信息量在传输系统中被丢失的概率,即

$$P_b = \frac{\text{错误比特数}}{\text{传输总比特数}} \tag{1-4-7}$$

对于二进制数字通信系统,由于1个码元携带1 bit的信息量,当错误接收1个码元时,也就错误接收了1 bit的信息量,所以

$$P_b = P_e \tag{1-4-8}$$

对于 M 进制数字通信系统,由于1个码元携带了 $\log_2 M$ 个比特,$P_b \le P_e$。若一个码元仅有一个比特错误,则有

$$P_e = P_b \log_2 M \tag{1-4-9}$$

与模拟通信系统一样,不同业务的数字通信系统,对信号的有效性和可靠性的要求是不同的。所以在设计通信系统时,对有效性和可靠性这两种性能要求应合理安排,相互兼顾。如果信道达不到可靠性要求时,应当考虑信道编码。数字通信系统的有效性与可靠性之间也是相互矛盾的。信道编码由于增加了一些多余的码元而提高了可靠性,在总的传输时间不变的情况下就增加了信道上的码元速率,也就增加了信号的带宽。这也是用系统的有效性换取系统的可靠性的例子。

📖 对于 M 进制数字通信系统,假设 M 个码元是等概的,设 $M = 2^N$,所以每个码元有 N 比特,并且每个比特位上0和1出现的概率各为 $1/2$,即0和1各出现 2^{N-1}。假设每个码元都等概地错成别的码元,那么每个0和1都有 $2^{N-1} - 1$ 次不发生错误,2^{N-1} 次发生错误,即在发生误码的条件下,每个比特发生错误的概率为 $2^{N-1}/(2^{N-1} - 1 + 2^{N-1}) = 2^{N-1}/(2^N - 1)$。用 M 代替 2^N,即得式 $P_b = \dfrac{M}{2(M-1)} P_e$。

---

(3)信号抖动:在数字通信技术中,信号抖动是指数字信号码元相对于标准位置的随机偏移,如图1-8所示。信号抖动同样与传输系统特性、信道质量与噪声等有关。而且,在多中继段链路传输时,信号抖动具有累积效应。从可靠性角度而言,误码率和信号抖动都直接反映了通信质量。如对语音信号数字化传输,误码和信号抖动都会对 D/A 转换后的语音质量产生直接的影响。

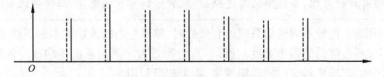

图 1-8 信号抖动示意图

【例1-2】设某八进制数字传输系统的每个码元的持续时间为 2.778×10^{-4} s,连续工作 1 h后,接收端收到4个错码元,且错误码元中仅发生 1 bit 的错误。

(1)求该系统的码元速率和信息速率;

(2)求该系统的误码率和误信率。

解 （1）码元速率：

$$R_{\mathrm{B}} = 1/T_{\mathrm{s}} = 1/(2.778 \times 10^{-4}) = 3\,600\,(\mathrm{Bd})$$

信息速率：

$$R_{\mathrm{b}} = R_{\mathrm{B}}\log_2 M = 3\,600 \times 3 = 10\,800\,(\mathrm{bit/s})$$

（2）1 h 传送的总码元数：

$$N = R_{\mathrm{B}}t = 3\,600 \times 3\,600 = 1.296 \times 10^7\,(个)$$

误码率：

$$P_{\mathrm{e}} = \frac{错误码元数}{传输总码元数} = \frac{N_{\mathrm{e}}}{N} = \frac{4}{1.296 \times 10^7} = 3.086\,4 \times 10^{-7}$$

1 h 内传送的总比特数：

$$I = R_{\mathrm{b}} \times t = 10\,800 \times 3\,600 = 3.888 \times 10^7\,(\mathrm{bit})$$

若每个错误码元中仅发生 1 bit 的错误，则误信率为

$$P_{\mathrm{b}} = \frac{错误比特数}{传输总比特数} = \frac{4}{3.888 \times 10^7} = 1.028\,8 \times 10^{-7}$$

这个例题从数值上说明了多进制系统的误信率小于误码率。

1.5 带 宽

在通信系统中，必须仔细考虑每个用户所需要的频谱宽度，使有限的频带范围内能容纳更多的用户。在电路的设计时既要有足够的带宽让信号通过，又要能够有效抑制噪声。信号带宽是信号频谱所覆盖的频率范围。在通信工程中，带宽定义的时候只算正频率部分的频带宽度。

在通信和信息理论中，许多重要定理都是基于带宽严格受限于信道这个假设的，这表明在定义的带宽之外不能有信号功率。但所有带宽有限的信号都是无法实现的，而所有可实现的波形其绝对带宽又是无限的。任何实信号不可能既是持续时间有限，又是带宽有限的信号。然而几乎所有实际信号，其能量或功率的主要部分往往集中在一定的频率范围内，超出此范围的成分将大大减小。一般的我们将信号大部分能量集中的那段频带称为信号的有效带宽，根据实际系统的不同要求，常用的带宽定义方法有以下几种：

（1）绝对带宽 $B_{绝}$：指在该带宽之外的信号的频谱全为零。如图 1-9 所示，$B_{绝} = f_2 - f_1$，信号在正频率轴 $f_1 < f < f_2$ 之外频谱为零。该定义在理论上很有用，但对于可实现信号，绝对带宽为无穷大。

（2）3 dB 带宽（或半功率带宽）：3 dB 带宽指幅值等于最大值的 $\sqrt{2}/2$ 时对应的频带宽度，幅值的平方即为功率，平方后变为 1/2 倍，在对数坐标中就是 -3dB 的位置了，也就是半功率点了，对应的带宽就是功率在减少至其一半以前的频带宽度，表示在该带宽内集中了一半的功率。如图 1-10 所示，$B_{3\,\mathrm{dB}} = f_2 - f_1$，这里 $f_1 < f < f_2$，且有 $|H(f_1)| = |H(f_2)| = \frac{1}{\sqrt{2}}H(f_0)$，$f_0$ 为功率谱取最大值时的频率点。

（3）等效噪声带宽 B_{eq}：为假想的矩形频谱宽度，该矩形范围内的功率与实际频谱在正频率范围内的功率相等，如图 1-10 所示，即有

$$B_{eq} = \frac{1}{|H(f_0)|^2} \int_0^\infty |H(f)|^2 \, df \tag{1-5-1}$$

式中, B_{eq} 为等效带宽; f_0 为功率谱取最大值时的频率点。

(4)过零点带宽(或主瓣带宽) B_0:数字通信最通用的带宽定义为过零点带宽 B_0,在该频带范围内包含了大部的信号功率, $B_0 = f_2 - f_1$,此时, f_2 为振幅频谱的包络中高于 f_0 的第一个过零点;如图 1-10 所示, f_0 为振幅频谱取最大值的频率点。对基带系统, $f_1 = 0$;对带通系统, f_1 为振幅谱的包络中低于 f_0 的第一个过零点。

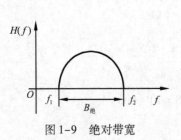

图 1-9　绝对带宽　　　　　　图 1-10　几种非绝对带宽

(5)99% 功率带宽: $B_{99\%} = f_2 - f_1$,且 $f_1 < f < f_2$ 范围内包含有 99% 总功率,如图 1-10 所示,如果是 $B_{85\%}$,则计算包含有 85% 总功率的带宽范围。

📖能量谱密度和功率谱密度为定义信号的带宽提供了有效的方法

◇能量信号的频谱密度——傅里叶变换

设 $s(t)$ 为一个能量信号,则将它的傅里叶变换

$$s(f) = \int_{-\infty}^{+\infty} s(t) e^{-j2\pi f t} \, dt \tag{1-5-2}$$

定义为 $s(t)$ 的频谱密度。

◇周期功率信号的频谱——傅里叶级数

设 $s(t)$ 是一个周期为 T_0 的周期功率信号。若它满足狄利克雷(Dirichlet)条件,则可展开成如下的指数型傅里叶级数

$$s(t) = \sum_{n=-\infty}^{+\infty} C_n e^{j2\pi n t / T_0} \tag{1-5-3}$$

式中,傅里叶级数的系数 C_n 反映了信号中各次谐波的幅度值和相位值,因此称 C_n 为周期性功率信号的频谱。

【例1-3】求一个图 1-11(a)所示矩形脉冲 $g_a(t)$ 和图 1-12(a)所示的周期性矩形脉冲信号 $s(t)$ 的频谱,其中矩形脉冲的表达式为

$$g_a(t) = \begin{cases} 1 & \text{当} |t| \leqslant \dfrac{\tau}{2} \\ 0 & \text{当} |t| > \dfrac{\tau}{2} \end{cases}$$

周期性矩形脉冲的表示式为

$$s(t) = \begin{cases} V & \text{当} \dfrac{-\tau}{2} \leqslant t \leqslant \dfrac{\tau}{2} \\ 0 & \text{当} \dfrac{\tau}{2} < t < T - \dfrac{\tau}{2} \end{cases}$$

$$s(t) = s(t - T), \qquad -\infty < t < \infty$$

解 （1）首先求出矩形脉冲 $g_a(t)$ 的频谱密度 $G_a(f)$，即信号的傅里叶变换：

$$G_a(f) = \int_{-\tau/2}^{\tau/2} e^{-j2\pi ft} dt = \frac{1}{j2\pi f}(e^{j\pi f\tau} - e^{-j\pi f\tau}) = \tau\frac{\sin \pi f\tau}{\pi f\tau} = \tau Sa(\pi f\tau)$$

画出其频谱图如图 1–11（b）所示。

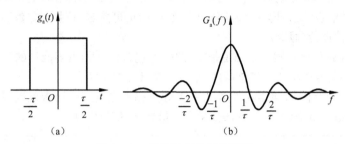

图 1–11　单位门函数及其频谱

（2）对周期性方波有

$$C_n = \frac{1}{T}\int_{-\tau/2}^{\tau/2} Ve^{-j2\pi nf_0 t} dt = \frac{1}{T}\left[-\frac{V}{j2\pi nf_0}e^{-j2\pi nf_0 t}\right]\Bigg|_{-\tau/2}^{\tau/2}$$

$$= \frac{V}{T}\frac{e^{j2\pi nf_0\tau/2} - e^{-j2\pi nf_0\tau/2}}{j2\pi nf_0} = \frac{V}{\pi nf_0 T}\sin \pi nf_0\tau = \frac{V\tau}{T}Sa\left(\frac{n\pi\tau}{T}\right)$$

其频谱图如图 1–12（b）所示。

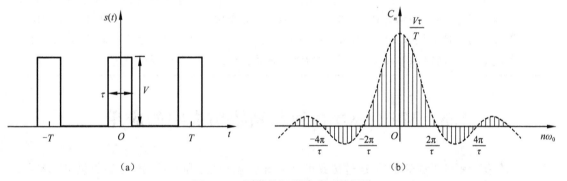

图 1–12　周期性矩形脉冲及其频谱

　　由图 1–11 可见,矩形脉冲的频谱为连续谱,由过零点带宽的定义可知矩形脉冲的带宽等于其脉冲持续时间的倒数,在这里它等于 $(1/\tau)$ Hz。而周期信号的频谱 C_n 是离散谱,由间隔为 $\omega_0 = 2\pi f_0 = 2\pi/T$ 的谱线组成,且对于物理可实现的实信号,幅度谱是偶对称的,其谱零点带宽也为 $(1/\tau)$ Hz。

　　另外,由图 1–11 和图 1–12 可知,对单个矩形脉冲信号,若其在时域里的持续时间越长,则其在频域中的过零点带宽就越窄。反之,可证若其时域里的持续时间越短,则其在频域中的过零点带宽就越宽。任何时域上持续时间无限长的信号在频域上带宽是有限的,时域持续时间有限的信号则频域带宽是无限宽的。

　　📖信号的时域脉冲宽度与其带宽成反比,因此信号的数据率越高,信号的带宽也就越宽。

　　信道的带宽决定了其通过的信号的带宽,因而对于有限带宽信道必须限制信号的带宽,即限制信号的数据传输速率;否则输出信号就会畸变。

　　在信号通过系统时,信号与系统的有效带宽必须匹配,即有如下的一些结论：

（1）信号与信道带宽相同且频率范围一致，此时信号能不损失频率成分地通过信道；否则，该信号的频率分量肯定不能完全通过该信道。

（2）带宽不同而且信号带宽小于信道带宽，此时若信号的所有频率分量包含在信道的通带范围内，信号能不损失频率成分地通过；此时若只有包含信号大部分能量的主要频率分量在信道的通带范围内，则通过信道的信号会损失部分频率成分，但仍可能被识别，正如数字信号的基带传输和语音信号在电话信道传输那样。

（3）带宽不同而且信号带宽大于信道带宽，此时若包含信号相当多能量的频率分量不在信道的通带范围内，这些信号频率成分将被滤除，信号失真甚至严重畸变。

（4）不管带宽是否相同，如果信号的所有频率分量都不在信道的通带范围内，信号无法通过；如果信号频谱与信道通带交错，且只有部分频率分量通过，信号失真。

📖 信号的带宽与信道的带宽

◇ 信号带宽是信号频谱的宽度，也就是信号的最高频率分量与最低频率分量之差，譬如，一个由数个正弦波叠加成的方波信号，其最低频率分量是其基频，假定为 $f = 2$ kHz，其最高频率分量是其 7 次谐波频率，即 $7f = 7 \times 2$ kHz $= 14$ kHz，因此该信号带宽为 $7f - f = (14 - 2)$ kHz $= 12$ kHz。

◇ 信道带宽则限定了允许通过该信道的信号下限频率和上限频率，也就是限定了一个频率通带。比如一个信道允许的通带为 $1.5 \sim 15$ kHz，其带宽为 13.5 kHz。

◇ 分析在信道上传输的信号时，不能总是认为其带宽一定占满整个信道，如电话信道，假定其频率范围为 $300 \sim 3\,400$ Hz，带宽为 3.1 kHz，而语音信号频谱则一般为 100 Hz ~ 7 kHz 的范围。电话信道将语音信号频谱掐头去尾，因为语音信号的主要能量集中在中心的一些频率分量附近，所以通过电话信道传输的语音信号，虽有失真，但仍能分辨。

1.6 MATLAB 在通信系统仿真中的应用

仿真是衡量系统性能的工具，通过仿真可以为新系统的建立和原系统的改造提供可靠参考，可以降低新系统失败的可能性，消除系统潜在的瓶颈，防止对系统中某些功能部件造成过量的负载，优化系统的整体性能。因此，仿真是科学研究和工程建设中不可缺少的方法。

MATLAB 是美国 MathWorks 公司出品的商业数学软件，用于算法开发、数据可视化、数据分析以及数值计算的高级技术计算语言。MATLAB 中的 Communication Toolbox 提供了很多进行通信系统仿真的实用函数。在通信原理课程中有很多实际的问题都可通过 MATLAB 仿真给出形象、生动、直观的演示。

Simulink 是 MATLAB 中的一个建立系统框图和基于框图的系统仿真环境，是 MATLAB 最重要的组件之一，它提供一个动态系统建模、仿真和综合分析的集成环境。在该环境中，无须大量书写程序，而只需要通过简单直观的鼠标操作，就可构造出复杂的系统。并且仿真结果可以近乎"实时"地通过可视化模块，如示波器模块、频谱仪模块以及数据输入/输出模块等显示出来，使系统设计、仿真调试和模型检验工作大为便捷。

通信系统的仿真一般分为三个步骤：仿真建模、仿真实验和仿真分析。

（1）仿真建模：仿真建模是根据实际通信系统建立仿真模型的过程，它是整个通信仿真过程中的一个关键步骤，直接影响着仿真结果的真实性和可靠性。仿真模型是对实际系统的一种模拟和抽象,但又不是完全的复制。仿真模型的建立需要综合考虑其可行性和简单性。仿真模型一般是一个数学模型,在仿真建模过程中,首先需要分析实际系统存在的问题或设立系统改造的目标,并且把这些问题和目标转化成数学变量和公式。然后就是获取实际通信系统的各种运行参数,并通过 MATLAB 仿真软件来建造仿真模型。

(2)仿真实验:仿真实验是一个或一系列仿真实验的测试,在仿真实验过程中,通常需要多次改变仿真模型输入信号的数值(输入数值要具有一定的代表性,能从各个角度显著地改变仿真输出信号的数值),以观察和分析仿真模型对这些输入信号的反应,以及仿真系统在这个过程中表现出来的性能。

(3)仿真分析:仿真分析就是通过对仿真输出数值的处理和分析以获得衡量系统性能的度量,从而获得对仿真系统性能的一个总体评价。常用的系统性能度量包括均值、方差、最大值和最小值等,它们从不同的角度描绘了仿真系统的性能。

小　　结

本章介绍了通信系统的组成及各部分的作用、模拟信号与数字信号的区别、数字通信系统的优缺点、模拟通信系统和数字通信系统的主要性能指标等。给出了信息速率、码元速率和频带利用率的定义、计算及其相互关系;误码率和误信率的定义、计算及其关系;带宽的定义和计算方法。

习　　题

一、填空题

1. 数字通信系统的主要性能指标是(　　)和(　　)。数字通信系统的有效性用(　　)衡量,可靠性用(　　)衡量。模拟通信系统的有效性用(　　)衡量,可靠性用(　　)衡量。

2. 码元速率 R_B 定义是(　　),单位是(　　)。信息速率 R_b 定义是(　　),单位是(　　)。

3. 为了提高数字信号的有效性而采取的编码称为(　　),为了提高数字通信的可靠性而采取的编码称为(　　)。

4. 码元速率相同时,十六进制数字通信系统的信息速率是二进制数字通信系统的信息速率的(　　)倍。

5. 在八进制系统中每秒传输 2 000 个八进制符号,则此系统的码元速率 R_B 为(　　),信息速率 R_b 为(　　)。

6. 根据信道中所传输信号特征的不同,通信系统可分为(　　)通信系统和(　　)通信系统。

二、简答题

1. 简述通信系统的组成及各部分的作用。

2. 数字通信的特点有哪些?

3. 为什么说数字通信的抗干扰性强,无噪声积累?

4. 什么是码元速率?什么是信息速率?它们之间关系如何?

5. 如何评价模拟通信系统和数字通信系统的有效性及可靠性?

6. 根据图 1-13 所示的数字通信系统模型,简述其中各部分与有效性和可靠性两项指标的关系。

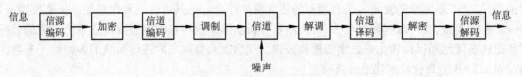

图 1-13 数字通信系统模型

三、计算题

1. 已知一个数字通信系统,在 125 μs 内传输了 256 个八进制码元,则

(1)其码元速率是多少?

(2)其信息速率是多少?

(3)若该信息在 10 s 内有 5 个码元错误,试问误码率等于多少?

(4)若错误的码元中只有一个比特出错,则误信率又等于多少?

2. 已知某数字通信系统的信道带宽为 1 024 Hz,可传输 2.048 kbit/s 的四进制信号,其频带利用率为多少? [分别用 B/Hz 和 bit/(s·Hz)表示]

3. 假设二进制数字基带系统的码元速率为 $R_B = 10^3$ Bd,系统的传递函数分别如图 1-14 中 (a)、(b)、(c)所示,则各系统的绝对带宽和频带利用率分别是多少?

4. 假设某信号 $m(t)$ 的频谱如图 1-15 所示,试求信号 $m(t)\cos 2\pi f_0 t$ 的频带宽度,$f_0 = 4R_b$。

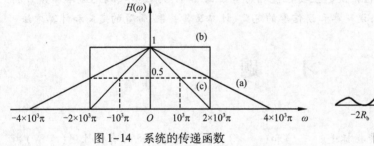

图 1-14 系统的传递函数

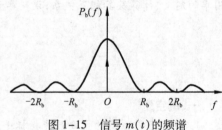

图 1-15 信号 $m(t)$ 的频谱

▶ 第2章 模拟调制系统

由消息变换过来的原始电信号频率较低,通常无法与高频或带通信道特性相匹配。而大多数信道具有带通特性,如图 2-1 所示。

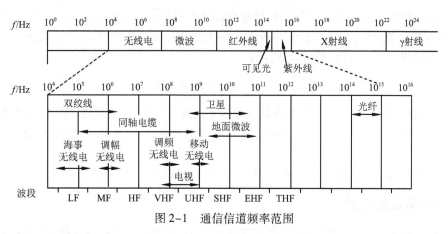

图 2-1　通信信道频率范围

因此,为了适应在信道中传输和实现信道复用,基带信号在通信的发送端需要进行调制,把基带信号的频谱搬移到适合信道传输的高频范围内,再送入信道传输,在接收端则进行相反的变换,即解调。

根据调制信号的形式可分为模拟调制和数字调制;根据载波的选择可分为以正弦波作为载波的连续波调制和以脉冲序列作为载波的脉冲调制。

本章讨论用取值连续的调制信号去控制正弦载波参数的模拟调制。模拟调制可分为线性调制和非线性调制。线性调制是指已调信号的频谱为调制信号频谱的线性搬移或线性变换,如常规幅度调制(简称调幅,amplitude modulation,AM)、抑制载波双边带调制(double side band with suppressed carrier modulation,DSB-SC)、单边带调制(single-side band modulation,SSB)和残留边带调制(vestigial side band modulation,VSB)。如果已调信号的频谱与调制信号的频谱之间没有线性对应关系,如在调制器输出端出现许多与其输入的信号频谱中不存在对应关系的频率成分,则为非线性调制,如调频(frequency modulation,FM)和调相(phase modulation,PM)。

📖 幅度调制通常又称为线性调制。但应注意,这里的"线性"并不意味着已调信号与调制信号之间符合线性变换关系。事实上,任何调制过程都是一种非线性的变换过程。一般可以按以下方式来区分线性调制和非线性调制,设已调信号是调制信号 $m(t)$ 的函数并表示为 $S[m(t)]$,如果 $\partial S[m(t)]/\partial m(t)$ 与 $m(t)$ 无关,则调制是线性的,否则是非线性调制。

2.1 幅度调制（线性调制）

幅度调制是用调制信号去控制高频载波的振幅，也就是在发送端让高频载波信号的幅度随基带调制信号的规律而变化，到了接收端将高频载波信号的幅度变化信息提取出来就可以恢复原始的基带信号。幅度调制器的一般模型如图 2-2 所示。

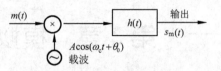

为了对幅度调制系统有全面的了解，我们将从时域和频域两个方面对信号进行分析，由图 2-2 可知已调信号的时域表达式为

图 2-2　幅度调制器的一般模型

$$s_m(t) = \left[m(t) \times A\cos(\omega_c t + \theta_0) \right] * h(t) \tag{2-1-1}$$

$s_m(t)$ 是已调信号，$m(t)$ 是基带信号，通常假设其平均值 $\overline{m(t)} = 0$，$A\cos(\omega_c t + \theta_0)$ 为高频正弦载波，ω_c 是载波的角频率，为简单起见，一般设载波初始相位 $\theta_0 = 0$，振幅 $A = 1$。代入式（2-1-1）并对 $s_m(t)$ 做傅里叶变换可得到其频域表示式：

$$S_m(\omega) = \frac{1}{2} \left[M(\omega + \omega_c) + M(\omega - \omega_c) \right] H(\omega) \tag{2-1-2}$$

对幅度调制信号，在波形上它的幅度随基带信号的规律而变化；在频谱结构上，它的频谱完全是基带信号频谱结构在频域内的简单搬移。由于这种搬移是线性的，因此，幅度调制通常又称为线性调制。

在该模型中，适当选择滤波器的特性 $H(\omega)$，便可以得到各种幅度调制信号。

2.1.1　常规幅度调制

设 $m(t)$ 为一无直流分量的基带信号，其频谱为 $M(\omega)$。调幅是直接将基带信号与高频载波信号相乘，但是有一个前提条件：基带信号的幅度必须恒大于零，否则已调高频载波信号的幅度不会完全按照基带信号来变化。但常见的基带信号一般都不是恒大于零，为了满足上述要求，一般将基带信号 $m(t)$ 的电平抬高 A_0，使得 $m(t) + A_0$ 恒大于零，再与高频载波相乘，这样就可以得到所期望的已调信号波形。

1. 调幅原理

在图 2-2 中，假设 $h(t) = \delta(t)$，调制信号 $m(t)$ 叠加外加直流偏置 A_0 后与载波相乘，就可形成调幅信号，如图 2-3 所示。

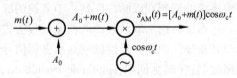

由图 2-3 可得 AM 信号时域表达式为

图 2-3　AM 调制器模型

$$s_{AM}(t) = \left[A_0 + m(t) \right] \cos \omega_c t = A_0 \cos \omega_c t + m(t) \cos \omega_c t \tag{2-1-3}$$

从式（2-1-3）中的第一项代表载波分量，第二项代表边带分量，该项为消息信号。从调幅信号的表达式可以看出，只有第二项的 $m(t)\cos \omega_c t$ 承载了有用信息 $m(t)$，第一项 $A_0\cos \omega_c t$ 并没有承载有用信息。由于假设 $\overline{m(t)} = 0$。根据 $\left| m(t) \right|_{max}$ 与 A_0 的关系，可得到 AM 信号的三种不同波形，如图 2-4 所示。由图 2-4 的时间波形可知，AM 信号的波形为幅度随调制信号变化的余弦波形。已调波的波形疏密程度相同，也就是说载波仅仅是幅度受到了调制，频率没有发生变化。当满足条件 $\left| m(t) \right|_{max} \leqslant A_0$ 时，AM 信号的包络与调制信号成正比，所以用包络检波的方法很容易恢复出原始的调制信号，否则，将会出现过调幅现象而产生包络失真，过调幅时 AM 信号的包络不能

反映 $m(t)$ 的变化规则,并且比正常调制信号占用更多的带宽。图 2-4(b)所示就是 $|m(t)|_{\max} > A_0$ 时形成了过调包络,由于此时已调信号的包络不能反映调制信号的变化规律,不能采用包络检波的方法对调幅信号进行解调,但是,可以采用其他的解调方法,如同步检波(又称为相干解调)。

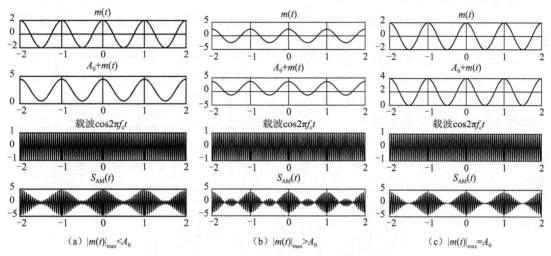

（a）$|m(t)|_{\max} < A_0$ （b）$|m(t)|_{\max} > A_0$ （c）$|m(t)|_{\max} = A_0$

图 2-4 AM 信号的波形

2. AM 信号的解调

AM 信号的解调可采用包络检波和相干解调。

（1）包络检波:实际中,AM 信号常用简单的包络检波法解调,当信道存在加性高斯白噪声时 AM 解调器原理框图,如图 2-5 所示。其中,$s_{AM}(t)$ 为已调 AM 信号

$$s_{AM}(t) = [A_0 + m(t)]\cos \omega_c t \tag{2-1-4}$$

这里仍假设 $m(t)$ 的均值为 0,且 $A_0 \geqslant |m(t)|_{\max}$。$n(t)$ 为传输过程中叠加的加性高斯白噪声。带通滤波器(BPF)的作用是滤除已调信号频带以外的噪声,并让有用信号完全通过。为了使已调信号无失真地进入解调器,同时又最大限度地抑制噪声,带宽 B 应大于等于已调信号的频带宽度,当然也是窄带噪声 $n_i(t)$ 的带宽,如图 2-6 所示。

图 2-5 AM 包络检波原理框图   图 2-6 带通滤波器传输特性

因此,经过带通滤波器后到达解调器输入端的有用信号仍可认为是 $s_{AM}(t)$。噪声为 $n(t)$,当带通滤波器带宽远小于其中心频率 ω_c 时,$n(t)$ 可表示为平稳高斯窄带噪声,它的表达式为

$$n(t) = n_c(t)\cos \omega_c t - n_s(t)\sin \omega_c t \tag{2-1-5}$$

解调器输入(包络检波器输入)是有用信号加噪声的混合波形,即

$$s_{AM}(t) + n(t) = [A_0 + m(t) + n_c(t)]\cos \omega_c t - n_s(t)\sin \omega_c t$$
$$= E(t)\cos[\omega_c t + \psi(t)] \tag{2-1-6}$$

其中,合成包络

$$E(t) = \sqrt{[A_0 + m(t) + n_c(t)]^2 + n_s^2(t)} \tag{2-1-7}$$

理想包络检波器的输出就是 $E(t)$。如果不考虑噪声的影响,将输出信号隔去直流分量 A_0 就可以得到调制信号 $m(t)$。

📖AM 包络检波的电路之一

利用二极管的单向导通性和电容的高频旁路和隔直特性就可以实现解调,其原理框图如图 2-7 所示。

第一步,利用二极管的单向导通性对信号进行处理,对应的波形如图 2-8(a)所示。

第二步,利用电容的旁路特性进行低通滤波,对应的波形如图 2-8(b)所示。

第三步,利用电容的隔直特性将基带信号搬回零电平附近,对应的波形如图 2-8(c)所示。

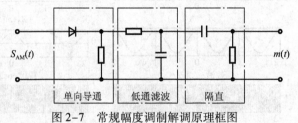

图 2-7　常规幅度调制解调原理框图

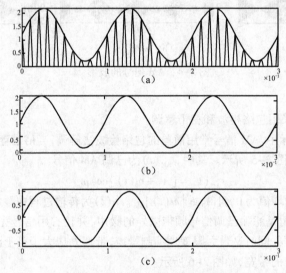

图 2-8　AM 解调各点的波形

包络检波的最大优点是电路简单,同时不需要提取相干载波,因而它是 AM 调制方式中最常用的解调方法。不过在抗噪声性能上不如相干解调法。

(2)相干解调:当信道存在加性高斯白噪声时 AM 相干解调原理框图如图 2-9 所示。

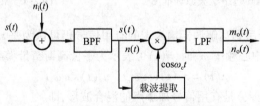

图 2-9　AM 相干解调原理框图

图 2-9 中,$s(t)=s_{AM}(t)$、$n_i(t)$ 和带通滤波器表示式的作用与 AM 包络检波相同,因此,经过带通滤波器后到达解调器输入端的信号仍可认为是 $s_{AM}(t)$,噪声为 $n(t)$。解调器输出的有用信号记为 $m_o(t)$,噪声记为 $n_o(t)$。

通信原理

为了无失真地恢复原基带信号,接收端必须产生一个与接收信号的载波严格同频同相的本地载波(称为相干载波),它与接收的已调信号相乘后,经低通滤波器取出低频分量,即可得到原始的基带调制信号。解调 AM 时,接收机中的带通滤波器的中心频率与调制载频 ω_c 相同,因此解调器输入端的噪声 $n(t)$ 可表示为

$$n(t) = n_c(t)\cos\omega_c t - n_s(t)\sin\omega_c t \qquad (2\text{-}1\text{-}8)$$

与相干载波 $\cos\omega_c t$ 相乘后,有用信号与噪声信号的输出分别为

$$S_{AM}(t)\cos\omega_c t = [A_0 + m(t)]\cos^2\omega_c t = \frac{1}{2}[A_0 + m(t)] + \frac{1}{2}[A_0 + m(t)]\cos 2\omega_c t \quad (2\text{-}1\text{-}9)$$

$$n(t)\cos\omega_c t = \frac{1}{2}n_c(t) + \frac{1}{2}[n_c(t)\cos 2\omega_c t - n_s(t)\sin 2\omega_c t] \qquad (2\text{-}1\text{-}10)$$

经低通滤波器后,高频分量 $\frac{1}{2}[A_0 + m(t)]\cos 2\omega_c t$ 和 $\frac{1}{2}[n_c(t)\cos 2\omega_c t - n_s(t)\sin 2\omega_c t]$ 会被滤除,去除其中的直流分量 A_0(通过隔直流电容)后,输出为有用信号与噪声的叠加:

$$m_o(t) + n_o(t) = \frac{1}{2}m(t) + \frac{1}{2}n_c(t) \qquad (2\text{-}1\text{-}11)$$

3. AM 信号的带宽

信号频域所覆盖的频率范围称为信号的带宽,因此传输带宽只能在频域中体现。设 $m(t)$ 的傅里叶变换为 $M(\omega)$,由于 $A_0\cos\omega_c t$ 的傅里叶变换为 $\pi A_0[\delta(\omega-\omega_c)+\delta(\omega+\omega_c)]$,由傅里叶变换变换的性质及式(2-1-4)可得 AM 的频域表达式为

$$S_{AM}(\omega) = \pi A_0[\delta(\omega+\omega_c)+\delta(\omega-\omega_c)] + \frac{1}{2}[M(\omega+\omega_c)+M(\omega-\omega_c)] \quad (2\text{-}1\text{-}12)$$

式(2-1-12)中第一项是由载波产生的,该项不包括信息;第二项是由调制信号的功率谱决定的,包含了信息。AM 频谱图如图 2-10 所示。由图可知,AM 信号的频谱 $S_{AM}(\omega)$ 由载频分量、上边带和下边带三部分组成。

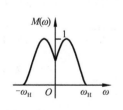

（a）调制信号的频谱

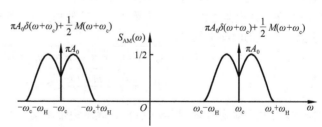

（b）已调信号的频谱

图 2-10　AM 频谱图

由图 2-10 可知,信号的频谱经过 AM 调制后形状并未改变,仅仅是幅度下降一半,位置发生了变换,搬移到了以 $\pm\omega_c$ 为中心的位置。在这个频谱搬移过程中没有出现新的频率分量,因此,该调制为线性调制。由图 2-10 可见,上边带的频谱结构与原调制信号的频谱结构相同,下边带是上边带的镜像。调幅信号的频谱是带有载波分量的双边带信号,即调制信号的频谱经平移后加上载波线谱成分的冲激函数 $\pi A_0\delta(\omega+\omega_c)$ 和 $\pi A_0\delta(\omega-\omega_c)$,带宽由原始消息信号的 f_H 变为 $2f_H$。

$$B_{AM} = 2f_H(\text{Hz}) \qquad (2\text{-}1\text{-}13)$$

式中,f_H 是基带信号的最高频率(即基带信号的带宽,$2\pi f_H = \omega_H$)。

📖上边带与下边带

一般将双边带调制信号频谱中 $|f|>f_c$ 部分称为上边带(upper side band)，$|f|<f_c$ 部分称为下边带(lower side band)。上边带频率和下边带频率之间以载波频率为中心，两两对称，呈镜像位置，如图 2-11 所示。

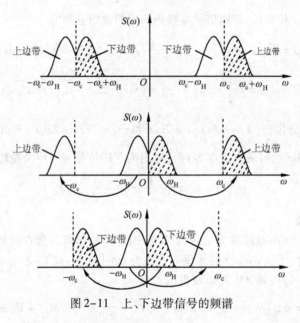

图 2-11　上、下边带信号的频谱

4. AM 信号功率

在通信系统中功率是一个很重要的表现系统性能的参数，因为在接收机当中要得到大的信噪比完全依赖于较大的信号功率，以及较小的噪声功率。

AM 信号在 1 Ω 电阻上的平均功率等于 $s_{AM}(t)$ 的均方值，当 $m(t)$ 为确知信号时，$S_{AM}(t)$ 的均方值等于其二次方的时间平均，即

$$P_{AM} = \overline{s_{AM}^2(t)} = \overline{A_0^2 \cos^2\omega_c t} + \overline{m^2(t)\cos^2\omega_c t} + \overline{2A_0 m(t)\cos^2\omega_c t} \qquad (2-1-14)$$

$$P_{AM} = \frac{A_0^2}{2} + \frac{\overline{m^2(t)}}{2} = P_c + P_S \qquad (2-1-15)$$

式中，$P_c = A_0^2/2$，表示载波功率；$P_S = \overline{m^2(t)}/2$，表示边带功率。

由此可见，AM 信号的总功率包括载波功率和边带功率两部分。只有边带功率才与调制信号有关。在 AM 信号中，载波信号不随调制信号而发生变化，因此其中不包含有用信息，它的唯一作用就是帮助信息信号进行传输并且在接收端解调出有用信号，但仍占据大部分功率，因此 AM 信号的功率利用率比较低。

5. AM 调制效率

调制效率定义为有用功率(用于传输有用信息的边带功率)占已调信号总功率的比例，由式(2-1-15)可得 AM 调制效率为

$$\eta_{AM} = \frac{P_S}{P_{AM}} = \frac{\overline{m^2(t)}}{A_0^2 + \overline{m^2(t)}} \qquad (2-1-16)$$

由于 $|m(t)| \leqslant A_0$，AM 调制效率低于 50%。当调制信号为单一余弦信号时，即当

$$m(t) = A_m \cos\omega_m t \qquad (2-1-17)$$

时,有$\overline{m^2(t)} = A_m^2/2$,将其代入式(2-1-16),得到

$$\eta_{AM} = \frac{\overline{m^2(t)}}{A_0^2 + \overline{m^2(t)}} = \frac{A_m^2}{2A_0^2 + A_m^2} = \frac{\beta_{AM}^2}{2 + \beta_{AM}^2} \tag{2-1-18}$$

式中,$\beta_{AM} = A_m/A_0$,表示调幅指数。当$|m(t)|\max = A_0$时(100%调制),调制效率最高,这时

$$\eta_{max} = 1/3 \tag{2-1-19}$$

在实际的通信系统中(如 AM 广播)中,β_{AM}的取值远小于1,约为0.3,此时$\eta_{AM} \approx 4.3\%$。可见,AM 信号的调制效率是非常低的,大部分发射功率消耗在不携带信息的载波上了。但由于载波的存在,使得 AM 信号的解调可以采用电路简单的包络检波器来完成,从而降低了接收机的造价,这对拥有广大用户的广播系统来说,是非常值得的。因此,AM 调制方式目前还广泛应用于地面的无线广播系统中。

综上所述,AM 调制有如下的特点:

(1) AM 信号的包络与调制信号$m(t)$成正比,因此应用包络检波器就可以解调$m(t)$信号,这样解调器结构简单,实现容易,适用于广播通信。

(2) AM 信号的带宽是基带信号$m(t)$带宽的两倍。

(3) AM 信号的调制效率非常低,最大为1/3。

2.1.2 抑制载波双边带调制

1. DSB 调制原理

AM 从技术上看非常简单,但在 AM 信号中,因为发射了没有携带信息的载波而导致调制效率低,如果将离散载波抑制掉(使$A_0 = 0$),即可得到抑制载波的双边带调制信号(double side band with suppressed carrier,DSB-SC),简称双边带调制(DSB)。双边带调制的原理框图如图 2-12 所示。

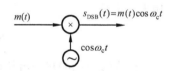

图 2-12 双边带调制原理框图

由图 2-12 可得到 DSB 信号时域表达式为

$$s_{DSB}(t) = m(t)\cos \omega_c t \tag{2-1-20}$$

式(2-1-20)中,当$m(t)$为负时$s_{DSB}(t) = -|m(t)|\cos \omega_c t = |m(t)|\cos(\omega_c t - \pi)$,因此在 DSB 信号波形中,当$m(t)$改变极性时会出现反相点,如图 2-13 所示。

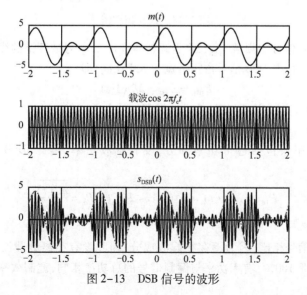

图 2-13 DSB 信号的波形

由于在调制信号 $m(t)$ 的过零点处,高频载波相位有 180° 的突变。DSB 信号的包络不再与调制信号的变化规律一致,如果仍用包络检波方法去解调,信号会发生严重失真,因此需采用相干解调(也称为同步检波)。

2. DSB 调制系统的相干解调

信道存在加性高斯白噪声时 DSB 解调原理框图与 AM 相干解调原理框图相同如图 2-9 所示。DSB 解调时 $s(t)$ 为已调信号,$s(t) = s_{DSB}(t)$,解调器输入端的窄带高斯白噪声 $n_i(t)$ 和有用信号分别与相干载波 $\cos \omega_c t$ 相乘后,输出分别为

$$s_{DSB}(t) \cos \omega_c t = m(t) \cos^2 \omega_c t = \frac{1}{2} m(t) + \frac{1}{2} m(t) \cos 2\omega_c t \tag{2-1-21}$$

$$n_i(t) \cos \omega_c t = \frac{1}{2} n_c(t) + \frac{1}{2} [n_c(t) \cos 2\omega_c t - n_s(t) \sin 2\omega_c t] \tag{2-1-22}$$

经低通滤波器后,高频分量 $\frac{1}{2} m(t) \cos 2\omega_c t$ 和 $\frac{1}{2} [n_c(t) \cos 2\omega_c t - n_s(t) \sin 2\omega_c t]$ 会被滤除,输出为有用信号与噪声的叠加,即

$$m_0(t) + n_0(t) = \frac{1}{2} m(t) + \frac{1}{2} n_c(t) \tag{2-1-23}$$

3. DSB 信号的带宽

在抑制载波的情况下,假设 $m(t)$ 没有直流分量,利用傅里叶变换的性质,可得到 $s_{DSB}(t)$ 的频域表达式为

$$S_{DSB}(\omega) = \frac{1}{2} [M(\omega + \omega_c) + M(\omega - \omega_c)] \tag{2-1-24}$$

由式(2-1-24)可画出其频谱图如图 2-14 所示。

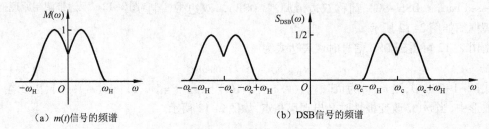

（a）$m(t)$信号的频谱　　　　　　　　（b）DSB信号的频谱

图 2-14　DSB 频谱图

由图 2-14 知,DSB 信号的频谱 $S_{DSB}(\omega)$ 是调制信号 $m(t)$ 信号的频谱的线性搬移,因而 DSB 是一种线性调制。从图中可得 DSB 信号占用带宽与 AM 相同,即

$$B_{DSB} = B_{AM} = 2f_H (Hz) \tag{2-1-25}$$

式中,f_H 是基带信号的最高频率(即基带信号的带宽)。

4. DSB 信号功率

DSB 信号的总功率只包括边带功率部分,没有载波功率,因此,DSB 信号的功率利用率为 100% 。

$$P_{DSB} = \overline{s_{DSB}^2(t)} = \overline{m^2(t) \cos^2 2\pi f_c t} = P_S = \overline{\frac{m^2(t)}{2}} \tag{2-1-26}$$

5. DSB 调制效率

DSB 信号与 AM 信号相比,因为不存在载波成分,因此没有在离散载波上功率的浪费,所以 DSB 信号的调制效率是 100% ,有用功率与调制信号的总功率相同,调制效率 $\eta_{DSB} = 1$。综合以上

所述,DSB 信号具有如下特点:

（1）DSB 信号的包络与 $m(t)$ 不成线性关系,当 $m(t)$ 为正极性时,$S_{\text{DSB}}(t)$ 的包络与 $m(t)$ 成正比,当 $m(t)$ 为负极性时,$S_{\text{DSB}}(t)$ 的包络与 $m(t)$ 沿时间轴翻转 180° 后的波形成正比,即当 $m(t)$ 过零点时,$S_{\text{DSB}}(t)$ 在 $m(t)$ 过零点处的高频载波信号的相位发生 180° 突变。这意味着,DSB 信号中的信息既记载于已调信号的振幅变化中,也记载于已调载波信号的相位变化之中,故不能采用包络检波(简单),而需要采用相干解调(复杂)。

（2）占用带宽与 AM 相同,是基带信号带宽的 2 倍。

（3）调制效率高(100%)。因为 DSB 信号中不存在载波分量,全部功率都用于传输信息。

（4）应用场合较少,主要用于 FM 立体声中的减信号的调制,模拟彩色 TV 系统中的色差信号调制。

2.1.3 单边带调制

DSB 信号虽然节省了载波功率,功率利用率提高了。但它的频带宽度仍是调制信号带宽的两倍,由于 DSB 信号的上、下两个边带是完全对称的,它们都携带了调制信号的全部信息,因此仅传输其中一个边带即可。将 DSB 信号滤掉其中一个边带就是单边带信号(single side band,SSB),又分为上单边带信号和下单边带信号。上单边带信号(USB)对应 $|f| < f_c$ 的频率的频谱为零,其中 f_c 为载波频率;下单边带信号(LSB)对应 $|f| > f_c$ 的频率的频谱为零。

📖 为什么可以进行单边带调制呢?

因为上边带的正频率部分是基带频谱的正频率部分向右搬移得到的,其负频率部分是基带频谱的负频率部分向左搬移得到的;而下边带的正频率部分是基带频谱的负频率部分向右搬移得到的,其负频率部分是基带频谱的正频率部分向左搬移得到的。很显然,上边带和下边带都来源于基带频谱,各自携带了基带信号的全部信息。

1. 单边带信号的产生方法

单边带信号的产生方法通常有滤波法和相移法。

（1）滤波法:滤波法首先产生一个 DSB 信号,然后 DSB 信号通过一个边带滤波器,保留所需要的一个边带,滤除不要的边带,即可得到上边带信号或下边带信号。单边带调制原理框图如图 2-15 所示,其相应的频谱图如图 2-16 所示。它是在双边带调制的基础上,用理想带通滤波器截取上边带[见图 2-16(b)]或用理想低通滤波器截取下边带[见图 2-16(c)]。

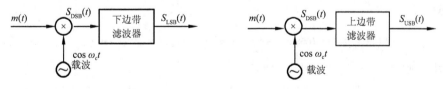

（a）下边带调制原理框图　　　　　　　　　　（b）上边带调制原理框图

图 2-15　SSB 调制原理框图

其中可滤除下边带,保留上边带的带通滤波器为

$$H(\omega) = H_{\text{USB}}(\omega) = \begin{cases} 1 & \text{当 } |\omega| > \omega_c \\ 0 & \text{当 } |\omega| \leq \omega_c \end{cases} \tag{2-1-27}$$

而可以滤除上边带,保留下边带的低通滤波器为

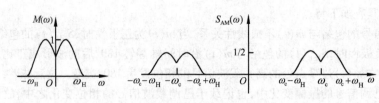

（a）DSB信号的频谱

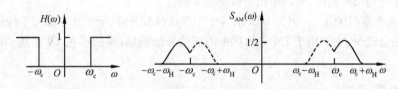

（b）USB信号的边带滤波器和信号频谱

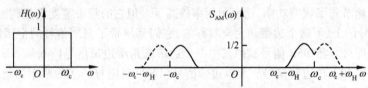

（b）LSB信号的边带滤波器和信号频谱

图 2-16　SSB 频滤图

$$H(\omega) = H_{LSB}(\omega) = \begin{cases} 1 & \text{当} |\omega| < \omega_c \\ 0 & \text{当} |\omega| \geqslant \omega_c \end{cases} \qquad (2-1-28)$$

因此 SSB 信号的频谱可表示为

$$S_{USB}(\omega) = S_{DSB}(\omega) H_{USB}(\omega) \quad \text{或} \quad S_{LSB}(\omega) = S_{DSB}(\omega) H_{LSB}(\omega) \qquad (2-1-29)$$

用滤波法形成 SSB 信号的技术难点是,由于一般调制信号都具有丰富的低频成分,经调制后得到的 DSB 信号的上、下边带之间的间隔很窄,这要求单边带滤波器在 f_c 附近具有陡峭的截止特性,这就使滤波器的设计和制作很困难,为此,在工程中往往采用多级调制滤波的方法。

（2）相移法:为了说明相移原理,首先必须给出 SSB 信号的时域表达式,但 SSB 信号的时域表示式的推导比较困难。但可以从简单的单频调制信号出发,得到 SSB 信号的时域表达式,然后再推广到一般表达式。设单频调制信号为 $m(t) = A_m \cos \omega_m t$, 载波为 $c(t) = \cos \omega_c t$, 则 DSB 信号的时域表达式为

$$s_{DSB}(t) = A_m \cos \omega_m t \cos \omega_c t = \frac{1}{2} A_m \cos(\omega_c + \omega_m) t + \frac{1}{2} A_m \cos(\omega_c - \omega_m) t \qquad (2-1-30)$$

若保留上边带,则有

$$s_{USB}(t) = \frac{1}{2} A_m \cos(\omega_c + \omega_m) t = \frac{1}{2} A_m \cos \omega_m t \cos \omega_c t - \frac{1}{2} A_m \sin \omega_m t \sin \omega_c t \qquad (2-1-31)$$

若保留下边带,则有

$$s_{LSB}(t) = \frac{1}{2} A_m \cos(\omega_c - \omega_m) t = \frac{1}{2} A_m \cos \omega_m t \cos \omega_c t + \frac{1}{2} A_m \sin \omega_m t \sin \omega_c t \qquad (2-1-32)$$

由式(2-1-31)和式(2-1-32)可知,已调信号的包络与基带信号不成线性关系,只是已调信号的幅度与基带信号的振幅成正比,同时已调信号的频率 $\omega_c \pm \omega_m$ 与基带信号的频率有关,显然接收端采用简单的包络检波器是不能解调出单边带信号的。

统一起来,单边带 SSB 信号可表示为

$$s_{SSB}(t) = \frac{1}{2}A_m\cos\omega_m t\cos\omega_c t \mp \frac{1}{2}A_m\sin\omega_m t\sin\omega_c t \qquad (2-1-33)$$

式中,"−"表示上边带信号;"+"表示下边带信号。这里 $A_m\sin\omega_m t$ 可以看成是由 $A_m\cos\omega_m t$ 相移 $\pi/2$ 而幅度大小保持不变得到的。这一过程称为希尔伯特变换,记为"^",即

$$A_m\hat{\cos}\omega_m t = A_m\sin\omega_m t \qquad (2-1-34)$$

利用希尔伯特变换和函数的分解关系(即任何一个基带信号都可以分解成许多正弦信号的和的形式),则 SSB 信号的时域表达式(2-1-33)又可写成一般形式为

$$s_{SSB}(t) = \frac{1}{2}m(t)\cos\omega_c t \mp \frac{1}{2}\hat{m}(t)\sin\omega_c t \qquad (2-1-35)$$

式中,$\hat{m}(t)$ 是 $m(t)$ 的希尔伯特变换,则 $\hat{m}(t)$ 的傅里叶变换 $\hat{M}(\omega)$ 为

$$\hat{M}(\omega) = M(\omega)\cdot[-j\mathrm{sgn}\,\omega] \qquad (2-1-36)$$

式中,$\mathrm{sgn}(\omega)$ 为符号函数

$$\mathrm{sgn}(\omega) = \begin{cases} 1 & \text{当}\ \omega > 0 \\ -1 & \text{当}\ \omega < 0 \end{cases} \qquad (2-1-37)$$

设

$$H_h(\omega) = \hat{M}(\omega)/M(\omega) = -j\mathrm{sgn}(\omega) \qquad (2-1-38)$$

把 $H_h(\omega)$ 称为希尔伯特滤波器的传递函数,它实质上是一个宽带相移网络,表示把 $m(t)$ 幅度不变,所有的频率分量均相移 $\pi/2$,即可得到 $\hat{m}(t)$。由式(2-1-35)可以得单边带调制相移法的模型,如图 2-17 所示。

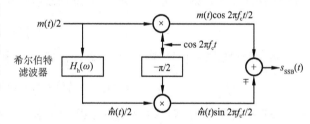

图 2-17 相移法形成单边带信号

由图 2-17 可知,SSB 信号的包络与调制信号 $m(t)$ 的变化规律不再具有线性对应关系,所以 SSB 信号的解调和 DSB 一样不能采用简单的包络检波,仍需采用相干解调。

📖希尔伯特变换是通信和信号检测理论研究中的重要工具,希尔伯特变换的频率特性为

$$H(\omega) = -j\mathrm{sgn}(\omega) = \begin{cases} -j & \text{当}\ \omega > 0 \\ j & \text{当}\ \omega < 0 \end{cases} \Leftrightarrow h(t) = \frac{1}{\pi t} \qquad (2-1-39)$$

希尔伯特变换器实际上是一个 90° 的相移器,希尔伯特变换及其幅频特性和相频特性曲线如图 2-18 所示。

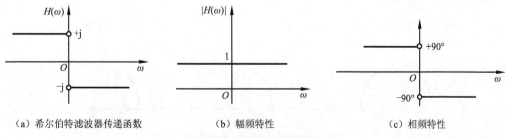

| (a) 希尔伯特滤波器传递函数 | (b) 幅频特性 | (c) 相频特性 |

图 2-18 希尔伯特变换响应

信号 $f(t)$ 的希尔伯特正变换和希尔伯特反变换分别为

$$\hat{f}(t) = f(t) * \frac{1}{\pi t} \qquad f(t) = \hat{f}(t) * \left(\frac{-1}{\pi t}\right) \tag{2-1-40}$$

2. SSB 信号的解调

SSB 信号的解调与双边带信号的解调一样,不能采用简单的包络检波,因为 SSB 信号也是抑制载波的已调信号,它的包络不能直接反映调制信号的变化,所以仍需采用相干解调,如图 2-9 所示。图中 $s(t) = S_{SSB}(t)$,SSB 与 DSB 的区别仅在于解调器之前的带通滤波器的带宽和中心频率不同。前者的带通滤波器的带宽是后者的一半。同样,在接收端需要有一个与接收信号的载波同频、同相的本地载波,与接收信号相乘,再通过低通滤波器,即可恢复出原始的基带信号,如图2-9所示。单边带信号的表达式为

$$s_{SSB}(t) = \frac{1}{2}m(t)\cos\omega_c t \mp \frac{1}{2}\hat{m}(t)\sin\omega_c t \tag{2-1-41}$$

与相干载波相乘后有

$$s_{SSB}(t)\cos\omega_c t = \frac{1}{2}m(t)\cos\omega_c t\cos\omega_c t \mp \frac{1}{2}\hat{m}(t)\sin\omega_c t\cos\omega_c t$$

$$= \frac{1}{4}m(t)\left[1 + \cos 2\omega_c t\right] \mp \frac{1}{4}\hat{m}(t)\sin 2\omega_c t$$

再经低通滤波器滤除 $2\omega_c$ 频率分量,可得解调器输出有用信号为

$$m_o(t) = \frac{1}{4}m(t) \tag{2-1-42}$$

解调器输出噪声信号与 DSB 信号解调器相同,则相干解调器输出信号为

$$m_o(t) + n_o(t) = \frac{1}{4}m(t) + \frac{1}{2}n_c(t) \tag{2-1-43}$$

SSB 解调也可以从频域上来进行分析,从卷积图解法可以直观地看到 SSB 信号的同步解调过程,以下边带调制解调为例,设下边带信号频谱如图 2-19(a) 所示,载波信号的频谱如图 2-19(b)所示。

根据"时域相乘,频域卷积",由冲激函数的性质可知,卷积结果中必定具有 $M(\omega)$ 的成分,理想低通滤波器滤除其他高频分量后,就能在时域内复现基带信号 $m(t)$。下边带信号与余弦信号相乘所得信号的频谱如图 2-19(c)所示。

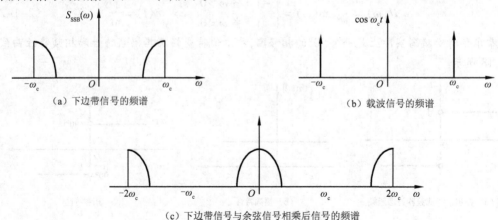

(a) 下边带信号的频谱 　　　　　　　　　　　　(b) 载波信号的频谱

(c) 下边带信号与余弦信号相乘后信号的频谱

图 2-19　卷积图解法 SSB 信号的同步解调过程

很明显,只要通过低通滤波器即可得原信号的频谱,通过傅里叶逆变换便可恢复出原始基带信号。

3. SSB 信号的带宽

SSB 最突出的优点是对频谱资源的有效利用,相对于双边带信号来说,减少一个边带就意味着减少了一半带宽,其频带宽度为

$$B_{SSB} = \frac{1}{2}B_{DSB} = \frac{1}{2}B_{AM} = f_H \tag{2-1-44}$$

带宽的减少使信号占用了更少的频谱,这样就允许在一个固定分配的频谱范围内传输更多的信号,因此 SSB 方式尤其适合已拥挤不堪的高频频谱区。但是更重要的是随着带宽的减少信噪比将大大得到提高。因此,SSB 是短波通信中一种重要的调制方式。

4. SSB 信号的功率

SSB 由于不传送载波和另一个边带,因此节省功率,这一结果带来的低功耗特性和设备重量减轻对于移动通信系统尤为重要。

SSB 带宽的节省是以复杂度的增加为代价的。如相移法形成 SSB 信号的困难在于宽带相移网络的制作,该网络要对调制信号 $m(t)$ 的所有频率分量都必须严格相移 $\pi/2$,这一点即使近似达到也是困难的。滤波法的技术难点是陡峭的边带滤波特性难以实现。

综上所述,可得到 SSB 信号的特点:

(1)虽然 SSB 信号的实现比 AM、DSB 信号要复杂,但 SSB 信号最突出的优点是对频谱资源的有效利用,它所需的传输带宽仅为 AM、DSB 信号的一半;因此 SSB 方式尤其适合已经拥挤不堪的高频频谱区。目前,SSB 是短波通信中一种重要的调制方式。

(2)SSB 信号的另一优点是由于不传送载波和另一个边带所节省的功率。这一结果带来的低功耗特性和设备重量的减轻对于移动通信系统尤为重要。

(3)SSB 带宽的节省是以复杂度的增加为代价的。滤波法的技术难点是陡峭的边带滤波性难以实现。相移法的技术难在于宽带相移网络的制作。

(4)SSB 信号的解调也不能采用简单的包络检波,仍需要采用相干解调。

📖滤波法的技术难点

滤波法的技术难点是滤波特性很难做到具有陡峭的截止特性。例如,若经过滤波后的话音信号的最低频率为 300 Hz,经双边带调制后,则上、下边带之间的频率间隔为 600 Hz,即允许过渡带为 600 Hz。在不太高的载频情况下,滤波器不难实现;但当载频较高时,这要求边带滤波器在中心频率 ω_c 处具有十分陡峭的截止特性才行。中心频率越高,相对过渡截止特性就越陡,边带滤波器越难实现。

为了解决这个问题,可以采用多级(一般采用两级)DSB 调制及边带滤波的方法。多级调制是在较低的载频处产生单边带信号,然后通过变频器进行多次频率搬移,最后形成在发射频率上的单边带信号 ,图 2-20 所示是一个二级变频产生单边带信号的原理图。

这里假设第一载波为 $f_1 = 100$ kHz,第二载频为 10 MHz,若话音信号的频谱范围限制在 300 ～ 3 000 Hz,经过第一次单边带调制后的上边带频谱为 100.3 ～103 kHz 和 - 100.3 ～103 kHz,如图 2-20(b)所示;再将该信号作为调制信号对第二载波 f_2 作为双边带调制,产生 9.897 ～9.899 7 MHz 和 10.100 3 ～10.103 MHz 的上下两个边带信号,这时上、下两个边带的过渡带为 200.6 kHz,在 10 MHz 载频上用边带滤波器将上、下两个边带分开就不困难了,如图 2-20(c)所示。

但如果直接在 10 MHz 载频上产生单边带信号,则下边带 9.997 ～9.999 7 MHz 和上边带 10.000 3 ～10.003 MHz 之间只有 600 Hz 的过渡带,这时要把两个边带信号分开,滤波器要做得非

常陡峭。如果调制信号的低端频谱接近于零频,则用滤波器来分割上、下边带就更困难。

因此,用滤波法提取单边带信号容易导致信号不纯(有不需要的边带分量),从而在解调时会带来失真,如果实现多路复用,则会产生对邻路信号的干扰,影响通信质量。

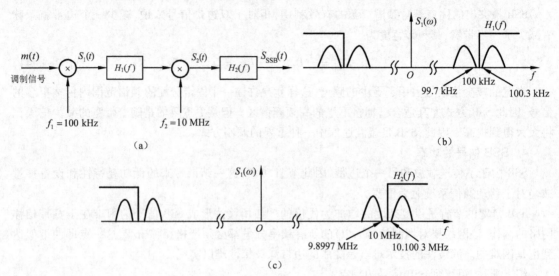

图 2-20　二级变频产生单边带信号的原理图

2.1.4　残留边带调制

在某些应用中(如电视广播),DSB 调制技术需要的带宽对(电视)信道来说太宽,而尽管 SSB 技术只需一半的带宽,但实现起来过于复杂。解决的办法是提出了残留边带调制(VSB)方法。VSB 不是完全抑制一个边带(如同 SSB 中那样),而是逐渐切割,使其残留一小部分,如图 2-21 所示。

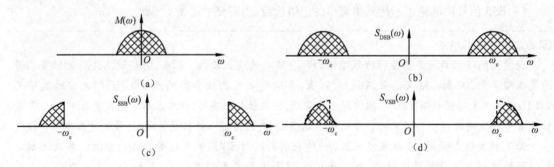

图 2-21　DSB、SSB 和 VSB 信号的频谱

因此,VSB 是介于 SSB 与 DSB 之间的一种折中方式,它既克服了 DSB 信号占用频带宽的缺点,又解决了 SSB 信号实现上的难题。

1. 残留边带的产生

用滤波法实现残留边带调制的原理如图 2-22 所示。图中,滤波器的特性应按残留边带调制的要求来进行设计,它不再要求十分陡峭的截止特性,因而它比单边带滤波器容易制作。

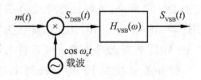

图 2-22　VSB 调制器模型

VSB 信号为

$$S_{\mathrm{VSB}}(t) = S_{\mathrm{DSB}}(t) * h_{\mathrm{VSB}}(t) \tag{2-1-45}$$

由式(2-1-45)式(2-1-24)可得,残留边带信号的频谱为

$$S_{\mathrm{VSB}}(\omega) = \frac{1}{2}\left[M(\omega + \omega_{\mathrm{c}}) + M(\omega - \omega_{\mathrm{c}})\right]H_{\mathrm{VSB}}(\omega) \tag{2-1-46}$$

2. 残留边带的解调

对 VSB 信号解调,不能简单地采用包络检波方式,必须采用图 2-9 所示的相干解调。图中,$s(t) = S_{\mathrm{VSB}}(t)$,为了无失真地恢复调制信号,VSB 滤波器的传输函数必须满足以下条件:

$$H_{\mathrm{VSB}}(\omega + \omega_{\mathrm{c}}) + H_{\mathrm{VSB}}(\omega - \omega_{\mathrm{c}}) = 常数, \qquad |\omega| \leqslant \omega_{\mathrm{H}} \tag{2-1-47}$$

式中,ω_{H} 是调制信号 $m(t)$ 的最高角频率。

证明 VSB 相干解调原理图如图 2-9 所示,VSB 相干解调时 $s(t) = s_{\mathrm{VSB}}(t)$。乘法器输出有用信号设为 $S_{\mathrm{p}}(t)$,有

$$S_{\mathrm{p}}(t) = s_{\mathrm{VSB}}(t)\cos\omega_{\mathrm{c}}t \tag{2-1-48}$$

$S_{\mathrm{p}}(t)$ 的频域表达式为

$$S_{\mathrm{p}}(\omega) = \frac{1}{2}S_{\mathrm{VSB}}(\omega + \omega_{\mathrm{c}}) + \frac{1}{2}S_{\mathrm{VSB}}(\omega - \omega_{\mathrm{c}}) \tag{2-1-49}$$

将式(2-1-46)代入式(2-1-49)得

$$S_{\mathrm{p}}(\omega) = \frac{1}{2}\left[M(\omega + 2\omega_{\mathrm{c}}) + M(\omega)\right]H_{\mathrm{VSB}}(\omega + \omega_{\mathrm{c}}) + \frac{1}{2}\left[M(\omega - 2\omega_{\mathrm{c}}) + M(\omega)\right]H_{\mathrm{VSB}}(\omega - \omega_{\mathrm{c}})$$

$$\tag{2-1-50}$$

式中,$M(\omega + 2\omega_{\mathrm{c}})$ 及 $M(\omega - 2\omega_{\mathrm{c}})$ 是 $M(\omega)$ 搬移到 $+2\omega_{\mathrm{c}}$ 和 $-2\omega_{\mathrm{c}}$ 处的频谱,它们可以由解调器中的低通滤波器滤除。则通过低通滤波器后,输出信号的频谱为

$$M_{\mathrm{o}}(\omega) = \frac{1}{2}M(\omega)\left[H_{\mathrm{VSB}}(\omega + \omega_{\mathrm{c}}) + H_{\mathrm{VSB}}(\omega - \omega_{\mathrm{c}})\right] \tag{2-1-51}$$

为了保证相干解调的输出无失真地重现调制信号,必须要求

$$H_{\mathrm{VSB}}(\omega + \omega_{\mathrm{c}}) + H_{\mathrm{VSB}}(\omega - \omega_{\mathrm{c}}) = 常数 \qquad |\omega| \leqslant \omega_{\mathrm{H}} \tag{2-1-52}$$

满足式(2-1-52)的 $H_{\mathrm{VSB}}(\omega)$ 的可能形式有两种:图 2-23(a)所示的低通滤波器形式和图 2-23(b)所示的带通(或高通)滤波器形式。

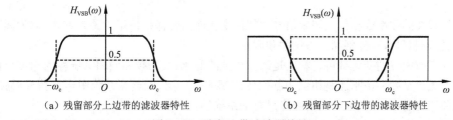

(a)残留部分上边带的滤波器特性　　　　　(b)残留部分下边带的滤波器特性

图 2-23　残留边带滤波器特性

式(2-1-52)的几何解释(以残留上边带的滤波器为例)如图 2-24 所示,它是一个低通滤波器。这个滤波器将使上边带小部分残留,而使下边带绝大部分通过。将 $H_{\mathrm{VSB}}(\omega)$ 进行 $\pm\omega_{\mathrm{c}}$ 的频移,分别得到 $H_{\mathrm{VSB}}(\omega - \omega_{\mathrm{c}})$[见图 2-24(b)]和 $H_{\mathrm{VSB}}(\omega + \omega_{\mathrm{c}})$[见图 2-24(c)],将两者相加,其结果在 $|\omega| < \omega_{\mathrm{H}}$ 范围内应为常数,为了满足这一要求,必须使 $H_{\mathrm{VSB}}(\omega - \omega_{\mathrm{c}})$ 和 $H_{\mathrm{VSB}}(\omega + \omega_{\mathrm{c}})$ 在 $\omega = 0$ 处具有互补对称的滚降特性,如图 2-24(d)所示。因此只要残留边带滤波器的特性 $H_{\mathrm{VSB}}(\omega)$ 在 $\pm\omega_{\mathrm{c}}$ 处具有互补对称(奇对称)特性,那么,采用相干解调法解调残留边带信号就能够准确地恢复所需

的基带信号。

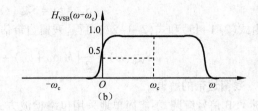

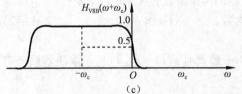

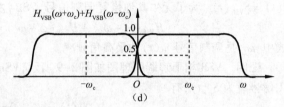

图 2-24　残留边带滤波器的几何解释

综上所述,可得到 VSB 的特点:

(1)VSB 方式既克服了 DSB 信号占用频带宽的缺点,又解决了 SSB 信号实现上的难题。

(2)VSB 的带宽介于 SSB 和 DSB 之间,$B_{SSB} < B_{VSB} < B_{DSB}$,调制效率为 100%。

(3)VSB 比 SSB 所需求的带宽仅有很小的增加,但却换来了电路实现的简化;

(4)VSB 在商业电视广播中的电视信号传输中得到了广泛的应用。这是因为电视图像信号的低频分量丰富,且占用 0～6 MHz 的频带范围,所以不便采用 SSB 或 DSB 调制方式。

📖对抑制载波双边带调制、单边带调制和残留边带调制不能采用简单的包络检波方法解调,但若插入很强的载波分量后,线性调制信号可以用包络检波的方法近似地恢复原始调制信号,这种方法对于双边带信号、单边带信号和残留边带信号都适用。载波分量可以在接收端插入,也可以在发送端插入。在广播电视中为了使接收设备简化,采用了在发送时插入载波的方法。

2.2　非线性调制(角度调制)

使高频载波的频率或相位按调制信号的规律变化而振幅保持恒定的调制方式,称为频率调制(FM)或相位调制(PM),分别简称为调频和调相。

因为频率或相位的变化都可以看成是载波角度的变化,故调频和调相又统称为角度调制。在通信系统中无论是频率调制还是相位调制的使用都非常广泛,如电视系统中声音信号的传输、双向式固定和移动通信系统、卫星通信和蜂窝电话系统等。

角度调制与线性调制不同,已调信号频谱不再是原调制信号频谱的线性搬移,而是频谱的非线性变换,会产生与频谱搬移不同的新的频率成分,故又称为非线性调制。与幅度调制技术相比,角度调制最突出的优势是有较高的抗噪声性能。

2.2.1　角度调制的基本表达式

角度调制信号的一般表达式为

$$S_m(t) = A\cos\theta(t) = A\cos\left[\omega_c t + \varphi(t)\right] \tag{2-2-1}$$

通信原理

A 是载波的恒定振幅；$\theta(t) = [\omega_c t + \varphi(t)]$ 是信号的瞬时相位，而 $\varphi(t)$ 称为相对于载波相位 $\omega_c t$ 的瞬时相位偏移；$\mathrm{d}[\omega_c t + \varphi(t)]/\mathrm{d}t$ 是信号的瞬时角频率（即在某一特定时刻的角频率），而 $\mathrm{d}\varphi(t)/\mathrm{d}t$ 称为相对于载频 ω_c 的瞬时角频偏。

1. 相位调制（phase modulation，PM）

所谓相位调制，是指瞬时相位偏移随调制信号 $m(t)$ 而线性变化，即

$$\varphi(t) = K_{\mathrm{P}} m(t) \tag{2-2-2}$$

式中，K_{P} 是相移常数，代表调相器的灵敏度，是单位调制信号幅度引起 PM 信号的相位偏移量，单位是弧度/伏（rad/V）。于是，调相信号可表示为

$$s_{\mathrm{PM}}(t) = A\cos[\omega_c t + K_{\mathrm{P}} m(t)] \tag{2-2-3}$$

可得调相信号的瞬时相位为 $\theta(t) = \omega_c t + K_{\mathrm{P}} m(t)$，瞬时角频率为 $\omega(t) = \dfrac{\mathrm{d}\theta(t)}{\mathrm{d}t} = \omega_c + K_{\mathrm{P}} \dfrac{\mathrm{d}m(t)}{\mathrm{d}t}$。

2. 频率调制（Frequency modulation，FM）

所谓频率调制，是指瞬时角频率偏移随调制信号 $m(t)$ 而线性变化，即

$$\frac{\mathrm{d}\varphi(t)}{\mathrm{d}t} = K_{\mathrm{F}} m(t) \tag{2-2-4}$$

式中，K_{F} 是一个频偏常数，表示调频器的灵敏度，单位为弧度/（秒·伏）$[\mathrm{rad}/(\mathrm{s \cdot V})]$，这时调频信号的瞬时相位偏移为

$$\varphi(t) = K_{\mathrm{F}} \int_{-\infty}^{t} m(\tau) \mathrm{d}\tau \tag{2-2-5}$$

代入式（2-2-1）则可得调频信号的表达式为

$$s_{\mathrm{FM}}(t) = A\cos\left[\omega_c t + K_{\mathrm{F}} \int_{-\infty}^{t} m(\tau) \mathrm{d}\tau\right] \tag{2-2-6}$$

由式（2-2-6）可得调频信号的瞬时角频率为 $\omega(t) = \omega_c + K_{\mathrm{F}} m(t)$，瞬时相位为

$$\theta(t) = \omega_c t + K_{\mathrm{F}} \int_{-\infty}^{t} m(\tau) \mathrm{d}\tau$$

3. 调制信号为单一频率的余弦波时 PM 信号和 FM 信号

设调制信号为单一频率的余弦波，即

$$m(t) = A_{\mathrm{m}} \cos \omega_{\mathrm{m}} t = A_{\mathrm{m}} \cos 2\pi f_{\mathrm{m}} t \tag{2-2-7}$$

用这个单一频率的余弦波对载波进行相位调制时，将式（2-2-7）代入式（2-2-3）得到

$$s_{\mathrm{PM}}(t) = A\cos[\omega_c t + K_{\mathrm{P}} A_{\mathrm{m}} \cos \omega_{\mathrm{m}} t] = A\cos[\omega_c t + m_{\mathrm{P}} \cos \omega_{\mathrm{m}} t] \tag{2-2-8}$$

式中，$m_{\mathrm{P}} = K_{\mathrm{P}} A_{\mathrm{m}}$ 为调相指数，表示最大的相位偏移。用单一频率的余弦波对载波进行频率调制时，将式（2-2-7）代入式（2-2-6）得到 FM 信号的表达式

$$s_{\mathrm{FM}}(t) = A\cos\left[\omega_c t + K_{\mathrm{F}} A_{\mathrm{m}} \int_{-\infty}^{t} \cos \omega_{\mathrm{m}} \tau \mathrm{d}\tau\right] \tag{2-2-9}$$

$$= A\cos[\omega_c t + m_{\mathrm{f}} \sin \omega_{\mathrm{m}} t]$$

式中，

$$m_{\mathrm{f}} = \frac{K_{\mathrm{F}} A_{\mathrm{m}}}{\omega_{\mathrm{m}}} = \frac{\Delta \omega_{\max}}{\omega_{\mathrm{m}}} = \frac{\Delta f_{\max}}{f_{\mathrm{m}}} \tag{2-2-10}$$

为调频指数，表示最大的相位偏移；$\Delta f_{\max} = m_{\mathrm{f}} f_{\mathrm{m}}$ 为最大频偏；$\Delta \omega_{\max} = K_{\mathrm{F}} A_{\mathrm{m}}$ 为最大角频偏；f_{m} 为调制频率。调制信号为单一频率的余弦波时 PM 信号和 FM 信号波形如图 2-25 所示。

由图可见，FM 和 PM 非常相似，如果预先不知道调制信号 $m(t)$ 的具体形式，则无法判断已调信号是调相信号还是调频信号。比较 FM 和 PM 的数学表达式可知，PM 是相位偏移随调制信号 $m(t)$ 线性变化，FM 是相位偏移随 $m(t)$ 的积分成线性变化，即 PM 波的疏密变化不直接反映基带

信号的变化规律,而是反映导数 $\mathrm{d}\, m(t)/\mathrm{d}t$ 的变化规律。而 FM 波的疏密变化反映调制信号 $m(t)$ 的变化规律。

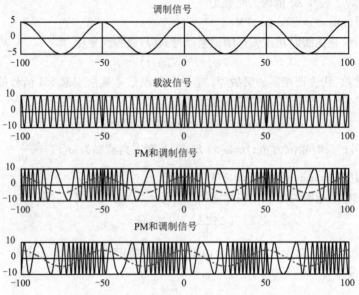

图 2-25　调制信号为单一频率的余弦波时 PM 信号和 FM 信号的波形

4. FM 和 PM 的关系

由于频率和相位之间存在微分与积分的关系,所以 FM 与 PM 之间是可以相互转换的。由式(2-2-3)和式(2-2-6)可见,如果将调制信号先微分,而后进行调频,则得到的是调相波,这种方式称为间接调相;同样,如果将调制信号先积分,而后进行调相,则得到的是调频波,这种方式称为间接调频。PM 的一种常用的实现方法是用调制信号控制谐振回路或移相网络的电抗或电阻元件以实现 PM。类似地,直接 FM 产生电路是根据调制电压改变振荡频率(谐振)电路的调谐而得到的,图 2-26 给出了直接和间接调相和调频的原理框图。

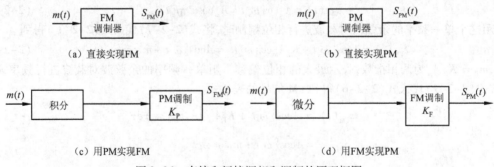

(a)直接实现FM　　　　　　　　　　　　　　(b)直接实现PM

(c)用PM实现FM　　　　　　　　　　　　　　(d)用FM实现PM

图 2-26　直接和间接调相和调频的原理框图

FM 与 PM 之间的简单关系说明这两种调制方式之间可相互转换。在实际系统中,由于 FM 系统的抗噪声性能优于 PM,因此 FM 应用更为广泛,如高频广播、模拟微波中继通信,因此下面只讨论频率调制。

2.2.2　调频信号的频谱分析与卡森带宽

根据已调信号瞬时相位偏移的大小,调频可以分为宽带调频(WBFM)与窄带调频(NBFM)两

种，一般认为满足

$$\left| K_F \int_{-\infty}^{t} m(\tau)\mathrm{d}\tau \right| \ll \frac{\pi}{6} \text{（或 0.5）} \tag{2-2-11}$$

为窄带调频，否则为宽带调频。

一般而言，相对带宽较窄的 FM 信号用于话音通信（大概 15 kHz），而更宽的 FM 信号则用于诸如 FM 广播（大约 200 kHz）和模拟卫星电视（一个系统大约需要 36 MHz）等方面。

1. 窄带调频

前面已经指出，频率调制属于非线性调制，其频谱结构非常复杂，难于表述。但是，当最大相位偏移及相应的最大频率偏移较小时，可以简化，因此可求出任意调制信号的频谱表示式。将 FM 信号一般表示式展开得到

$$\begin{aligned}
s_{\mathrm{NBFM}}(t) &= A\cos\left[\omega_c t + K_F \int_{-\infty}^{t} m(\tau)\mathrm{d}\tau \right] \\
&= A\cos\omega_c t\cos\left[K_F \int_{-\infty}^{t} m(\tau)\mathrm{d}\tau \right] - A\sin\omega_c t\sin\left[K_F \int_{-\infty}^{t} m(\tau)\mathrm{d}\tau \right]
\end{aligned} \tag{2-2-12}$$

当满足窄带调频条件时：

$$\cos\left[K_F \int_{-\infty}^{t} m(\tau)\mathrm{d}\tau \right] \approx 1 \tag{2-2-13}$$

$$\sin\left[K_F \int_{-\infty}^{t} m(\tau)\mathrm{d}\tau \right] \approx K_F \int_{-\infty}^{t} m(\tau)\mathrm{d}\tau \tag{2-2-14}$$

故式（2-2-12）可简化为

$$s_{\mathrm{NBFM}}(t) \approx A\cos\omega_c t - \left[AK_F \int_{-\infty}^{t} m(\tau)\mathrm{d}\tau \right]\sin\omega_c t \tag{2-2-15}$$

设 $m(t)$ 傅里叶变换为 $M(\omega)$，利用傅里叶变换的性质，可得到 NBFM 信号的频域表达式

$$\begin{aligned}
S_{\mathrm{NBFM}}(\omega) = \pi A[\delta(\omega + \omega_c) + \delta(\omega - \omega_c)] + \\
\frac{AK_F}{2}\left[\frac{M(\omega - \omega_c)}{\omega - \omega_c} - \frac{M(\omega + \omega_c)}{\omega + \omega_c} \right]
\end{aligned} \tag{2-2-16}$$

比较 NBFM 和 AM 信号频谱，式（2-1-12）和式（2-2-16），它们的频谱图如图 2-27 所示。

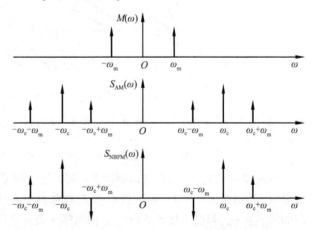

由图 2-27 可见，两者都含有一个载波和位于 $\pm\omega_c \pm \omega_m$ 的边带，所以它们的带宽相同。不同的是，NBFM 的两个边频分别乘了因式 $[1/(\omega - \omega_c)]$ 和 $[1/(\omega + \omega_c)]$，由于因式是频率的函数，所以这种加权是频率加权，加权的结果引起调制信号频谱的失真。另外，NBFM 的一个边带和 AM 反相。

由于 NBFM 信号最大频率偏移较小，占据的带宽较窄，但是其抗干扰性能比 AM 系统要好得多，因此得到较广泛的应用。

图 2-27　单音调制时调幅和窄带调频信号的频谱图

2. 单音调制时宽带调频

当 $\left| K_F \int_{-\infty}^{t} m(\tau)\mathrm{d}\tau \right| \gg \pi/6$ 时为宽带高频，此时式（2-2-6）中 FM 信号的时域表达式不能简

化,给宽带调频分析带来了困难。为使问题简化,可先分析单音调制的情况,然后把分析的结论推广到多音情况。设单音调制信号为

$$m(t) = A_{\mathrm{m}}\cos \omega_{\mathrm{m}}t = A_{\mathrm{m}}\cos 2\pi f_{\mathrm{m}}t \tag{2-2-17}$$

由式(2-2-5)有调频信号的瞬时相偏

$$\varphi(t) = A_{\mathrm{m}}K_{\mathrm{F}}\int_{-\infty}^{t}\cos \omega_{\mathrm{m}}\tau \mathrm{d}\tau = \frac{A_{\mathrm{m}}K_{\mathrm{F}}}{\omega_{\mathrm{m}}}\sin \omega_{\mathrm{m}}t = m_{\mathrm{f}}\sin \omega_{\mathrm{m}}t \tag{2-2-18}$$

则单音调频的时域表达式

$$s_{\mathrm{FM}}(t) = A\cos\left[\omega_{\mathrm{c}}t + m_{\mathrm{f}}\sin \omega_{\mathrm{m}}t\right] \tag{2-2-19}$$

利用贝塞尔函数可把 $S_{\mathrm{FM}}(t)$ 信号展开为一系列正余弦曲线。

$$s_{\mathrm{FM}}(t) = A\sum_{n=-\infty}^{+\infty}J_{n}(m_{\mathrm{f}})\cos(\omega_{\mathrm{c}} + n\omega_{\mathrm{m}})t \tag{2-2-20}$$

这里 $J_{n}(m_{\mathrm{f}})$ 为第一类 n 阶贝塞尔函数,它是 n 和调制指数 m_{f} 的函数,贝塞尔函数曲线如图 2-28 所示。当 n 为零或整数时,贝塞尔函数的函数形式为 $J_{n}(m_{\mathrm{f}}) = \sum_{j=0}^{+\infty}\frac{(-1)^{j}}{j!(n+j)!}\left(\frac{m_{\mathrm{f}}}{2}\right)^{2j+n}$,并且有如下性质:

(1) $\sum_{n=-\infty}^{+\infty}J_{n}^{2}(m_{\mathrm{f}}) = 1$;

(2)且当 $n > m_{\mathrm{f}} + 1$ 时,$J_{n}(m_{\mathrm{f}}) < 0.1$;

(3) $J_{-n}(m_{\mathrm{f}}) = (-1)^{n}J_{n}(m_{\mathrm{f}})$。

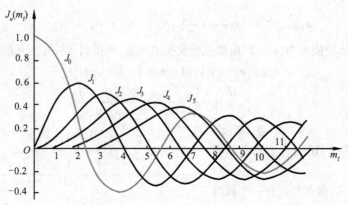

图 2-28　$J_{n}(m_{\mathrm{f}})$-m_{f} 关系曲线

对式(2-2-20)的调频信号求傅里叶变换,可得到调频信号的频谱密度函数为

$$S_{\mathrm{FM}}(\omega) = \pi A\sum_{n=-\infty}^{+\infty}J_{n}(m_{\mathrm{f}})\left[\delta(\omega - \omega_{\mathrm{c}} - n\omega_{\mathrm{m}}) + \delta(\omega + \omega_{\mathrm{c}} + n\omega_{\mathrm{m}})\right] \tag{2-2-21}$$

由式(2-2-21)可见,单音调制时 FM 调频波的频谱包含无穷多个分量。当 $n = 0$ 时就是载波分量 ω_{c},其幅度正比于 $J_{0}(m_{\mathrm{f}})$;当 $n \neq 0$ 时在载频两侧对称地分布上下边频分量 $\omega_{\mathrm{c}} \pm n\omega_{\mathrm{m}}$,谱线之间的间隔为 ω_{m},幅度正比于 $J_{n}(m_{\mathrm{f}})$。根据第一类 n 阶贝塞尔函数的性质有,当 n 为奇数时,上、下边频极性相反;当 n 为偶数时,其极性相同。由此可见,FM 信号的频谱不再是调制信号频谱的线性搬移,而是一种非线性过程。

由图 2-29 可见,由于调频波的频谱包含无穷多个频率分量,因此理论上调频波的频带宽度为无限宽,因此无失真地传输 FM 信号时,系统带宽应该为无穷宽,这在实际上是做不到的,也没有必要。从图中可以看到,边频幅度 $J_{n}(m_{\mathrm{f}})$ 随着 n 的增大而逐渐减小。因此,尽管大多数情况下角

度调制信号的带宽要远大于 AM 信号的带宽,可是在实际应用当中角度调制信号仍然可以被认为是限频带。

通常的信号的频带宽度应包括幅度大于未调载波的 10% 以上的边频分量。当 $m_f \geqslant 1$ 时,取边频数 $n = m_f + 1$ 即可(由 $n > m_f + 1$ 时,$J_n(m_f) < 0.1$ 可得),因为 $n > m_f + 1$ 以上的边频幅度均小于 0.1。被保留的上、下边频数共有 $2n = 2(m_f + 1)$ 个,相邻边频之间的频率间隔为 f_m,所以调频波的有效带宽为

$$B_{FM} = 2(m_f + 1)f_m = 2(\Delta f_{max} + f_m) \tag{2-2-22}$$

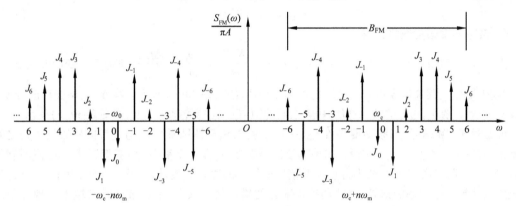

图 2-29 调频信号的频谱($m_f = 5$)

式(2-2-22)中 $\Delta f_{max} = m_f f_m$ 为最大频率偏移。它说明调频信号的带宽取决于最大频偏和调制信号的频率

当 $m_f \ll 1$ 时, $\qquad\qquad B_{FM} = 2f_m \tag{2-2-23}$

这正是窄带调频时的情况,表示带宽由第一对边频分量决定,且只随调制频率 f_m 变化,而与最大频偏 Δf_{max} 无关。

当 $m_f \gg 1$ 时, $\qquad\qquad B_{FM} \approx 2\Delta f_{max} \tag{2-2-24}$

表示宽带调频情况,说明带宽由最大频偏 Δf_{max} 决定,而与调制频率 f_m 无关。

这说明在大调制指数下的 FM 信号的带宽近似为最大频偏的两倍,且与调制频率无关。

3. 宽带调频信号的功率分配

FM 信号是频率随基带信号变化的等幅高频振荡信号,其幅度是未调载波的幅度,所以调频信号的平均功率为

$$P_{FM} = \overline{s_{FM}^2(t)} \tag{2-2-25}$$

由帕塞瓦尔定理及式(2-2-20)可知

$$P_{FM} = \overline{s_{FM}^2(t)} = \frac{A^2}{2} \sum_{n=-\infty}^{+\infty} J_n^2(m_f) \tag{2-2-26}$$

利用贝塞尔函数的性质 $\sum_{n=-\infty}^{+\infty} J_n^2(m_f) = 1$,得到 $P_{FM} = A^2/2 = P_c$,其中 P_c 为载波功率,因此调频信号的平均功率等于未调载波的平均功率,即调制后总的功率不变,只是将原来载波功率中的一部分分配给每个边频分量。所以,调制过程只是进行功率重新分配,而分配的原则与调频指数 m_f 有关。

4. 卡森带宽公式

上面分析了单音调制信号时调频信号的带宽。对任意信号 $m(t)$ 调制时,调频信号的带宽也可以用类似的方法导出。

可以利用卡森公式对 FM 信号(也包括 PM 信号)的带宽进行近似计算为

$$B_{\mathrm{FM}} = 2(\beta + 1)B \qquad\qquad (2\text{-}2\text{-}27)$$

式中，β 是相位调制指数 m_{p} 或频率调制指数 m_{f}；B 是调制信号的带宽（对正弦调制则为 f_{m}）。即对单音调频信号，卡森公式可写为

$$B_{\mathrm{FM}} = 2(m_{\mathrm{f}} + 1)f_{\mathrm{m}} = 2(\Delta f_{\max} + f_{\mathrm{m}}) \qquad\qquad (2\text{-}2\text{-}28)$$

与式（2-2-22）一致。

对实际应用来说，卡森公式估计的频带宽度偏低，因此当 $\beta > 2$ 时，常用式（2-2-29）来计算调频信号的带宽：

$$B_{\mathrm{FM}} = 2(\beta + 2)B \qquad\qquad (2\text{-}2\text{-}29)$$

5. 带宽与调频指数的关系

由于 $B_{\mathrm{FM}} = 2(m_{\mathrm{f}} + 1)f_{\mathrm{m}} = 2(\Delta f_{\max} + f_{\mathrm{m}})$，且有 $m_{\mathrm{f}} = \dfrac{K_{\mathrm{F}}A_{\mathrm{m}}}{\omega_{\mathrm{m}}} = \dfrac{\Delta\omega_{\max}}{\omega_{\mathrm{m}}} = \dfrac{\Delta f_{\max}}{f_{\mathrm{m}}}$，则若 f_m 不变而改变 Δf_{max}

（m_{f} 值发生变化），调频信号的带宽随 m_{f} 的增加而加宽，如图 2-30（a）所示。若 $\Delta f_{\max}$ 不变而改变 m_{f}，随着 m_{f} 变大，f_m 变小，边频的数目增加，边频之间的距离变小，带宽基本不变，如图 2-30（b）所示。

可见对于 FM 信号，当频率偏移 $\Delta f_{\max}$ 一定的时候，由于调制系统 m_t 与基带信号的频率 f_m 之间为反比关系（$m_f = \Delta f_{max}/f_m$）。因此，如果基带信号振幅 A_{m} 保持不变，增加基带频率 f_m 将使调制系数 m_t 减小（而调制系数 m_t 的减小将减少振幅幅值较大的边带的数量，而另一方面，由于上、下边带的距离是基带信号频率的倍频，因此基带频率 f_m 的增加将导致上、下边带之间频域上表现为距离增加）。这两个影响是相反的，结果将是随着基带信号频率的增加带宽稍微变大，但带宽和频率之间并不成正比的关系。基于上述原因，有时候 FM 调制也被称为恒带宽通信方式。

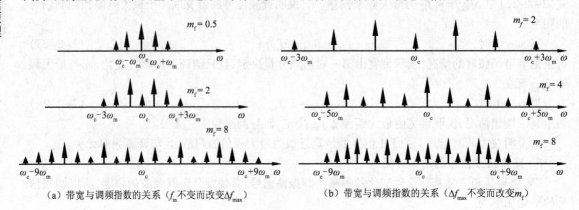

（a）带宽与调频指数的关系（f_{m} 不变而改变 $\Delta f_{\max}$）　　（b）带宽与调频指数的关系（$\Delta f_{\max}$ 不变而改变 m_{f}）

图 2-30　带宽与调频指数的关系

2.2.3　调频信号的产生

1. 窄带调频信号的产生

窄带信号可由平衡调制器（乘法器）产生，图 2-31 给出了窄带调频信号产生的方法。

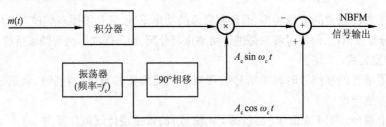

图 2-31　窄带调频信号产生的方法

平衡调制方法的基本原理是先将调制信号积分,然后对载波进行调相,即可产生一个窄带调频(NBFM)信号,即得到式(2-2-15)所示的 NBFM 信号 $s_{NBFM}(t)$。

2. 宽带调频信号的产生

宽带调频信号的产生有直接调频法和间接调频法。

(1)直接调频法:用调制信号直接去控制载波振荡器的频率,使其按调制信号的规律线性地变化。如每个压控振荡器(VCO)自身就是一个 FM 调制器,因为它的振荡频率正比于输入控制电压,即

$$\omega_i(t) = \omega_c + K_F m(t) \tag{2-2-30}$$

式中,ω_c 是外加控制电压为零时压控振荡器的自由振荡角频率,常简称振荡频率,也就是压控振荡器的中心角频率。图 2-32 是用变容二极管实现直接调频的原理框图。

直接调频法的主要优点是在实现线性调频的要求下可以获得较大的频偏。但缺点是频率稳定度不高,往往需要附加稳频电路来稳定中心频率。改进途径是采用图 2-33 所示的锁相环(PLL)调制器。

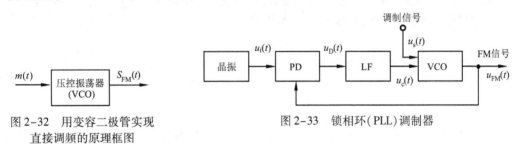

图 2-32　用变容二极管实现
直接调频的原理框图

图 2-33　锁相环(PLL)调制器

锁相环通常由鉴相器(PD)、环路滤波器(LF)和压控振荡器(VCO)三部分组成。锁相环中的鉴相器又称为相位比较器,它的作用是检测输入信号和输出信号的相位差,并将检测出的相位差信号转换成 $u_D(t)$ 电压信号输出,该信号经低通滤波器滤波后形成压控振荡器的控制电压 $u_c(t)$,对压控振荡器输出信号的角频率 ω_u 实施控制:$\omega_u = \omega_c + k_0 u_c(t)$,这里 ω_c 为压控振荡器在输入控制电压为零或为直流电压时的振荡角频率,称为电路的固有振荡角频率。

当 $u_c(t)$ 随时间而变时,压控振荡器的振荡角频率 ω_u 也随时间而变,锁相环进入"频率牵引",自动跟踪捕捉输入信号的频率,使锁相环进入锁定的状态,并保持 $\omega_c = \omega_i$ 的状态不变(ω_i 为输入信号的瞬时振荡角频率)。

调频波的特点是频率随调制信号幅度的变化而变化。由 $\omega_u = \omega_c + k_0 u_c(t)$ 可知,压控振荡器的振荡角频率取决于输入电压的幅度。当载波信号的频率与锁相环的固有振荡角频率 ω_c 相等时,压控振荡器输出信号的频率将保持 ω_c 不变。若压控振荡器的输入信号除了有锁相环低通滤波器输出的信号 $u_c(t)$ 外,还有调制信号 $u_s(t)$,则压控振荡器输出信号的频率就是以 ω_c 为中心,随调制信号 $u_s(t)$ 幅度的变化而变化的调频波信号。

(2)间接法调频:间接法调频又称为阿姆斯特朗(Armstrong)法或窄带调频 – 倍频法。它不是直接用基带信号去改变载波振荡的频率,而是先将基带信号进行积分,然后实施窄带调相,从而间接得到窄带调频信号。之所以先进行窄带调相,是因为窄带调相时,振荡器可以采用高稳定度的石英振荡器,从而提高载频的稳定度。

产生窄带调频信号以后,可以通过倍频法产生宽带调频信号。间接法调频的原理框图如图 2-34 所示。

由式(2-2-15)可知,窄带调频信号可看成由正交分量与同相分量合成的。所以,可以用图 2-34

左边的模型产生窄带调频信号,即

$$s_{NBFM}(t) \approx A\cos \omega_c t - \left[AK_f \int_{-\infty}^t m(\tau)\mathrm{d}\tau \right]\sin \omega_c t \qquad (2-2-31)$$

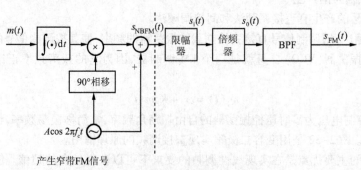

产生窄带FM信号

图 2-34　间接法调频的原理框图

图 2-34 中倍频的目的是为提高调频指数,从而获得宽带调频。倍频器可以用非线性器件实现。以理想平方律器件为例,其输出/输入特性为

$$s_o(t) = as_i^2(t) \qquad (2-2-32)$$

当倍频器的输入信号为调频信号时,有

$$s_i(t) = A\cos\left[\omega_c t + \varphi(t)\right] \qquad (2-2-33)$$

$$s_o(t) = \frac{1}{2}aA^2\{1 + \cos\left[2\omega_c t + 2\varphi(t)\right]\} \qquad (2-2-34)$$

由式(2-2-34)可知,滤除直流成分后,可得到一个新的调频信号,其载频和相位偏移均增为 2 倍,由于相位偏移增为 2 倍,因而调频指数也必然增为 2 倍。同理,经 n 次倍频后可以使调频信号的载频和调频指数增为 n 倍。

使用倍频法提高了调频指数,但也提高了载波频率,这有可能使载频过高而不符合要求,且频率过高也给电路提出了较高要求。为了解决这个矛盾,往往在使用倍频器的同时使用混频器,用以控制载波的频率。混频器的作用与幅度调制器的作用相同,它将输入信号的频谱搬移到给定的频率位置上,但不改变其频谱结构。

如图 2-35 所示,混频器由乘法器和带通滤波器组成。中心频率为 f_c 的输入信号和频率为 f_r 的参考信号相乘,相乘的结果使输入信号的频谱搬移到中心频率为 $f_c \pm f_r$ 的位置上,$f_c + f_r$ 称为和频,$f_c - f_r$ 称为差频,用带通滤波器可以滤出和频或差频信号。产生和频信号的混频过程称为上变频,产生差频信号的混频过程称为下变频。

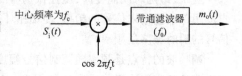

图 2-35　混频器原理框图

间接法的优点是频率稳定性好,缺点是需要多次倍频和混频,因此电路较复杂。

📖 间接法调频典型实例:调频广播发射机

设载频 $f_1 = 200$ kHz;调制信号最高频率 $f_m = 15$ kHz;间接法产生的最大频偏 $\Delta f_{1\,max} = 25$ Hz;调频广播要求的最终频偏 $\Delta f_{max} = 75$ kHz,发射载频在 $88 \sim 108$ MHz 频段内,所以需要经过 n 次的倍频,$n = \Delta f_{max} / \Delta f_{1\,max} = 75 \times 10^3 / 25 = 30\,00$ 以满足最终频偏为 75 kHz 的要求。

但是,倍频器在提高相位偏移的同时,也使载波频率提高了,倍频后新的载波频率(nf_1)高达 600 MHz,不符合 $f_c = 88 \sim 108$ MHz 的要求,因此需用混频器进行下变频来解决这个问题。具体方案如图 2-36 所示,经计算有

$$f_c = n_2(n_1 f_1 - f_2)$$
$$\Delta f_{max} = n_1 n_2 \Delta f_{1max}$$

因此通过合适的选择 n_1、n_2 和 f_1、f_2 可得到所需要的 f_c 和 Δf_{max}。

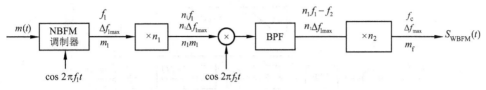

图 2-36　间接法调频典型实例

2.2.4　调频信号的解调

调频信号的解调也分为相干解调和非相干解调。相干解调仅适用于 NBFM 信号,而非相干解调对 NBFM 信号和 WBFM 信号均适用且不需要相干载波,因而是 FM 信号的主要解调方式。

1. 非相干解调

由于调频信号的瞬时频率正比于调制信号的幅度,因此调频信号的解调是要产生一个与输入调频信号的频率成线性关系的输出电压,并从中恢复出原来的调制信号。完成这种频率-电压转换关系的器件是频率检波器,简称鉴频器。

调频信号的一般表达式为

$$s_{FM}(t) = A\cos\left[\omega_c t + K_F \int_{-\infty}^{t} m(\tau)d\tau\right] \tag{2-2-35}$$

解调器的输出应为

$$m_o(t) \propto K_F m(t) \tag{2-2-36}$$

鉴频器的种类很多,例如振幅鉴频器、相位鉴频器、比例鉴频器、正交鉴频器、斜率鉴频器、频率负反馈解调器、锁相环(PLL)鉴频器等。下面以振幅鉴频器为例介绍,图 2-37 给出了一种用振幅鉴频器进行非相干解调的原理框图(该方法不必产生严格同步的本地参考载波,因此是非相干方法)。图 2-37 中,带通滤波器(BPF)是让调频信号顺利通过,同时滤除带外噪声及高次谐波分量。由于包络检波器对于信道噪声和其他原因引起的幅度起伏(寄生调幅)也有反应,为此,在鉴频器前加一个限幅器,限幅器的作用是消除信道中噪声和其他原因引起的调频波的幅度起伏,将调频波在传输过程中引起的幅度变化部分削去,变成固定幅度的调频波。频率检波器(鉴频器),产生一个与输入调频波的频率成线性关系的输出电压,并从中恢复出原调制信号。

图 2-37 中,微分器和包络检波器构成了具有近似理想鉴频特性的鉴频器。微分器的作用是把幅度恒定的调频波 $s_{FM}(t)$ 变成幅度和频率都随调制信号 $m(t)$ 变化的调幅调频波 $s_d(t)$,即

$$s_d(t) = \frac{d}{dt}A\cos\left[\omega_c t + K_F \int_{-\infty}^{t} m(\tau)d\tau\right]$$
$$= -A[\omega_c + K_F m(t)]\sin\left[\omega_c t + K_F \int_{-\infty}^{t} m(\tau)d\tau\right] \tag{2-2-37}$$

包络检波器则将其幅度变化检出,滤去直流,再经低通滤波后即得解调输出

$$m_o(t) = K_d K_F m(t) \tag{2-2-38}$$

这里 K_d 称为鉴频器灵敏度,单位为 $V/(rad \cdot s^{-1})$。

2. 相干解调

相干解调仅适用于 NBFM 信号,由于窄带调频信号可分解成同相分量与正交分量之和,因而

可以采用线性调制中的相干解调法来进行解调。其原理框图如图 2-38 所示。

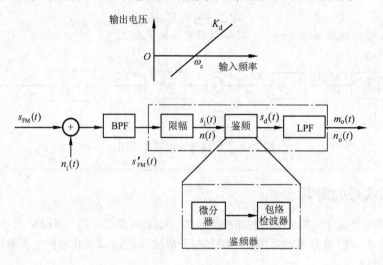

图 2-37　鉴频器特性、原理框图及各点的波形

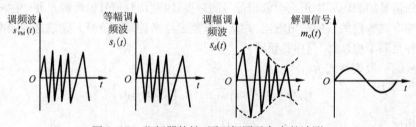

图 2-38　相干解调原理框图

设窄带调频信号

$$s_d(t) = A\cos \omega_c t - A\left[K_F \int_{-\infty}^{t} m(\tau)\mathrm{d}\tau\right] \cdot \sin \omega_c t \tag{2-2-39}$$

并设相干载波　　　　　　　　　　$c(t) = -\sin \omega_c t$

则乘法器的输出为

$$s_P(t) = \frac{-A}{2}\sin 2\omega_c t + \frac{A}{2}\left[K_F \int_{-\infty}^{t} m(\tau)\mathrm{d}\tau\right] \cdot (1 - \cos 2\omega_c t) \tag{2-2-40}$$

经低通滤波器后 $2\omega_c$ 高频分量被滤除,得到其低频分量为

$$s_d(t) = \frac{A}{2}K_F \int_{-\infty}^{t} m(\tau)\mathrm{d}\tau \tag{2-2-41}$$

再经微分器,即得解调输出

$$m_o(t) = \frac{AK_F}{2}m(t) \tag{2-2-42}$$

可见,相干解调可以恢复原调制信号。

2.3　模拟调制系统的抗噪声性能分析

由通信系统的一般模型可知,已调信号在信道的传输过程中会受到加性噪声的干扰,通常认为加性噪声只对已调信号的接收产生影响,因此模拟调制系统的抗噪声性能可以由解调器的抗噪声性能来衡量。具体来说,用解调器输出端信噪比来衡量。信噪比指信号的平均功率与噪声平均功率的比值。解调器输出端信噪比不仅与解调器输入端信噪比有关,而且与调制及解调方式有关。在相同的条件下,输出信噪比越高,表明该系统的抗噪声能力越强,系统可靠性越好。

由前面的分析可知 AM 可以采用包络检波或相干解调方式进行解调,DSB、SSB、VSB 可以采用相干解调方式进行解调,解调器原理框图可表示成一般形式如图 2-39 所示。图中,$s_m(t)$ 为已调信号,$n_i(t)$ 为传输过程中叠加的高斯白噪声。带通滤波器的作用

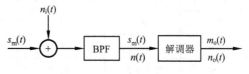

图 2-39　解调器原理框图

是保证已调信号顺利通过的同时滤除已调信号频带以外的噪声,因此,经过带通滤波器后到达解调器输入端的信号仍可认为是 $s_m(t)$,噪声为 $n(t)$。解调器输出的有用信号为 $m_o(t)$,噪声为 $n_o(t)$。

解调器输入端的噪声 $n(t)$ 形式是相同的,当带通滤波器带宽远小于其中心频率 ω_c 时,$n(t)$ 即为平稳高斯窄带噪声,可写成同相分量与正交分量相加的形式:

$$n(t) = n_c(t)\cos\omega_c t - n_s(t)\sin\omega_c t \tag{2-3-1}$$

或者包络与相位相加的形式 $n(t) = V(t)\cos[\omega_c t + \theta(t)]$,$V(t) = \sqrt{n_c^2(t) + n_s^2(t)}$,$\theta(t) = \arctan[n_s(t)/n_c(t)]$。设窄带噪声 $n(t)$ 均值为零,方差为 σ_n^2,则其同相分量 $n_c(t)$ 和正交分量 $n_s(t)$ 的均值都为 0,且具有相同的方差,即

$$\sigma_n^2 = \overline{n^2(t)} = \overline{n_c^2(t)} = \overline{n_s^2(t)} = N_i \tag{2-3-2}$$

式中,N_i 为解调器输入端噪声 $n(t)$ 的平均功率。若白噪声的双边功率谱密度为 $n_0/2$,带通滤波器传输特性是高度为 1,带宽为 B 的理想矩形函数,则

$$N_i = n_0 B \tag{2-3-3}$$

式中,B 是理想带通滤波器的带宽。

为了使已调信号无失真地进入解调器,同时又最大限度地抑制噪声,带宽 B 应等于已调信号的频带宽度。

评价一个模拟通信系统质量的好坏,最终是要看解调器的输出信噪比。解调器输出信噪比定义为

$$\frac{S_o}{N_o} = \frac{解调器输出有用信号的平均功率}{解调器输出噪声的平均功率} = \frac{\overline{m_o^2(t)}}{\overline{n_o^2(t)}} \tag{2-3-4}$$

输出信噪比反映了系统的抗噪声性能。

为了便于衡量同类调制系统不同解调器对输入信噪比的影响,还可用输出信噪比和输入信噪比的比值 G 来表示,G 称为调制制度增益。G 也反映了这种调制制度的优劣,G 越大,性能越好,调制制度增益定义为

$$G = \frac{S_o/N_o}{S_i/N_i} \tag{2-3-5}$$

显然,输出信噪比和 G 不仅与调制方式有关,也与解调方式有关。在相同的 S_i 和 n_0 的条件下,输出

信噪比越高,则解调器的抗噪声性能越好。显然,G 越大,表明解调器的抗噪声性能越好。这里 S_i/N_i 为输入信噪比,定义为

$$\frac{S_i}{N_i} = \frac{\text{解调器输入已调信号的平均功率}}{\text{解调器输入噪声的平均功率}} = \frac{\overline{s_m^2(t)}}{\overline{n_i^2(t)}} \tag{2-3-6}$$

各种模拟调制方式的性能如表 2-1 所示。表中的 S_o/N_o 是在相同的解调器输入信号功率 S_i、相同噪声功率谱密度 n_0、相同基带信号带宽 f_m 的条件下得到的结果。其中,AM 为 100% 调制,调制信号为单音余弦。

表 2-1　各种模拟调制方式性能比较

调制方式	信号带宽	调制制度增益	S_o/N_o	设备复杂度	主要应用
DSB	$2f_m$	2	$S_i/(n_0 f_m)$	中等	较少应用
SSB	f_m	1	$S_i/(n_0 f_m)$	复杂	短波无线电广播,话音频分多路
VSB	略大于 f_m	近似 SSB	近似 SSB	复杂	商用电视广播
AM	$2f_m$	2/3	$S_i/(3n_0 f_m)$	简单	中短波无线电广播
FM	$2(m_f+1)f_m$	$3m_f^2(m_f+1)$	$\dfrac{3}{2}m_f^2\dfrac{S_i}{n_0 f_m}$	中等	超短波小功率电台(窄带 FM),调频立体声广播(宽带 FM)

1. 抗噪声性能

从表 2-1 可以看到,WBFM 抗噪声性能最好,DSB、SSB、VSB 抗噪声性能次之,AM 抗噪声性能最差。图 2-40 画出了各种模拟调制系统的性能曲线,图中的圆点表示门限点。门限点以下,曲线迅速下降;门限点以上,DSB、SSB 的信噪比比 AM 高 4.7 dB 以上,而 FM($m_f=6$)的信噪比比 AM 高 22 dB。当输入信噪比较高时,FM 的调频指数 m_f 越大,抗噪声性能越好。

当 S_i/N_i 低于一定数值时,解调器的输出信噪比 S_o/N_o 急剧恶化,这种现象称为调频信号解调的门限效应。门限效应是包络解调(如 AM 和 FM 包络解调)独有的特点,是由包络检波器的非线性解调作用引起的。在小信噪比情况下,调制信号无法与噪声分开,而且有用信号淹没在噪声之中,此时检波器输出信噪比不是按比例地随着输入信噪比下降,而是急剧恶化,也就是出现了门限效应。门限值定义为出现门限效应时所对应的输入信噪比值,记为 $(S_i/N_i)_b$。门限值与调制指数 m_f 有关。m_f 越大,门限值越高。不过不同 m_f 时,门限值的变化不大,在 $8\sim11$ dB 的范围内变化,一般认为门限值为 10 dB 左右。

图 2-41 画出了单音调制时在不同调制指数下,调频解调器的输出信噪比与输入信噪比的关系曲线。由图可见,在门限值以上时,$(S_o/N_o)_{FM}$ 与 $(S_i/N_i)_{FM}$ 成线性关系,且 m_f 越大,输出信噪比的改善越明显。另外,在门限值以下时,$(S_o/N_o)_{FM}$ 将随 $(S_i/N_i)_{FM}$ 的下降而急剧下降。且 m_f 越大,$(S_o/N_o)_{FM}$ 下降越快。

门限效应是 FM 系统存在的一个实际问题。尤其在采用调频制的远距离通信和卫星通信等领域中,对调频接收机的门限效应十分关注,希望门限点向低输入信噪比方向扩展。

降低门限值(也称门限扩展)的方法有很多,例如,可以采用锁相环解调器和负反馈解调器,它们的门限比一般鉴频器的门限电平低 $6\sim10$ dB。

还可以采用"预加重"和"去加重"技术来进一步改善调频解调器的输出信噪比。这也相当于改善了门限。

由于解调信号在解调器(鉴频器)输出端噪声功率谱随 f 成抛物线形状增大(与 f 的二次方成正比),即解调器输出噪声随着调制信号频率的升高而增强。而且在调频广播中所传送的语音和

音乐信号的能量却主要分布在低频端,且其功率谱密度随频率的增高而下降。因此,在调制频率高频端的信号谱密度最小,而噪声谱密度却是最大,$m(t)$中比较弱的高频分量被淹没在较强的输出噪声中,致使高频端的输出信噪比明显下降,这对解调信号质量会带来很大的影响。

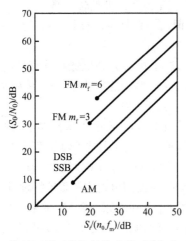

图2-40　模拟调制系统的性能曲线(圆点表示门限点)

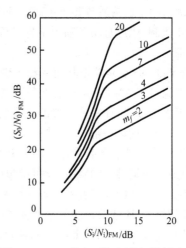

图2-41　FM非相干解调的门限效应

所谓"去加重"就是在解调器输出端接一个传输特性随频率增加而滚降的线性网络 $H_d(f)$,将调制频率高频端的噪声衰减,使总的噪声功率减小。但是,由于去加重网络的加入,在有效地减弱输出噪声的同时,必将使传输信号产生频率失真。因此,必须在调制器前加入一个预加重网络$H_p(f)$,人为地提升调制信号的高频分量,以抵消去加重网络的影响。显然,为了使传输信号不失真,应该有

$$H_p(f) = \frac{1}{H_d(f)} \tag{2-3-7}$$

这是保证输出信号不变的必要条件。最简单的去加重网络是 RC 低通滤波器,预加重电路具有高通性质,对调制信号的高端频率分量起到提升的作用,从而提高了高频段的信噪比。

2. 频带利用率

SSB 的带宽最窄,其频带利用率最高;FM 占用的带宽随调频指数 m_f 的增大而增大,其频带利用率最低。可以说,FM 是以牺牲有效性来换取可靠性的。因此,m_f 值的选择要从通信质量和带宽限制两方面考虑。对于高质量通信(高保真音乐广播、电视伴音、双向式固定或移动通信、卫星通信和蜂窝电话系统)采用 WBFM,m_f 值选大些。对于一般通信,要考虑接收微弱信号,带宽窄些,噪声影响小,常选用 m_f 较小的调频方式。

WBFM 信号的传输带宽 B_{FM} 与 AM 信号的传输带宽 B_{AM} 之间的一般关系为$B_{FM} = 2(m_f + 1)f_m = (m_f + 1)B_{AM}$。当 $m_f \gg 1$ 时,近似有 $B_{FM} \approx m_f B_{AM}$,故有 $m_f \approx B_{FM}/B_{AM}$,在上述条件下, $(S_o/N_o)_{FM}/(S_o/N_o)_{AM} = 3m_f^2$ 变为$(S_o/N_o)_{FM}/(S_o/N_o)_{AM} = 3(B_{FM}/B_{AM})^2$。可见,宽带调频输出信噪比相对于调幅的改善与它们带宽比的二次方成正比。调频是以带宽换取信噪比的改善。

所以,在大信噪比情况下,调频系统的抗噪声性能将比调幅系统优越,且其优越程度将随传输带宽的增加而提高。m_f 增大→B_{FM}增大→G_{FM}增大,这说明,调频系统可以通过增加传输带宽来改善抗噪声性能。

但是,FM 系统以带宽换取输出信噪比改善并不是无止境的。随着传输带宽的增加,输入噪声功率增大,在输入信号功率不变的条件下,输入信噪比下降,当输入信噪比下降到一定程度时就会出现门限效应,输出信噪比将急剧恶化。

3. 特点与应用

AM 调制:优点是接收设备简单;缺点是功率利用率低,抗干扰能力差。在传输中如果载波受到信道影响选择性衰落,则在包络检波时会出现过调失真,信号频带较宽,频带利用率不高。因此 AM 调制用于通信质量要求不高的场合,目前主要用在中波和短波调幅广播。

DSB 调制:优点是功率利用率高,带宽与 AM 相同,但设备较复杂;应用较少,一般用于点对点专用通信。

SSB 调制:优点是功率利用率和频带利用率都较高,抗干扰能力和抗选择性衰落能力均优于 AM,而带宽只有 AM 的一半;缺点是发送和接收设备都复杂。鉴于这些特点,SSB 调制普遍用在频带比较拥挤的场合,如短波波段的无线电广播和频分多路复用系统中。

VSB 调制:优点是部分抑制了发送边带,同时又利用平缓滚降滤波器补偿了被抑制部分。VSB 的抗噪声性能和频带利用率与 SSB 相当。VSB 解调原则上也需同步解调,但在某些 VSB 系统中,附加一个足够大的载波,就可用包络检波法解调合成信号(VSB + C),这种(VSB + C)方式综合了 AM、SSB 和 DSB 三者的优点。所有这些特点,使 VSB 对商用电视广播系统特别具有吸引力。

FM 调制:FM 波的幅度恒定不变,这使它对非线性器件不甚敏感,给 FM 带来了抗快衰落能力。利用自动增益控制和带通限幅还可以消除快衰落造成的幅度变化效应。FM 的抗干扰能力强,广泛应用于长距离、高质量的通信系统中,如空间和卫星通信、调频立体声广播、超短波电台等;缺点是频带利用率低,存在门限效应。

2.4 课程实例:超外差式收音机

无线电广播是利用电磁波传播声音信号的。广播电台播出节目是首先把声音通过传声器转换成音频电信号,经放大后被高频信号(载波)调制,再经放大,然后通过天线向外发射,在接收端被收音机天线接收,然后经过放大、解调,还原为声音,即声电转换传送—电声转换接收的过程。

超外差原理最早是由 E. H. 阿姆斯特朗于 1918 年提出的。这种方法是为了适应远程通信对高频率、弱信号接收的需要。超外差收音机原理框图如图 2-42 所示。

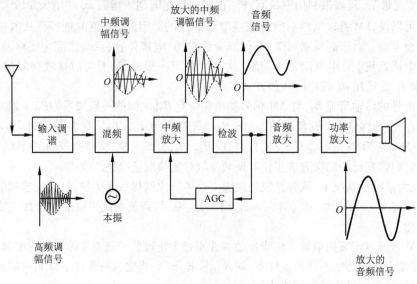

图 2-42 超外差式收音机原理框图

超外差式收音机是相对于直接放大式收音机而言的,直接放大式收音机无变频和中放,而是将接收到的高频信号放大,直接检波取出音频信号。超外差式收音机先将高频信号通过变频变成中频信号,此信号的频率高于音频信号频率,其频率固定为 465 kHz。由于 465 kHz 取自于本地振荡信号频率与外部高频信号频率之差,故称为超外差,即

$$f_{中频} = f_{0(本振)} - f_{s(高频调幅信号)} \tag{2-4-1}$$

这里超外差式收音机高频调幅信号的频率一般为 535 ~ 1 605 kHz,本振频率范围为 1 000 ~ 2 070 kHz。图 2-42 中磁性天线回路作用是选台,可以采用 LC 并联谐振回路,其固有振荡频率等于外界某电磁波频率时产生并联谐振,从而将电台的调幅发射信号接收下来。并通过线圈耦合到下一级电路。混频的作用是将高频调幅波变成中频调幅波,我国采用的中频频率固定为 465 kHz。高频和中频调幅波的包络线相同;中频放大的作用是将中频调幅信号选频、放大。中频放大器为以 LC 谐振回路为负载的窄带放大器,可有效抑制其他信号;检波器的作用是将中频调幅信号还原成音频信号电压。音频放大和功率放大的作用是对音频信号的幅度和功率进行放大,以推动扬声器。若在超外差式收音机中,用一只晶体管同时产生本振信号和完成混频工作,这种电路称为变频。

由于不同频率电台的发射功率大小不等,以及接收机与电台之间的距离各不相同等原因,天线所接收到的信号强弱在很大范围内变化,为了获得稳定的音量,需要让中频放大电路的放大倍数随输入信号的强弱而自动变化。用来实现这一功能的电路即为自动增益控制电路,简称 AGC（automatic gain control）电路。

超外差式收音机的优点:中放可采用窄带放大器,可以较容易地实现很高的增益,工作也比较稳定。能获得较高的灵敏度和稳定性。直接放大式的高放必须采用宽带放大器,在增益要求较高的情况下其实现较为困难,而且工作也不稳定;由于不论哪一个电台的广播信号,在接收中都变成固定频率的中频信号在放大,因此,对不同电台具有大致相同的灵敏度。

2.5　调频立体声广播发射系统的 MATLAB 仿真实例

调频立体声广播发射系统原理框图如图 2-43 所示。为了与普通单声道调频广播信号兼容,首先将左右声道信号 $m_L(t)$ 和 $m_R(t)$ 进行相加、相减运算,得到与单声道调频广播信号兼容的主信号 $m_L(t) + m_R(t)$ 及立体声副信号 $m_L(t) - m_R(t)$。然后对副信号进行抑制载波的双边带调幅（也称为平衡调制）,载波频率为 38 kHz。调频立体声广播传输的音频信号最高频率为 15 kHz,因此平衡调制输出信号的频带为 23 ~ 53 kHz。显然,15 ~ 23 kHz 频带为空白频段,为了便于简化接收机结构,调频立体声广播标准中就在发送信号空白频段中加入 19 kHz 正弦波作为导频信号。这样接收机只要对导频信号倍频即可恢复平衡调制相干解调所需的同步载波。主信号、导频及平衡调制输出的副信号相加得出立体声基带信号 $m(t)$,其最高频率为 $f_m = 53$ kHz。随后对其进行调频,调频最大频偏为 $\Delta f_{max} = 75$ kHz。立体声基带信号的数学表达式为

$$x(t) = \left[m_L(t) + m_R(t) \right] \cos 2\pi \times 19 \times 10^3 t + \left[m_L(t) - m_R(t) \right] \cos 2\pi \times 38 \times 10^3 t \tag{2-5-1}$$

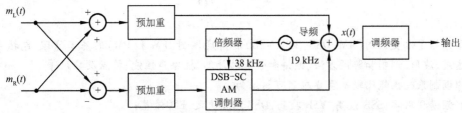

图 2-43　调频立体声广播发射系统原理框图

图 2-43 中基带信号 $m_L(t)$ 和 $m_R(t)$ 分别来自左、右传声器,形成相加信号 $m_L(t) + m_R(t)$,相减信号 $m_L(t) - m_R(t)$,对减信号进行 DSB 调制,载频为 38 kHz,是由 19 kHz 振荡器二倍频得到。将 19 kHz 的导频插于合成信号频谱中。在发送端将三者的合成信号 $x(t)$ 送至调频器。

根据图 2-43 所示原理,建立高频发射机立体声基带信号的测试系统模型如图 2-44 所示,其中,用 Signal Generator 和 Voltage-Controlled Oscillator 模块产生的 500 Hz 到 15 kHz 内的扫频信号作为信源,并通过两个参数不同的滤波器来模拟不同传输路径特性。得出的左、右两路信号经过相互加减、平衡调制和导频叠加之后得出立体声基带信号,最后通过 Zero-Order Hold 和 Spectrum Scope 模拟将其频谱显示出来。仿真步长设置为 1×10^{-6} s,仿真运行结果变化范围如图 2-45 所示。

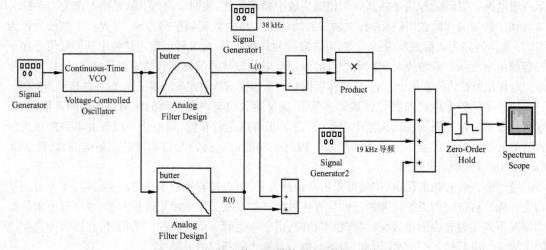

图 2-44　调频立体声基带信号产生和测试模型

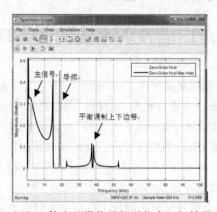

图 2-45　调频立体声基带信号频谱仿真运行结果变化范围

小　结

本章介绍了幅度调制(AM、DSB、SSB、VSB)和角度调制(FM 和 PM)的基本原理,包括它们的数学表达式、波形、调制和解调方法、频谱和带宽的计算、抗噪声性能、特点及应用等。

模拟调制系统性能比较及主要应用可总结为

(1) 频谱利用率:SSB 最高,VSB 较高,DSB、AM 次之,FM 最差;

(2)功率利用率:FM 最高,DSB、SSB、VSB 次之,AM 最差;

(3)设备复杂度:AM 最简单,DSB、FM 次之,VSB 较复杂,SSB 最复杂。

AM 主要用于 AM 广播,DSB 应用较少,SSB 主要用于频分复用和载波电话中,VSB 主要用于电视广播,而 FM 主要用于超短波小功率电台(窄带 FM)、调频立体声广播等高质量通信(宽带 FM)。

习 题

一、填空题

1. 模拟调幅中 AM、DSB、SSB、VSB 的已调信号所占用带宽大小关系为( )。

2. 模拟通信系统中,可靠性最好的是( ),有效性最好的是( )。

3. 在 FM 通信系统中,采用预加重和去加重技术的目的是( )。

4. 某调频波 $s(t) = 24[\cos(4 \times 10^6 \pi t + 20\sin 6 \times 10^3 \pi t)]$,已调信号的功率为( ),调制指数为( ),最大偏频为( ),最大相移为( ),信号带宽为( )。

5. 设调制信号的最高频率为 4 kHz 的语音信号,则 AM 信号带宽为( ),SSB 信号带宽为( ),DSB 信号带宽为( )。

6. 模拟通信系统中,已调信号带宽与有效性之间关系是( )。接收输出信噪比与可靠性之间的关系是( )

7. 某调频信号的时域表达式为 $10\cos(2 \times 10^6 \pi t + 5\sin 2 \times 10^3 \pi t)$,此信号的带宽为( ),当调频灵敏度为 5 kHz/V 时,基带信号的时域表达式为( )。

8. AM 调制在( )情况下会出现门限效应。

9. 残留边带滤波器的传输特性 $H(\omega)$ 应满足( )。

二、简答题

1. 用调制信号 $m(t) = A_m \cos 2\pi f_m t$ 对载波 $A_c \cos 2\pi f_c t$ 进行调制后得到的已调信号为 $s(t) = A_c[A_0 + m(t)]\cos 2\pi f_c t$。为了能够无失真地通过包络检波器解出 $m(t)$,A_m 的取值应满足什么条件?

2. 简述常规幅度调制(AM)、抑制载波双边带调制(DSB)和单边带调制(SSB)的优点与缺点。

3. SSB 的产生方法有哪些? 各有何技术难点?

4. VSB 滤波器的传输特性应满足什么条件? 并说明理由。

5. 什么是频率调制? 什么是相位调制? 两者关系如何?

6. FM 通信系统中采用预加重/去加重技术可达到什么目的? 为什么?

7. 什么是门限效应? AM 包络检波法为什么会产生门限效应?

三、分析和计算题

1. 已知调制信号为 $m(t) = A_m \cos \omega_m t$,载波为 $c(t) = \cos \omega_c t$,$\omega_c = 6\omega_m$,分别写出 AM、DSB、USB 和 LSB 信号的表达式,并画出频谱图。

2. 某低通信号的频谱如图 2-46 所示,画出 AM、DSB 和 SSB(上边带)信号的频谱。(载波频率为 ω_c,且 $\omega_c > \omega_0$)

3. 一个 AM 信号具有如下形式:$s(t) = [20 + 2\cos 3\,000\pi t + 10\cos 6\,000\pi t]\cos 2\pi f_c t$,其中载波频率 $f_c = 10^5$ Hz。试确定:

(1)每个频率分量的功率;

(2)调幅指数;

(3)边带功率、总功率,以及边带功率与总功率之比。

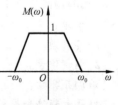

图 2-46 低通信号的频谱

4. 某调制原理框图如图 2-47(a)所示。已知 $m(t)$ 的频谱如图 2-47(b)所示，载频 $\omega_1 > \omega_H$ 且理想带通滤波器的带宽为 $B = 2\omega_H$。

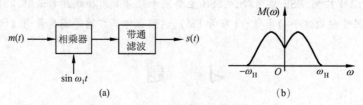

(a)　　　　　　　　　(b)

图 2-47　某调制原理框图

试求：

(1)理想带通滤波器的中心频率为多少？

(2)说明 $s(t)$ 为何种已调制信号。

(3)画出 $s(t)$ 的频谱图。

5. 设某信道具有均匀的双边噪声功率谱密度 $P_n(f) = 0.5 \times 10^{-3}$ W/Hz，在该信道中传输振幅调制信号，并设调制信号 $m(t)$ 的频带限制在 10 kHz，而载波为 1000 kHz，边带功率为 10 kW，载波功率为 40 kW。若接收机的输入信号先经过一个合适的理想带通滤波器，然后加至包络检波器进行解调。试求：

(1)解调器输入端的信噪比。

(2)解调器输出端的信噪比。

(3)调制制度增益 G。

6. 设调制信号 $m(t)$ 的功率谱密度为 $P_m(f) = \begin{cases} \dfrac{A_m |f + f_m|}{f_m} & \text{当 } |f| \leqslant f_m \\ 0 & \text{当 } |f| > f_m \end{cases}$ 若用 DSB 调制方式进行传输(忽略信道的影响)，试求：

(1)接收机的输入信号功率。

(2)接收机的输出信号功率。

(3)若叠加于 DSB 信号的白噪声的双边功率谱密度为 $n_0/2$，设解调器的输出端接有截止频率为 f_m 的理想低通滤波器，那么，输出信噪比为多少？

7. 某线性调制系统的输出信噪比为 22 dB，输出噪声功率为 10^{-9} W，由发射机输出端到解调器输入之间总长为 10 km，传输损耗为 10 dB/km，试求：

(1)采用 DSB 调制时的发射机输出功率。

(2)采用 SSB 调制时的发射机输出功率。

8. 已知调频信号 $S_{FM}(t) = 10\cos[10^6 \pi t + 8\cos(10^3 \pi t)]$，设调制器的比例常数 $K_F = 200\pi$ rad/$(s \cdot V)$，试求：

(1)其载频。

(2)调制信号。

(3)调频指数。

(4)最大频偏和最大相偏。

(5)此信号的平均功率。

(6)带宽。

9. 单音调制时，幅度 A_m 不变，改变调制频率 f_m，试说明：

(1)在 PM 中，其最大相偏与 f_m 的关系，其最大频偏与 f_m 的关系。

(2) 在 FM 中，其最大相偏与 f_m 的关系，其最大频偏与 f_m 的关系。

10. 已知调制信号为语音信号，带宽限制在 $300 \sim 3\ 400$ Hz，经过三级调制(SSB)，取下边带，如图 2-48 所示，试说明其频谱搬移的过程。其中三次调制的载频分别为 $f_1 = 100$ kHz，$f_2 = 10$ MHz，$f_3 = 100$ MHz，求 $H_a(\omega)$，$H_b(\omega)$ 和 $H_c(\omega)$ 的特性和输出信号的频谱值。

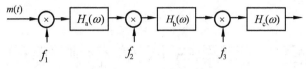

图 2-48　三级调制

11. 利用倍频和变频电路把 NBFM 信号变为 WBFM 信号的框图如图 2-49 所示。输入为调频信号，$s_i(t)$ 是 FM 波，中心频率 $f_1 = 1$ kHz，下变频频率 $f_2 = 2$ kHz，基带信号的带宽为 $f_m = 5$ kHz，最大频偏为 $\Delta f_{imax} = 20$ kHz，求 $s_o(t)$ 的中心频率、最大频偏和带宽。

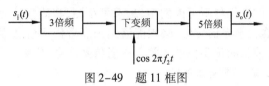

图 2-49　题 11 框图

12. 对调频波 $10 \cos \left[\omega_c t + 8\cos(2\ 000\pi t) \right]$ 进行鉴频解调，鉴频器灵敏度 $K_d = 0.1$ V/10^3 Hz，求解调输出。

13. 单音调制波幅度为 10 V，载波频率为 10 MHz，调制信号 $f_m = 1$ kHz，信号的带宽为 20 kHz，信道的单边噪声功率谱 $n_0 = 10^{-10}$ W/Hz。试求：

(1) 调频波的调制指数和最大频偏。

(2) 鉴频解调器输入信噪比和输出信噪比。

14. 某通信系统发送部分的结构及调制信号 $f_1(t)$、$f_2(t)$ 的频谱如图 2-50 所示。

(1) 写出 $y(t)$ 和 $s(t)$ 的频谱表达式并画图。

(2) 画出解调系统框图，并画出所用滤波器的特性。

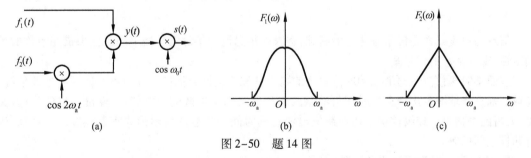

图 2-50　题 14 图

15. 将调幅波通过残留边带滤波器产生残留边带信号，若此滤波器的传输函数 $H(\omega)$ 如图 2-51 所示，当调制信号为 $m(t) = 10\left[\sin 100\pi t + \sin 600\pi t \right]$ 时，求所得残留边带信号的表达式。

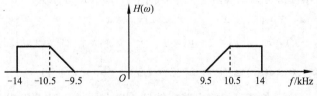

图 2-51　传输函数 $H(\omega)$

第3章 信源与 PCM 信源编码

通信的根本目的在于传输或交换含有信息的消息,就把信源产生的信息送到目的地。对接收者来说,只有消息中不确定的内容才构成信息。信息是个抽象的概念,信息的多少可以用信息量来进行度量。消息所表达的事件越不可能发生,越不可预测,其信息量就越大。消息是多种多样的,因此度量消息中所包含信息量的方法,必须能够用来度量任何消息,而与消息的种类无关,而且这种度量方法也应该与消息的重要程度无关。在通信系统中,研究的是信息的处理、传输和存储,所以对于信息的定量计算是非常重要的。

数字通信是当代通信系统的主流,无论信源是模拟的还是数字的,数字通信系统是设计为传输数字形式的信息的。所以信源的输出必须转换成能用数字方式传输的形式。信源编码的作用之一是设法减少码元数目和降低码元速率,即通常所说的数据压缩;作用之二是将信源的模拟信号转化成数字信号,以实现模拟信号的数字化传输。

可见,在信源端需要解决两个问题:一是如何定量描述信源,即如何计算信源的信息量;另一个是如何有效地表示信源的输出或者说信源信息的载体形式,即信源编码问题。这也是本章要讨论的两个问题:信息的度量和 PCM 信源编码。

3.1 信息及其度量

信息的可度量性是信息论建立的基础;香农的信息论用事件发生概率的对数来描述事件的不确定性,得到消息的信息量。

按照某时刻信源发出消息的取值集合的离散性和连续性可把信源分为离散信源和连续信源。离散信源是指信源发出消息的时间与消息的表示形式都是离散的。例如:计算机输出的代码、文稿、人写的书信等。连续信源是指信源发出消息的时间与消息的表示形式都是连续的。例如:语音和模拟图像等。

1. 离散无记忆信源的数学模型

离散信源定义为可能输出的消息数是有限的或可数的,每次只输出一个消息,即两两不兼容。离散无记忆信源的数学模型可以用离散型概率空间 $[X, P(X)]$ 表示为

$$\begin{bmatrix} X \\ P(X) \end{bmatrix} = \begin{bmatrix} x_1 & x_2 & \cdots & x_i & \cdots & x_n \\ p(x_1) & p(x_2) & \cdots & p(x_i) & \cdots & p(x_n) \end{bmatrix} \tag{3-1-1}$$

并且满足完备性: $0 \leqslant p(x_i) \leqslant 1 \quad (i=1,2,\cdots,n) \quad \sum_{i=1}^{n} p(x_i) = 1$

式中,$X = \{x_1, x_2, \cdots, x_n\}$ 表示信源可能输出消息符号的集合;x_i 表示信源发出的第 i 个消息;$p(x_i)$

表示消息 x_i 出现的概率;n 是信源发出的消息符号的个数。若该信源不同时刻发出的消息符号之间无依赖关系,彼此统计独立,则称为离散无记忆信源,否则称为有记忆信源。

2. 连续信源的数学模型

连续信源定义为可能输出的消息数是无限的或不可数的,每次只输出一个消息,如电压、温度等。如果信源输出为连续的,称为连续信源,其数学模型是连续型的概率空间,一般用概率密度函数来描述其统计特征

$$\begin{bmatrix} X \\ P \end{bmatrix} = \begin{bmatrix} (a, b) \\ p(x) \end{bmatrix} \quad p(x) \geqslant 0, \quad \int_a^b p(x) dx = 1 \tag{3-1-2}$$

式中,(a,b) 为 X 的取值范围;$p(x)$ 为 x 的概率密度函数。

3.1.1 离散信源的度量

1. 离散消息的自信息量

自信息量(简称"信息量")指一个事件(消息)本身所包含的信息量,它是由事件的不确定性决定的。比如抛掷一枚硬币的结果是正面这个消息所包含的信息量。根据概率论知识,自信息量 $I(x_i)$ 与事件 x_i 出现的概率 $P(x_i)$ 之间的关系应为

$$I(x_i) = \log_a \frac{1}{P(x_i)} = -\log_a P(x_i) \tag{3-1-3}$$

$I(x_i)$ 代表两种物理含义:事件 x_i 发生前,表示该事件 x_i 发生的不确定性;事件 x_i 发生后,表示该事件 x_i 所提供的信息量。自信息量的单位和式(3-1-3)中对数的底 a 有关。若 $a = 2$ 时,信息量的单位为比特(bit);若 $a = e$ 时,信息量的单位为奈特(nat);若 $a = 10$ 时,信息量的单位为十进制单位,单位为哈特(hat)。它们之间可应用对数换底公式进行互换,1 bit = 0.693 nat = 0.301 hat。目前广泛使用的单位为比特,为了书写简洁有时把底数为 2 略去不写。

由信息量 $I(x_i)$ 与消息出现的概率 $P(x_i)$ 之间的关系可见,小概率事件所包含的不确定性大,信息量大;大概率事件所包含的不确定性小,信息量小。且自信息量具有如下的性质:

(1)$I(x_i)$ 是非负的且是 $P(x_i)$ 的单调递减函数,即若 $P(x_i) > P(x_j)$ 则有 $I(x_i) < I(x_j)$。

(2)极限情况,当 $P(x_i) = 0$ 时,$I(x_i) \rightarrow \infty$。

(3)当 $P(x_i) = 1$ 时,$I(x_i) = 0$,即概率为 1 的确定性事件,信息量为零。

(4)两个相互独立的事件所提供的信息量应等于它们分别提供的信息量之和,即信息量满足可加性 $I[P(x_1)P(x_2)\cdots] = I[P(x_1)] + I[P(x_2)] + \cdots$

【例 3-1】设二进制离散信源,以相等的概率发送数字 0 或 1,则信源每个输出数字的信息量为多少?如果一个四进制离散信源(四种不同的码元 0,1,2,3),独立等概发送,求传送每个符号的信息量

解 (1) 由于每个符号出现的概率为 $P(x_i) = 1/2, i = 1,2$,故其信息量:

$$I(0) = I(1) = -\log_2 \frac{1}{2} = \log_2 2 = 1(\text{bit})$$

(2)由于每个符号出现的概率为 $P(x_i) = 1/4, i = 1,2,3,4$,故每个符号的信息量:

$$I = -\log_2 P(x_i) = -\log_2 \frac{1}{4} = 2(\text{bit})$$

可见,独立等概时,四进制的每个码元所含的信息量,恰好是二进制每个码元包含信息量的 2 倍,这是因为四进制的每个码元需要用两个二进制码元来表示。推广可知,对于离散信源,$M = 2^N$ 个波形等概率($P = 1/M$)发送时,若每一个波形的出现是独立的,则传送 M 进制波形之一的信息量为

$$I = \log_2 \frac{1}{P} = \log_2 \frac{1}{1/M} = \log_2 M = N \quad （\text{bit}）\tag{3-1-4}$$

即 M 进制的每个码元所含的信息量等于用二进制码元表示时所需的二进制码元数目 N。

2. 离散信源的信息熵

对无记忆信源,通常由于每条消息 x_i 发送的概率 $p(x_i)$ 是不相同的,因而每条消息包含的信息量也不相同,所以考察信源所有可能发送的消息后,需要计算信源的平均信息量。设离散信源是一个由 n 个符号组成的符号集,其中每个符号 $x_i(i=1,2,3,\cdots,n)$ 出现的概率为 $P(x_i)$ $(i=1,2,3,\cdots,n)$ 且各个符号的输出概率总和应该为 1,即 $\sum_{i=1}^{n} P(x_i) = 1$。则每个符号所含信息量的统计平均值,即平均信息量 $H(X)$ 为各消息信息量的概率加权平均值(统计平均值)

$$H(X) = E[I(x_i)] = -\sum_{i=1}^{n} p(x_i)\log_a p(x_i)\tag{3-1-5}$$

由于 H 同热力学中的熵形式一样,故通常又称它为信息源的信息熵,信息熵的单位和式(3-1-5)中对数的底 a 有关。若 $a=2$ 时,信息熵的单位为比特/符号(bit/符号);若 $a=e$ 时,信息熵的单位为奈特/符号(nat/符号);若 $a=10$ 时,信息熵的单位为哈特/符号(hat/符号)。它们之间可应用对数换底公式进行互换。

信息熵具有以下两种物理含义:

(1)表示信源输出前信源的平均不确定性;

(2)表示信源输出后每个符号所携带的平均信息量。

【例 3-2】由二进制数字 1,0 组成消息,$P(1)=a$,$P(0)=1-a$,试推导以 a 为变量的平均信息量,并绘出 a 从 0 到 1 取值时 $H(a)$ 的曲线。

解 由平均信息量的定义式(3-1-5)有:

$$H(X) = -a\log_2 a - (1-a)\log_2(1-a)$$

由 $H(X)$ 的表达式绘制曲线,如图 3-1 所示。

由图 3-1 可知,最大平均信息量出现在 $a=0.5$ 的时刻,因为这时每一个符号是等可能出现的,此时不确定性是最大的,如果 $a \neq 0.5$,则其中一个符号比另一个符号更有可能出现,则信源输出那个符号的不确定性就变小,如果 $a=0$ 或 $a=1$,则不确定性就是 0,因为可以确切地知道会出现哪个符号,此时该信源不提供任何信息。

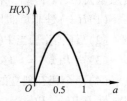

图 3-1 二进制时熵与概率的关系

这一结论可以推广到信源由 M 个符号组成的情况,即当 M 个符号等概独立出现时,信源的熵有最大值,即

$$H(X)_{\max} = \log_2 M \quad （\text{bit/符号}）\tag{3-1-6}$$

熵表示的是信源不确定性的大小,也是随机性的大小。熵越大,随机性也就越大。

📖 熵这个名词是香农从物理学中的统计热力学借用过来的,在物理学中,热熵是表示分子混乱程度的一个物理量。

3.1.2 连续信源的度量

关于连续信源的信息量可以用概率密度函数的加权积分来描述,可以证明,连续信源的平均信息量为

$$H(X) = -\int_{-\infty}^{+\infty} f(x)\log_a f(x)\,\mathrm{d}x\tag{3-1-7}$$

式中，$f(x)$是连续事件x出现的概率密度。

【例 3-3】 为了使电视图像获得良好的清晰度和规定的适当的对比度，需要用 640×480 像素和 16 个不同亮度的电平，求传递此图像所需的信息速率（bit/s），并设 1 s 要传送 30 帧图像，所有像素都是独立变化的，且所有亮度电平等概率出现。

解 每个像素亮度概率分布为

$$P(x_i) = 1/16 \qquad i = 1,2,3,\cdots,16$$

每个亮度像素信息熵为

$$H(X) = \sum_{i=1}^{16} P(x_i) \log_2 \left[\frac{1}{P(x_i)} \right] = 4 \text{ bit/ 信源符号}$$

为了保证电视图像的清晰度和适当的对比度，传递 30 帧此图像所需的信息速率为

$$I = 30 \times 640 \times 480 (信源符号/s) \times 4 (bit/信源符号) = 36.864 \text{ Mbit/s}$$

📖 求一条消息（由 m 个符号组成）的总信息量，可利用信息相加性的概念来计算，也可以利用熵的概念来计算，但两种方法的结果有一定误差，但当消息序列很长时，用熵的概念来计算比较方便。而且随着消息序列长度的增加，两种计算误差将趋于零。

3.2 PCM 信源编码

由于数字电路成本低及数字信号处理的灵活性，使得数字传输方式日益广泛。然而，许多信源输出都是模拟信号。如语音信号是幅度、时间取值均连续的模拟信号，所以这类模拟信号要在数字通信系统中进行传输，首先要对模拟信号进行数字化处理，即模/数（A/D）转换。

模拟信号数字化的方法大致可划分为波形编码和参量编码两类。波形编码是直接把时域波形变换为数字代码序列，比特率通常在 $16 \sim 64$ kbit/s 范围内，接收端重建信号的质量好。参量编码是利用信号处理技术，提取语音信号的特征参量，再变换成数字代码，其比特率在 16 kbit/s 以下，但接收端重建信号的质量不够好。这里只介绍波形编码。

目前用得最普遍的波形编码方法有脉冲编码调制（PCM）、差分脉冲编码调制（DPCM）、增量调制（ΔM）和自适应差分脉冲编码调制（ADPCM）等。

3.2.1 脉冲编码调制通信系统的组成

一个电话系统中 PCM 传输框图如图 3-2 所示，它由 3 个部分构成。

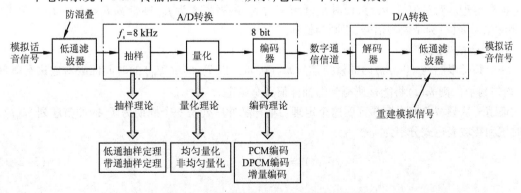

图 3-2 电话系统中的 PCM 传输框图

（1）模拟信号数字化，即模/数（A/D）转换，包括模拟信号的抽样、量化和编码。

抽样：把模拟信号在时间上离散化，变为脉冲幅度调制（PAM）信号。

量化：把 PAM 信号在幅度上离散化，即用预先规定的有限个电平来表示模拟抽样值的过程。

编码：把量化后的数字信号（多电平）变换为二进制数字信号的过程，即用二进制码来表示多电平量化值，若每个量化值编 N 位码，则有 $M = 2^N$ 位。PCM 编码过程可以认为是一种特殊的调制方式，即用模拟信号去改变脉冲载波序列的有无，所以 PCM 称为脉冲编码调制。抽样、量化和编码过程如图 3-3 所示。

（2）进行数字方式传输：信道通常是指以传输媒质为基础的通道，而信号在信道中传输遇到噪声又是不可避免的，即信道允许信号通过的同时又给信号以限制和损害。由于信号在传输过程中要受到干扰和衰减，故一般每隔一段距离要加一个再生中继器，使数字信号整形再生，噪声不积累，使总的传输误码率降低。另外，为了使传输的码型适合在信道中进行传输，并有一定的检错能力，在发送端加有码型变换电路，在接收端为了恢复原始码型必须对码型进行反变换。为了充分利用信道资源，希望一个信道同时传输多路信号，即采用多路复用技术（multiplexing），在远距离传输时可大大节省设备电缆的安装和维护费用。

（3）把数字信号还原为模拟信号，即数/模（D/A）转换，包括解码和低通滤波器（重建）。解码是编码的逆过程，由二进制代码重建量化信号的过程。接收端低通滤波器的作用是恢复或重建原始的模拟信号。

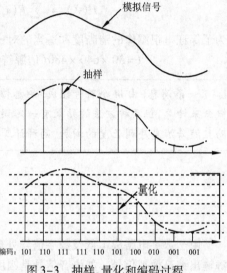

图 3-3　抽样、量化和编码过程

另外图 3-2 中的第一个模块防混叠低通滤波器的作用是防止出现混叠失真，这个滤波器必须能够滤除所有大于 1/2 采样频率的频率分量。其原因将会在 3.2.2 节中讲到。

注意：因为量化过程是不可逆的，所以接收端没有可以与其对应的逆变换模块。

3.2.2　抽样定理

抽样是把时间上连续的模拟信号变成一系列时间上离散的抽样值的过程。模拟信号被抽样后，为了能在接收端由抽样所得值序列重构原始模拟信号，关键是如何确定抽样频率，这就要用到著名的"奈奎斯特抽样定理"。根据信号是低通型的还是带通型的，抽样定理分低通抽样定理和带通抽样定理。对于信号 $m(t)$，设其最低频率为 f_L，最高频率为 f_H，则带宽 $B = f_H - f_L$。若 $B \ll f_L$，则称信号 $m(t)$ 为带通型信号，否则为低通型信号。

1. 低通抽样定理

一个频带限制在 $(0, f_H)$ 内的模拟信号 $m(t)$，如果以 $T_s \leqslant 1/(2f_H)$ 的时间间隔对它进行等间隔（均匀）抽样，则 $m(t)$ 将能被所得到的抽样值完全确定。

证明　从频域角度更容易证明这个定理。抽样脉冲序列是一个周期为 T_s 的冲激序列 $\delta_T(t)$，其时域和频域表达式分别为

$$\delta_T(t) = \sum_{n=-\infty}^{+\infty} \delta(t - nT_s) \tag{3-2-1}$$

$$\delta_T(\omega) = \frac{2\pi}{T_s} \sum_{n=-\infty}^{+\infty} \delta(\omega - n\omega_s), \quad \omega_s = 2\pi f_s = \frac{2\pi}{T_s} \tag{3-2-2}$$

可见,抽样就是在一系列离散点上对模拟信号取样值,利用冲激函数的筛选性质,抽样过程可以看成是原模拟信号与周期性冲激序列相乘,如图 3-4 所示。

抽样后的信号 $m_s(t)$ 的时域表达式为

$$m_s(t) = m(t)\delta_T(t) = \sum_{n=-\infty}^{+\infty} m(nT_s)\delta(t - nT_s) \tag{3-2-3}$$

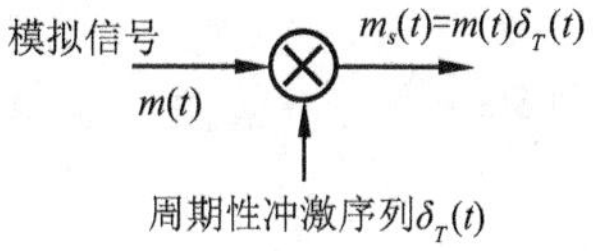

设 $M(\omega)$ 是低通模拟信号 $m(t)$ 的频谱,其最高角频率为 ω_H,利用频域卷积定理和傅里叶变换的性质可得到 $m_s(t)$ 信号的频域表达示为

图 3-4　模拟信号的抽样

$$M_s(\omega) = \frac{1}{2\pi}\big[M(\omega) * \delta_T(\omega) \big] = \frac{1}{2\pi}\Big[M(\omega) * \frac{2\pi}{T_s} \sum_{n=-\infty}^{+\infty} \delta(\omega - n\omega_s) \Big] = \frac{1}{T_s} \sum_{n=-\infty}^{+\infty} M(\omega - n\omega_s)$$

$$\tag{3-2-4}$$

式(3-2-4)表明,抽样后信号的频谱 $M_s(\omega)$ 由无限多个间隔为 ω_s 的与 $M(\omega)$ 相同的频谱块相叠加而成,而其中位于 $\omega = 0$ 处的频谱就是抽样前的模拟信号 $m(t)$ 的频谱本身(只差一个系数 $1/T_s$)。这意味着抽样后的信号 $m_s(t)$ 包含了信号 $m(t)$ 的全部信息,抽样过程的时间函数及对应频谱图如图 3-5 所示。

由图 3-5 可知,如果 $\omega_s \geqslant 2\omega_H$,$M_s(\omega)$ 中相邻的 $M(\omega - n\omega_s)$ 不重叠,只需接收端用一个截止频率为 ω_c(满足 $\omega_H \leqslant \omega_c \leqslant \omega_s - \omega_H$)的低通滤波器,就能从 $M_s(\omega)$ 中取出 $M(\omega)$,无失真地恢复原信号。但是如果 $\omega_s < 2\omega_H$,则抽样后信号的频谱在相邻的周期内发生混叠,如图 3-6 所示,此时接收端就不可能无失真重建原信号。因此 $T_s = 1/(2f_H)$ 是最大允许抽样间隔,它被称为奈奎斯特间隔,相对应的最低抽样速率 $f_s = 2f_H$ 称为奈奎斯特速率。

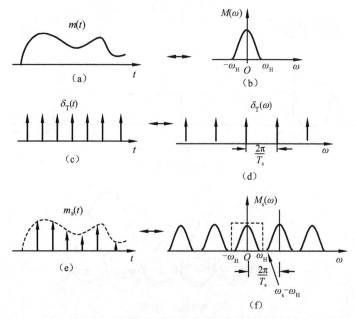

图 3-5　抽样过程的时间函数及对应频谱图

📖 卷积定理

时域卷积定理:时域卷积对应频域频谱密度函数乘积,即若

$$f_1(t) \leftrightarrow F_1(\omega), f_2(t) \leftrightarrow F_2(\omega)$$

则有

$$f_1(t) * f_2(t) \leftrightarrow F_1(\omega) \cdot F_2(\omega)$$

时间函数的乘积↔各频谱函数卷积的 $1/(2\pi)$，即若

$$f_1(t) \leftrightarrow F_1(\omega), f_2(t) \leftrightarrow F_2(\omega)$$

则有

$$f_1(t) \cdot f_2(t) \leftrightarrow \frac{1}{2\pi} F_1(\omega) * F_2(\omega)$$

卷积定理揭示了时域与频域的运算关系,在通信系统和信号处理研究领域中得到大量应用。

以上证明了只要抽样频率 $f_s \geq 2f_H$,抽样信号 $m_s(t)$ 中就包含信号 $m(t)$ 的全部信息,否则,抽样信号的频谱会出现混叠现象,带来恢复信号的失真。

现在,我们研究利用 N 个抽样值来重建带限波形的问题。频域已证明,将 $M_s(\omega)$ 通过截止频率为 ω_H 的低通滤波器便可得到 $M(\omega)$,如图3-7(a)所示。设低通滤波器的传递函数为 $H(\omega)$（取截止频率为 $\omega_c = \omega_H$）有

$$H(\omega) = \begin{cases} T_s & \text{当 } |\omega| \leq \omega_H \\ 0 & \text{当 } |\omega| > \omega_H \end{cases} \tag{3-2-5}$$

$H(\omega)$ 相对应的时域表达式为

$$h(t) = \frac{T_s \omega_H}{\pi} \text{Sa}(\omega_H t) \tag{3-2-6}$$

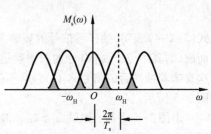

图 3-6　混叠现象

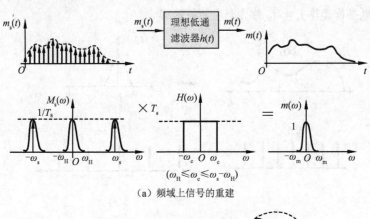

（a）频域上信号的重建

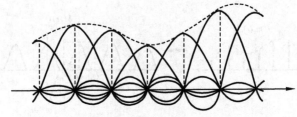

（b）时域上信号的重建

图 3-7　接收端重建模拟信号

因频域中的相乘等于时域卷积,所以抽样序列信号通过放大倍数为 T_s 低通滤波器后输出的重建信号为

$$m(t) = m_s(t) * \frac{T_s\omega_H}{\pi}\text{Sa}(\omega_H t)$$

$$= \sum_{n=-\infty}^{+\infty} m(nT_s)\delta(t - nT_s) * \frac{T_s\omega_H}{\pi}\text{Sa}(\omega_H t) \qquad (3-2-7)$$

$$= \sum_{n=-\infty}^{+\infty} m(nT_s)\frac{\sin\omega_H(t - nT_s)}{\omega_H(t - nT_s)}$$

这里取 $T_s = 1/(2f_H)$，式(3-2-7)是重建信号的时域表达式，图3-7(b)所示为重建的波形，模拟信号的重建在频域上表现为利用低通滤波器取出中间的频谱块，在时域上可理解为抽样信号的多个冲激以抽样时间间隔依次送入低通滤波器，低通滤波器将依次输出多个 $\text{Sa}[\omega_H(t - nT_s)]$ 信号，这些信号间会错开抽样时间间隔，低通滤波器的输出最终是这若干 $\text{Sa}[\omega_H(t - nT_s)]$ $(n = 0, \pm 1, \pm 2, \cdots)$ 信号叠加的结果，由图3-7可以看出，这些 $\text{Sa}[\omega_H(t - nT_s)]$ $(n = 0, \pm 1, \pm 2, \cdots)$ 信号加权叠加的结果正好是原来的模拟信号，权值是 $m(t)$ 在 nT_s 时刻的抽样值为 $m(nT_s)$。

由低通抽样定理可以得到以下结论：

(1)已抽样信号的频谱 $M_s(\omega)$，实际上是基带信号频谱 $M(\omega)$ 沿 ω 轴以 $2\omega_H$ 做周期延拓形成的，且其频谱幅度有一个固定的衰减 $1/T_s$。

(2)只要脉冲载波的重复周期 T_s 满足 $T_s \leqslant 1/(2f_H)$，即 $(1/T_s) \geqslant 2f_H$，就不会出现频谱的重叠。

(3)如果让 $M_s(\omega)$ 通过理想低通滤波器，即可恢复出原基带信号的频谱 $M(\omega)$ 且不会产生失真。

【例3-4】已知某低通信号的频谱如图3-8(a)所示，则其最低抽样频率为多少？画出抽样频率最低时，抽样信号的频谱。

解 按低通抽样定理，则最低抽样频率为

$$f_s \geqslant 2\frac{\omega_0}{2\pi} = \frac{\omega_0}{\pi} = 2f_0$$

以最低抽样频率为抽样频率时 $f_s = 2f_0$，代入式(3-2-4)有，$M_s(\omega) = \frac{1}{T_s}\sum_{n=-\infty}^{+\infty} F(\omega - n\omega_s)$，抽样信号的频谱如图3-8(b)所示。

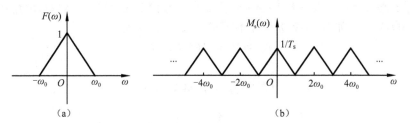

图3-8 抽样信号及恢复信号

📖为了避免混叠的发生，在实际应用中用 A/D 转换器对模拟信号进行采样之前应注意对模拟信号进行滤波(称为抗混叠滤波器，它实际上是一个低通滤波器)，把频率高于1/2抽样频率的频率成分滤掉，这样采样之后的频谱才不会发生混叠，这是抽样中必不可少的步骤。

在实际应用中，恢复信号的低通滤波器也不可能是理想的，因此在实际应用中，抽样速率 f_s 一般要比 $2f_H$ 选得大一些，例如，话音信号的最高频率限制在 3 400 Hz，这时满足抽样定理的最低的抽样频率应为 $f_s = 6 800$ Hz，为了留有一定的防卫带，CCITT[是国际电报电话咨询委员会的简称，

它是国际电信联盟(ITU)的前身]规定话音信号的抽样率$f_s = 8\ 000$ Hz,这样就留出了8000 Hz - 6 800 Hz = 1 200 Hz作为滤波器的防卫带。应当指出,抽样频率f_s不是越高越好,太高时,将会降低信道的利用率(因为随着f_s升高,数据传输速率也增大,则数字信号的带宽变宽,导致信道利用率降低),所以只要能满足$f_s \geq 2f_H$,并有一定频带的防卫带即可。

📖生活中发生混频的例子

我们在看电视或电影时,有时候会发现这种现象:随着影片中的汽车不断加速,汽车轮子的转速逐渐增加,但当时速至某个速率的时候,轮子的转速会突然变慢甚至出现反转的现象。这种现象的出现就和频率混叠有关,为什么呢?请大家想一想。

---

2. 带通抽样定理

实际中遇到的许多信号是带通型信号,如果采用低通抽样定理的抽样频率$f_s \geq 2f_H$,对频率限制在f_L与f_H之间的带通型信号抽样,肯定能满足频谱不混叠的要求,但这样选择f_s太高了,它会使0 Hz $\sim f_L$一大段频谱空隙得不到利用,降低了信道的利用率。而且采样频率过高会超过 A/D 转换器的处理能力。为了提高信道的利用率,同时又使抽样后的信号频谱不混叠,对带通信号可按照带通抽样定理来进行抽样。

带通抽样定理:一个频带限制在(f_L, f_H)内的时间连续信号$m(t)$,信号带宽$B = f_H - f_L$,设$f_H = NB + kB$,其中N为f_H/B的整数部分,k为f_H/B的小数部分,$0 \leq k < 1$。如果抽样频率f_s满足条件$f_s = 2B(1 + k/N)$,则用带通滤波器可无失真地恢复$m(t)$。

带通定理的证明:带通信号经抽样后有

$$m_s(t) = m(t)\delta_T(t) = \sum_{n=-\infty}^{+\infty} m(nT_s)\delta(t - nT_s) \tag{3-2-8}$$

抽样信号频谱:

$$M_s(\omega) = \frac{1}{2\pi}[M(\omega) * \delta_T(\omega)] = \frac{1}{T_s}\left[M(\omega) * \sum_{n=-\infty}^{+\infty}\delta(\omega - n\omega_s)\right] = = \frac{1}{T_s}\sum_{n=-\infty}^{+\infty}M(\omega - n\omega_s) \tag{3-2-9}$$

要无失真地恢复$m(t)$,要求各$M(\omega - n\omega_s)$成分在频谱上无混叠。一般地,设$f_H = NB + kB$,其中N为整数,$0 \leq k < 1$。如图 3-9 所示,要使混叠不发生,应满足:

$$Nf_s \geq 2f_H = 2(NB + kB) \tag{3-2-10}$$

且有

$$(N-1)f_s + B \leq 2f_H - B \tag{3-2-11}$$

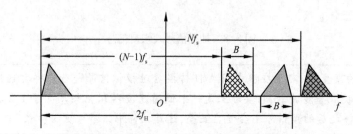

图 3-9　带通信号抽样不发生混叠的条件

如取满足式(3-2-10)的最小值,即$f_s = 2f_H/N = 2(B + kB/N)$,则有$(N-1)f_s = 2f_H - f_s$,因为$f_s \geq 2B$,所以$(N-1)f_s \leq 2f_H - 2B$,从而有$(N-1)f_s + B < 2f_H - B$,即满足式(3-2-11)。即当取$f_s = 2(1 + k/N)B$时,抽样信号频谱不会发生混叠,因而原信号可用带通滤波器无失真地恢复。

3. 自然抽样

自然抽样又称曲顶抽样，它是由基带信号与周期性脉冲序列相乘得到的。自然抽样原理框图如图3-10(a)所示，自然抽样过程的波形和频谱如图3-11所示。自然抽样后的脉冲幅度（顶部）随被抽样信号 $m(t)$ 而变化，或者说保持了 $m(t)$ 的变化规律。

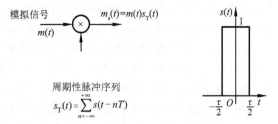

图3-10 自然抽样原理框图

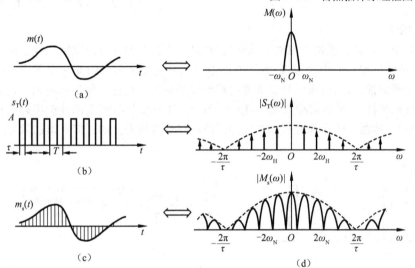

图3-11 自然抽样过程的波形和频谱

设图3-10(b)中脉冲序列以 $s_T(t)$ 表示，它是宽度为 τ、周期为 T_s 的矩形窄脉冲序列，这里取 $T_s \geqslant 1/(2f_H)$，则自然抽样PAM信号 $m_s(t)$ 为

$$m_s(t) = m(t)s_T(t) \tag{3-2-12}$$

$S(\omega)$ 为持续时间为 τ、幅度为1的矩形脉冲 $s(t)$ 的傅里叶变换，如图3-10(b)所示。

$$S(\omega) = \int_{-\infty}^{+\infty} s(t)\mathrm{e}^{-\mathrm{j}\omega t}\mathrm{d}t = \int_{-\tau/2}^{\tau/2} \mathrm{e}^{-\mathrm{j}\omega t}\mathrm{d}t = \tau\mathrm{Sa}\left(\frac{\omega\tau}{2}\right) \tag{3-2-13}$$

由于时域相乘对应频域卷积，由冲激函数的性质可知，脉冲序列 $s_T(t)$ 的傅里叶变换为

$$S_T(\omega) = \delta_T(\omega) \cdot S(\omega) = \frac{2\pi}{T_s}\sum_{n=-\infty}^{+\infty}\delta(\omega - n\omega_s) \cdot \tau\mathrm{Sa}\left(\frac{\omega\tau}{2}\right)$$

$$= \frac{2\pi\tau}{T_s}\sum_{n=-\infty}^{+\infty}\mathrm{Sa}(n\tau\omega_H)\delta(\omega - 2n\omega_H) \tag{3-2-14}$$

可得自然抽样信号 $m_s(t)$ 的频域表达式：

$$M_s(\omega) = \frac{1}{2\pi}[M(\omega) * S_T(\omega)] = \frac{\tau}{T_s}\sum_{n=-\infty}^{\infty}\mathrm{Sa}(n\tau\omega_H)M(\omega - 2n\omega_H) \tag{3-2-15}$$

由图3-11可见，对自然抽样，抽样值 $m_s(t)$ 脉冲顶部随 $m(t)$ 的值变化，即顶部保持了 $m(t)$ 变换的规律。抽样函数为矩形脉冲序列，抽样为乘法过程，可以通过门控电路实现。

由式(3-2-15)可见，自然抽样的频谱与理想抽样的频谱非常相似，理想抽样的频谱被常数 $1/T_s$ 加权，而自然抽样频谱的包络按 $\tau\mathrm{Sa}(n\tau\omega_H)/T_s$ 函数随频率 ω 增大而下降。但对某个具体的 n，$\tau\mathrm{Sa}(n\tau\omega_H)/T_s$ 是一个确定的值，即 $\tau\mathrm{Sa}(n\tau\omega_H)/T_s M(\omega - 2n\omega_H)$ 的谱块与 $M(\omega)$ 的谱块形状是相

同的。因此在接收端仍可用低通滤波器从 $M_s(\omega)$ 中恢复出基带信号 $m(t)$ 的频谱 $M(\omega)$。同样的，只有在 ω_s ≥$2\omega_H$ 时，落在低通滤波器通带内的信号频谱才与原始模拟波形的频谱具有相同的形状，否则频谱会发生混叠，接收端重建模拟信号的原理框图如图 3-12 所示。

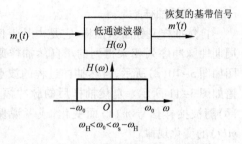

图 3-12　PAM 信号的重建(自然抽样)

由于自然抽样频谱的包络按 Sa 函数随频率增高而下降，因而带宽是有限的，且带宽与脉宽 τ 有关，τ 越大，带宽越小。

4. 平顶抽样

在实际系统中不宜直接使用较宽的脉冲进行抽样，因为在抽样脉冲宽度内样值幅度是随时间变化的，即样值的顶部不平坦，因此它不能准确地选取量化标准值。因此在实际应用中通常是以窄脉冲做近似理想抽样，而后再对经过展宽电路形成平顶值序列进行量化和编码。这种抽样又称为平顶抽样或瞬时抽样，其抽样值如图 3-13(a)所示。平顶抽样是假定用冲激序列进行自然抽样后，所得到的加权冲激时间序列通过一个脉冲保持电路形成所需要的顶部平坦的脉冲。

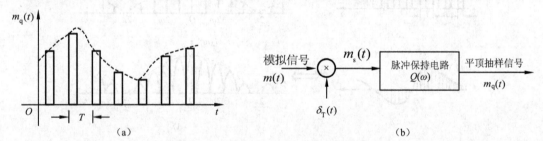

图 3-13　平顶抽样信号及其产生原理框图

设基带信号为 $m(t)$，脉冲保持电路的冲激响应为 $q(t)$，$m(t)$ 与 $\delta_T(t)$ 相乘即理想抽样

$$m_s(t) = \sum_{n=-\infty}^{+\infty} m(nT_s)\delta(t-nT_s) \tag{3-2-16}$$

经过脉冲保持电路，每当输入一个冲激信号，在其输出端便产生一个幅度为 $m(nT_s)$ 的矩形脉冲，平顶抽样信号的时域表达式为

$$m_q(t) = m_s(t)*q(t) = \sum_{n=-\infty}^{+\infty} m(nT_s)q(t-nT_s) \tag{3-2-17}$$

由于 $M_s(\omega) = \dfrac{1}{T_s}\sum_{n=-\infty}^{+\infty} M(\omega-n\omega_s)$，设脉冲保持电路的传输函数为 $Q(\omega)$，有

$$M_q(\omega) = M_s(\omega)Q(\omega) \tag{3-2-18}$$

则平顶抽样信号的频域可表示为

$$M_q(\omega) = \frac{1}{T_s}Q(\omega)\sum_{n=-\infty}^{+\infty} M(\omega-n\omega_s) = \frac{1}{T_s}\sum_{n=-\infty}^{+\infty} Q(\omega)M(\omega-n\omega_s) \tag{3-2-19}$$

接收端采用低通滤波器不可以从平顶 PAM 信号中恢复原始的模拟波形，由式(3-2-19)可知，$Q(\omega)$ 的滤波效应引起 PAM 信号的平顶形状，$M_q(\omega)$ 不再与 $M(\omega)$ 的谱块相同，而是随着 ω 的变化而变化。为了从 $m_q(t)$ 中恢复原基带信号 $m(t)$，在滤波之前先用特性为 $1/Q(\omega)$ 频谱校正网络加以修正，则低通滤波器便能无失真地恢复原基带信号 $m(t)$，接收端重建模拟信号的原理框图如图 3-14 所示。如果在接收端不用频率响应为 $1/Q(\omega)$ 的滤波器对平顶抽样信号的频谱进行滤波，而是直接通过理想低通滤波器进行滤波，则恢复出来的模拟信号会出现失真，这种失真称为"孔径失真"。

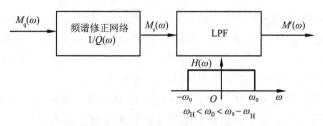

图 3-14　接收端重建模拟信号原理框图

在实际应用中,平顶抽样信号采用抽样保持电路来实现,得到的脉冲为矩形脉冲。

📖模拟信号需要通过采样转换为数字信号,进行数字处理和数字传输。这容易让人误以为只有信源发出的信号是模拟信号的情况下才会用到采样,实际上对于信源发出的信号本身是数字信号的情况,也可能会用到采样,如 OFDM 系统。

发送端利用 IFFT 实现 OFDM 调制,得到离散的数字信号,通过 D/A 转换器转换为模拟信号,再调制到射频载波上发送到信道中。接收端先从射频载波上解调出模拟信号,通过 A/D 转换为数字信号,再利用 FFT 实现 OFDM 解调。

3.2.3　模拟脉冲调制

采样并非只有一种数字技术,脉冲调制就是以时间上离散的脉冲串作为载波,用模拟基带信号 $m(t)$ 去控制脉冲串的某参数,使其按 $m(t)$ 的规律变化。按基带信号改变脉冲参量的不同,把脉冲调制又分为脉幅调制(PAM)、脉宽调制(PDM)和脉位调制(PPM),其信号波形如图 3-15 所示。

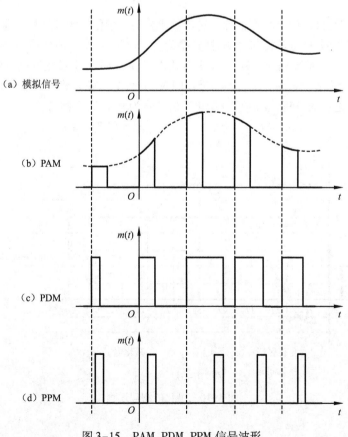

图 3-15　PAM、PDM、PPM 信号波形

PAM 是脉冲载波的幅度随调制信号的样值变化的一种调制方式。对 PDM，其所有的脉冲具有相等的振幅,脉冲载波的脉冲持续时间(脉宽)随调制信号的样值而变的调制方式,有时也写为 PWM(pulse width modulation)。PPM 是所有的脉冲信号具有相同的振幅和时间宽度,但脉冲载波的时间位置(脉位)随调制信号的样值而变的脉冲调制方式。

PAM 和 PDM 这两种调制方式使用较多,特别是 PDM 方式,以其良好的变压变频特性和谐波抑制效果在变流系统控制、电机控制及其他电气工业领域受到普遍重视。

在航模中用于舵机的控制时常采用脉宽调制(PWM),主要原理是通过周期性跳变的高低电平组成方波,来进行连续数据的输出。

脉位调制的抗干扰性能优于脉幅调制和脉宽调制,调制和解调电路也比较简单,常用于各种遥测、遥控系统和信号转换电路中。

📖从本质上说,PAM、PDM 以及 PPM 仍然是模拟调制方式,因为虽然这三种已调信号在时间上是离散的,但脉冲的受调参量(幅度、宽度、位置)还是连续取值的[直接反映了基带信号 $m(t)$ 的幅值信息]。

3.2.4 量化

抽样后的信号是脉幅调制(PAM)信号,虽然在时间上是离散的,但它的幅度是连续的,仍随原信号而改变,因此还是模拟信号。如果直接将这种脉幅调制信号送到信道中传输,其抗干扰性仍然很差。而要采用 PCM 方式传输,必须用有限数量的样值代替原来模拟信号无限多种样值,才能进行二进制编码,这一过程就是量化。

1. 量化原理

量化方法是按允许的误差将样值脉冲进行量化分层。量化的物理过程可通过图 3-16 所示的例子加以说明:其中 $m(t)$ 是模拟信号,抽样频率为 $f_s = 1/T_s$,第 k 个抽样值为 $m(kT_s)$, $m_q(t)$ 表示量化后的信号, $q_1 \sim q_M$ 是预先规定好的 M 个量化电平, m_i 为第 i 个量化区间的终点电平(分层电平),电平之间的间隔 $\Delta_i = m_i - m_{i-1}$,称为量化间隔,那么量化就是将抽样值 $m(kT_s)$ 转换为 M 个规定电平 $q_1 \sim q_M$ 之一的过程,设 $m(kT_s)$ 量化后的信号为 $m_q(kT_s)$,则有

$$m_q(kT_s) = q_i \qquad 当 \ m_{i-1} \leqslant m(kT_s) \leqslant m_i \tag{3-2-20}$$

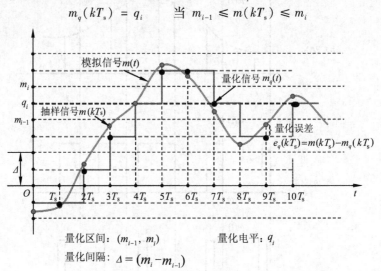

量化区间: (m_{i-1}, m_i) 量化电平: q_i

量化间隔: $\Delta = (m_i - m_{i-1})$

图 3-16 量化的物理过程

量化器输出是图 3-16 中的阶梯波形 $m_q(t)$，其中

$$m_q(t) = m_q(kT_s) \qquad 当 \ kT_s \leqslant t \leqslant (k+1)T_s \qquad (3-2-21)$$

量化后的信号 $m_q(t)$ 是对原来信号 $m(t)$ 的近似。

当抽样频率一定，量化级数目（量化电平数）增加并且量化电平选择适当时，可以使 $m_q(t)$ 与 $m(t)$ 的近似程度提高。显然，量化信号与原信号之间存在一定的误差，$m_q(kT_s)$ 与 $m(kT_s)$ 之间的误差称为量化误差。量化误差也是随机的，它像噪声一样影响通信质量，因此又称为量化噪声。为了减少量化误差，通常取各量化间隔的中间值作为该量化间隔的量化值。根据各量化间隔是否均匀，量化可分为均匀量化和非均匀量化两大类。

2. 均匀量化

把输入信号的取值范围按等距离分割的量化称为均匀量化。如设输入信号的最小值和最大值分别用 a 和 b 表示，量化电平数为 M，则均匀量化时的量化间隔为

$$\Delta_i = \Delta = \frac{b-a}{M} \qquad (3-2-22)$$

则此时第 i 个量化区间的终点电平 m_i 为

$$m_i = a + i\Delta \qquad (3-2-23)$$

第 i 个量化区间的量化电平取中间值时 q_i 可表示为

$$q_i = \frac{m_i + m_{i-1}}{2} \ , \quad i = 1,2,\cdots,M \qquad (3-2-24)$$

量化器的输入与输出关系可用量化特性来表示，语音编码常采用图 3-17 所示输入/输出特性的均匀量化器。

对于不同的输入范围，误差显示出两种不同的特性：量化范围（量化区）内，量化误差的绝对值 $|e_q(kT_s)| = |m(kT_s) - m_q(kT_s)| \leqslant \Delta/2$，当信号幅度超出量化范围时，$|e_q(kT_s)| = |m(kT_s) - m_q(kT_s)| > \Delta/2$，此时称为过载或饱和，过载区的误差特性是线性增长的，因而过载误差比量化误差大。在设计量化器时，应考虑输入信号的幅度范围，使信号幅度不超出量化范围。

为了反映了量化器的性能，通常用量化信噪比 (S/N_q) 来衡量，S/N_q 定义为

$$\frac{S}{N_q} = \frac{E[m^2(kT_s)]}{E\{[m(kT_s) - m_q(kT_s)]^2\}} \qquad (3-2-25)$$

式中，E 表示求统计平均；S 为信号功率；N_q 为量化噪声功率。

显然，(S/N_q) 越大，量化性能越好。

若输入模拟信号 $m(t)$ 是均值为零，概率密度为 $f(x)$ 的平稳随机过程，$m(t)$ 的取值范围为 (a,b)，且设不会出现过载

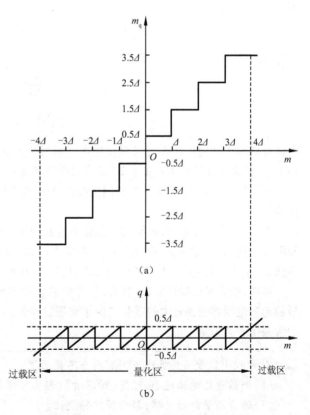

图 3-17 均匀量化特性及量化误差曲线

量化,其量化噪声功率为

$$N_q = E\{[m(kT_s) - m_q(kT_s)]^2\} = \int_a^b [x - m_q(kT_s)]^2 f(x)\,dx$$

$$= \sum_{i=1}^M \int_{m_{i-1}}^{m_i} (x - q_i)^2 f(x)\,dx \tag{3-2-26}$$

式中,$m_i = a + i\Delta$。

$$q_i = a + i\Delta - \frac{\Delta}{2}, i = 1, 2, \cdots, M \tag{3-2-27}$$

一般来说,量化电平数 M 越大,量化间隔 Δ 越小。

【例3-5】设一有 M 个量化电平的均匀量化器,其输入信号的概率密度函数在区间 $[-a, a]$ 内均匀分布,试求该量化器的量化信噪比。

解 为简单起见,设 m_k 为模拟信号的抽样值,即 $m(kT)$;m_q 为量化信号值,即 $m_q(kT)$;$f(m_k)$ 为信号抽样值 m_k 的概率密度;M 为量化电平数。在均匀量化时,量化噪声功率的平均值 N_q 为

$$N_q = E[(m_k - m_q)^2] = \int_{-a}^a (m_k - m_q)^2 f(m_k)\,dm_k = \sum_{i=1}^M \int_{m_{i-1}}^{m_i} (m_k - q_i)^2 f(m_k)\,dm_k \tag{3-2-28}$$

由于输入信号的概率密度函数在区间 $[-a, a]$ 内均匀分布,则有 $f(m_k) = 1/(2a)$:

$$N_q = \sum_{i=1}^M \int_{m_{i-1}}^{m_i} (x - q_i)^2 \frac{1}{2a}dx = \sum_{i=1}^M \int_{-a+(i-1)\Delta}^{-a+i\Delta} \left(x + a - i\Delta + \frac{\Delta}{2}\right)^2 \frac{1}{2a}dx$$

$$= \sum_{i=1}^M \left(\frac{1}{2a}\right)\left(\frac{\Delta^3}{12}\right) = \frac{M\Delta^3}{24a} \tag{3-2-29}$$

因为 $M\Delta = 2a$,所以

$$N_q = \frac{\Delta^2}{12} \tag{3-2-30}$$

信号 m_k 的平均功率可以表示为

$$S = \int_{-a}^a x^2 \cdot \frac{1}{2a}dx = \frac{\Delta^2}{12} \cdot M^2 \tag{3-2-31}$$

$$\frac{S}{N_q} = M^2 \quad \text{或} \quad \left(\frac{S}{N_q}\right)_{dB} = 20\lg M = 6N(\text{dB}) \tag{3-2-32}$$

由此可见对于均匀量化有:(1)量化噪声与信号大小无关,只与量化间隔 Δ 有关;(2)编码位数增加 1 位,量化信噪比增大 6 dB;(3)量化信噪比随信号功率减小而减小。

采用均匀量化的 PCM 一般应用于线性 A/D 转换接口和遥测遥控系统、仪表、图像信号的数字化接口。

由式(3-2-30)可知,对均匀量化器不过载的量化噪声功率 N_q 仅与 Δ 的二次方有关,一旦量化间隔 Δ 给定,均匀量化的 N_q 就确定了,与输入信号大小无关。因此当输入信号较小时,S_q 比较小,导致 S_q/N_q 小,可能满足不了通信的要求,所以均匀量化对于小信号很不利。

通常,把满足信噪比要求的输入信号的取值范围定义为动态范围。因此,均匀量化时输入信号的动态范围将受到较大的限制。为了克服这个缺点,改善小信号时的量化信噪比,在实际应用中常采用非均匀量化。

📖大信号和小信号的信噪比不同有两个不良后果:

(1)小信号信噪比过小,可能"听不清",影响可懂性;

(2)语音质量时好时坏,影响听觉舒适性。

3. 非均匀量化

非均匀量化是一种在整个动态范围内量化间隔不相等的量化。信号抽样值小时,量化间隔也小;信号抽样值大时,量化间隔也大。

由于语音信号的特征是小信号出现的概率大,大信号出现的概率小,因此非均匀量化可以提高小信号时的信号量化声噪比。实现非均匀量化的方法之一是把输入量化器的信号 $x(t)$ 先进行非线性变换后,再进行均匀量化,如图3-18所示。压缩器对信号进行了不均匀的放大,小信号的放大倍数大,大信号的放大倍数小。这样对 $y(t)$ 进行均匀量化,等效于对 $x(t)$ 信号进行非均匀量化。

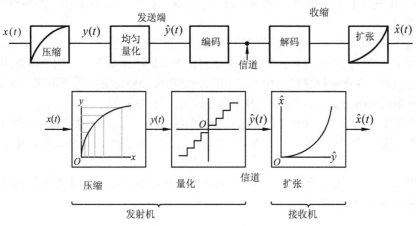

图3-18 模拟压扩法框图

接收端为了保证与输入端信号的动态特性保持一致,采用一个与压缩特性完全相反的扩张器来恢复原始信号。针对语音信号,国际上有 μ 律和 A 律两种压扩特性。北美各国和日本等采用 μ 律压扩特性,我国和欧洲等各国均采用 A 律压扩特性,图3-19和图3-20分别示出了 μ 律和 A 律对数压缩特性曲线。

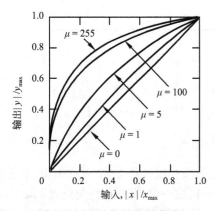

图3-19 μ 律压扩特性曲线

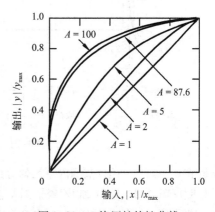

图3-20 A 律压扩特性曲线

(1)A 律压扩特性:A 律压扩特性具有以下对数压缩规律:

$$y = \begin{cases} \dfrac{Ax}{1+\ln A} & \text{当}\ 0 \leqslant x \leqslant \dfrac{1}{A} \\[3mm] \dfrac{1+\ln Ax}{1+\ln A} & \text{当}\ \dfrac{1}{A} \leqslant x \leqslant 1 \end{cases} \tag{3-2-33}$$

式中,x 为归一化输入;y 为归一化输出,归一化是指信号电压与信号最大电压之比,所以,归一化的最大值为 1;A 为压扩参数,目前国际标准取值 $A = 87.6$。$A = 1$ 没有压缩效果,A 值越大压缩效果越明显。A 律压缩特性曲线是以原点奇对称的。图 3-19 只画出了正向部分。

(2)μ 律压扩特性:μ 律压扩特性具有以下对数压缩规律:

$$y = \frac{\ln(1 + \mu x)}{\ln(1 + \mu)} \quad , \quad 0 \leqslant x \leqslant 1 \qquad (3-2-34)$$

式中,x 为归一化输入;y 为归一化输出;μ 为压扩参数,表示压扩程度。

$\mu = 0$ 时,没有压缩效果,是一条通过原点的直线;μ 值越大压缩效果越明显,一般当 $\mu = 100$ 时,压缩效果就比较理想了,在国际标准中对语音信号取 $\mu = 255$。另外,μ 律压缩特性曲线也是以原点奇对称的。

非均匀量化的优点:提高了小信号的量化信噪比,从而相当于扩大了输入信号的动态范围。

(3) 对数压缩特性的折线近似:早期的 A 律和 μ 律压扩特性是用非线性模拟电路实现的,在电路上实现这样的非线性函数规律是相当复杂的,因而精度和稳定度都受到限制。随着数字电路特别是大规模集成电路的发展,数字压扩技术日益获得广泛的应用。

采用数字压扩技术基本上保持了连续压扩特性曲线的优点,又便于数字电路的实现。为了能用数字电路来实现 A 律和 μ 律对数特性曲线,需要先用折线来近似它,这里只对 A 律 13 折线近似进行讲解。

A 律 13 折线是用 13 段折线逼近 $A = 87.6$ 的 A 律压扩特性曲线。具体方法是:把输入 x 轴和输出 y 轴用两种不同的方法划分,如图 3-21 所示。

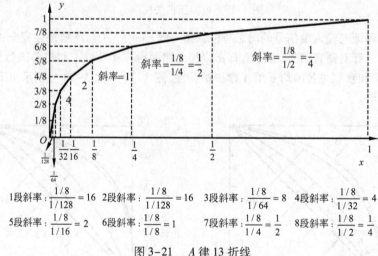

图 3-21 A 律 13 折线

对 x 轴在 $0 \sim 1$(归一化)范围内不均匀分成 8 段,分段的规律是每次以 1/2 对分,其分段点是 1/2、1/4、1/8、1/16、1/32、1/64 和 1/128。对 y 轴在 $0 \sim 1$(归一化)范围内均匀分成 8 段,每段间隔均为 1/8。然后把 x,y 各对应段的交点连接起来构成 8 段直线,其中第 1、2 段斜率相同(均为 16),因此可视为一条直线段,故实际上只有 7 段斜率不同的折线。

以上分析的是第一象限,对于双极性语音信号,在第三象限也有对称的一组折线,也是 8 段,但其中靠近零点的 1、2 段斜率也都等于 16,与正方向的第 1、2 段斜率相同,又可以合并为一段,因此,正、负双向共有 $2 \times 6 + 1 = 13$ 段折线,故称其为 13 折线。

表 3-1 列出了 $A = 87.6$ 的压扩特性曲线与 A 律 13 折线的对比,从表中可见,两者是非常接近的。

表3-1 $A=87.6$ 的压扩特性曲线与 A 律13折线的对比

$\frac{y}{x}$	1/8	2/8	3/8	4/8	5/8	6/8	7/8	1
按 A 律求 x	1/128	1/60.6	1/30.6	1/15.4	1/7.8	1/3.4	1/2	1
按折线求 x	1/128	1/64	1/32	1/16	1/8	1/4	1/2	1

3.2.5 脉冲编码调制

脉冲编码调制(pulse code modulation,PCM)简称脉码调制,是一种用一组二进制数字表示连续信号的量化值,从而实现数字通信的方法

1. A 律13折线编码

(1)码型的选择:对于 M 个量化电平,可以用 N 位二进制码来表示,即 $M=2^N$。理论上来说,任何一种可逆的二进制码组都可以用于PCM编码。在PCM中常用的二进制码型有三种:自然二进制码、折叠二进制码和格雷二进制码,其编码规则如表3-2所示。

表3-2 PCM中常用的三种二进制码型

量化电平极性	量化值序号	自然二进制码	折叠二进制码	格雷二进制码
负极性	0	0000	0111	0000
	1	0001	0110	0001
	2	0010	0101	0011
	3	0011	0100	0010
	4	0100	0011	0110
	5	0101	0010	0111
	6	0110	0001	0101
	7	0111	0000	0100
正极性	8	1000	1000	1100
	9	1001	1001	1101
	10	1010	1010	1111
	11	1011	1011	1110
	12	1100	1100	1010
	13	1101	1101	1011
	14	1110	1110	1001
	15	1111	1111	1000

自然二进制码就是一般的十进制正整数的二进制表示,编码简单、易记,而且译码可以逐比特独立进行。

折叠二进码是一种符号幅度码。左边第1位表示信号的极性,信号为正用"1"表示,信号为负用"0"表示;第2位至最后一位表示信号的幅度,由于正、负绝对值相同时,折叠二进制码的上半部分与下半部分相对零电平对称折叠,故名折叠二进制码,且其幅度码从小到大按自然二进制码规则编码。

格雷二进制码的特点是任何相邻电平的码组,只有一位码位发生变化,即相邻码字的距离(汉明距离)恒为1。译码时,若传输或判决有误,量化电平的误差小,这就是格雷二进制码优于二进制码元的原因。

自然二进制码各位码(幅度码)有一固定的权值,简单易记。但对于双极性的信号来讲,不如折叠二进制码方便。折叠二进制码的优点是,对于语音这样的双极性信号,只要绝对值相同,则可

以采用单极性编码的方法,使编码过程大大简化。另一个优点是,在传输过程中出现误码,对小信号影响较小。由于语音信号小信号出现的概率较大,因此采用折叠二进制码有利于减小语音信号的平均量化噪声(折叠码在绝对值小的电平附近,1 位传输错误造成的信号误差比自然码的小。可在平均意义下使传输误码造成的破坏轻一些)。格雷二进制码也具有折叠二进制码的优点,但在电路实现上较折叠二进制码要复杂一些。因此当前在 PCM 系统中广泛采用折叠二进制码,它是 A 律 13 折线 PCM 30/32 路基群设备中所采用的码型。

(2)码字的码位数确定:一个码字中所包含的比特数 N,应根据总的量化级数 M 而定。它们之间有 $M = 2^N$ 的关系。码位数的选择,不仅关系到通信质量的好坏,而且涉及设备的复杂程度。

由于量化级数 M 越多,所需二进制码元位数 N 越多,在相同编码动态范围内,量化间隔 Δ 的值就越小,量化噪声越小,量化信噪比就越大,通信质量也越好。但 N 越多,Δ 越小,对编码电路的精度和灵敏度要求就越高;而且 N 越多,传码率也就越高,占用的信道带宽也越宽。因此,码位数应根据通信质量,传输信道利用率等因素作适当选取。一般在点与点之间的通信或短距离通信,采用 7 位码已基本能满足质量要求。而对于干线远程全网通信,一般要经过多次转接,对质量有较高的要求,目前国际上采用 8 位编码。市内电话通信也是长途通信的一个组成部分。所以市内中继采用的 PCM 设备也应选用 8 位编码。

(3)码位的安排:A 律 13 折线采用 8 位编码,8 位二进制码对应有 $M = 2^8 = 256$ 个量化级,即正、负输入幅度范围内各有 128 个量化级,这需要将 13 折线中的每个折线段再均匀划分 16 个量化级,由于每个段落长度不均匀,这 8 位编码的安排如下:

C_1	$C_2 C_3 C_4$	$C_5 C_6 C_7 C_8$
1 位极性码	3 位段落码	4 位段内码

其中,第 1 位码 C_1 的数值"1"或"0"分别表示信号的正、负极性,称为极性码。第 2~4 位码 $C_2 C_3 C_4$ 为段落码,代表 8 个段落的起点电平。由于 13 折线中每个折线段又均匀划分成 16 个量化级,如图 3-22 所示。因此第 5~8 位码 $C_5 C_6 C_7 C_8$ 为段内码,这 4 位码的 16 种可能状态用来分别代表每一段落内的 16 个均匀划分的量化级。

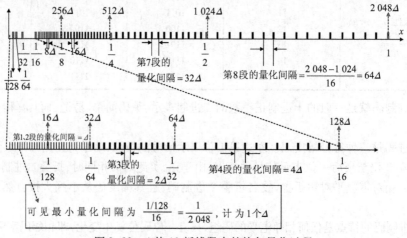

图 3-22 A 律 13 折线段内的均匀量化过程

注意:在 13 折线编码方法中,虽然各段内的 16 个量化级是均匀的,但因段落长度不等,故不同段落间的量化级是非均匀的。13 折线中的第 1、2 段最短,只有归一化的 1/128,再将它等分 16 均匀量化级,每一量化级的长度为 $(1/128) \times (1/16) = 1/2 048$。这是最小的量化级间隔,它仅有输入信号归一化值的 1/2 048，记为 Δ，代表一个量化单位；第 8 段最长，每一量化级归一化长度为 1/32，包含 64 个最小量化间隔，记为 64Δ。

假设以非均匀量化时的最小量化间隔 $\Delta = 1/2\,048$ 作为均匀量化的量化间隔，那么从 13 折线的第 1 段到第 8 段所包含的均匀量化级数共有 2 048 个均匀量化级，而非均匀量化只有 $2^7 = 128$ 个量化级，则均匀量化需要编 11 位码，而非均匀量化只要编 7 位码。通常把按非均匀量化特性的编码称为非线性编码；按均匀量化特性的编码称为线性编码。

可见，在保证小信号时的量化间隔相同的条件下，7 位非线性编码与 11 位线性编码等效。根据码位的这种安排，可将电平范围、段落码、量化间隔和段内码对应权值等这几者之间的关系列于表 3-3。

第 3 章 信源与 PCM 信源编码

表 3-3　A 律 13 折线编码码位与电平的对应关系

量化段序号 i	电平范围	段落码 $C_2 C_3 C_4$			段落起始电平 $I_{Bi}(\Delta)$	量化间隔 Δ_i	段内码对应权值 $C_5 C_6 C_7 C_8$			
8	1 024 ~ 2 048	1	1	1	1 024	64	512	256	128	64
7	512 ~ 1 024	1	1	0	512	32	256	128	64	32
6	256 ~ 512	1	0	1	256	16	128	64	32	16
5	128 ~ 256	1	0	0	128	8	64	32	16	8
4	64 ~ 128	0	1	1	64	4	32	16	8	4
3	32 ~ 64	0	1	0	32	2	16	8	4	2
2	16 ~ 32	0	0	1	16	1	8	4	2	1
1	0 ~ 16	0	0	0	0	1	8	4	2	1

根据表 3-3 就能很方便地将任何一组 8 位码所代表的值（码字电平）写出来：

$$码字电平 = 段落起始电平 + (8C_5 + 4C_6 + 2C_7 + C_8)\Delta_i \qquad (3\text{-}2\text{-}35)$$

Δ_i 为第 i 段的量化间隔。综上所述，可得到 A 律 13 折线编码的步骤如下：

① 对抽样值 I 进行归一化，归一化值为：$I_s = I/\Delta = I/(\,|I|_{\max}/2\,048\,)$。

② 判断归一化值 I_s 的符号，确定 C_1。

③ 判断 $|I_s|$ 所处的段落，确定段落码 $C_2 C_3 C_4$。

④ 确定段内码：段内偏移除以该段的量化间隔，即 $(|I_s| - I_{Bi})/\Delta_i$ 的商，编码得到 $C_5 C_6 C_7 C_8$，I_{Bi} 为段落起始电平，Δ_i 为量化间隔。

⑤ $C_1 C_2 C_3 C_4 C_5 C_6 C_7 C_8$ 即为输出码字。

📖编码的简化方法

以抽样值为 1 237Δ 为例，因为 1 024Δ < 1 237Δ < 2 018Δ，故在第 8 段，$C_2 C_3 C_4 = 111$，量化间隔为 64Δ。

$$\frac{1\,237 - 1\,024}{64} = 3 \cdots\cdots 21 \qquad (3\text{-}2\text{-}36)$$

式中，商为段内码[为(0011)]，余数为量化误差 21Δ。上述编码得到的码组所对应的是输入信号的分层电平的起始值，为使落在该量化间隔内的任意信号电平的量化误差均小于 $\Delta_i/2$，在译码器中都有一个加 $\Delta_i/2$ 电路。这等效于将量化电平移到量化间隔的中间。

2. 语音信号的逐次比较型编码器编码原理

实现编码的具体方法和电路很多，如有低速编码和高速编码、线性编码和非线性编码，逐次比较型和级联型等。对语音信号目前最常用的是逐次比较型编码器。

（1）编码原理：实现 A 律 13 折线压扩特性的逐次比较型编码器由整流器、极性判决、保持电路、比较器及本地译码电路组成，如图 3-23 所示。编码器的任务是根据输入的样值脉冲编出相应的 8 位二进制代码。除第 1 位极性码外，其他 7 位二进制代码是通过逐次比较确定的。

极性判决电路用来确定信号的极性。输入 PAM 信号样值为正时，出"1"码；样值为负时，出"0"码；同时将该信号经过全波整流将双极性信号变为单极性信号。

比较器是编码器的核心。它的作用是通过比较样值电流 I_s 和标准权值电流 I_w，从而对输入信号抽样值实现非线性量化和编码。每比较一次输出一位二进制代码，且当 $I_s > I_w$ 时，输出"1"码；反之，输出"0"码。对一个输入信号的抽样值需要进行 7 次比较。每次所需的标准电流 I_w 均由本地译码电路提供。

本地译码电路包括记忆电路、7/11 变换电路和恒流源。记忆电路用来寄存二进制代码，因除第一次比较外，其余每次比较都要依据前几次比较的结果来确定标准权值电流 I_w 值。因此，7 位码组中的前 6 位均应由记忆电路寄存下来。

恒流源中用来形成比较用的标准电流 I_w。I_w 有 11 个基本的权值电流支路，这些支路电流值为 1,2,4,8,16,32,64,128,256,512,1 024，每个支路都由一个脉冲控制开关控制，因此需要 11 个脉冲来控制。

7/11 变换电路就是将 7 位非线性码转换成 11 位线性码（即 11 位二进制码），7/11 位码变换电路完成的实际上是非均匀量化到均匀量化的转换过程。

保持电路的作用是在整个比较判决过程中保持输入信号的幅度不变。

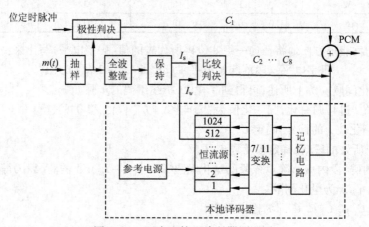

图 3-23　逐次比较型编码器原理图

【例 3-6】设输入信号抽样值 $I_s = +1 237\Delta$（其中 Δ 为一个量化单位，表示输入信号归一化值的 1/2 048），采用逐次比较型编码器，按 A 律 13 折线编成 8 位码 $C_1C_2C_3C_4C_5C_6C_7C_8$。

解　① 确定极性码 C_1：由于输入信号抽样值 I_s 为正，故 $C_1 = 1$。

② 确定段落码 $C_2C_3C_4$：段落码 C_2 是用来表示输入信号抽样值 I_s 处于 13 折线 8 个段落中的前四段还是后四段，故 $I_w = 128\Delta$，第一次比较结果为 $I_s > I_w$，故 $C_2 = 1$，说明 I_s 处于后四段（5～8 段）；C_3 是用来进一步确定 I_s 处于第 5～6 段还是第 7～8 段，故确定 C_3 标准电流应选为 $I_w = 512\Delta$，第二次比较结果为 $I_s > I_w$，故 $C_3 = 1$，说明 I_s 处于第 7～8 段；同理，确定 C_4 的标准电流应选为 $I_w = 1 024\Delta$，第三次比较结果为 $I_s > I_w$，所以 $C_4 = 1$，说明 I_s 处于第 8 段。经过以上三次比较得段落码 $C_2C_3C_4$ 为"111"，I_s 处于第 8 段，起始电平为 1 024Δ。图 3-24 所示为段落码和段内码码字的判决过程。

③ 确定段内码 $C_5 C_6 C_7 C_8$：段内码是进一步表示 I_s 在该段落的哪一量化级。第 8 段的 16 个量化级的量化间隔均为 $\Delta_8 = 64\Delta$，如图 3-24（b）所示。

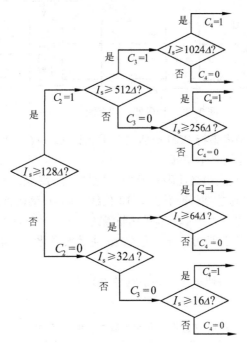

（a）段落码的判决过程

抽样值
1 237

（b）第8段段内码的判决过程

图 3-24　段落码和段内码字的判决过程

故 C_5 的比较电流权值为 $(1\,024 + 2\,048)/2 = 1\,536\Delta$，用来判断是落在了第 8 段的第 0～7 量化间隔内，还是第 8～15 量化间隔内，由于第四次比较结果为 $I_s < I_W$，故 $C_5 = 0$，I_s 处于第 0～7 量化级内。

同理，确定 C_6 的比较电流权值为 $(1\,024 + 1\,536)/2 = 1\,280\Delta$，第五次比较结果为 $I_s < I_W$，故 $C_6 = 0$，表示 I_s 处于前 4 级（第 0～3 量化间隔）；确定 C_7 的比较电流权值为 $(1\,024 + 1\,280)/2 = 1\,252\Delta$，第六次比较结果为 $I_s > I_W$，故 $C_7 = 1$，表示 I_s 处于 2～3 量化间隔内。

最后，确定 C_8 的比较电流权值为 $(1\,024 + 1\,252)/2 = 1\,216\Delta$，第七次比较结果为 $I_s > I_W$，故 $C_8 = 1$，表示 I_s 处于序号为 3 的量化间隔内。经过以上 7 次比较，对于模拟抽样值 $+1\,237\Delta$，编出的 PCM 码组为 11110011。它表示输入信号抽样值 I_s 处于第八段第 3 量化级，其量化电平为 $1\,216\Delta$，故量化误差等于 $1\,237 - 1\,216 = 21\Delta$。7 位非线性码 1110011 对应的 11 位线性码为 10011000000。（因 $1\,216 = 1\,024 + 128 + 64 = 2^{10} + 2^7 + 2^6$。）

（2）译码原理：译码的作用是把收到的 PCM 信号还原成相应的 PAM 样值信号，即进行 D/A 转换。

A 律 13 折线译码器与逐次比较型编码器中的本地译码器基本相同，所不同的是增加了极性控制部分和带有寄存读出的 7/12 位码变换电路，如图 3-25 所示。

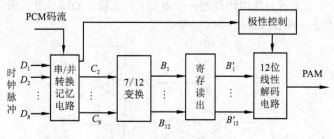

图 3-25　译码器原理框图

串/并转换记忆电路的作用是将串行 PCM 码将变为并行码 $C_2 \sim C_8$，并在记忆电路中记忆下来，与编码器中译码电路的记忆作用基本相同。

极性控制部分的作用是根据收到的极性码 C_1 是"1"还是"0"来恢复原信号极性。

7/12 变换电路的作用是将 7 位非线性码转变为 12 位线性码，在编码器的本地译码器中采用 7/11 位码变换，使得量化误差有可能大于本段落量化间隔的一半。译码器中采用 7/12 变换电路，是为了增加一个 $\Delta_i/2$ 恒流电流，人为地补上半个量化级，使最大量化误差不超过 $\Delta_i/2$，从而改善量化信噪比，即有

$$\text{解码电平} = \text{码字电平} + \Delta_i/2 \tag{3-2-37}$$

7/12 变换关系如表 3-4 所示。

表 3-4　A 律 13 折线译码非线性码与线性码间的关系

段落	非线性码							线性码											
	C_2	C_3	C_4	C_5	C_6	C_7	C_8	b_{11}	b_{10}	b_9	b_8	b_7	b_6	b_5	b_4	b_3	b_2	b_1	b_0
1	0	0	0	C_5	C_6	C_7	C_8	0	0	0	0	0	0	0	C_5	C_6	C_7	C_8	1
2	0	0	1	C_5	C_6	C_7	C_8	0	0	0	0	0	0	1	C_5	C_6	C_7	C_8	1
3	0	1	0	C_5	C_6	C_7	C_8	0	0	0	0	0	1	C_5	C_6	C_7	C_8	1	0
4	0	1	1	C_5	C_6	C_7	C_8	0	0	0	0	1	C_5	C_6	C_7	C_8	1	0	0
5	1	0	0	C_5	C_6	C_7	C_8	0	0	0	1	C_5	C_6	C_7	C_8	1	0	0	0
6	1	0	1	C_5	C_6	C_7	C_8	0	0	1	C_5	C_6	C_7	C_8	1	0	0	0	0
7	1	1	0	C_5	C_6	C_7	C_8	0	1	C_5	C_6	C_7	C_8	1	0	0	0	0	0
8	1	1	1	C_5	C_6	C_7	C_8	1	C_5	C_6	C_7	C_8	1	0	0	0	0	0	0

$b_0 \sim b_{11}$ 代表的权值　　1024　512　256　128　64　32　16　8　4　2　1　1/2

📖根据观察可以得出：译码端码字电平因增加了一个 $\Delta_i/2$，A 律 13 折线第 3～8 段的 $\Delta_i/2$ 恰好在 11 个恒流源范围内，但第 1,2 段中的 $\Delta_i/2 = \Delta/2$，它不在 11 个恒流源范围之内，所以要增加一个恒流源 $\Delta_i/2$，令 B_{12} 的权值为 $\Delta_i/2$，因此，接收端解码器要进行 7/12 变换，即将 $C_2 \sim C_8$ 变换成 $B_1 \sim B_{12}$。

寄存读出电路是将输入的串行码在存储器中寄存起来，待全部接收后再一起读出，送入解码网络。

12 位线性解码电路主要是由恒流源和电阻网络组成，与编码器中解码网络类同。它是在寄存读出电路的控制下，输出相应的 PAM 信号。

【例 3-7】 采用 13 折线 A 律编译码电路,设某量化值的编码为 11010011,试求:

(1)对应的接收端的译码输出。

(2)写出对应 7/12 变换的 12 位线性码。

解 (1) $C_1 = 1$,信号为正。

段落码为 101,落在第 6 段,起始值为 256Δ,量化间隔为 $\Delta_i = 16$,

段内码为 0011,因译码输出按量化间隔的中间值输出,所以应该加上 $\Delta_i/2$,则输出为:PCM = $256\Delta + (0 \times 8 + 0 \times 4 + 1 \times 2 + 1 \times 1) \times 16 + \Delta_i/2 = 312\Delta$。

(2)由表 3-4 可得 12 位线性码为 001001110000。

综上所述可得到编码电平,解码电平及解码端量化误差的计算方法:

编码电平 I_C 为编码器输出码字对应量化级的起始电平,即

$$I_C = I_{Bi} + (2^3 C_5 + 2^2 C_6 + 2^1 C_7 + C_8)\Delta_i$$

解码电平(量化电平) I_D 为编码器输出码字对应量化级的中间电平,即

$$I_D = I_C + \Delta_i/2 = I_{Bi} + (2^3 C_5 + 2^2 C_6 + 2^1 C_7 + C_8 + 2^{-1})\Delta_i$$

接收端的量化误差为解码电平 I_D 与 I_s 的差值,而编码端的量化误差为 I_C 与 I_s 的差值。

3.2.6 PCM 信号的码元速率和带宽

1. 码元速率

设模拟信号 $m(t)$ 最高频率为 f_H,抽样频率为 f_s,抽样频率的最小值 $f_s = 2f_H$,分层电平 $M = 2^N$,这时码元速率为

$$R_B = f_s \cdot \log_2 M = f_s N \tag{3-2-38}$$

2. 传输 PCM 信号所需的最小带宽

按照数字基带传输系统中分析的结论,在无码间串扰和采用理想低通传输特性的情况下, $\eta_B = R_B/B = 2(\text{B/Hz})$,则所需最小传输带宽(奈奎斯特带宽)为

$$B = \frac{R_B}{2} = \frac{Nf_s}{2} = Nf_H \tag{3-2-39}$$

实际中用升余弦的传输特性[即滚降系数 $a = 1$, $\eta_B = R_B/B = 2/(1+a)$ (B/Hz)],则所需传输带宽为

$$B = R_B = Nf_s \tag{3-2-40}$$

以常用的 $N = 8$, $f_s = 8 \text{ kHz}$ 为例,实际应用的 $B = N \cdot f_s = 64 \text{ kHz}$。所以,PCM 信号占用频带比标准的话音信号带宽(4 kHz)宽很多倍。

3.2.7 PCM 系统的抗噪声性能

PCM 系统涉及两种噪声:量化噪声和信道加性噪声。由于这两种噪声的产生机理不同,故可认为它们是互相独立的。因此,我们先讨论它们单独存在时的系统性能,然后再分析它们共同存在时的系统性能。

PCM 系统接收端低通滤波器的输出为

$$\hat{m}(t) = m(t) + n_q(t) + n_e(t) \tag{3-2-41}$$

式中, $m(t)$ 为输出端所需有用信号; $n_q(t)$ 为由量化噪声引起的输出噪声,其功率用 N_q 表示; $n_e(t)$ 为由信道加性噪声引起的输出噪声,其功率用 N_e 表示。系统输出端总的信噪比定义为

$$\frac{S_o}{N_o} = \frac{E[m^2(t)]}{E[n_q^2(t)] + E[n_e^2(t)]} \tag{3-2-42}$$

由于量化噪声与信道加性噪声是互相独立的,因此可以分开讨论它们对信号的影响。

1. 均匀量化条件下量化噪声性能分析

设输入信号 $m(t)$ 在区间 $[-a, a]$ 具有均匀分布的概率密度,并对 $m(t)$ 进行均匀量化,其量化级数为 $M = 2^N$,在不考虑信道噪声条件下,由量化噪声引起的输出量化信噪比 S_o/N_q,由式(3-2-42)有

$$\frac{S_o}{N_q} = \frac{E[m^2(t)]}{E[n_q^2(t)]} = M^2 = 2^{2N} \tag{3-2-43}$$

另一方面,对于一个频带限制在 f_H 的低通信号,按照抽样定理,要求抽样速率不低于每秒 $2f_H$ 次。对于 PCM 系统,这相当于要求传输速率至少为 $2Nf_H$(bit/s)。故要求系统带宽 B 至少等于 Nf_H(Hz)。用 B 表示 N 代入上式,得到

$$\frac{S_o}{N_q} = 2^{2(B/f_H)} \tag{3-2-44}$$

这说明要提高 PCM 量化信噪比,可以通过增加编码位数来实现,但这是用扩展信道带宽换来的,这个结论说明了通信系统中的可靠性和有效性的互换关系,如 N 增大,B 增大,有效性降低;但 B 增大,S_o/N_q 增大,可靠性增大。

2. 均匀量化条件下信道加性噪声性能分析

信道噪声对 PCM 系统性能的影响表现在接收端的判决误码上。在假设加性噪声为高斯白噪声的情况下,每一码组中出现的误码可以认为是彼此独立的,设每个码元的误码率皆为 P_e。考虑到实际中 PCM 的每个码组中出现多于 1 位误码的概率很低,所以通常只需要考虑仅有 1 位误码的码组错误。

由于码组中各位码的权值不同,因此,误差的大小取决误码发生在码组的哪一位上,而且与码型有关。以 N 位长自然二进码为例,自最低位到最高位的加权值分别为 2^0, 2^1, 2^2, ..., 2^{N-1},若量化间隔为 Δ,假设为均匀量化,则发生在第 i 位上的误码所造成的误差为 $\pm(2^{i-1}\Delta)$,其所产生的噪声功率便是 $(2^{i-1}\Delta)^2$。假设每位码元所产生的误码率 P_e 是相同的,所以一个码组中如有一位误码产生的平均功率为

$$N_e = E[n_e^2(t)] = P_e \sum_{i=1}^{N} (2^{i-1}\Delta)^2 = \Delta^2 P_e \cdot \frac{2^{2N}-1}{3} \approx \Delta^2 P_e \cdot \frac{2^{2N}}{3} \tag{3-2-45}$$

已假设信号 $m(t)$ 在区间 $[-a, a]$ 上为均匀分布,输出信号功率为

$$S_o = E[m^2(t)] = \int_{-a}^{a} x^2 \cdot \frac{1}{2a} \mathrm{d}x = \frac{\Delta^2}{12} \cdot M^2 = \frac{\Delta^2}{12} \cdot 2^{2N} \tag{3-2-46}$$

所以仅考虑信道加性噪声时 PCM 系统输出信噪比为

$$\frac{S_o}{N_e} = \frac{1}{4P_e} \tag{3-2-47}$$

由式(3-2-42)可得到 PCM 系统输出端的总信噪功率比为

$$\frac{S_o}{N_o} = \frac{E[m^2(t)]}{E[n_q^2(t)] + E[n_e^2(t)]} = \frac{2^{2N}}{1 + 4P_e 2^{2N}} \tag{3-2-48}$$

由上式可知,PCM 系统输出端的总信噪功率比与编码位数 N 有关。在接收端输入大信噪比的条件下,即 $4P_e 2^{2N} \ll 1$ 时,P_e 很小,可以忽略误码带来的影响,在小信噪比的条件下,即 $4P_e 2^{2N} \gg 1$ 时,P_e 较大,误码噪声起主要作用,总信噪比与 P_e 成反比。在 PCM 基带传输系统中,P_e 一般小于 10^{-6},故只需要考虑量化信噪比。

3.2.8 差分脉冲编码调制(DPCM)

64kbit/s 的 A 律或 μ 律的对数压扩 PCM 编码已经得到了广泛的应用。但 PCM 信号占用频带

要比模拟通信系统中的一个标准话路带宽(4 kHz)宽很多倍。因此,对于大容量的长途传输系统,其经济性能较模拟通信低。故需在语音编码技术中实现降低数字电话信号的比特率以压缩传输频带。

通常人们把话路速率低于64 kbit/s的语音编码方法称为语音压缩编码技术。在 PCM 中,是对每个样值本身进行独立编码,而大多数以奈奎斯特或更高速率抽样的信源信号在相邻抽样值之间表现出很强的相关性,利用信源的这种相关性,可对相邻样值的差值进行编码。由于相邻样值差值的动态范围比样值本身的动态范围小,因此在量化间隔不变的情况下(即量化噪声不变),编码位数可以显著减少,从而达到降低编码的比特率,压缩信号带宽的目的。

1. 预测编码

预测编码(predictive coding)是数据压缩三大经典技术(统计编码、预测编码、变换编码)之一。预测编码是建立在信号(语音、图像等)数据的相关性之上。

预测编码的基本思想是根据前面的 k 个样值预测当前时刻的样值,然后对将当前样值与预测值之间的差值进行量化和编码,其原理框图如图 3-26 所示。

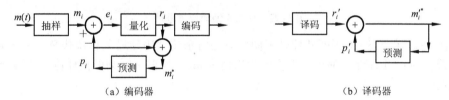

（a）编码器　　　　　　　　　　　　　（b）译码器

图 3-26　预测编码原理框图

图 3-26 中,m_i 为信源抽样值输入序列。m_i 与预测值 p_i 相减得误差值 e_i。将 e_i 量化成数字序列 r_i。经信道传输后变成 r_i' 序列。在接收端将接收到的 r_i' 与预测器输出的预测值 p_i' 相加,可得恢复后的信源样值 $m_i'^*$,同时又将 $m_i'^*$ 反馈到接收端线性预测器,以求得下一瞬间的预测值。由于预测误差 e_i 的熵(或方差)远远低于输入序列 m_i 的熵(或者方差值),所以经预测后可以很大程度地提高压缩信源的数码率。对语音信号来说,如果采样速率很高,那么相邻样点之间的幅度变化不会很大,相邻采样值的相对大小(差值)同样能反映模拟信号的变化规律。

设信源第 i 瞬间的输出值为 m_i,而根据信源 m_i 的前 $k(k<i)$ 个样值来预测当前的样值,给出的预测值为

$$p_i = f(m_{i-1}, m_{i-2}, m_{i-3}, \cdots, m_{i-k}) \tag{3-2-49}$$

式中,$f(\cdot)$ 为预测函数,它可以是线性也可以是非线性函数。线性预测函数的实现比较简单,这时预测值为

$$p_i = \sum_{j=1}^{k} a_j m_{i-j} \tag{3-2-50}$$

式中,a_j 为预测的加权系数。则第 i 个样值的预测误差值为

$$e_i = m_i - p_i = m_i - \sum_{j=1}^{k} a_j m_{i-j} \tag{3-2-51}$$

选择一组最佳的预测加权系数 $\{a_j\}$ 可以使预测误差 e_i 的均方值最小。并将预测值与实际抽样值之差进行编码,可达到进一步压缩码率的目的。由此可见,预测编码是利用信源的相关性来压缩码率的,由图 3-26(a)可知

$$m_i^* = r_i + p_i \approx e_i + p_i = (m_i - p_i) + p_i = m_i \tag{3-2-52}$$

因此如果不考虑量化误差,r_i 与预测器输出值 p_i 相加就等于输入的抽样值 m_i。

译码原理如图 3-26(b)所示,由于编码器中预测器输入端和相加器的连接电路和译码器中的

完全一样,所以如果不考虑信道传输过程中引入的误差,即 $r_i = r_i'$。此时的译码器的输出信号 $m_i'^*$ 和编码器中相加器输出的信号 m_i^* 相同,由式(3-2-52)可知,也就等于带有量化误差的输入信号的抽样值 m_i,也就是说通过译码可以正确的恢复出原始的抽样值。

预测编码,特别是线性预测编码已在信息与通信系统的信息处理中被广泛地采用,其中最常用的三种为 DPCM、DM 和 ADPCM。

2. DPCM

若将前一个抽样值当作预测值,再取当前抽样值和预测值之差进行编码方法称为差分脉冲编码调制(DPCM),其工作原理如图 3-27 所示。

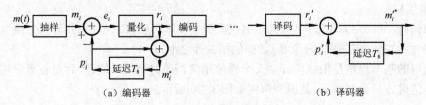

（a）编码器　　　　　　　　　　　　　（b）译码器

图 3-27　DPCM 编译原理框图

对比图 3-27 和图 3-26,DPCM 原理框图中只是将预测器用延迟 T_s 模块代替。由于 m_i^* 等于带有量化误差的 m_i,因此在 i 时刻延迟器的输出值为 m_{i-1},即前一时刻抽样值。预测器的输出和输入关系

$$e_i = m_i - p_i \approx m_i - m_{i-1} \tag{3-2-53}$$

同样的,对 DPCM 译码器,译码器中预测器输入端和相加器的连接电路和译码器中的电路完全一样。译码器的输出信号 $m_i'^*$ 和编码器中相加器输出信号 m_i^* 相同,即等于带有量化误差的信号抽样值 m_i。

3. ADPCM

DPCM 系统性能的改善是以最佳的预测和量化为前提的。但对语音信号进行预测和量化是个复杂的技术问题,实际上语音信号是一个非平稳随机过程,其统计特性随时间不断变化,即语音信号在较大的动态范围内变化,为了能在相当宽的变化范围内获得最佳的性能,只有在 DPCM 基础上引入自适应系统。有自适应系统的 DPCM 称为自适应差分脉冲编码调制,简称 ADPCM。

ADPCM 是利用样本与样本之间的高度相关性和量化阶自适应来压缩数据的一种波形编码技术,CCITT 为此制定了 G. 721 推荐标准,这个标准叫作 32 kbit/s 自适应差分脉冲编码调制。在此基础上还制定了 G. 721 的扩充推荐标准,即 G. 723,使用该标准的编码器的数据率可降低到 40 kbit/s 和 24 kbit/s。

CCITT 推荐的 G. 721 ADPCM 标准是一个代码转换系统。它使用 ADPCM 转换技术,实现64 kbit/s A 律或 μ 律 PCM 速率和 32 kbit/s 速率之间的相互转换。G. 721 ADPCM 的简化框图如图 3-28 和图 3-29 所示。

在图 3-28 所示的编码器中,A 律或 μ 律 PCM 输入信号转换成均匀的 PCM。差分信号是均匀的 PCM 输入信号与预测信号之差。"自适应量化器"用 4 位二进制数表示差分信号,但只用其中的 15 个数(即 15 个量级)来表示差分信

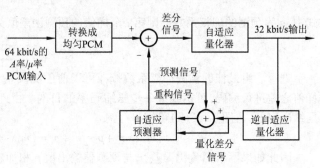

图 3-28　ADPCM 编码原理框图

号,这是为防止出现全"0"信号。"逆自适应量化器"从这 4 位相同的代码中产生量化差分信号。预测信号和这个量化差分信号相加产生重构信号。"自适应预测器"根据重构信号和量化差分信号产生输入信号的预测信号,这样就构成了一个负反馈回路。

G.721 ADPCM 编译码器的输入信号是 G.711 PCM 代码,采样率是 8 kHz,每个代码用 8 位表示,因此它的数据率为 64 kbit/s。而 G.721 ADPCM 的输出代码是"自适应量化器"的输出,该输出是用 4 位表示的差分信号,它的采样率仍然是 8 kHz,它的数据率为 32 kbit/s,这样就获得了 2∶1 的数据压缩。

在图 3-29 所示的译码器中,译码器的部分结构与编码器负反馈回路部分相同。此外,还包含有均匀 PCM 到 A 律或 μ 律 PCM 的转换部分,以及同步编码调整(synchronous coding adjustment)部分。设置同步(串行)编码调整的目的是为防止在同步串行编码期间出现的累积信号失真。

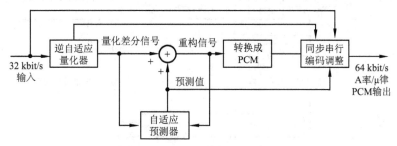

图 3-29　ADPCM 译码原理框图

ADPCM 能够很好地压缩语音信号,从而大大缩减数据存储空间,并且提高数据的传输速率。与其他编码方式相比,ADPCM 能提供更高的压缩比,因此提高了频带利用率,在频带紧缺的现代通信中具有广泛的应用前景。

目前,ADPCM 算法已成功地应用于语音和图像信号的编码中,速率为 24 ～ 32 kbit/s 的 ADPCM 编码信号的质量相当于速率为 64 kbit/s 的 PCM 信号,可见,ADPCM 编码方式在信号带宽及抗噪声性能上都优于 PCM 编码方式。

3.2.9　增量调制(ΔM)

增量调制简称 ΔM,可以看成是一种简单的 DPCM。当 DPCM 系统中量化器的量化电平数取 2 时,此 DPCM 系统就成了增量调制系统。ΔM 最早是由法国工程师 De Loraine 于 1946 年提出来的,其目的在于简化模拟信号的数字化方法。在以后的 30 多年间有了很大发展,特别是在军事和工业部门的专用通信网和卫星通信中得到广泛应用,不仅如此,近年来在高速超大规模集成电路中已被用作 A/D 转换器。

增量调制获得广泛应用的原因主要有以下几点:(1)在比特率较低时,增量调制的量化信噪比高于 PCM 的量化信噪比。(2)增量调制的抗误码性能好。能工作于误码率为 $10^{-3} \sim 10^{-2}$ 的信道中,而 PCM 要求误比特率通常为 $10^{-6} \sim 10^{-4}$。(3)增量调制的编译码器比 PCM 简单。

1. 增量调制的编译码

在增量调制系统的发端用二进制代码 1 和 0 来表示当前抽样时刻相对于前一个抽样时刻的抽样值是增加(用 1 码)还是减少(用 0 码)。如果当前抽样值的振幅大于前一个抽样信号振幅的话,输出为"1"码,否则为"0"码,如图 3-30 所示。因为每个抽样信号只传输了很少量的信息,所以如果要达到和 PCM 相同保真度的话增量调制就需要大很多的抽样率。

假设一个模拟信号 $m(t)$ 可以用一时间间隔为 Δt 幅度为 $\pm \sigma$ 的阶梯波形 $m'_i(t)$ 去逼近它,如

图 3-30 所示。只要 Δt 足够小，即抽样频率 $f_s = 1/\Delta t$ 足够高，且 σ 足够小，则 $m'_i(t)$ 可以逼近 $m(t)$。在这里把 σ 称作量化阶，$\Delta t = T_s$ 称为抽样间隔。

$m'_i(t)$ 逼近 $m(t)$ 的物理过程是这样的：在 t_i 时刻用 m_i 与前一抽样值 m'_{i-1} 比较，倘若 $m_i > m'_{i-1}$，就让 m'_i 上升一个量阶段，并在下一个 T_s 时间内 m'_i 的值保持不变，同时 ΔM 调制器输出二进制"1"；反之就让 m'_i 下降一个量阶段，并在下一个 T_s 时间内 m'_i 的值保持不变，同时 ΔM 调制器输出二进制"0"。根据这样的编码思路依次进行，结合图 3-30 的波形，就可以得到一个二进制代码序列 0101011110…。由 ΔM 的编码过程可以看出，ΔM 编出的码并不用来表示信号抽样值的大小，而是用来表示抽样时刻信号波形的变化趋势。

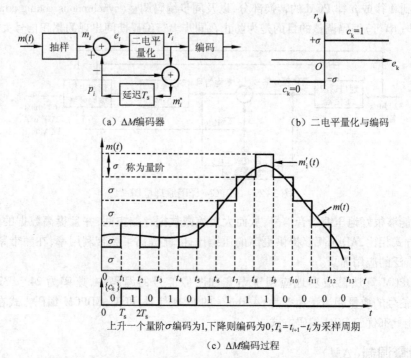

（a）ΔM 编码器　　　　　　　　　　　　　　　　（b）二电平量化与编码

（c）ΔM 编码过程

图 3-30　增量调制的编码器工作原理

接收端译码器每收到一个 1 码，译码器的输出相对于前一个时刻的值上升一个量化阶，而收到一个 0 码，译码器的输出相对于前一个时刻的值下降一个量化阶，如图 3-31 所示。译器由延迟相加电路组成，它和编码器中的相同，所以当无传输误码时，译码器的输出信号 m'^*_i 和编码器中相加器输出信号 m^*_i 相同，即等于带有量化误差的信号抽样值 m_i。

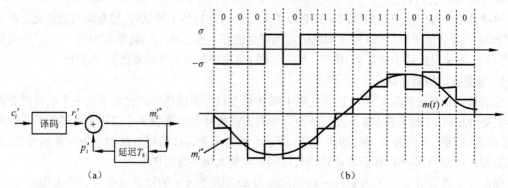

（a）　　　　　　　　　　　　　　　　　（b）

图 3-31　增量调制的译码器过程及原理框图

除了用阶梯波 $m_k'(t)$ 去近似 $m(t)$ 以外，也可以用锯齿波 $m_1(t)$ 去近似 $m(t)$，如图 3-32 所示。而锯齿波 $m_1(t)$ 也只有斜率为正和斜率为负两种情况，因此也可以用"1"码表示正斜率和"0"码表示负斜率，以获得一个二进制代码序列。

与编码相对应，译码是收到"1"码后产生一个正斜变电压，在 Δt 时间内上升一个量化阶 $\sigma/\Delta t$，收到一个"0"码产生一个负的斜变电压，在 Δt 时间内均匀下降一个量化阶 $-\sigma/\Delta t$。这样，二进制码经过译码后变为如 $m_1(t)$ 这样的锯齿波，如图 3-32 所示，图中假设二进制双极性代码为 1010111… 时锯齿波 $m_1(t)$ 的波形。

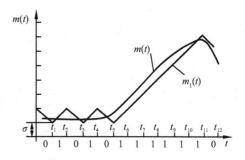

图 3-32　用锯齿波近似 $m(t)$

2. 简单增量调制系统

考虑电路上实现的简易程度，增量调制一般都采用后一种锯齿波的方法。这种实现方法可用一个简单 RC 积分电路把二进制码变为 $m_1(t)$ 波形，简单增量调制系统框图如图 3-33 所示。图 3-33 中用一个积分器来代替图 3-30(a)中的延迟相加电路，将抽样器放到相加器后面，与量化器合并为抽样判决器。

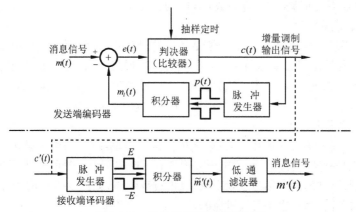

图 3-33　简单增量调制系统框图

发送端编码器由相减器、判决器、积分器及脉冲发生器(极性变换电路)组成的一个闭环反馈电路。判决器是用来比较 $m(t)$ 与 $m_1(t)$ 大小，在定时抽样时刻 t_i 如果 $m(t_i) > m_1(t_i)$ 则输出"1"；$m(t_i) < m_1(t_i)$ 则输出"0"；积分器和脉冲产生器组成本地译码器，它的作用是根据 $c(t)$，形成预测信号 $m_1(t)$。$c(t)$ 为"1"，$m_1(t)$ 上升一个量阶 σ；$c(t)$ 为"0"，$m_1(t)$ 下降一个量阶 σ，然后送到相减器与 $m(t)$ 进行幅度比较。当然实际实用编码框图比图 3-32 中所描述的要复杂得多。

简单 RC 积分电路把二进制码变为 $m_1(t)$ 波形，如图 3-34 所示。图中假设二进制双极性代码为 1010111 时 $m_1(t)$ 与 $p(t)$ 的波形。

接收端解码器由译码器(脉冲发生器和积分器)和低通滤波器组成。译码器与发送端的本地译码器相同，低通滤波器的作用是滤除高次谐波，使得输出平滑波形。接收到增量调制信号 $c'(t)$ 以后，经过脉冲发生器将二进制码序列变换成全占空的双极性码，然后加到积分器，得到 $\tilde{m}'(t)$ 这个锯齿形波，再经过低通滤波器即可得输出电压 $m'(t)$。$c'(t)$ 与 $c(t)$ 的区别在于经过信道传输后有误码存在，进而造成 $\tilde{m}'(t)$ 与 $m_1(t)$ 存在差异。当然，如果不存在误码，$\tilde{m}'(t)$ 与 $m_1(t)$ 的波形就

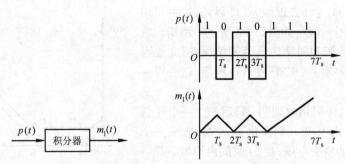

图 3-34　简单增量调制的译码原理图

是完全相同的,即便如此,$\tilde{m}'(t)$ 经过低通滤波器以后也不能完全恢复出 $m(t)$,而只能恢复出 $m'(t)$,这是由量化引起的失真。因此,综合起来考虑,$\tilde{m}'(t)$ 经过低通滤波器以后得到的 $m'(t)$ 中不但包括量化失真,而且还包含了误码失真。由此可见,简单增量调制系统的传输过程中,不仅包含有量化噪声,而且还包含有误码噪声,这一点是进行抗噪声性能分析的根据。

3. 简单 ΔM 调制系统的带宽

从编码的基本思想中可以知道,每抽样一次,即传输一个二进制码元,因此码元传输速率为 $f_b = f_s$,从而 ΔM 调制系统带宽(按滚降系数 $a = 1$)为:$B_{\Delta M} = f_b = f_s$。

4. 增量调制的过载特性

(1)增量调制系统的量化误差:　在分析 ΔM 系统量化噪声时,通常假设信道加性噪声很小,不造成误码。在这种情况下,ΔM 系统中量化噪声有两种形式:一种是一般量化噪声,另一种则被称为过载量化噪声。如图 3-35 所示,若量化误差 $e(t)$ 的绝对值小于量化阶,即

$$|e(t)| = |m(t) - m_1(t)| < \sigma \tag{3-2-54}$$

这种噪声被称为一般量化噪声。

过载量化噪声(有时简称过载噪声)发生在模拟信号斜率陡变时,由于量化台阶是固定的,而且每秒内台阶数也是确定的,因此,阶梯电压波形就有可能跟不上信号的变化,形成了包含很大失真的阶梯电压波形,这样的失真称为过载现象,也称过载噪声,如图 3-35(b)所示,这种情况在正常工作时是必须避免的,而且也是可以避免的。

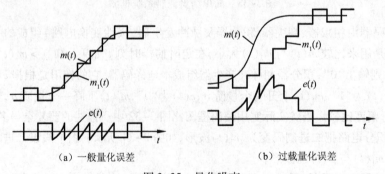

　　(a)一般量化误差　　　　　　　　　　　　(b)过载量化误差

图 3-35　量化噪声

(2)过载特性:当出现过载时,量化噪声将急剧增加,因此,在实际应用中要尽量防止出现过载现象。为此,需要对 ΔM 系统中的量化过程和系统的有关参数进行分析。

设抽样时间间隔为 Δt,则上升或下降一个量化阶 σ,可以达到的最大斜率 K(这里仅考虑上升的情况),可以表示为

通信原理

$$K = \frac{\sigma}{\Delta t} = \sigma \cdot f_s \qquad\qquad (3-2-55)$$

这也就是译码器的最大跟踪斜率。显然,当译码器的最大跟踪斜率大于或等于模拟信号 $m(t)$ 的最大变化斜率时,即

$$K = \frac{\sigma}{\Delta t} = \sigma \cdot f_s \geqslant \left| \frac{\mathrm{d}m(t)}{\mathrm{d}t} \right|_{\max} \qquad\qquad (3-2-56)$$

译码器输出 $m_1(t)$ 能够跟上输入信号 $m(t)$ 的变化,不会发生过载现象,因而不会形成很大的失真。但是,当信号实际斜率超过这个最大跟踪斜率时,则将造成过载噪声。因此,为了不发生过载现象,则必须使 σ 和 f_s 的乘积达到一定的数值,以使信号实际斜率不会超过这个数值。因此,可以适当地增大 σ 或 f_s 来达到这个目的。

对于一般量化噪声,由图3-35(a)不难看出,如果 σ 增大则这个量化噪声就会变大,σ 小则噪声小。采用大的 σ 虽然能减小过载噪声,但却增大了一般量化噪声。因此,σ 值应适当选取,不能太大。

不过,对于 ΔM 系统而言,可以选择较高的抽样频率,因为这样,既能减小过载噪声,又能进一步降低一般量化噪声,从而使 ΔM 系统的量化噪声减小到给定的容许数值。通常,ΔM 系统中的抽样频率要比PCM系统的抽样频率高得多(通常要高两倍以上)。

实现 ΔM 系统正常编码条件之一,就是要确保在编码时不发生过载现象。现在以正弦型信号为例来确定 $m(t)$ 幅度上限 $m_{\max}(t)$。设输入信号为 $m(t) = A\sin \omega_k t$,此时信号 $m(t)$ 的斜率为

$$\frac{\mathrm{d}m(t)}{\mathrm{d}t} = A\omega_k \cos \omega_k t \qquad\qquad (3-2-57)$$

分析式(3-2-56)和式(3-2-57)可知,不过载且信号幅度又是最大值的条件为

$$\frac{\sigma}{\Delta t} = \sigma \cdot f_s = A\omega_k \Rightarrow m_{\max}(t) = \frac{\sigma \cdot f_s}{\omega_k} \qquad\qquad (3-2-58)$$

式(3-2-58)中的 $m_{\max}(t)$ 就是正弦波信号允许出现的最大振幅。因此不致发生斜率过载的临界过载电压与量阶和抽样频率成正比,与信号频率成反比。由式(3-2-58)可见,当信号斜率一定时,允许的信号幅度随信号频率的增加而减小,这将导致语音高频段的量化信噪比下降。当 σ 和 f_s 一定时,随 f_k 的增大允许的 A 将减小,因此不适合传输均匀频谱信号。由 $f_s \geqslant A\omega_k / \sigma$,由于 $A \gg \sigma$,为了不致发生斜率过载,抽样频率要比信号频率 f_k 高得多。

5. 增量调制的抗噪性能

ΔM 系统的噪声成分有两种,即量化噪声与信道加性噪声。由于这两种噪声互不相关的,所以可以分别进行讨论和分析,由信号功率与这两种噪声功率的比值,分别被称为量化信噪比和误码信噪比。

(1)量化信噪比:由于量化误差包括一般量化误差和过载量化误差两种,但在实际应用中都采用了防过载措施,因此,可以仅考虑一般量化噪声。

在不过载情况下,一般量化噪声 $e(t)$ 的幅度在 $-\sigma$ 到 $+\sigma$ 范围内随机变化。假设在此区域内量化噪声为均匀分布,于是 $e(t)$ 的一维概率密度函数为

$$f(e) = \frac{1}{2\sigma}, \qquad -\sigma \leqslant e \leqslant \sigma \qquad\qquad (3-2-59)$$

因而 $e(t)$ 的平均功率可表示成

$$E\left[e^2(t) \right] = \int_{-\sigma}^{\sigma} e^2 f(e) \,\mathrm{d}e = \frac{1}{2\sigma} \int_{-\sigma}^{\sigma} e^2 \,\mathrm{d}e = \frac{\sigma^2}{3} \qquad\qquad (3-2-60)$$

式(3-2-60)表明,ΔM 的量化噪声与量化阶距的平方成正比,因此若要减小量化噪声平均功

率,就应减小量化阶距。

由于译码输出端还有一个低通滤波器(见图3-33),因此需要将低通滤波器对输出量化噪声功率的影响考虑在内。为简化运算,可以近似的认为 $e(t)$ 的平均功率均匀地分布在频率范围 $(0,f_s)$ 之内。这样通过低通滤波器(截止频率为 f_L)之后的输出量化噪声功率为

$$N_q = \frac{\sigma^2}{3} \cdot \frac{f_L}{f_s} \tag{3-2-61}$$

设信号工作于临界状态,则对频率为 f_k 的正弦信号来说,可推导出信号最大输出功率:

$$\left. \begin{aligned} m_{max}(t) &= \frac{\sigma \cdot f_s}{\omega_k} \\ S_o &= \frac{m_{max}^2(t)}{2} \end{aligned} \right\} \Rightarrow S_o = \frac{1}{8} \times \left(\frac{\sigma f_s}{\pi f_k} \right)^2 \tag{3-2-62}$$

利用式(3-2-61)和式(3-2-62)经化简和近似处理之后,可以得 ΔM 系统最大量化信噪比:

$$\left(\frac{S_o}{N_q} \right)_{max} = 0.04 \times \frac{f_s^3}{f_L \cdot f_k^2} \tag{3-2-63}$$

用分贝表示为

$$\left(\frac{S_o}{N_q} \right)_{dB} = 30\lg f_s - 20\lg f_k - 10\lg f_m - 14 \quad (\text{dB}) \tag{3-2-64}$$

由式(3-2-63)可见简单 ΔM 的信噪比与抽样速率 f_s 成立方关系,即 f_s 每提高一倍,量化信噪比提高9 dB,因此为了提高系统的量化信噪比,ΔM 系统的抽样频率要比 PCM 系统的抽样频率高,一般话音信号 ΔM 编码时,取 $f_s = 32$ kHz。量化信噪比与信号频率 f_k 的平方成反比,即 f_k 每提高一倍,量化信噪下降6 dB。因此简单的 ΔM 系统中话音信号高频段的量化信噪比将下降。

(2)误码信噪比:由误码产生的噪声功率 N_e 计算起来比较复杂,这里仅给出计算的结论,详细的推导和分析请读者参阅有关资料,经过低通滤波器以后的误码噪声功率 N_e 为

$$N_e = \frac{2\sigma^2 f_s p_e}{\pi^2 f_L} \tag{3-2-65}$$

式中,f_L 为低通滤波器低端截止频率;P_e 为系统误码率。结合式(3-2-62)可以求出误码信噪比为

$$\frac{S_o}{N_e} = \frac{f_s f_L}{16 p_e f_k^2} \tag{3-2-66}$$

结合式(3-2-61)和式(3-2-66)可以得到总的信噪比为:

$$\frac{S_o}{N_o} = \frac{S_o}{N_e + N_q} = \frac{3 f_s^3 f_L}{8\pi^2 f_L f_m f_k^2 + 48 p_e f_k^2 f_s^2} \tag{3-2-67}$$

从上面分析可以看出,为提高 ΔM 系统抗噪声性能,采样频率 f_s 越大越好;但从节省频带考虑,f_s 越小越好,这两者是矛盾的,要根据对通话质量和节省频带两方面的要求提出一个恰当的数值。

3.2.10 PCM 与 ΔM 的比较

PCM 和 ΔM 都是模拟信号数字化的基本方法。ΔM 实际上是 DPCM 的一种特例。ΔM 与 PCM 的本质区别是:PCM 是对样值本身编码,ΔM 是对相邻样值的差值的极性(符号)编码。下面我们从抽样速率、量化信噪比和信道误码等五个方面来对这两个编码调制方式进行比较。

1. 抽样速率

PCM 系统中的抽样速率 f_s 是根据抽样定理来确定的。若信号的最高频率为 f_H,则 $f_s \geq 2f_H$。在 ΔM 系统不能根据抽样定理来确定。在保证不发生过载,达到与 PCM 系统相同的信噪比时,ΔM

的抽样速率比 PCM 的抽样速率高很多,通常 ΔM 的抽样速率 f_s 不低于 32 kbit/s。

2. 数码率和传输带宽

ΔM 系统在每一次抽样,只传送一位代码,因此 ΔM 系统的数码率为 $R_b = f_s$,这里 f_s 为抽样速率,要求的最小带宽为

$$B_{\Delta M} = \frac{1}{2}f_s \qquad (3-2-68)$$

实际应用时

$$B_{\Delta M} = f_s \qquad (3-2-69)$$

而 PCM 系统的数码率为 $f_b = Nf_s$。实际应用中要求的最小带宽为

$$B_{PCM} = f_b = Nf_s \qquad (3-2-70)$$

以传输 1 路数字电话为例,PCM$(f_s = 8\ \text{kHz}, N = 8)$所需的数码率为:$R_b = f_s N = 64(\text{kbit/s})$;DPCM$(f_s = 8\ \text{kHz}, N = 4)$所需的数码率为 $R_b = f_s \cdot N = 32(\text{kbit/s})$;$\Delta M$ $(f_s = 32\ \text{kHz}, N = 1)$ 为 $R_b = f_s N = 32(\text{kbit/s})$。

通常,在达到与 PCM 系统相同的信噪比时 $B_{\Delta M} > B_{PCM}$。同样语音质量要求下 PCM 系统的数码率为 64 kHz,因而要求最小信道理论带宽为 32 kHz 。ΔM 系统抽样速率至少为 100 kHz,则最小理论带宽为 50 kHz

3. 量化信噪比

在相同的信道带宽(即相同的数码率 R_b)条件下:在低数码率时,ΔM 性能优越;在编码位数多,码率较高时,PCM 性能优越。这是因为 PCM 量化信噪比为

$$\left(\frac{S_o}{N_q}\right)_{PCM} \approx 10\ \lg 2^{2N} \approx 6N \quad (\text{dB}) \qquad (3-2-71)$$

ΔM 系统的数码率为 $R_b = f_s$,PCM 系统的数码率 $R_b = 2Nf_H$。当 ΔM 与 PCM 的数码率 R_b 相同时,有 $f_s = 2Nf_H$,代入式(3-2-63)可得 ΔM 的量化信噪比为

$$\left(\frac{S_o}{N_q}\right)_{\Delta M} \approx 10\ \lg\left[0.32\ N^3\left(\frac{f_H}{f_k}\right)^2\right] \quad (\text{dB}) \qquad (3-2-72)$$

这里假设 $f_L = f_H$,它与 N 成对数关系,并与 (f_H/f_k) 有关。

当 $(f_H/f_k) = 3\ 000\ \text{Hz}/1\ 000\ \text{Hz} = 3$ 时,这时 PCM 与 ΔM 系统相应的量化信噪比曲线如图 3-36 所示。由图可看出,如果 PCM 系统编码位数 $N < 4$ 时,则它的性能比 ΔM 系统的要差;如果 $N > 4$,则随着 N 的增大,PCM 相对于 ΔM 来说,其性能越来越好。

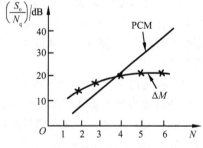

图 3-36　不同 N 值的 PCM 和 ΔM 的性能比较曲线

4. 信道误码的影响

出现误码,ΔM 误差小于 PCM 系统。在 ΔM 系统中,每一个误码代表造成一个量阶的误差,所以它对误码不太敏感。故对误码率的要求较低。

而在 PCM 中,每一码元都有不同的加权数值,例如,处于最高位的码元将代表 2^{n-1} 个量化级的数值,因而将引起较大的误差。所以误码对 PCM 系统的影响要比对 ΔM 系统的严重些。这就是说,为了获得相同的性能,PCM 系统将比 ΔM 系统要求更低的误码率。

PCM 系统常用于信道噪声较小(或信道误码率较低)的通信系统,如光纤通信系统和微波通信系统。

ΔM 则用于信道噪声比较大(或信道误码率较高)的通信系统,如卫星通信、无线军事通信系统等。

5. 设备复杂度

PCM 系统的特点是多路信号统一编码,一般采用 8 位编码,编码设备复杂,但质量较好。

ΔM 系统的特点是单路信号独用一个编码器,设备简单,单路应用时,不需要收发同步设备。但在多路应用时,每路独用一套编译码器,所以路数增多时设备成倍增加。

随着集成电路的发展,ΔM 的优点已不再那么显著。在传输语音信号时,ΔM 话音清晰度和自然度方面都不如 PCM。因此目前在通用多路系统中很少用或不用 ΔM。ΔM 一般用在通信容量小和质量要求不十分高的场合以及军事通信和一些特殊通信中。

3.3 课程扩展:参量编码

参量编码(parameter coding)又称声源编码,是将信源信号在频率域或其他正交变换域提取特征参量,并将其变换成数字代码进行传输。具体来说,参量编码不直接传送语音波形,而是通过对语音信号的主要特征参数的提取和编码,力图使重建语音信号具有尽可能高的可靠性,即保持原语音的语意,但重建信号的波形同原语音信号的波形可能会有相当大的差别。参量解码为其反过程,将收到的数字序列经变换恢复特征参量,再根据特征参量重建语音信号。

这种编码技术可实现低速率(1.2 ～ 4.8 kbit/s)语音编码,但与波形编码相比,其语音质量较差,不能满足商用要求,仅适合于特殊的通信系统。

参量编码的基础是语音信号特征参量的提取与语音信号的恢复,这将涉及语音产生的物理模型。图 3-37 为语音信号产生机理图。

从肺部压出的空气由气管达到声门,气流流经声门时形成声音,然后再经咽腔由口腔或鼻腔输出。声道相当于一个具有不同零极点

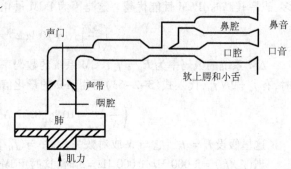

图 3-37 语音信号产生机理图

分布的滤波器,气流通过该滤波器后产生相应的频响输出,从而发出不同的音素。语音信号的特性有清音和浊音。

气流通过声门时,如果声带振动并产生一个准周期的空气脉冲激励声道,就得到浊音。声带振动的频率称为基音频率 f_p(一般为 70 ～ 300Hz),周期为基音周期 T_p,基音周期 T_p 是语音信号的主要特征之一。浊音信号的能量主要集中在各基音谐波的频率附近,而且主要集中在 3 kHz 以下。

清音是当气流通过声门时,如果声带不振动,而在某处收缩,迫使气流以高速通过这一收缩部分而产生的音。对于清音,由于声带不振动,由声道的某些部位阻塞气流产生类白噪声,多数能量集中在较高的频率上。清音中不含周期或准周期特性的基音及其谐波成分。

线性预测编码(LPC)及其他各种改进型都属于参量编码。LPC 在发送端进行语音分析,在接收端进行语音合成。从语音发音原理可以得到基于 LPC 的语音产生模型,如图 3-38(a)所示。

周期脉冲序列发生器表示浊音的激励源;随机噪声发生器表示清音的激励源;$u(n)$ 表示波形激励参量,即表示清音/浊音和基音周期的参量;$s(n)$ 是合成的语音输出,声道特性可以看成是一个声

通信原理

道模拟滤波器(相当于是一个线性时变滤波器);G 代表增益控制,代表语音的强度。在接收端,语音合成器由语音产生模型构成。在一个语音段内,将接收到的特征参数,包括基音周期、浊/清音判决、增益、LPC 系数作用于该模型,就可以得到合成语音。因此在发送端进行语音分析及进行特征参量的提取,语音分析包括两类:一是基音提取,即包括清/浊音判决和基音周期 T_p;再者是短时线性分析,即提取线性滤波器系统及增益 G。在对语音信号进行特征参量的提取时,由于语音信号具有准平稳特性,即在 $10 \sim 20$ ms 的短时间内认为语音的特征参量不变,这样,可将实际语音信号分成短的时间段,在各个段内分别进行参量的提取,然后对参量进行量化编码输出,图 3-38(b)为发送端参量编码原理框图。编码时由于利用了语音信号的准平稳特性,可以使编码速率大大降低。

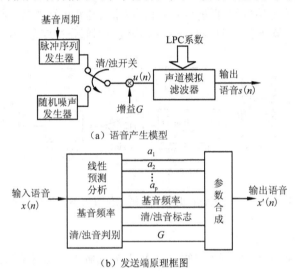

（a）语音产生模型

（b）发送端原理框图

图 3-38　基于 LPC 的语音合成及编码原理框图

3.4　PCM 编码和解码的 MATLAB 仿真分析

1. PCM 编码和解码

设计一个 13 折线近似的 PCM 编码器模型,能够对取值在［-1,1］内的归一化信号样值进行编码。仿真模型如图 3-39 所示。

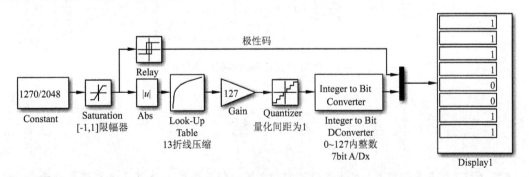

图 3-39　13 折线的 PCM 编码仿真模型及仿真结果

图中以 Saturation 作为限幅器，将输入信号幅度值限制在 PCM 编码的定义范围内，Relay 模块的门限设置为 0，其输出作为 PCM 编码输出的最高位 – 极性位。样值取绝对值后，用 look – up Table（查表）模块进行 13 折线近似压缩，并用增益模块将样值范围放大到 0 ～ 127，然后用间距为 1 的 Quantizer 进行四舍五入，最后将整数编码为 7 位二进制序列，作为 PCM 编码的低 7 位虚线框所围部分封装为一个 PCM 编码子系统，以备后用。

单击运行，得到仿真结果为 11110011，与理论计算结果相等。

2. PCM 解码器

仿真模型如图 3-40 所示，PCM 解码器中首先分离并行数据中的最高位（极性码）和 7 位数据，然后将 7 bit 数据转换为整数值，再进行归一化、扩张后与双极性的极性码相乘得出解码值。图中各模块参数设置跟编码器相反。可以将该模型中虚线所围部分封装为一个 PCM 解码子系统备用。

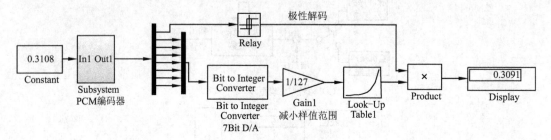

图 3-40　13 折线近似的 PCM 解码仿真模型及仿真结果

3. PCM 传输编码与解码仿真

将图 3-39 和图 3-40 合起来，就可以得到一个 PCM 编解码的通信系统，如图 3-41 所示。

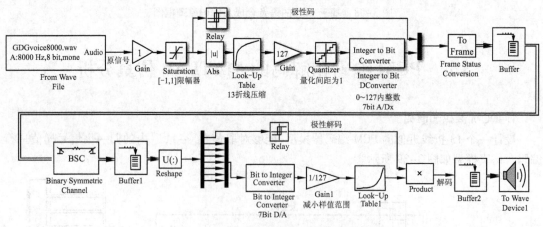

图 3-41　PCM 传输编码与解码仿真框图

小　　结

本章介绍了信息量和信息熵的定义以及它们之间的相互关系，信息熵是表征随机变量本身统计特性的一个物理量，它是随机变量平均不确定性的度量，是从总体统计特性上对随机变量的一个客观描述。

本章还介绍了模拟信号数字化的三个步骤:抽样、量化和编码,抽样定理包括低通抽样定理和带通抽样定理,量化分为均匀量化和非均匀量化;非均匀量化具体实现办法——A 律 13 折线;DPCM 编码,ADPCM 和增量编码的基本原理。

习　题

一、填空题

1. 在等概条件下,八进制码元离散信源能达到最大熵是(　　　),若该信源每秒发送 2 000 个符号,则该系统的信息速率为(　　　)。

2. 抽样是把时间(　　　)、幅值 (　　　)的信号变换为时间(　　　),幅值 (　　　)的信号,量化是把幅值(　　　)的信号变换为幅值(　　　)的信号。

3. 非均匀量化的目的是(　　　),其代价是(　　　)。

4. 与 PCM 比,DPCM 的优点是可以减少(　　　),其理论基础是利用了模拟信号的(　　　)。

5. 对模拟信号进行线性 PCM 编码时,取抽样频率为 8 kHz,编码为 8 位,则信息传输速率为(　　　)。

6. 简单增量调制中所产生的两种量化噪声是(　　　)和(　　　)。

7. 若量化电平数为 64,其需要的编码位数是(　　　),若量化电平数为 128,其需要的编码位数为(　　　)。

8. 非均匀量化的对数压缩特性采用折线近似时,A 律对数压缩特性采用(　　　)折线近似,μ 律对数压缩特性采用(　　　)折线近似。

9. 一个离散信号源每毫秒发出 4 种符号中的一个,各相互独立符号出现的概率分别为 1/8、1/8、1/4、1/2,该信源的平均信息量为(　　　)。

二、简答题

1. 什么是低通型信号的抽样定理? 什么是带通型信号的抽样定理?

2. 简述非均匀量化原理,与均匀量化相比较,非均匀量化的主要优点和缺点。

3. 在脉冲编码调制中,与自然二进制相比,选用折叠二进制码的主要优点是什么?

4. 试画出 PCM 传输方式的基本组成框图? 简述各部分的作用?

5. 试比较理想抽样、自然抽样和平顶抽样的异同点?

6. 什么是差分脉冲编码调制? 什么是增量调制?

7. 产生折叠噪声的原因是什么? 对于话音通信产生折叠噪声的后果是什么?

8. A 律 13 折线解码器为什么要进行 7/12 变换而不是 7/11 变换?

9. ADPCM 的优点是什么?

三、计算题

1. 某信息源由 64 个不同的符号所组成,各个符号间相互独立,其中 32 个符号的出现概率均为 1/128,16 个符号的出现概率均为 1/64,其余 16 个符号的出现概率均为 1/32。现在该信息源以每秒 2000 个符号的速率发送信息,试求:

(1)每个符号的平均信息量和信息源发出的平均信息速率;

(2)当各符号出现概率满足什么条件时,信息源发出的平均信息速率最高? 最高信息速率是多少?

2. 设离散无记忆信源 $\begin{bmatrix} X \\ P(x) \end{bmatrix} = \begin{bmatrix} 0 & 1 & 2 & 3 \\ \dfrac{3}{8} & \dfrac{1}{4} & \dfrac{1}{4} & \dfrac{1}{8} \end{bmatrix}$,其发出的消息为(202120130213

00120321011032101002103201123210），求：

(1)此消息的自信息量是多少？

(2)在此消息中平均每个符号携带的信息量是多少？

3. 同时掷出一对质地均匀的骰子，也就是各面朝上发生的概率均为 1/6，试求：

(1)"4 和 6 同时出现"事件的自信息量；

(2)"两个 2 同时出现"事件的自信息量；

(3)"两个点数中至少有一个是 6"事件的自信息量。

4. 对模拟信号 $m(t)=\sin(200\pi t)/200t$ 进行抽样。试问：(1)无失真恢复所要求的最小抽样频率为多少？(2)在用最小抽样频率抽样时，1 min 有多少抽样值。

5. 设信号 $m(t)=9+A\cos\omega_c t$，其中 $0<A\le 10$ V，若 $m(t)$ 被均匀量化为 40 个电平，试确定所需要的二进制码组的位数 N 和量化间隔 Δ 为多少？

6. 某低通型信号 $m(t)$ 的频谱 $M(f)$ 如图 3-42 所示，(1)若以速率 $f_s=300$ Hz 对 $m(t)$ 进行理想抽样，试画出抽样信号 $m_s(t)$ 的频谱图；(2)若以速率 $f_s=400$ Hz 对 $m(t)$ 进行理想抽样，试画出抽样信号 $m_s(t)$ 的频谱图。

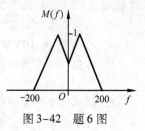

图 3-42　题 6 图

7. 单路语音信号最高频率为 4 kHz，抽样速率为 8 kHz，以二进制方式传输，假设用单极性不归零矩形脉冲传输，试问：(注：对单极性不归零码，其第一零点带宽等于码元速率。)

(1)采用 PCM 编码，即用 7 比特量化时，PCM 基带信号(第一零点)带宽为多少？

(2)采用均匀量化的 11 比特量化时，结果又是多少？

8. 采用 13 折线 A 律编码，设最小的量化级为 1 量化个单位，已知抽样脉冲值为 +678 个单位。

(1)试求此时编码器输出码组，并计算编码端的量化误差(段内码用自然二进制码)；

(2)写出编器的 7/11 变换中对应与该 7 位码(不包括极性码)的均匀量化 11 位码。

9. 设输入信号抽样值为 +1 165 个量化单位。

(1)采用 A 律 13 折线把其编成 8 位码，并求编码器输出量化误差；

(2)写出对应于该 7 位码的均匀量化 11 位码；

(3)求接收译码器输出样值的大小。

10. 设信号频率范围 0～4 kHz，幅值在 −4.096～+4.096 V 间均匀分布。

(1)若采用均匀量化编码，以 PCM 方式传送，量化间隔为 2 mV，用最小抽样速率进行抽样，求传送该 PCM 信号实际需要的带宽和量化信噪比。

(2)若采用 13 折线 A 律对该信号非均匀量化编码，这时最小量化间隔等于多少？

11. 采用 13 折线 A 律编码电路，设接收端收到的码组为"01010111"最小量化间隔为 1 个量化单位，并已知段内码为自然二进制码。

(1)试问译码器输出为多少量化单位；

(2)写出译码器的 7/12 变换对应的 12 位码。

12. 采用 13 折线 A 律编码，最小量化间隔为 1 个量化单位，已知抽样脉冲值为 −119 量化单位：

(1)试求此时译码器输出码组，并计算译码端的输出的量化误差；

(2)求译码器的 7/12 变换中对应与该 7 位码的均匀量化 12 位码。

13. 画出 DPCM 编码和译码原理框图，并简述其工作原理。

14. 画出增量调制编码和译码原理框图，并简述其工作原理。

第4章 数字基带传输系统

来自数据终端的原始数据信号往往含有丰富的低频分量(所占据的频谱是从零频或很低的频率开始)甚至直流分量,即数字基带信号,如计算机输出的二进制序列,电传机输出的代码或数字电话终端的 PCM 信号。

在某些具有低通特性的有线信道中,特别是在传输距离不太远的情况下,基带信号可以不经过载波调制而直接进行传输,这样的传输系统,称为数字基带传输系统。基带传输具有设备较简单,线路衰减小,费用低的优点。将基带信号的频谱搬移到较高的频带(用基带信号对载波进行调制)再传输,则称为通带传输。

研究数字基带传输系统的目的是:基带传输广泛用于音频电缆和同轴电缆等构成的近程数据通信系统中。同时,在数据传输方面的应用也日益扩大;在通带传输系统中,调制前和调制后对基带信号处理仍须利用基带传输原理,基带传输是调制传输的基础,设计传输系统时,任何一个采用线性调制的带通传输系统可以变换为等效基带传输来考虑。因此,基带传输是广泛使用的技术基础。

在数字基带信号传输中主要关心的问题有:选择适合于数字基带传输的波形和码型,控制码间串扰,抗加性高斯白噪声和收、发两端的位定时同步等问题。本章将着眼于介绍数字基带传输的这些基础理论与方法。

4.1 数字基带信号的波形

对不同的数字基带传输系统应根据不同的信道特性及系统性能指标要求,选择不同的数字脉冲波形。数字基带信号的波形有很多,如矩形脉冲、三角波、高斯脉冲和升余弦脉冲等。最常用的是矩形脉冲,是由于其脉冲易于产生和处理。这里以矩形脉冲组成的基带信号为例,介绍几种最基本的基带信号的波形,如图4-1所示。

(1)单极性不归零(NRZ)波形:用正电平表示二进制码元"1",零电平表示码元"0",整个码元持续时间内信号电平保持不变,故称为不归零码。

(2)单极性归零(RZ)波形:用正电平表示二进制码元"1",零电平表示码元"0",与 NRZ 不同的是,电平的持续时间比码元的持续时间短,即还没有到一个码元的终止时刻就回到了零电平。通常,归零波形使用半占空码(脉冲宽度 τ 与码元持续时间 T_s 之比 τ/T_s 称为占空比),一般取占空比(duty ratio)为 50%。

(3)双极性不归零波形:利用具有相同大小的正电平和负电平分别来表示二进制码元"1"或"0"。整个码元持续时间内电平保持不变。

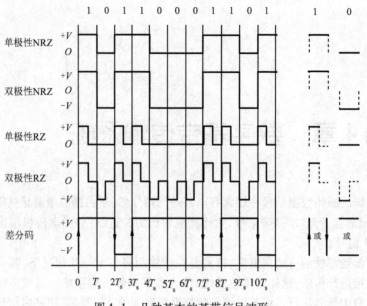

图 4-1　几种基本的基带信号波形

（4）双极性归零波形：利用具有相同大小的正电平和负电平分别来表示二进制码元"1"或"0"。与单极性归零码相同，信号电平在一个码元终止时刻前总要回到零电平。

单极性 NRZ、单极性 RZ、双极性 NRZ 和双极性 RZ 这四种波形中，信息码与脉冲电平之间的对应关系是固定不变的，故称这些波形为绝对码波形，它们都各有特点，总结起来如表 4-1 所示。

表 4-1　四种码型的特点对比

特点	单极性 NRZ	单极性 RZ	双极性 NRZ	双极性 RZ
	每个"1"和"0"相互独立，无错误检测能力			
	有丰富的低频乃至直流分量		等概时不含直流分量，适合于交流偶合信道	
	单极性码传输时需要信道一端接地，不能用两根芯线均不接地的电缆传输		可在不需要接地的电缆中传输	
	接收单极性码，判决电平 $V/2$，受信道特性变化的影响，不存在最佳判决电平		判决电平 0，有最佳判决门限	
	长连 0 或连 1 时不能提取位定时信息	可直接提取位定时信息，是其他信号提取同步信号需要的一种过渡码型	长连 0 或连 1 时不能提取位定时信息	有丰富的跳变沿，有利于收发之间的同步
	适合于计算机内部和极近距离传输		V 系列接口和 RS-232 接口标准	

（5）差分波形：这种波形不是用码元本身的电平表示消息代码，而是用相邻码元的电平的跳变或不变来表示消息代码，是一种相对码。差分码有"传号"差分码和"空号"差分码两种。对于"传号"差分码，它是利用相邻前后码元极性改变表示"1"，不变表示"0"。而"空号"差分码则是利用相邻前后码元极性改变表示"0"，不变表示"1"，如图 4-2（a）所示为传号差分。这种码的特点是，即使接收端收到的码元极性与发送端完全相反，也能正确进行判决。其编译码规则如图 4-2（b）、图 4-2（c）所示。

通信原理

差分波形也可以看成是差分码序列 $\{b_k\}$ 对应的绝对码波形。差分码 b_k 与绝对码 a_k 之间的关系为

$$b_k = a_k \oplus b_{k-1} \qquad\qquad (4\text{-}1\text{-}1)$$

译码规则为

$$a_k = b_k \oplus b_{k-1} \qquad\qquad (4\text{-}1\text{-}2)$$

式中，a_k 为信息码；b_k 为差分码。可见译码时只要检查前后码元电平是否有变化就可以判决发送的是"1"码还是"0"码。

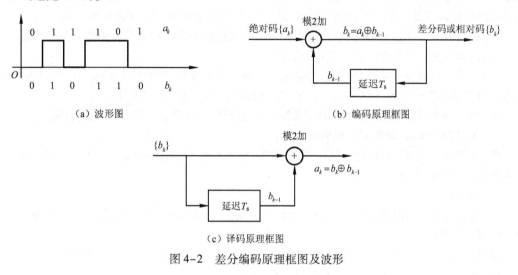

（a）波形图 　　　　　　　　　（b）编码原理框图

（c）译码原理框图

图 4-2　差分编码原理框图及波形

📖 用差分波形传送代码可以消除设备初始状态的影响，特别是在相位调制系统中用于解决载波相位模糊问题。在电报通信中常把"1"称为传号，"0"称为空号。

（6）多电平波形：上述各种波形都是二进制波形，实际上还存在多电平波形，也称为多进制波形。图 4-3 所示是一个四电平波形，代表四种状态的四电平脉冲波形，每种电平可用两位二进制码元来表示。

与二元码传输相比，在码元速率相同的情况下，它们的传输带宽是相同的，但多元码的信息传输速率是二元码的 $\log_2 M$ 倍。

多电平波形的优点是可以提高频带利用率，因此在频带受限的高速数据传输系统中得到了广泛的应用。但多进制传输系统的抗干扰性能不如二进制系统。

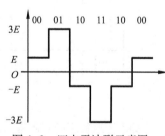

图 4-3　四电平波形示意图

4.2　基带传输的常用码型

在实际应用中除了要选择满足适宜于在信道中传输的电波形要求外，还必须选择合适的传输码型。因为在数字基带传输系统中，大部分信道的频带通常是受限的，且对直流分量和低频分量具有很大的衰减。而由原始消息符号所形成的数字基带信号常含有直流分，且低频分量比较丰富，这种信号通过基带信道传输，将会产生畸变，影响接收信号的性能。为了适应大多数基带信道

传输的要求,通常在数字基带系统的发送端对信源输出的原始信号进行码型变换,使变换后的基带信号具有较好的功率谱密度形状,同时满足基带传输系统信息处理与同步的需求。

一般来说,选择基带传输的码型应满足以下几个要求:

(1)不含直流,且低频分量尽量少;这是因为在 PCM 端机、再生中继器与电缆连接时安装的变量器具有低频截止特性,使得传输信码流中的直流和低频成分无法通过变量器从而引起波形失真。

(2)高频分量应尽量少,这是由于电缆线中的线对间由于电磁感应的串话会随频率的升高而加剧,而且电缆对信号的衰减也和信号频率成正比,因此传输码型中高频分量应尽量小以免影响传输距离和传输容量。高频分量应尽量少也可以节省传输频带并减少码间串扰。

(3)应含有丰富的定时信息,以便于再生中继器或接收端能从接收码流中提取定时信号;

(4)传输带宽应尽可能小,以节省传输频带;

(5)不受信息源统计特性的影响,即能适应于信息源的变化;即对经信源编码后直接转换的数字信号的类型不应有任何限制(例如"1"和"0"出现的概率及连"0"多少等)。

(6)具有内在的检错能力,即码型应具有一定规律性,可利用这一规律性进行宏观检错。

(7)编译码简单,以降低通信延时和成本。

在进行码型选择时,可根据不同的系统需求,重点考虑其中的一项或若干项。下面来讨论几种常用的基带传输码型。

1. AMI 码

AMI 码(传号交替反转码)的编码规则为:消息码的"1"(传号)交替地变换为"+1"和"−1",而"0"(空号)保持不变。

译码时从收到的符号序列中将所有的 −1 变换成 +1 后,就可以得到原消息代码。

【例 4-1】消息码:1 1 0 0 1 0 1 0 1 1 0 0 1 1 0 1

AMI 码:1 −1 0 0 1 0 −1 0 1 −1 0 0 1 −1 0 1

其对应 AMI 波形如图 4-4 所示(这里采用了归零波形)。

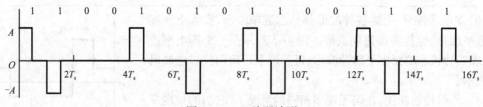

图 4-4　AM 编码波形

AMI 码通常用归零码来表示,对应的波形是具有正、负、零三种电平的脉冲序列,因此这种码也称为伪三电平码。AMI 码的优点为:AMI 码的功率谱中不含直流成分,高、低频分量少,能量集中在频率为 1/2 码速处(AMI 功率谱如图 4-6 所示);编译码电路简单,且可利用传号极性交替这一规律观察误码情况,具有宏观检错能力;如果它是 AMI − RZ 波形,接收后只要全波整流,就可变为单极性 RZ 波形,从中可以提取位定时分量。AMI 码的缺点:当原信码出现长连"0"时,信号的电平长时间不跳变,造成提取定时信号的困难。解决连"0"码问题的有效方法之一是采用 HDB3 码。

AMI 码广泛用于 PCM 基带传输系统中,它是 ITU − T 建议采用的传输码型之一。

2. HDB3 码

三阶高密度双极性(high density bipolar of order 3,HDB3)码是 AMI 码的一种改进型,改进目的是为了保持 AMI 码的优点而克服其缺点,即使连"0"个数不超过 3 个。

HDB3 码编码规则为:将 4 个连 0 信息码用取代节 000V 或 B00V 代替,当两个相邻 V 码中间有奇数个信息"1"码时取代节为 000V,有偶数个信息"1"码(包括 0 个信息"1"码)时取代节为 B00V;信息码的"1"和"B"码变为带有符号的 1 码即 +1 或 −1,并且 HDB3 码中"1""B"码的极性交替反转,V 码与前一非零码极性相同。V 的符号破坏了极性交替反转原则,又称为"破坏码"。但相邻 V 码的符号又是极性交替反转的。最后将正极性码用" +1"表示,负极性码用" −1"表示。

【例 4-2】消息码:　　　　　　1　1　0　1　0　0　0　0　1　1　0　0　0　0　0　0　0　1　0　0

4 连 0 码用取代节代替　　　1　1　0　1　0　0　0　V　1　1　B　0　0　V　0　0　1　0　0

HDB3 码　　　　　　　　+1 −1　0 +1　0　0　0 +1 −1 +1 −1　0　0 −1　0　0 +1　0　0

其对应的波形如图 4-5 所示。

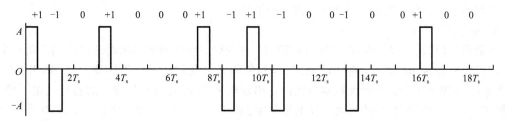

图 4-5　HDB3 编码波形

译码规则,从上述编码规则可知,每一个破坏脉冲 V 总是与前一非"0"脉冲同极性(包括 B 在内)。这就是说,从收到的符号序列中可以容易地找到破坏码 V。方法为若三连"0"前后非零脉冲同极性,则将最后一个非零码译为"0"码,如 +1000 +1 就应该译成"10000",否则不用改动;若两连"0"前后非零脉冲极性相同,则两连"0"前后的非零码都译为"0"码,如 −100 −1,就应该译为 0000,否则也不用改动。最后再将所有的 −1 变换成 +1 后,就可以得到原消息代码。

HDB3 码具有 AMI 码的所有优点,且由于利用 V 码的特点,可用作线路差错的宏观检测;最重要的是,HDB3 码解决了 AMI 码长连 0 时不能提取定时信号的问题。因此适合在 PCM 电缆线路中进行传输,四次群以下的 A 律 PCM 终端设备的接口码型均为 HDB3 码。

分析表明,AMI 码及 HDB3 码的功率谱如图 4-6 所示,它不含有离散谱 f_s 成分($f_s = 1/T_s$,等于位同步信号频率)。在译码时为了提供位同步信号,一般将归零波形表示的 AMI 或 HDB3 码数字信号进行整流处理,得到占空比为 0.5 的单极性归零码(RZ | $\tau = 0.5T_s$)。由于整流后的 AMI、HDB3 码中含有离散谱 f_s,故可用一个窄带滤波器得到频率为 f_s 的定时分量。

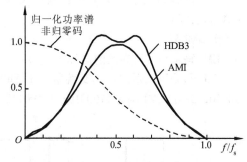

图 4-6　AMI 码和 HDB3 码的功率谱

3. 双相码

双相码[又称曼彻斯特(Manchester)码或分相码]编码的特点是每个二进制代码分别用两个具有不同相位的二进制代码来表示,编码规则为:"1"码用 10 表示,"0"码用 01 表示,并在同一时隙内输出。

【例 4-3】

消息码:　　1　1　0　0　1　0　1　1

双相码:　　10　10　01　01　10　01　10　10

其对应波形如图 4-7 所示。

双相码特点是:双相码波形相当于是一种双极性 NRZ 波形,只有极性相反的两个电平;它在每个码元间隔的中心点都存在电平跳变,所以含有丰富的位定时信息,而且不受信源统计特性的影响;在这种码中正、负电平各占一半且没有直流分量,编码过程也简单,00 和 11 是禁用码组,不会出现 3 个或更多的连码,可用来宏观检错。缺点是占用带宽加倍,使频带利用率降低。

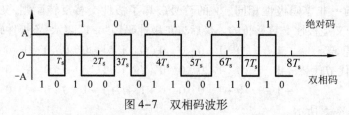

图 4-7　双相码波形

双相码适用于数据终端设备在短距离上的传输。

4. 密勒码

密勒码(又称延迟调制码)是数字双相码的一种变形。密勒码编码规则是:"1"码用码元中心点出现跳变来表示,即用"10"或"01"表示,但相邻码元之间的边界外不跳变。"0"码用"00"或"11"表示,当单个"0"时,在码元持续时间内不出现电平跳变,且与相邻码元的边界处也不跳变;当连"0"时,在两个"0"码的边界处出现电平跳变,即"00"与"11"交替。消息 11010010 密勒码为 0110000111000111,其波形如图 4-8(b)所示。

从图中可以看到,用双相码的下降沿去触发双稳电路,即可输出密勒码(即双相码的下降沿对应着密勒码的跳变沿)。

密勒码特点是:连"0"或连"1"个数不超过 4 个(两个码元周期)。若两个"1"码中间有一个"0"码时,密勒码流中出现最大宽度为 $2T_s$ 的波形,即两个码元周期。这一性质可用来进行宏观检错。无直流分量,频谱宽度约为双相码的一半。

密勒码最初用于气象卫星和磁记录,现用于低速基带数传机。

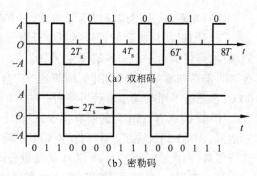

图 4-8　双相码、密勒码波形

5. CMI 码

CMI 码是传号反转码的简称。

CMI 码编码规则:"1"码交替用"1 1"和"0 0"两位码表示;"0"码固定地用"01"表示,消息码 1100101101 的 CMI 码为 11000101110100110100。其波形图如图 4-9 所示。

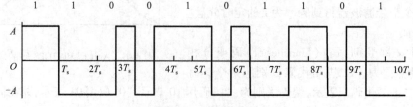

图 4-9　CMI 码波形

CMI 特点是:CMI 码易于实现,不含直流分量,含有丰富的定时信息。此外,由于 10 为禁用码组,不会出现三个以上的连码,这个规律可以用来宏观检错。该码已被 ITU – T 推荐为 PCM 四次群的接口码型,在速率低于 8. 448Mbit/s 光纤传输系统中也有时用作线路传输码型。

【例 4-4】

消息码：1 1 0 0 1 0 1 1 0 1

CMI 码：11 00 01 01 11 01 00 11 01 00

6. *nBmB* 码

nBmB 码是把原输入的二进制原始码流进行分组,每组有 *n* 个二进制码,记为 *nB*,称为一个码字,然后把一个码字变换为 *m* 个二进制的新码组,记为 *mB*,并在同一个时隙内输出。*m > n*,在光纤数字传输系统中一般选取 *m = n + 1*。*nBmB* 码有 1B2B、3B4B、5B6B 等等,其中 5B6B 码型已作用三次群和四次群以上的线路传输码型。

前述的数字双相码、密勒码和 CMI 码中,每个原二进制信码都用一组 2 位的二进制码表示,因此这类码是 1B2B 码。

由于 *m > n*,新码组可能有 2^m 种组合,故多出($2^m - 2^n$)种组合。在 2^m 种组合中,以某种方式选择有利码组作为可用码组(为了实现同步,我们可以按照不超过一个前导"0"和两个后缀"0"的方式选用码组),其余作为禁用码组,以获得好的误码监测功能。缺点是带宽增大了。

4.3 二进制数字基带信号的功率谱

在通信中,数字基带信号通常都是随机脉冲序列,其频谱特性必须用功率谱密度来描述。一个平稳随机过程,要在数字基带系统中传输它,必须要了解信号需要占据的频带宽度,所包含的频率分量,有无直流分量,有无定时分量等。这样,我们才能针对信号频谱的特点来找出最适合的传输信道和传输方式、选定合适的传输频带,以及确定是否可以从信号中提取定时信息。

研究随机脉冲序列的频谱,要从统计分析的角度出发,研究它的功率谱密度。假设二进制的随机脉冲序列用 $g_1(t)$ 表示"0"码,$g_2(t)$ 表示"1"码,$g_1(t)$ 和 $g_2(t)$ 在实际中可以是任意的波形。假设 $g_1(t)$ 和 $g_2(t)$ 出现的概率分别为 P 和 $1-P$,且统计独立,则二进制随机脉冲序列可表示为

$$s(t) = \sum_{n=-\infty}^{+\infty} s_n(t) \tag{4-3-1}$$

其中

$$s_n(t) = \begin{cases} g_1(t - nT_s) & \text{以概率 } P \text{ 出现} \\ g_2(t - nT_s) & \text{以概率 } 1-P \text{ 出现} \end{cases} \tag{4-3-2}$$

数字基带信号是随机的脉冲序列只能用功率谱来描述它的频谱特性,可以根据维纳-辛钦定理自相关函数与功率谱密度互成傅里叶变换对的关系来求,但由于计算较复杂。一般以功率谱的原始定义式来求。

📖 **维纳-辛钦关系**:平稳随机过程的自相关函数 $R(\tau)$ 与功率谱密度 $P_\xi(f)$ 互成傅里叶变换对:

$$P_\xi(\omega) = \int_{-\infty}^{+\infty} R(\tau)\, \mathrm{e}^{-\mathrm{j}\omega\tau} \mathrm{d}\tau \qquad\qquad P_\xi(f) = \int_{-\infty}^{+\infty} R(\tau) \mathrm{e}^{-\mathrm{j}2\pi f\tau} \mathrm{d}\tau$$
$$\text{或} \tag{4-3-3}$$
$$R(\tau) = \frac{1}{2\pi} \int_{-\infty}^{+\infty} P_\xi(\omega)\, \mathrm{e}^{\mathrm{j}\omega\tau} \mathrm{d}\omega \qquad\qquad R(\tau) = \int_{-\infty}^{+\infty} P_\xi(f) \mathrm{e}^{\mathrm{j}2\pi f\tau} \mathrm{d}f$$

简记为 $R(\tau) \Leftrightarrow P_\xi(f)$ 以上关系称为维纳-辛钦关系,它是联系频域和时域两种分析方法的基本关系式。

对于平稳随机过程 $s(t)$,其功率谱密度定义为

$$p_s(f) = \lim_{T \to \infty} \frac{E[\,|S_T(f)|^2\,]}{T} \qquad (4-3-4)$$

式中,$S_T(f)$ 是 $s(t)$ 的截短函数 $s_T(t)$ 所对应的频谱函数。如图 4-10 所示。

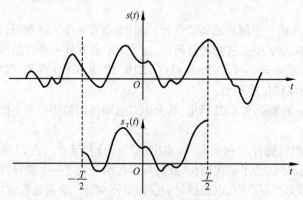

图 4-10 $s(t)$ 的截短函数 $s_T(t)$

为了简单起见,把 $s(t)$ 分解成稳态波 $v(t)$ 和交变波 $u(t)$。所谓稳态波,即是随机序列 $s(t)$ 的统计平均分量

$$v(t) = \sum_{n=-\infty}^{+\infty} [\,Pg_1(t-nT_s) + (1-P)g_2(t-nT_s)\,] = \sum_{n=-\infty}^{+\infty} v_n(t) \qquad (4-3-5)$$

显然 $v(t)$ 是一个以 T_s 为周期的周期函数。交变波 $u(t)$ 是 $s(t)$ 与 $v(t)$ 之差,即

$$u(t) = s(t) - v(t) \qquad (4-3-6)$$

其中第 n 个码元为 $u_n(t) = s_n(t) - v_n(t)$,于是:

$$u(t) = \sum_{n=-\infty}^{\infty} u_n(t) \qquad (4-3-7)$$

其中 $u_n(t)$ 可表示为

$$u_n(t) = \begin{cases} g_1(t-nT_s) - Pg_1(t-nT_s) - (1-P)g_2(t-nT_s) \\ = (1-P)[\,g_1(t-nT_s) - g_2(t-nT_s)\,] \quad \text{以概率 } P \\ g_2(t-nT_s) - Pg_1(t-nT_s) - (1-P)g_2(t-nT_s) \\ = -P[\,g_1(t-nT_s) - g_2(t-nT_s)\,] \quad \text{以概率 } 1-P \end{cases} \qquad (4-3-8)$$

式(4-3-8)也可写成

$$u_n(t) = a_n[\,g_1(t-nT_s) - g_2(t-nT_s)\,] \qquad (4-3-9)$$

其中

$$a_n = \begin{cases} 1-P & \text{以概率 } P \\ -P & \text{以概率 } 1-P \end{cases} \qquad (4-3-10)$$

显然,$u(t)$ 是随机脉冲序列。下面分别来讨论稳态波和交变波的功率谱密度。

由于 $v(t)$ 是以 T_s 为周期的周期信号,可以利用傅里叶级数展开,再根据周期信号的功率谱密度与傅里叶系数 C_m 的关系式得到的功率谱密度为

$$P_v(f) = \sum_{m=-\infty}^{+\infty} |C_m|^2 \delta(f - mf_s) \qquad (4-3-11)$$

$$= \sum_{m=-\infty}^{+\infty} |f_s[\,PG_1(mf_s) + (1-P)G_2(mf_s)\,]|^2 \delta(f - mf_s)$$

由于 $u(t)$ 是一个功率型的随机脉冲序列,它的功率谱密度可按定义采用截短函数和统计平均的方法来求

$$P_\xi(f) = E[P_f(f)] = \lim_{T \to \infty} \frac{E[\,|U_T(f)|^2]}{T} \tag{4-3-12}$$

其中 $U_T(f)$ 是 $u(t)$ 的截短函数 $u_T(t)$ 的频谱函数;截取时间 T 取 $(2N+1)$ 个码元的长度,即 $T = (2N+1)T_s$,当 N 为一个足够大的数值,即当 $T \to \infty$ 时,意味着 $N \to \infty$。有

$$P_u(f) = \lim_{N \to \infty} \frac{E[\,|U_T(f)|^2]}{(2N+1)T_s} \tag{4-3-13}$$

经过计算可求得交变波的功率谱

$$P_u(f) = \lim_{N \to \infty} \frac{(2N+1)P(1-P)\,|G_1(f) - G_2(f)|^2}{(2N+1)T_s} = f_s P(1-P)\,|G_1(f) - G_2(f)|^2 \tag{4-3-14}$$

可见,交变波的功率谱 $P_u(f)$ 是连续谱,它与 $g_1(t)$ 和 $g_2(t)$ 的频谱以及出现概率 P 有关。$s(t) = u(t) + v(t)$ 的功率谱密度 $P_s(f)$

$$\begin{aligned}
P_s(f) &= P_u(f) + P_v(f) \\
&= f_s P(1-P)\,|G_1(f) - G_2(f)|^2 \\
&\quad + \sum_{m=-\infty}^{+\infty} |f_s[PG_1(mf_s) + (1-P)G_2(mf_s)]|^2 \delta(f - mf_s)
\end{aligned} \tag{4-3-15}$$

如果写成单边的,则有

$$\begin{aligned}
P_s(f) &= 2f_s P(1-P)\,|G_1(f) - G_2(f)|^2 + f_s^2\,|PG_1(0) + (1-P)G_2(0)|^2 \delta(f) + \\
&\quad 2f_s^2 \sum_{m=1}^{\infty} |PG_1(mf_s) + (1-P)G_2(mf_s)|^2 \delta(f - mf_s), \quad f \geq 0
\end{aligned} \tag{4-3-16}$$

📖 二进制随机信号的功率谱密度结论

(1)二进制随机信号的功率谱密度包括连续谱和离散谱。

(2)连续谱总是存在的,因为实际中 $G_1(f) \neq G_2(f)$。连续谱的形状取决于 $g_1(t)$ 和 $g_2(t)$ 的频谱以及概率 P。

(3)离散谱通常也存在,但对于双极性信号 $g_1(t) = -g_2(t)$,且等概 $P = 0.5$ 时,不存在离散谱。

(4)通常,根据连续谱可以确定信号的带宽,根据离散谱 $\delta(f - mf_s)$ 可以确定随机序列是否包含直流分量 $\delta(f)$ 和定时分量 $\delta(f - f_s)$。将明确能否从脉冲序列中提取离散分量及如何提取离散分量,这对研究位同步、载波同步将很重要。这也正是分析频谱的目的。

下面举例说明几种常见的二进制线路码的功率谱密度。

【例 4-5】对于单极性波形:若设 $g_1(t) = 0$,$g_2(t) = g(t)$,由式(4-3-15)可得单极性随机脉冲序列的双边功率谱密度为

$$P_s(f) = f_s P(1-P)\,|G(f)|^2 + \sum_{m=-\infty}^{+\infty} |f_s(1-P)G(mf_s)|^2 \delta(f - mf_s) \tag{4-3-17}$$

等概($P = 1/2$)时,上式简化为

$$P_s(f) = \frac{1}{4}f_s |G(f)|^2 + \frac{1}{4}f_s^2 \sum_{m=-\infty}^{+\infty} |G(mf_s)|^2 \delta(f - mf_s) \qquad (4\text{-}3\text{-}18)$$

（1）若表示"1"码的波形 $g_2(t) = g(t)$ 为不归零矩形脉冲，即

$$g(t) = \begin{cases} 1, & |t| \leqslant \dfrac{T_s}{2} \\ 0, & \text{其他} \end{cases} \qquad (4\text{-}3\text{-}19)$$

由傅里叶变换可得其频谱函数为

$$G(f) = T_s \left(\frac{\sin \pi f T_s}{\pi f T_s} \right)^2 = T_s \mathrm{Sa}(\pi f T_s) \qquad (4\text{-}3\text{-}20)$$

当 $f = mf_s$，$G(mf_s)$ 的取值情况为：$m = 0$，$G(mf_s) = T_s \mathrm{Sa}(0) \neq 0$，因此离散谱中有直流分量；$m$ 为不等于零的整数时，$G(mf_s) = T_s \mathrm{Sa}(n\pi) = 0$，离散谱均为零，因而无定时信号。这时，可得单极性不归零码的双边功率谱密度为

$$P_s(f) = \frac{1}{4}f_s T_s^2 \left(\frac{\sin \pi f T_s}{\pi f T_s} \right) + \frac{1}{4}\delta(f) = \frac{T_s}{4}\mathrm{Sa}^2(\pi f T_s) + \frac{1}{4}\delta(f) \qquad (4\text{-}3\text{-}21)$$

其双边功率谱密度如图 4-11（a）实线所示，从图中可见，单极性不归零码只有直流分量和连续谱，而没有 $mf_s (m \neq 0)$ 等离散谱。随机序列的带宽取决于连续谱，实际由单个码元的频谱函数 $G(f)$ 决定，该频谱的第一个零点在 $f = f_s$，因此单极性不归零信号的过零点带宽为 $B = f_s$。

（2）若 $g_2(t) = g(t)$ 为半占空归零矩形脉冲，即脉冲宽度 $\tau = T_s/2$ 时，其频谱函数为

$$g(t) = \begin{cases} 1 & \text{当} |t| \leqslant \dfrac{T_s}{4} \\ 0 & \text{当} |t| > \dfrac{T_s}{4} \end{cases} \Rightarrow G(f) = \frac{T_s}{2}\mathrm{Sa}\left(\frac{\pi f T_s}{2} \right) \qquad (4\text{-}3\text{-}22)$$

这时，

$$P_s(f) = \frac{T_s}{16}\mathrm{Sa}^2\left(\frac{\pi f T_s}{2} \right) + \frac{1}{16}\sum_{m=-\infty}^{+\infty} \mathrm{Sa}^2\left(\frac{m\pi}{2} \right)\delta(f - mf_s) \qquad (4\text{-}3\text{-}23)$$

当 $f = mf_s$，$G(mf_s) = \dfrac{T_s}{2}\mathrm{Sa}\left(\dfrac{m\pi}{2} \right)$ 的取值情况为：当 $m = 0$ 时，$\mathrm{Sa}^2\left(\dfrac{m\pi}{2} \right) \neq 0$，因此离散谱中有直流分量；当 m 为奇数时，$\mathrm{Sa}^2\left(\dfrac{m\pi}{2} \right) \neq 0$，此时有离散谱，其中 $m = 1$ 时，$\mathrm{Sa}^2\left(\dfrac{m\pi}{2} \right) \neq 0$，表明有定时信号；当 m 为偶数时，$\mathrm{Sa}^2\left(\dfrac{m\pi}{2} \right) = 0$，此时无离散谱。其功率谱密度曲线如图 4-11（a）的虚线所示，由图可见，单极性半占空归零信号的过零点带宽为 $B = 2f_s$。

【例 4-6】对于双极性波形：若设 $g_1(t) = -g_2(t) = g(t)$，由（4-3-15）有

$$P_s(f) = 4f_s P(1 - P) |G(f)|^2 + \sum_{m=-\infty}^{+\infty} |f_s(2P - 1)G(mf_s)|^2 \delta(f - mf_s) \qquad (4\text{-}3\text{-}24)$$

"0" 和 "1" 等概（$P = 1/2$）时，上式变为

$$P_s(f) = f_s |G(f)|^2 \qquad (4\text{-}3\text{-}25)$$

若 $g(t)$ 为高为 1，脉宽等于码元周期的矩形脉冲，由式（4-3-20），那么上式可写成

$$P_s(f) = T_s \mathrm{Sa}^2(\pi f T_s) \qquad (4\text{-}3\text{-}26)$$

若 $g(t)$ 为高为 1 和半占空 RZ 矩形脉冲，由式（4-3-22），则有

$$P_s(f) = \frac{T_s}{4}\mathrm{Sa}^2\left(\frac{\pi f T_s}{2} \right) \qquad (4\text{-}3\text{-}27)$$

双极性信号功率密度谱曲线如图4-11(b)中的实线和虚线所示。

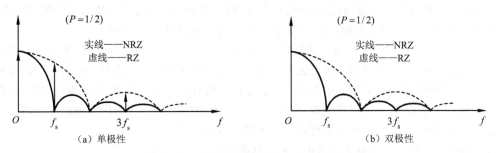

图 4-11　二进制基带信号的功率谱密度

从以上两例可以看出：

（1）对矩形脉冲序列，通常以谱的第一个零点作为矩形脉冲的近似带宽，称为第一零点带宽。时间波形的占空比越小，频带越宽。它等于矩形脉冲宽度 τ 的倒数，即 $B = 1/\tau$。不归零脉冲的 $\tau = T_s$，则 $B = f_s$；半占空归零脉冲的 $\tau = T_s/2$，则 $B = 1/\tau = 2f_s$。其中 $f_s = 1/T_s$，是位定时信号的频率，它在数值上与码元速率 R_B 相等。

（2）单极性基带信号是否存在离散线谱取决于矩形脉冲的占空比，单极性归零信号中有定时分量和直流分量，单极性不归零信号中无定时分量，只有直流分量。0、1 等概的双极性信号没有离散谱。也就是说无直流分量和定时分量。

通过上述讨论可知，分析随机脉冲序列的功率谱密度之后，就可知道信号功率的分布。根据主要功率集中在哪个频段，便可确定信号带宽，从而考虑信道带宽和传输网络的传输函数等。同时利用其离散谱是否存在这一特点，可以明确能否从脉冲序列中直接提取所需的离散分量和采取怎样的方法从序列中获得所需的离散分量，以便在接收端利用这些分量获得位同步定时脉冲等。

4.4　数字基带传输系统

4.4.1　数字基带传输系统构成

1. 数字基带传输系统构成框图

数字基带传输系统框图如图 4-12 所示，它主要由脉冲形成器、发送滤波器 $G_T(\omega)$、信道 $C(\omega)$、接收滤波器 $G_R(\omega)$ 和抽样判决器等部件组成。为保证数字基带系统可靠有序正常工作，通常还应有同步系统。

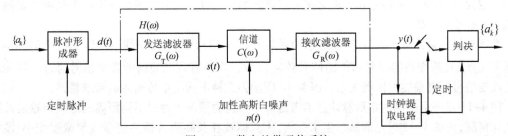

图 4-12　数字基带通信系统

图中由计算机等终端设备发送来的二进制数据序列或是经模/数转换后的二进制脉冲序列 $\{a_k\}$，经脉冲形成器将其变换成适合信道传输的码型，并提供同步定时信息，保证收发双方同步工作。

$G_T(\omega)$ 用来限制信号带宽,将脉冲序列整形,将输入的矩形脉冲变换成适合信道传输的波形。这是因为矩形波含有丰富的高频成分,若直接送入信道传输,容易产生失真。

信道 $C(\omega)$ 是允许基带信号通过的媒质。基带传输的信道通常为有线信道,如市话电缆和架空明线等,信道的传输特性通常不满足无失真传输条件。通常信道中还会引入噪声。在通信系统的分析中,常常把噪声等效集中在信道引入。这是由于信号经过信道传输,受到很大衰减,在信道的输出端信噪比最低,噪声的影响最为严重,以它为代表最能反映噪声干扰影响的实际情况。但如果认为只有信道才引入噪声,其他部件不引入噪声,是不正确的。

接收滤波器的作用是滤除带外噪声并对已接收的波形进行均衡。

抽样判决器的作用是在规定时刻(由位定时脉冲控制)对接收滤波器的输出波形进行抽样判决,以恢复或再生基带信号。而用来抽样判决的位定时脉冲则依靠时钟提取电路从接收信号中提取。

图 4-13 给出了图 4-12 所示基带系统的各点波形示意图。其中图(a)是输入的基带信号,这是常见的全占空单极性信号;图(b)是进行码型变换后的信号,即脉冲形成器的输出信号;图(c)对图(a)而言进行了码型及波形的变换,即发送滤波器的输出信号;是一种适合在信道中传输的波形,图(d)是信道输出信号,与信道输入信号[见图(c)]相比,存在衰减、失真和噪声干扰。图(e)为接收滤波器输出波形,与图(d)相比,失真和噪声减弱。图(f)是位定时同步脉冲,图(g)是抽样、判决、再生后恢复的信息,当信道失真不严重和噪声不太大时,接收端能正确恢复基带信号的,但若信道失真较大或噪声较大时,接收端会产生误判,从而引起误码。图 4-13 (g)中最后一个码元发生了误码。

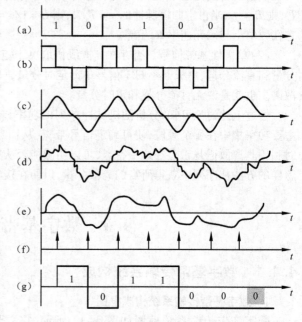

图 4-13　数字基带传输系统各点信号波形

误码的原因之一是信道加性噪声,其次是传输总特性(包括收、发滤波器和信道的特性)不理想。这两个因素都会引起波形失真,并且这些失真是传输线长度的函数,当传输距离增加到一定程度时,收到的信号在噪声干扰下很难识别。所以研究信道特性及噪声干扰特性是通信系统设计的重要问题。

数字基带传输信道一般为市话电缆,由传输线基本理论可知,传输线衰减频率特性的基本关系是与 $\sqrt{f}$ 成比例变换的(f 是指传输信号频率),所以当具有较宽频谱的数字信号通过电缆传输的会改变信号频谱幅度的比例关系。图 4-14 所示为三种不同电缆传输后的衰减特性。

图 4-15 是一个标准的矩形脉冲在不考虑噪声干扰的情况下通过不同距离的电缆传输后波形的变化情况,由图 4-15 可见波形产生了失真,失真体现在长距离传输后使得波形幅度变小、波峰延后,而且脉冲宽度大大增加,产生了拖尾,这种拖尾将会造成数字信号序列的码间串扰。如果再进一步考虑噪声的影响则失真会更严重。

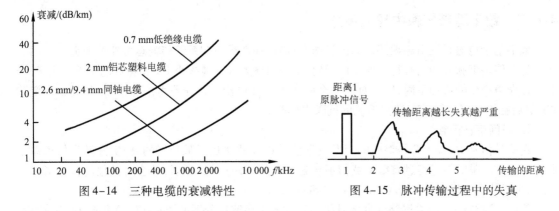

图 4-14　三种电缆的衰减特性　　　　　图 4-15　脉冲传输过程中的失真

在数字通信系统中为了延长通信距离,在传输通路的适当距离设置再生中继器,可以使失真的信号经过再生整形后向更远的距离传输。

2. 再生中继

与模拟信号相比,数字信号更易于再生。在传输通路和适当距离上应设置信号的再生整形装置,即再生中继器,将脉冲放大,并恢复其最初的理想形状,以实现数字信号的长距离传输。这种传输方式称为再生中继传输,它由传输线路和再生中继器组成。

再生中继系统的特点是无噪声积累,但有误码率的累积。再生中继器主要由均衡放大电路、定时提取电路、判决及码形成电路等三部分组成,如图 4-16 所示。

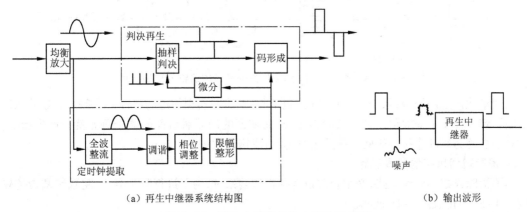

（a）再生中继器系统结构图　　　　　　　（b）输出波形

图 4-16　再生中继器的输入和输出波形

均衡放大电路的作用是对接收到的失真波形进行放大和均衡成宜于抽样判决的波形。定时提取电路的作用是在收到的信码流中提取定时时钟,以得到与发端相同的主时钟脉冲,做到收发同步,定时提取的方法有两种:一是窄带滤波器法;二是锁相环法。定时时钟信号经微分后便得到抽样判决脉冲。判决及码形成电路则是对已被放大和均衡的信号波形进行抽样、判决,并根据判决结果形成新的、与发送端形状相同的脉冲。

定时钟提取电路包括全波整流、调谐、相位调整和限幅整形电路。经全波整流后的信号其频谱中含有丰富的定时分量 f_s,经过谐振频率为 f_s 的调谐电路后选出 f_s 频率成分,再由相位调整电路对其进行相位的调整,以便抽样判决脉冲对准各"1"码所对应的均衡波形的波峰,限幅整形电路则把正弦波转换为矩形波,即定时脉冲信号。

4.4.2　数字基带传输中码间串扰

数字基带传输系统引起误码的原因有两个:信道加性噪声和系统传输总特性不理想。

为了使基带脉冲传输获得足够小的误码率,必须最大限度地减小 ISI 和噪声的影响。由于 ISI 和信道噪声产生的机理不同,所以对这两个问题可分开讨论。首先不考虑噪声时,研究如何消除 ISI;然后在无 ISI 的情况下,研究系统的抗噪声性能。

1. 码间串扰概念

在基带信号中,各个符号对应的矩形波形信号在频域内是无限延展的,而实际基带信道总是频带受限。无限的频谱经过有限带宽信道传输后,时域波形受到延展,并会对其他的符号形成干扰,这种干扰称为码间串扰(intersymbol interference)。

例如,等效特性为 RC 网络特性的基带信道输入输出波形分别如图 4-17(a)和 4-17(b)所示,可见经过实际信道以后,信号出现了失真和展宽拖尾,图中第一个码元的最大值出现在 t_1 时刻,而且波形拖得很宽,这个时候对这个码元的抽样判决时刻应选择在 t_1 时刻。对第二个码元判决时刻应选在 t_2,依此类推,我们将在 t_4 时刻对第四个码元进行判决。可从图中 4-17(b)可以看到:在 t_4 时刻,第一码元、第二码元、第三码元等的值还没有完全消失,这样势必影响第四个码元的判决,这种影响就叫作码间串扰。

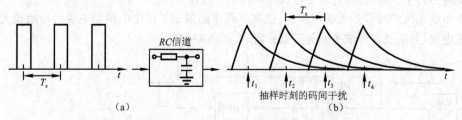

(a)　　　　　　　　　抽样时刻的码间干扰　　(b)

图 4-17　等效特性为 RC 网络特性的基带信道输入输出波形

码间串扰产生的原因:系统传输总特性(包括收、发滤波器和信道的特性)不理想,导致前后码元的波形畸变并使前面波形出现很长的拖尾,从而前面的码元对后面的若干码元就会产生影响,这种影响被称为码间串扰。码间串扰严重时,会造成错误判决。

2. 消除码间串扰的基本思想

为了消除或减小码间串扰,必须合理设计基带传输系统,为了进行数学分析,将数字基带传输系统图 4-12 简化成图 4-18 所示。

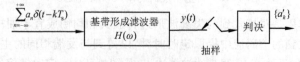

图 4-18　基带传输系统的简化模型

图 4-18 中基带传输系统总的响应可写成:

$$h(t) = g_T(t) * c(t) * g_R(t) \tag{4-4-1}$$

若设信道的传输特性为 $C(\omega)$,发送和接收滤波器的传输特性分别为 $G_T(\omega)$ 和 $G_R(\omega)$,则基带传输系统的总传输特性为

$$H(\omega) = G_T(\omega)C(\omega)G_R(\omega) \tag{4-4-2}$$

其单位冲激响应也可表示为

$$h(t) = \frac{1}{2\pi} \int_{-\infty}^{+\infty} H(\omega) e^{j\omega t} d\omega \tag{4-4-3}$$

图 4-12 中,设 $\{a_n\}$ 为发送滤波器的输入符号序列,在二进制的情况下 a_n 取值为 0、1(单极性时)或 -1,+1(双极性时)。假设 $\{a_n\}$ 对应的基带信号 $d(t)$ 是间隔为 T_s,强度由 a_n 决定的单位冲激序列,即

$$d(t) = \sum_{n=\infty}^{+\infty} a_n \delta(t - nT_s) \tag{4-4-4}$$

则接收滤波器的输出为

$$y(t) = d(t) * h(t) \tag{4-4-5}$$

考虑到信道加性噪声的影响有

$$y(t) = d(t) * h(t) + n_R(t) = \sum_{n=\infty}^{+\infty} a_n h(t - nT_s) + n_R(t) \tag{4-4-6}$$

式中,$n_R(t)$ 是加性噪声 $n(t)$ 经过接收滤波器后输出的噪声。如我们要对第 k 个码元 a_k 进行抽样判决,应在 $t = kT_s + t_0$ 时刻上(t_0 是信道和接收滤波器所造成的延迟)对 $y(t)$ 抽样,得

$$y(kT_s + t_0) = a_k h(t_0) + \sum_{n \neq k} a_n h[(k-n)T_s + t_0] + n_R(kT_s + t_0) \tag{4-4-7}$$

第一项 $a_k h(t_0)$ 是第 k 个码元在接收判决时刻波形的抽样值,它是确定 a_k 的依据;第二项是除第 k 个码元以外的其他码元波形在第 k 个抽样时刻上的值的总和,它对当前码元 a_k 的判决起着干扰的作用,所以称为码间串扰值,由于 a_k 是以概率出现的,故码间串扰值通常是一个随机变量,它取决于系统传输特性 $H(\omega)$。第三项 $n_R(kT_s + t_0)$ 是输出噪声在抽样瞬间的值,它也是一种随机干扰,也要影响对第 k 个码元的正确判决,它取决于信道加性噪声及接收滤波器的特性。

因此实际抽样值不仅有本码元的值,还有码间串扰值及噪声的影响。例如在二进制数字通信时,a_k 的可能取值为"0"或"1",若判决电路的判决门限为 V_d,则这时判决规则为

当 $y(kT_s + t_0) > V_d$ 时,判为"1";

当 $y(kT_s + t_0) < V_d$ 时,判为"0"。

由于码间串扰和随机噪声的存在,对 a_k 取值的判决可能判对也可能判错。为了获得足够小的误码率,必须最大限度地减小码间串扰及随机噪声的影响,这需要合理地设计基带信号和基带传输系统,从理论上说,只要合理地设计系统的传输特性,码间串扰是可以消除的,但对随机噪声来说,只能尽量减小其影响,不能完全消除。

3. 消除码间串扰的时域条件

为了使误码率尽可能的小,必须最大限度减小码间串扰和随机噪声的影响。由式(4-4-7)可知,若想消除码间串扰,应有

$$\sum_{n \neq k} a_n h((k-n)T_s + t_0) = 0 \tag{4-4-8}$$

由于 a_n 是随机的,要想通过各项相互抵消使码间串扰为 0 是不太可行的。但如果相邻码元的前一个码元的波形到达后一个码元抽样判决时刻已经衰减到 0,如图 4-19(a)所示的波形,就能满足要求。但这样的波形不易实现。另外如果让它在 $t_0 + T_s, t_0 + 2T_s$ 等其他码元抽样判决时刻上正好为 0,也能消除码间串扰,如图 4-19(b)所示。

根据上面的分析,只要基带传输系统的冲激响应波形 $h(t)$ 仅在本码元的抽样时刻上有最大值,并在其他码元的抽样时

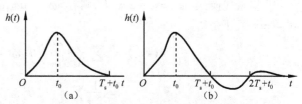

图 4-19　消除码间串扰的基本思想

刻上均为零,则可消除码间串扰。若假设延迟 $t_0 = 0$,则在抽样时刻 $t = kT_s$ 时,无码间串扰的基带传输系统冲激响应应满足下式

$$h(kT_s) = \begin{cases} 1 & \text{当 } k = 0 \\ 0 & \text{当 } k \text{ 为其他整数} \end{cases} \quad (4\text{-}4\text{-}9)$$

这就是无码间串扰的时域条件,说明无码间串扰的基带系统冲激响应除 $t = 0$ 时取值不为零外,其他抽样时刻 $t = kT_s$ 上的抽样值均为零。

在实际应用时,定时判决时刻不一定非常准确,如果码元的拖尾很长,当定时有偏差时,任一个码元都要对后面好几个码元产生串扰。因此要求 $h(t)$ 衰减快一些。

【例4-7】某基带系统的频率特性是截止频率为 1 MHz、幅度为 1 的理想低通滤波器,如图4-20(a)所示。试根据系统无码间串扰的时域条件,求此基带系统无码间串扰的码速率。

解 此题需求系统的冲激响应。系统的频率特性 $H(\omega)$ 是一个幅度为 1、宽度为 $\omega_0 = 4\pi \times 10^6$ rad/s 的门函数(双边频率特性),根据傅里叶变换可得其冲激响应 $h(t)$ 为

$$h(t) = \frac{\omega_0 \text{Sa}(\omega_0 t/2)}{2\pi} = 2 \times 10^6 \text{Sa}(2\pi \times 10^6 t)$$

画出其波形,如图4-20(b)所示。由无码间串扰的时域条件式(4-4-9)和图4-20可知,当 $T_s = 0.5k$(单位:μs)(k 为正整数)时无码间串扰,即此系统无码间串扰的码速率为

$$R_B = 1/T_s = 2/k \text{ (MBd)}, \quad k = 1, 2, 3, \cdots$$

$k = 1$ 可得系统无码间串扰的最高码速率为 2 MBd。

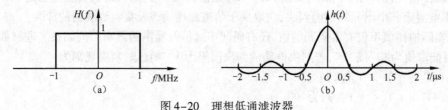

图4-20 理想低通滤波器

4. 消除码间串扰的频域条件

下面,推导无码间串扰的频域条件,因为 $h(t)$ 和 $H(\omega)$ 之间存在的傅里叶变换关系,有

$$h(t) = \frac{1}{2\pi} \int_{-\infty}^{+\infty} H(\omega) e^{j\omega t} d\omega \quad (4\text{-}4\text{-}10)$$

在 $t = kT_s$ 时,有

$$h(kT_s) = \frac{1}{2\pi} \int_{-\infty}^{+\infty} H(\omega) e^{j\omega kT_s} d\omega \quad (4\text{-}4\text{-}11)$$

把式(4-4-11)的积分区间用分段积分代替,每段长为 $2\pi/T_s$,则上式可写成

$$h(kT_s) = \sum_i \frac{1}{2\pi} \int_{(2i-1)\pi/T_s}^{(2i+1)\pi/T_s} H(\omega) e^{j\omega kT_s} d\omega \quad (4\text{-}4\text{-}12)$$

作变量代换:令 $\omega' = \omega - 2i\pi/T_s$,则有 $d\omega' = d\omega, \omega = \omega' + 2i\pi/T_s$。且当 $\omega = (2i \pm 1)\pi/T_s$ 时,$\omega' = \pm\pi/T_s$ 于是

$$\begin{aligned} h(kT_s) &= \sum_i \frac{1}{2\pi} \int_{-\pi/T_s}^{\pi/T_s} H\left(\omega' + \frac{2i\pi}{T_s}\right) e^{j\omega' kT_s} e^{j2\pi ik} d\omega' \\ &= \frac{1}{2\pi} \sum_i \int_{-\pi/T_s}^{\pi/T_s} H\left(\omega' + \frac{2i\pi}{T_s}\right) e^{j\omega' kT_s} d\omega' \end{aligned} \quad (4\text{-}4\text{-}13)$$

当式(4-4-13)式之和一致收敛时,求和与积分的次序可以互换,于是有

$$h(kT_s) = \frac{1}{2\pi} \int_{-\pi/T_s}^{\pi/T_s} \sum_i H\left(\omega + \frac{2i\pi}{T_s}\right) e^{j\omega kT_s} d\omega \qquad (4-4-14)$$

由傅里叶级数可知,若 $F(\omega)$ 是周期为 $2\pi/T_s$ 的频率函数,则

$$F(\omega) = \sum_n f_n e^{-jn\omega T_s} \qquad (4-4-15)$$

$$f_n = \frac{T_s}{2\pi} \int_{-\pi/T_s}^{\pi/T_s} F(\omega) e^{jn\omega T_s} d\omega \qquad (4-4-16)$$

将式(4-4-16)与上面式(4-4-14)的 $h(kT_s)$ 式对照,可以发现 $h(kT_s)$ 就是 $\frac{1}{T_s} \sum_i H\left(\omega + \frac{2i\pi}{T_s}\right)$ 的指数型傅里叶级数的系数,因而有

$$\frac{1}{T_s} \sum_i H\left(\omega + \frac{2i\pi}{T_s}\right) = \sum_k h(kT_s) e^{-j\omega kT_s} \qquad |\omega| \leqslant \frac{\pi}{T_s} \qquad (4-4-17)$$

将无码间串扰时域条件代入上式,便可得到无码间串扰时,基带传输特性应满足的频域条件为:

$$\frac{1}{T_s} \sum_i H\left(\omega + \frac{2i\pi}{T_s}\right) = 1 \qquad |\omega| \leqslant \frac{\pi}{T_s} \qquad (4-4-18)$$

或者写成

$$\sum_i H\left(\omega + \frac{2i\pi}{T_s}\right) = T_s \qquad |\omega| \leqslant \frac{\pi}{T_s} \qquad (4-4-19)$$

该条件式(4-4-19)称为奈奎斯特第一准则。

奈奎斯特第一准则的物理意义如图 4-21 所示。将 $H(\omega)$ 在 ω 轴上平移 $2\pi i/T_s$ ($i = 0$, ± 1, ± 2, …)后再相加,若 $H(\omega)$ 平移相加后在区间 $[-\pi/T_s, \pi/T_s]$ 内得到的值为某一个常数(其值不必一定是 T_s),则这样的基带传输系统可以完全消除码间串扰。

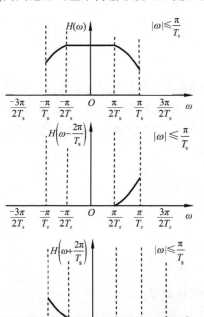
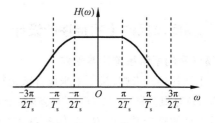
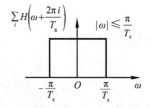

图 4-21　奈奎斯特第一准则的物理意义

📖式(4-4-19)是在码元速率为$1/T_s$的条件下给出的无码间串扰的频域条件,第一准则更一般的形式表示为:设码元的传输速率为R_B,则码元间隔为$1/R_B$,将$H(\omega)$在ω轴上平移$2\pi i R_B(i=0,\pm1,\pm2,\cdots)$后再相加,$H(\omega)$平移相加后在区间$[-\pi R_B,\pi R_B]$内得到的值为某一个常数,则这样的基带传输系统可以完全消除码间串扰。即式(4-4-19)变为更一般的形式:$\sum_i H(\omega+2i\pi R_B)=T_s,|\omega|\leqslant\pi R_B$。

　　利用无码间串扰的时域和频域条件,若已知码元传输速率和系统传输函数,则可以判断系统有无码间串扰;若已知系统传输函数,可求系统最大无码间串扰的传输速率和可能的无码间串扰传输速率。

　　【例4-8】设某基带传输系统具有图4-22所示的三角形传输函数,当$R_B=\omega_0/\pi$时,用奈奎斯特准则验证该系统能否实现无码间串扰传输?

　　解　因$R_B=\omega_0/\pi$,则在ω轴上平移大小为$2\pi R_B=2\omega_0$,平移后相加,若在基本区间$[-\pi R_B,\pi R_B]=[-\omega_0,\omega_0]$为一常数,则满足无码间串扰。平移后如图4-23所示。所以在$|\omega|\leqslant\omega_0$范围内$H(\omega)$不为常数,故系统有码间串扰。

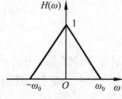

图4-22　三角形传输函数

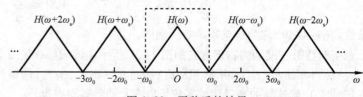

图4-23　平移后的结果

4.4.3　无码间串扰的传输特性的设计

1. 带宽最窄的基带系统传输函数

　　有了奈奎斯特第一准则,接下来来设计或选择满足此准则的基带传输系统。满足奈奎斯特第一准则的$H(\omega)$有很多种。当数字基带传输系统码元速率$R_B=1/T_s$时,满足式(4-4-19)中无码间串扰传输条件的频带最窄的$H(\omega)$如图4-24(a)所示,其冲激响应$h(t)$如图4-24(b)所示,即带宽最窄的基带系统传输函数$H(\omega)$为理想低通型,有

$$H(\omega)=\begin{cases}T_s, & |\omega|\leqslant\dfrac{\pi}{T_s}\\[2mm]0, & |\omega|>\dfrac{\pi}{T_s}\end{cases}\tag{4-4-20}$$

它的冲激响应为

$$h(t)=\frac{\sin\dfrac{\pi}{T_s}t}{\dfrac{\pi}{T_s}t}=\mathrm{Sa}(\pi t/T_s)\tag{4-4-21}$$

　　由图4-24可见,$h(t)$在$t=\pm kT_s(k\neq0)$时有周期性零点,当发送序列的时间间隔为T_s时,正好巧妙地利用了这些零点。只要接收端在$t=kT_s$时间点上抽样,就能实现无码间串扰。由理想低通特性还可以看出,输入序列若以$1/T_s$波特的速率进行传输时,所需的最小传输带宽为

$$B = 1/(2T_s) \quad (\text{Hz}) \tag{4-4-22}$$

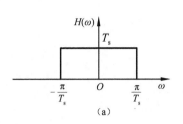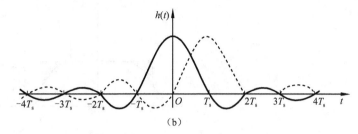

图 4-24　理想低通传输特性

此基带系统所能提供的最高频带利用率为

$$\eta_B = \frac{R_B}{B} = 2 \ (\text{Bd/Hz}) \tag{4-4-23}$$

这是数字基带传输的最高频带利用率(理论极限值)。在码元传输速率为 $1/T_s$ 时,基带系统能够实现无码间串扰传输所需的最小带宽 $B = 1/(2T_s)$ 称为奈奎斯特带宽。该系统无码间串扰的最高传输速率 $R_B = 1/T_s$ 称为奈奎斯特速率。若输入数据以 $R_B = 1/T_s$ 波特的速率进行传输,则在抽样时刻上不存在码间串扰。若以高于 $1/T_s$ 波特的码元速率传送时,将存在码间串扰。

从讨论的结果看,理想低通基带传输系统具有最高的频带利用率,但这样理想基带传输系统实际并未得到应用。其原因是因为存在两个问题:一是理想矩形特性的物理实现极为困难;二是理想的冲激响应 $h(t)$ 的"尾巴"振荡幅度较大、衰减很慢,当定时存在偏差时,可能出现严重的码间串扰。考虑到实际的系统总是存在一定的定时误差,所以一般不采用理想低通滤波器,而是采用一种称为"升余弦滚降"的滤波器。这种滤波器的"尾巴"衰减比较快,对于减小码间串扰和降低对定时的要求都有利。

【例 4-9】设基带传输系统的发送滤波器、信道和接收滤波器的总传输特性 $H(f)$ 如图 4-25 所示,其中 $f_1 = 1$ MHz,$f_2 = 3$ MHz。试确定该系统无码间串扰传输时的最高码元速率和频带利用率。

解　由图 4-26 可见,当 $f_s = f_1 + f_2$ 时,$\sum_{n=-\infty}^{+\infty} H(f - nf_s) = 1$,且不存在更大的 f_s 使得 $\sum_{n=-\infty}^{+\infty} H(f - nf_s)$ 为常数,因此该系统无码间串扰传输时的最高码元速率是:$R_B = f_1 + f_2 = 4 \ (\text{Md})$。对应的频带利用率是:$\eta_B = R_B/B = R_B/f_2 = 4/3 \ (\text{Bd/Hz})$

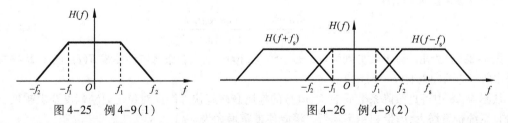

图 4-25　例 4-9(1)　　　　　　图 4-26　例 4-9(2)

2. 具有滚降特性的基带系统传输函数

理想冲激响应 $h(t)$ 的尾巴衰减慢的原因是系统的频率截止特性过于陡峭,为了便于实现,减小系统对定时误差的敏感度,数字基带传输系统通常采用具有滚降特性的 $H(\omega)$,改垂直截止为平缓过渡。如图 4-27 所示。图中 f_N 称为奈奎斯特等效带宽,$f_\triangle$ 为超出奈奎斯特等效带宽的扩展量。由图 4-27 可见,只要 $H(f)$ 在滚降段中心频率处(与奈奎斯特等效带宽相对应)呈奇对称的振幅特性,就必然可以满足奈奎斯特第一准则,从而实现无码间串扰传输。

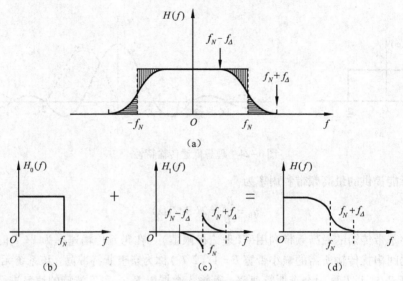

图 4-27　奇对称的滚降特性

常用滚降系数 α 表征 $H(f)$ 的滚降特性,该系数定义为

$$\alpha = f_\Delta/f_N \tag{4-4-24}$$

由图 4-27 可知,$H(f)$ 的奈奎斯特等效带宽为 f_N,故无码间串扰的最高传输速率为 $R_B = 2f_N$,系统带宽 $B = (1+\alpha)f_N$,系统的频带利用率为

$$\eta = \frac{R_B}{B} = \frac{2}{1+\alpha} \quad (\text{Bd/Hz}) \tag{4-4-25}$$

滚降系数为 α 的具有余弦特性滚降的传输函数可表示为

$$H(\omega) = \begin{cases} T_s, & \text{当}\, 0 \leqslant |\omega| < \dfrac{(1-\alpha)\pi}{T_s} \\[2mm] \dfrac{T_s}{2}\Big[1 + \sin\dfrac{T_s}{2\alpha}\Big(\dfrac{\pi}{T_s} - \omega\Big)\Big] & \text{当}\, \dfrac{(1-\alpha)\pi}{T_s} \leqslant |\omega| < \dfrac{(1+\alpha)\pi}{T_s} \\[2mm] 0 & \text{当}\, |\omega| \geqslant \dfrac{(1+\alpha)\pi}{T_s} \end{cases} \tag{4-4-26}$$

相应冲激响应 $h(t)$ 为

$$h(t) = \frac{\sin \pi t/T_s}{\pi t/T_s} \cdot \frac{\cos \alpha\pi t/T_s}{1 - 4\alpha^2 t^2/T_s^2} \tag{4-4-27}$$

图 4-28(a)给出滚降系数分别为 0、50%、75% 和 100% 的余弦滚降特性曲线 $H(f)$,图 4-28(b)所示给出所对应的冲激响应 $h(t)$ 波形。

从图 4-28 中可见滚降系数 α 越大,$h(t)$ 的拖尾衰减越快。因此对位定时精确度要求越低,但代价是系统带宽增大,频带利用率降低。滚降使带宽增大为

$$B = f_\Delta + f_N = (1+\alpha)f_N \tag{4-4-28}$$

当 $\alpha = 0$ 时,即为前面所述的理想低通系统;当 $\alpha = 1$ 时,从零点开始滚降即为升余弦频谱特性,$\alpha = 0$ 时占用的信道带宽最小,频带利用率最高,但"尾巴"振荡幅度最大,衰减最慢;$\alpha = 1$ 时占用的信道带宽最大,频带利用率最低,但"尾巴"振荡幅度最小,衰减最快。$\alpha = 1$ 时 $H(\omega)$ 可表示为

通信原理

$$H(\omega) = \begin{cases} \dfrac{T_s}{2}\left(1 + \cos\dfrac{\omega T_s}{2}\right) & \text{当 } |\omega| \leqslant \dfrac{2\pi}{T_s} \\[2mm] 0 & \text{当 } |\omega| > \dfrac{2\pi}{T_s} \end{cases} \tag{4-4-29}$$

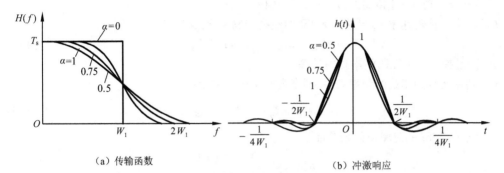

（a）传输函数　　　　　　　　　　（b）冲激响应

图 4-28　余弦滚降特性示例

其单位冲激响应为

$$h(t) = \frac{\sin(\pi t/T_s)}{\pi t/T_s} \cdot \frac{\cos(\pi t/T_s)}{1 - 4t^2/T_s^2} \tag{4-4-30}$$

由式(4-4-30)和图 4-28 可知,$\alpha = 1$ 的升余弦滚降特性的 $h(t)$ 满足抽样值上无串扰的传输条件,且各抽样值之间又增加了一个零点,而且它的尾部衰减较快(与 t^3 成反比),这有利于减小码间串扰和位定时误差的影响。但这种系统所占频带最宽,是理想低通系统的 2 倍,因而频带利用率为 1 Bd/Hz,是二进制基带系统最高利用率的一半。但这种系统的确是一种满足无码间串扰条件的可实现的系统。

【例 4-10】已知基带传输系统总特性具有如图 4-29 所示的余弦滚降特性。

(1)试求该系统无 ISI 的最高码速率和频带利用率。

(2)若分别以 $\dfrac{2T}{3}$,$\dfrac{1}{2}T$,$\dfrac{1}{T}$,$\dfrac{3}{T}$ 的速率传输数据,哪些速率可以消除码间串扰?

解　(1)无 ISI 的最高传码率为

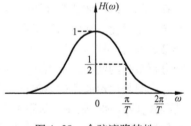

图 4-29　余弦滚降特性

$$R_{\max} = 2f_N = 2 \times \frac{1}{2T} = \frac{1}{T}(\text{B})$$

系统带宽为 $B = 1/T$ (Hz),故最高频带利用率为 $\eta = R_B/B = 1$(B/Hz)

(2)当实际传输速率 R_B 与系统无 ISI 的最高传码率 $R_{\max}$ 满足以下关系

$$R_{\max} = nR_B \qquad n = 1,2,3,\cdots$$

时,可实现无 ISI 传输,因此 $\dfrac{1}{2}T$,$\dfrac{1}{T}$,速率可以,$\dfrac{2}{3}T$,$\dfrac{3}{T}$ 速率不可以。

📖 无 ISI 的最高传码率的求法

(1)由给定的基带传输特性 $H(\omega)$ 可得等效成最宽的矩形门(即理想低通滤波器),则系统无 ISI 的最高传码率 $R_{\max}$ = 双边谱的门宽值

(2)由 $H(\omega)$ 找出滚降段的中心频率,即奈奎斯特等效带宽 f_N,则系统无码间串扰的最高传码率 $R_{\max} = 2f_N$.

若实际码速率 R_B 高于 R_{max} 则会产生码间串扰,若实际码速率 R_B 低于 R_{max},且 R_{max}/R_B 为正整数,则无码间串扰,否则有码间串扰,这是根据系统频率特性 $H(f)$ 分析码间串扰特性的一个简单的方法。

总结起来实现无 ISI 传输的方法有以下几种:

(1)当实际传输速率 R_B 与系统无 ISI 的最高传码率 R_{max} 满足以下关系

$$R_{max} = nR_B \qquad n = 1, 2, 3, \cdots \tag{4-4-31}$$

时,满足抽样点上无码间串扰的条件。

(2)利用无码间串扰的频率条件,即奈奎斯特第一准则:

$$\sum_i H(\omega + 2i\pi R_B) = T_s, \qquad |\omega| \leqslant \pi R_B \tag{4-4-32}$$

(3)利用无 ISI 的时域条件来验证。

$$h(kT_s) = \begin{cases} 1 & \text{当 } k=0 \\ 0 & \text{其他} \end{cases}$$

📖奈奎特第一准则的应用:可以进行基带系统设计与传输参数分析。如在传输速率给定的条件下,基带系统的传输函数的选择。或者在给定传输函数的条件下,可以判断一种传输速率是否存在码间串扰;可以求得系统的最大无码间串扰传输速率;可以求得系统的最高频带利用率。

4.5 眼　　图

从理论上讲,只要基带传输总特性 $H(\omega)$ 满足奈奎斯特第一准则,就可实现无码间串扰传输。但在实际中因滤波器部件调试不理想或信道特性的变化等因素,都可能使 $H(\omega)$ 特性改变,从而使系统性能恶化。在码间串扰和噪声同时存在的情况下要对基带系统的性能进行严格的定量分析非常困难,就是想要得到一个近似的结果也是非常烦琐的。因此在实际中常采用实验的方法定性地分析系统的性能。眼图就是一种用实验手段估计系统性能的一种方法。

眼图是用示波器的余晖累积叠加显示串行基带信号的波形,由于显示的图形形状看起来和眼睛很像,因此称为眼图。从眼图上可以简单、直观地观察出码间串扰和噪声的影响,从而估计系统性能的优劣程度。也可以根据眼图对接收滤波器的特性加以调整,以减小码间串扰和改善系统传输性能。

观察眼图的具体的做法是:用一个示波器连接在接收滤波器的输出端,然后调整示波器水平扫描周期,使示波器水平扫描周期与接收序列的码元周期同步(为 T_s 或 T_s 的整数倍),并适当调整相位,使波形的中心对准取样时刻。由于示波器的余晖作用,各个码元的波形叠加在一起。

我们可以通过图 4-30 和图 4-31 来了解眼图形成原理。为了便于理解,这里先不考虑噪声的影响。如果接收滤波器输出如图 4-30(a)所示的无码间串扰的双极性基带波形,用示波器观察,当示波器扫描周期调整到码元周期 T_s 时,由于示波器的余晖作用,扫描所得的每一个码元波形将重叠在一起,形成图 4-30(b)所示的迹线细而清晰的大"眼睛";当接收滤波器输出如图 4-31(a)所示的存在码间串扰的双极性基带波形时,示波器的扫描迹线就不完全重合,于是形成的眼图迹线杂乱,"眼睛"张开得较小,且眼图不端正,如图 4-31(b)所示。可见眼图的"眼睛"张开得越大,且眼图越端正,表示码间串扰越小,反之,表示码间串扰越大。

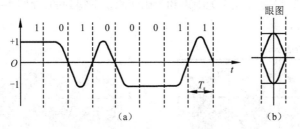

图 4-30 无码间串扰的双极性基带波形眼图

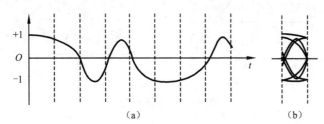

图 4-31 有码间串扰的双极性基带波形眼图

当存在噪声时,噪声将叠加在信号上,眼图的迹线更模糊不清。噪声越大,线条越宽,越模糊,"眼睛"张开得越小。

眼图能直观地表明码间串扰和噪声的影响,能评价一个数字基带传输系统的性能优劣。为了说明眼图和系统性能之间的关系,我们把眼图简化为一个模型,如图 4-32 所示。

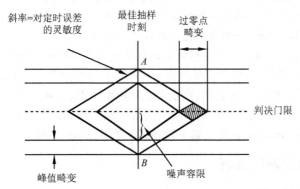

图 4-32 眼图的模型

根据图 4-32 所示的眼图模型,可以获取以下信息:(1)最佳抽样时刻应是"眼睛"张开最大的时刻。(2)眼图斜边的斜率决定了系统对抽样定时误差的灵敏程度;斜率越大对定位时误差越敏感。(3)图的阴影区的垂直高度表示信号的畸变范围,高度越大,越容易造成误判。(4)图中央的横轴位置对应于判决门限电平。(5)抽样时刻上,上下两阴影区的间隔距离之半为噪声的容限,噪声瞬时值超过它就可能发生错误判决。(6)图中倾斜阴影带与横轴相交的区间表示了接收波形零点位置的变化范围,即过零点畸变,它对于利用信号零交点的平均位置来提取定时信息的接收系统有很大影响。

在接收二进制波形时,在一个码元周期 T_s 内只能看到一只眼睛,若接收的是 M 进制波形,则在一个码元周期内可以看到纵向显示的 $M-1$ 只眼睛。若扫描周期为 nT_s 时,则可以看到并排 n 只眼睛。

图 4-33(a)和(b)分别是四进制升余弦频谱信号在示波器上显示的纵向 $M-1=3$ 只眼睛和

并排 4 只眼睛。图 4-33(a)是在几乎无噪声和无码间串扰下得到的,而图 4-33(b)则是在一定噪声和码间串扰下得到的。

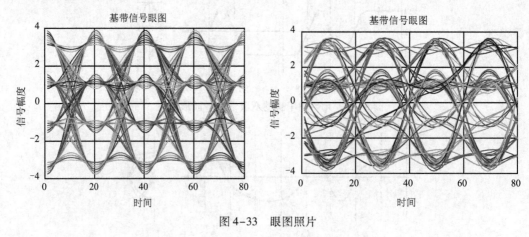

图 4-33　眼图照片

4.6　部分响应系统

前面已经讲过,理想低通滤波器能够实现无码间串扰传输,同时频带利用率最高,达到 2 B/Hz。但是理想低通滤波器有不易实现和"尾巴"振荡幅度较大两个问题。升余弦滚降系统虽然克服了理想低通系统的缺点,但系统的频带利用率却下降了。那么能否找频带利用率可达 2 B/Hz,可以消除码间串扰并且"尾巴"衰减快的传输特性的系统呢?

奈奎斯特另一准则告诉我们:利用相关编码有控制地在某些码元的抽样时刻引入码间串扰,并在接收端判决前加以消除,就能使系统频带利用率提高并达到理论上的最大值且物理上实现容易,同时又可以加快"拖尾"的衰减速度,降低对定时精度的要求,通常把这种波形称为部分响应波形。利用这种波形进行传送的基带传输系统称为部分响应系统。不过这些优点是以牺牲可靠性为代价的,目前常用的部分响应系统是第Ⅰ类和第Ⅳ类部分响应系统。

4.6.1　第Ⅰ类部分响应系统

1. 第Ⅰ类部分响应波形

部分响应波形的实现方法是利用奈奎斯特脉冲 $\mathrm{Sa}(\pi t/T_s)$ 的延时加权组合来得到的。如果让两个时间上相隔一个码元间隔 T_s 的 $\mathrm{Sa}(\pi t/T_s)$ 的波形相加,如图 4-34(a)所示,则由于两个波形(虚线所示)的"拖尾"正、负相反,相互抵消,从而使合成的波形的"尾巴"衰减加快。这种部分响应系统称为第一类部分响应系统。

其合成波形 $g(t)$ 为

$$g(t) = \frac{\sin \dfrac{\pi}{T_s}\left(t + \dfrac{T_s}{2}\right)}{\dfrac{\pi}{T_s}\left(t + \dfrac{T_s}{2}\right)} + \frac{\sin \dfrac{\pi}{T_s}\left(t - \dfrac{T_s}{2}\right)}{\dfrac{\pi}{T_s}\left(t - \dfrac{T_s}{2}\right)} \tag{4-6-1}$$

经简化后得

$$g(t) = \frac{4}{\pi}\left(\frac{\cos \pi t/T_s}{1 - 4t^2/T_s^2}\right) \tag{4-6-2}$$

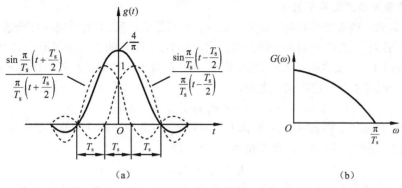

图 4-34　部分响应波形及频谱

由此可见,$g(t)$的"尾巴"的幅度随 t 按 $1/t^2$ 变化,即 $g(t)$ 的尾巴幅度与 t^2 成反比,这说明它比 $h(t) = \mathrm{Sa}(\pi t / T_\mathrm{s})$ 收敛快,"拖尾"衰减也大,这是因为相距一个码元的奈奎斯特脉冲的振荡正负相反且互相抵消。对 $g(t)$ 进行傅里叶变换,求得其频谱函数

$$G(\omega) = \begin{cases} 2T_\mathrm{s}\cos\dfrac{\omega T_\mathrm{s}}{2} & \text{当}\ |\omega| \leqslant \dfrac{\pi}{T_\mathrm{s}} \\[2mm] 0 & \text{当}\ |\omega| > \dfrac{2\pi}{T_\mathrm{s}} \end{cases} \tag{4-6-3}$$

显而易见,$G(\omega)$ 是具有余弦滚降的余弦谱特性的,如图 4-34(b)所示(图中只画出正频率部分),可见其频谱宽度仍限制在($-\pi/T_\mathrm{s}$,π/T_s)。

若用 $g(t)$ 作为传送波形,且传送码元的间隔为 T_s,则在抽样时刻上会发生串扰,由于

$$g(t) = \frac{4}{\pi}\left(\frac{\cos \pi t/T_\mathrm{s}}{1 - 4t^2/T_\mathrm{s}^2}\right) \Rightarrow \begin{cases} g(0) = 4/\pi \\ g(\pm T_\mathrm{s}/2) = 1 \\ g(kT_\mathrm{s}/2) = 0, k = \pm 3, \pm 5, \cdots \end{cases} \tag{4-6-4}$$

由式(4-6-4)可知,$g(kT_\mathrm{s}/2)$ 当前码元的样值时刻($k=1$)的值只受到前一码元($k=-1$)的相同幅度样值的串扰,但与其他码元间不发生串扰,如图 4-35 所示。1)从表面上看,此系统似乎无法传送速率为 $R_\mathrm{B} = 1/T_\mathrm{s}$ 数字信号。但是由于这种串扰是确定的,其影响可以消除,使系统成为无码间串扰的系统,这就是可控码间串扰。故此系统仍能以奈奎斯特速率 $R_\mathrm{B} = 1/T_\mathrm{s}$ 速率传送数字信号。(2)由图 4-34(b)可知带宽为 $B = 1/(2T_\mathrm{s})$(Hz),与理想矩形滤波器的相同。因此频带利用率为 $\eta = R_\mathrm{B}/B = \dfrac{1/T_\mathrm{s}}{1/(2T_\mathrm{s})} = 2$ (Bd/Hz),达到了理想基带系统的理论极限值。(3)改变了陡峭的截止的频谱特性,图 4-34(b)所示,物理上更容易实现,而且的"尾巴"衰减大(拖尾幅度与 t^2 成反比),收敛也快。

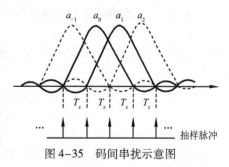

图 4-35　码间串扰示意图

所以部分响应系统通过有控制地在某些码元的抽样时刻引入码间串扰,而在其余码元的抽样时刻无码间串扰,就能使频带利用率提高到理论上的最大值,同时又可以降低对定时精度的要求(部分响应解决了波形振荡衰减慢的问题),但是,它是以码元抽样时刻出现一个与前一发送码元抽样值相同幅度的串扰作为代价的。

2. 部分响应系统的误码扩散

由于当前码元的样值要受到前一码元的相同幅度样值的串扰,因此系统可能会造成误码的扩散,即前一码元若判错,会影响后几个码元的判决。例如,设输入的二进制码元序列为 a_k,并设 a_k 的取值为 +1 和 -1。当发送码元 a_k 时,接收波形 $g(t)$ 在第 k 个时刻上获得的样值 c_k 应是 a_k 与前一码元在第 k 个时刻上留下的串扰值之和,即

$$c_k = a_k + a_{k-1} \tag{4-6-5}$$

由于串扰值和信码抽样值幅度相等,因此 c_k 将可能有 $-2,0,2$ 三种取值。如果 a_{k-1} 已经判定,则接收端可根据收到的 c_k 减去 a_{k-1} 便可得到 a_k 的值,即

$$a_k = c_k - a_{k-1} \tag{4-6-6}$$

这样的接收方式存在一个问题是,因为 a_k 的恢复不仅仅由 c_k 确定,还与前一码元 a_{k-1} 的判决结果有关,如果 $\{c_k\}$ 序列中某个抽样值因干扰而发生差错,则不但会造成当前的 a_k,而且还可能会影响到以后所有的 a_{k+1},a_{k+2},$\cdots$ 正确判断,我们把这种现象称为误码扩散。

【例 4-11】设输入信码为 11100101100,即

输入信码	1	1	1	0	0	1	0	1	1	0	0
发送端 a_k	1	1	1	-1	-1	1	-1	1	1	-1	-1
发送端 c_k		2	2	0	-2	0	0	0	2	0	-2
接收端 c_k'		2	2	0	-2	0	<u>2</u>	0	2	0	-2
接收端 a_k'	1	1	1	-1	-1	1	<u>+1</u>	<u>-1</u>	<u>+3</u>	<u>-3</u>	<u>+1</u>
二进制数	1	1	1	0	0	1	<u>1</u>	0	<u>1</u>	0	<u>1</u>

由以上可见,由于信道不理想或噪声的干扰等因素的影响在第 7 个码元的位置出现了误码,发送端 $c_k=0$,到了接收端判决为 2,而且这一误码影响了需要恢复的第 7 个二进制码元后面的码元的正确判定,即引起了误码的扩散。

3. 误码扩散的克服措施

解决误码扩散的实用方法是在发送端相关编码之前先对输入码进行预编码。

(1)预编码:预编码就是将绝对码 a_k 变成相对码 b_k,其规则为

$$b_k = a_k \oplus b_{k-1} \tag{4-6-7}$$

式中,$\oplus$ 表示模 2 运算。预编码的物理意义在于对预编码后的部分响应信号各抽样值之间解除了相关性

(2)相关编码:把 b_k 当作发送滤波器的输入码元序列,则此时对应式(4-6-5),其规则为

$$c_k = b_k + b_{k-1} (算术加) \tag{4-6-8}$$

通常把式 $c_k = b_k + b_{k-1}$(或 $c_k = a_k + a_{k-1}$)称为相关编码。

(3)模 2 判:对接收端 c_k 进行模 2 处理就可以恢复出 a_k,即

$$[c_k]_{\text{mod}2} = [b_k + b_{k-1}]_{\text{mod}2} = b_k \oplus b_{k-1} = a_k \tag{4-6-9}$$

或者

$$a_k = [c_k]_{\text{mod}2} \tag{4-6-10}$$

式(4-6-10)说明,对接收到的 c_k 作模 2 处理后直接得到发送端的 a_k,此时不需要知道 a_{k-1} 的值,即 a_k 与 a_{k-1} 无关,也不存在误码扩散问题。这是因为预编码解除了码元间的相关性。因此,整个上述过程可概括为"预编码—相关编码—模 2 判决"。

注意

以上 a_k 和 b_k 的进制数 $L=2$,若 $L>2$,则需将"模 2 加"改为"模 L 加","模 2 判决"改为"模 L 判决"。

上面讨论的第 I 类部分响应波形,其"预编码—相关编码—模 2 判决"的系统组成框图如图 4-36 所示。

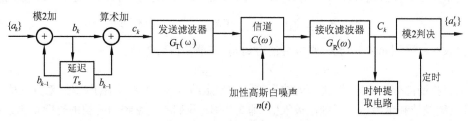

图 4-36 第 I 类部分响应系统

如图 4-36 中相关编码的作用是为了形成预期的响应波形和频谱结构,使系统的频带利用率达到 2B/Hz,且系统时间响应衰减快,降低对定时精度的要求。

相关编码过程中人为地引入了码间串扰,使当前码元只对下一个码元产生码间串扰,这一有规律的码间串扰可以通过预编码和模 2 判决来消除。

预编码的作用是为了避免因相关编码而引起的"差错传播"现象,先将输入信码 a_k 转换成相对码 b_k。

4.6.2 部分响应系统的一般形式

将第一类部分响应的方法推广到一般的部分响应系统,即利用多个 $\mathrm{Sa}(\pi t/T_s)$ 的脉冲延迟并加权叠加的方法,可得到部分响应系统的一般形式为

$$g(t) = R_1 \frac{\sin \frac{\pi}{T_s} t}{\frac{\pi}{T_s} t} + R_2 \frac{\sin \frac{\pi}{T_s}(t - T_s)}{\frac{\pi}{T_s}(t - T_s)} + \cdots + R_N \frac{\sin \frac{\pi}{T_s}[t - (N-1)T_s]}{\frac{\pi}{T_s}[t - (N-1)T_s]} \qquad (4-6-11)$$

式中,R_1,R_2,$\cdots$,R_N 为加权系数,其取值为正、负整数及零。例如,当取 $R_1=1$,$R_2=1$,其余系数均为零时,就是前面所讨论的第 I 类部分响应波形。对应式(4-6-11)所示部分响应波形的频谱函数为

$$G(\omega) = \begin{cases} T_s \sum_{m=1}^{N} R_m \mathrm{e}^{-\mathrm{j}\omega(m-1)T_s} & \text{当} |\omega| \leqslant \dfrac{\pi}{T_s} \\ 0 & \text{当} |\omega| > \dfrac{\pi}{T_s} \end{cases} \qquad (4-6-12)$$

显然,$G(\omega)$ 在 $(-\pi/T_s, \pi/T_s)$ 之内有非零值。表 4-2 中列出了常用的五类部分响应系统。为了便于比较,这里将理想低通型基带传输系统也画出来了,并称其为 0 类。实际中最广泛应用的是第 I 类和 IV 类。

对一般部分响应波形同样存在误码扩散的问题,设发送序列为 a_k 则在接收端的 c_k 应为

$$c_k = R_1 a_k + R_2 a_{k-1} + \ldots + R_N a_{k-(n-1)} \qquad (4-6-13)$$

可见接收到的信号不仅与 a_k 有关,而且与前 $N-1$ 个码元有关,这也就是相关编码。由上式得

a_k 为

$$a_k = \frac{1}{R_1}\left(c_k - \sum_{i=1}^{N-1} R_{i+1}a_{k-i}\right) \tag{4-6-14}$$

显然,接收端仍会出现误码扩散的现象,为消除这种现象,也应采取预编码的方法。设输入序列为 a_k,预编码后变为 b_k:

$$a_k = \left[R_1 b_k + R_2 b_{k-1} + \ldots + R_N b_{k-(N-1)}\right]_{\mathrm{mod}\,L} \tag{4-6-15}$$

上式采用模 L 加法运算。式中 a_k、b_k 为 L 进制。然后对预编码后的 $\{b_k\}$ 进行相关编码,得

$$c_k = R_1 b_k + R_2 b_{k-1} + \ldots + R_N b_{k-(N-1)} \text{(算术加)} \tag{4-6-16}$$

在接收端 c_k 采用 mod L 判决,则可直接得到 a_k,并消除误码扩散。

$$a_k = \left[c_k\right]_{\mathrm{mod}\,L} \tag{4-6-17}$$

以上分析的部分响应系统,传输的波形除了对预定的 $N-1$ 个码元有干扰外,对其他码元无串扰,而且系统频带利用率达到了理论极限值,即 2 B/Hz,我们称此系统为可控的码间串扰系统。

从表 4-2 中看出,各类部分响应波形的频谱均不超过理想低通的频带宽度 $B = \dfrac{1}{2}T_s$,但它们的频谱结构和对邻近码元抽样时刻的串扰不同。

表 4-2　部分响应信号

类别	R_1	R_2	R_3	R_4	R_5	$g(t)$	$\mid G(\omega)\mid,\mid\omega\mid\leqslant\dfrac{\pi}{T_s}$	二进输入时 C_r 的电平数
0	1					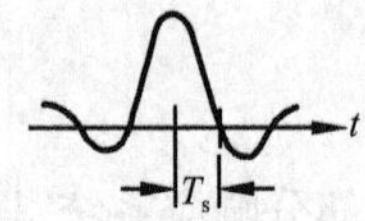	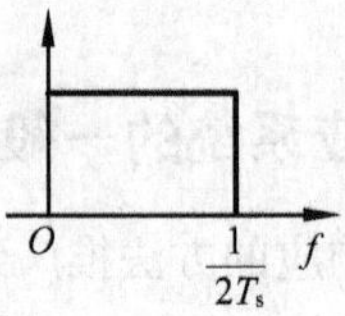	2
I	1	1				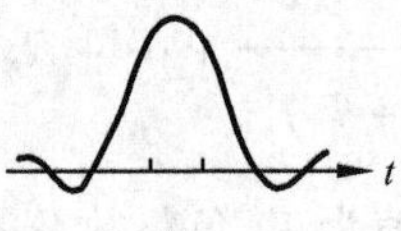	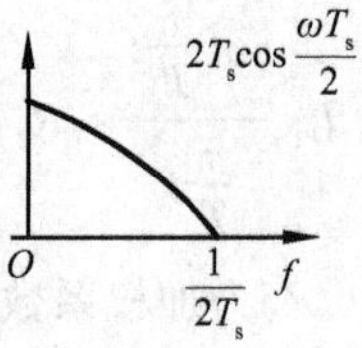 $2T_s\cos\dfrac{\omega T_s}{2}$	3
II	1	2	1			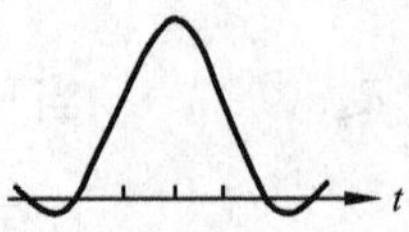	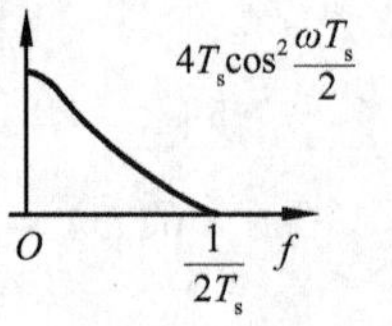 $4T_s\cos^2\dfrac{\omega T_s}{2}$	5
III	2	1	-1			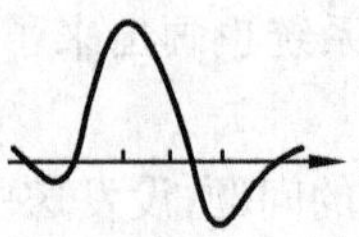	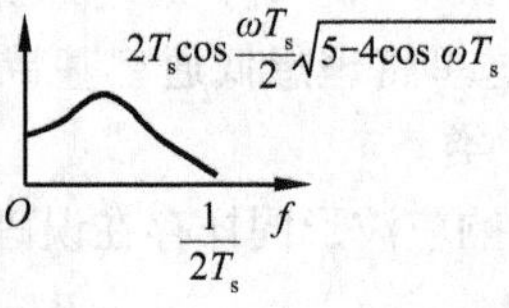 $2T_s\cos\dfrac{\omega T_s}{2}\sqrt{5-4\cos\omega T_s}$	5

类别	R_1	R_2	R_3	R_4	R_5	$g(t)$	$\lvert G(\omega)\rvert,\ \lvert\omega\rvert\leqslant\dfrac{\pi}{T_s}$	二进输入时 C_R 的电平数
Ⅳ	1	0	-1				$2T_s\sin\omega T_s$ $O\quad\dfrac{1}{2T_s}\ f$	3
Ⅴ	-1	0	2	0	-1		$4T_s\sin^2\omega T_s$ $O\quad\dfrac{1}{2T_s}\ f$	5

目前应用较多的是第Ⅰ类和第Ⅳ类。第Ⅰ类频谱主要集中在低频段,适于信道频带高频严重受限的场合。第Ⅳ类无直流分量,且低频分量小,便于边带滤波,实现单边带调制,因而在实际应用中,第Ⅳ类部分响应应用得最为广泛。

此外,以上两类的抽样值电平数比其他类别的少,这也是它们得以广泛应用的原因之一,当输入为 L 进制信号时,经部分响应传输系统得到的第Ⅰ、Ⅳ类部分响应信号的电平数为 $2L-1$。综上所述,采用部分响应系统的优点是,能实现 2 Bd/Hz 的频带利用率,且传输波形的"尾巴"衰减大和收敛快。部分响应系统的缺点是:当输入数据为 L 进制时,部分响应波形的相关编码电平数要超过 L 个,使得部分响应系统的抗噪声性能变差。

【例4-12】由表 4-2 可得到Ⅳ类部分响应系统的响应波形,$R_1=1,R_3=-1$。可得到当前码元只对后面第二个码元产生码间串扰,当 $L=2$ 时,预编码公式为

$$b_k = a_k \oplus b_{k-2} \tag{4-6-18}$$

相关编码公式为

$$c_k = b_k - b_{k-2}（算术加） \tag{4-6-19}$$

接收端对 c_k 进行模 2 判决时有

$$[c_k]_{\mathrm{mod}\,2} = [b_k - b_{k-2}]_{\mathrm{mod}\,2} = b_k \oplus b_{k-2} = a_k \tag{4-6-20}$$

第Ⅳ类部分响应系统组成框图如图 4-37 所示。

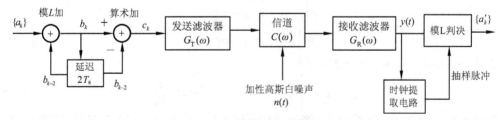

图 4-37 第Ⅳ类部分响应系统组成框图

4.7 均 衡 技 术

在信道特性 $C(\omega)$ 确知条件下,在理论上人们可以精心设计接收和发送滤波器以达到消除码间串扰和尽量减小噪声影响的目的。但在实际通信时总不可避免会存在码间串扰的影响。为了

减小 ISI 的影响,通常需要在基带系统中插入一种可调(或不可调)滤波器可以校正或补偿系统特性,减小码间串扰的影响,以改善系统性能,这种起补偿作用的滤波器称为均衡器。

均衡可分为频域均衡和时域均衡。所谓频域均衡,是从校正系统的频率特性出发,使包括均衡器在内的基带系统的总特性满足无失真传输条件,即利用幅度均衡器和相位均衡器来补偿传输系统的幅频和相频特性的不理想性,以达到所要求的理想波形,从而消除码间串扰;所谓时域均衡,是利用均衡器产生的时间波形去直接校正已畸变的波形,使包括均衡器在内的整个系统的冲激响应满足无码间串扰条件。时域均衡是对信号在时间上进行处理,比频域均衡更为直接和直观。表 4-3 列出了这两种均衡技术的比较。

表 4-3　两种均衡方法的比较

均衡方法	时域均衡	频域均衡
目的	消除判决时刻的码间串扰	实现无失真传输
方法	利用具有可变增益的多抽头横向滤波器来实现	包括幅度均衡和相位均衡
特点	计算较复杂	简单、实用,便于硬件电路实现
应用	信息处理系统,一般需要 DSP 处理	语音通信系统中的幅度均衡方法,常用的有有理函数均衡和升余弦均衡

4.7.1　时域均衡原理

时域均衡是用均衡器产生的响应波形去补偿已畸变了的传输波型,使经均衡后的波形在抽样时刻上能有效消除码间串扰。这是因为当实际的 $H(\omega)$ 不满足奈奎斯特第一准则时,就会形成有 ISI 的响应波形 $x(t)$,若直接对 $x(t)$ 进行抽样判决,必然会导致误码率增大。若在抽样判决之前插入一个均衡器 $T(\omega)$,使包括 $T(\omega)$ 在内的总特性 $H'(\omega) = T(\omega)H(\omega)$ 满足奈奎斯特第一准则,则其形成的响应波形 $y(t)$ 在抽样时刻上无 ISI,如图 4-38 所示,此时:

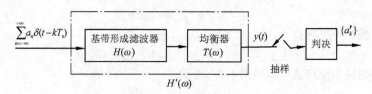

图 4-38　时域均衡原理

$$H'(\omega) = T(\omega)H(\omega) \tag{4-7-1}$$

则只要 $H'(\omega)$ 满足奈奎斯特第一准则,即

$$\sum_i H'\left(\omega + \frac{2\pi i}{T_s}\right) = T_s \qquad |\omega| \leqslant \frac{\pi}{T_s} \tag{4-7-2}$$

则包括 $T(\omega)$ 在内的总特性 $H'(\omega)$ 将能消除码间串扰。输出 $y(t)$ 将不含有码间串扰。即

$$\sum_i H\left(\omega + \frac{2\pi i}{T_s}\right)T\left(\omega + \frac{2\pi i}{T_s}\right) = T_s \quad |\omega| \leqslant \frac{\pi}{T_s} \tag{4-7-3}$$

如果 $T(\omega)$ 是周期为 $2\pi/T_s$ 的周期函数,则 $T(\omega + 2i\pi/T_s) = T(\omega)$,则式(4-7-3)可写为

$$T(\omega) = \frac{T_s}{\displaystyle\sum_i H\left(\omega + \frac{2\pi i}{T_s}\right)} \quad |\omega| \leqslant \frac{\pi}{T_s} \tag{4-7-4}$$

由于 $T(\omega)$ 为周期函数,可用傅里叶级数来表示,即

$$T(\omega) = \sum_{n=-\infty}^{+\infty} C_n e^{-jnT_s\omega} \tag{4-7-5}$$

式中

$$C_n = \frac{T_s}{2\pi} \int_{-\pi/T_s}^{\pi/T_s} T(\omega) e^{jn\omega T_s} d\omega \tag{4-7-6}$$

代入(4-7-4)式得

$$C_n = \frac{T_s}{2\pi} \int_{-\pi/T_s}^{\pi/T_s} \frac{T_s}{\sum_i H\left(\omega + \frac{2\pi i}{T_s}\right)} e^{jn\omega T_s} d\omega \tag{4-7-7}$$

由式(4-7-7)可得,傅里叶系数 C_n 由 $H(\omega)$ 决定。对 $T(\omega)$ 求傅里叶反变换,可得到其单位冲激响应为

$$h_T(t) = \sum_{n=-\infty}^{+\infty} C_n \delta(t - nT_s) \tag{4-7-8}$$

由 $h_T(t)$ 的表达式可得到如图 4-39 所示均衡器单位冲激响应的原理框图,它是由无限多的按横向排列的迟延单元 T_s 和抽头加权系数 C_n 组成的,因此称为横向滤波器。由于横向滤波器的均衡原理是建立在时域响应波形上的,故把这种均衡称为时域均衡。

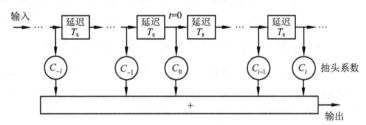

图 4-39　横向滤波器

横向滤波器的特性将取决于各抽头系数 C_n。如果 C_n 是可调整的,则图 4-39 中所示的滤波器是通用的;特别当 C_n 可自动调整时,则它能够适应信道特性的变化,可以动态校正系统的时间响应。

理论上,无限长的横向滤波器可以完全消除抽样时刻上的码间串扰,但物理上不可实现。这是因为实际应用不仅均衡器的长度受限制,并且系数 C_n 的调整准确度也受到限制。如果 C_n 的调整准确度得不到保证,即使增加长度也不会获得显著的效果。因此,实际应用中只能采用有限长横向滤波器。

有限长的横向滤波器是物理上可实现的,它可以减小但不能完全消除码间串扰,一个具有 $2N+1$ 个抽头的横向滤波器,如图 4-40(a)所示。

若设有限长横向滤波器的单位冲激响应为 $e(t)$,相应的频率特性为 $E(\omega)$,则

$$e(t) = \sum_{i=-N}^{N} C_i \delta(t - iT_s) \tag{4-7-9}$$

$$E(\omega) = \sum_{i=-N}^{N} C_i e^{-j\omega T_s} \tag{4-7-10}$$

设输入为 $x(t)$,则输出 $y(t)$ 为

$$y(t) = x(t) * e(t) = \sum_{i=-N}^{N} C_i x(t - iT_s) \tag{4-7-11}$$

于是,在抽样时刻 $kT_s + t_0$ 有

$$y(kT_s + t_0) = \sum_{i=-N}^{N} C_i x(kT_s + t_0 - iT_s) = \sum_{i=-N}^{N} C_i x\big[(k-i)T_s + t_0\big] \qquad (4\text{-}7\text{-}12)$$

假设 $t_0 = 0$，并简写为

$$y_k = \sum_{i=-N}^{N} C_i x_{k-i} \qquad (4\text{-}7\text{-}13)$$

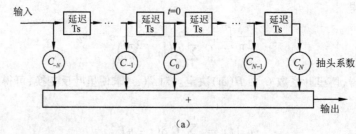

（a）

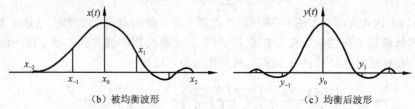

（b）被均衡波形 　　　　　（c）均衡后波形

图 4-40　有限长横向滤波器及其输入、输出单脉冲响应波形

上式说明，均衡器在第 k 抽样时刻上得到的样值 y_k 将由 $2N+1$ 个 C_i 与 x_{k-i} 乘积之和来确定。因此要设计横向滤波器的抽头系数，使得 y_k 只在本码的抽样时刻有值，而在其他码元的抽样时刻为零或尽量减小对其他码元的串扰。

【例 4-13】设有一个三抽头的横向滤波器，其 $C_{-1} = -1/5$，$C_0 = 1$，$C_{+1} = -1/3$；均衡器输入 $x(t)$ 在各抽样点上的取值分别为：$x_{-1} = 1/5$，$x_0 = 1$，$x_{+1} = 1/3$，其余都为零。试求均衡器输出 $y(t)$ 在各抽样点上的值。

解　根据式 $y_k = \sum\limits_{i=-N}^{N} C_i x_{k-i}$

当 $k = 0$ 时，可得

$$y_0 = \sum_{i=-1}^{1} C_i x_{-i} = C_{-1}x_1 + C_0 x_0 + C_1 x_{-1} = 0.867$$

当 $k = 1$ 时，可得

$$y_{+1} = \sum_{i=-1}^{1} C_i x_{1-i} = C_{-1}x_2 + C_0 x_1 + C_1 x_0 = 0$$

当 $k = -1$ 时，可得

$$y_{-1} = \sum_{i=-1}^{1} C_i x_{-1-i} = C_{-1}x_0 + C_0 x_{-1} + C_1 x_{-2} = 0$$

同理可求得 $y_{-2} = -1/25$，$y_{+2} = -1/9$，其余均为零。

由此例可见，除 y_0 外，均衡使 y_{-1} 及 y_1 为零，y_{-2} 及 y_2 不为零。这说明，利用有限长的横向滤波器减小码间串扰是可能的，但完全消除是不可能的。

那么，如何确定和调整抽头系数，获得最佳的均衡效果呢？最佳一般是在某种准则下的最佳，下面我们讨论均衡效果的衡量准则。

4.7.2 均衡效果的衡量

在抽头数有限情况下,均衡器的输出将有剩余失真,为了反映这些失真的大小,一般采用峰值失真准则和均方失真准则作为衡量标准。

1. 峰值失真准则定义为

$$D = \frac{1}{y_0} \sum_{\substack{k=-\infty \\ k \neq 0}}^{+\infty} |y_k| \tag{4-7-14}$$

式中,$\sum_{\substack{k=-\infty \\ k \neq 0}}^{+\infty} |y_k|$ 表示除 $k = 0$ 以外的各样值绝对值之和反映了码间串扰的最大值,y_0 是有用信号样值,所以峰值失真 D 就是码间串扰最大值与有用信号样值之比。显然,对于完全消除码间串扰的均衡器而言,应有 $D = 0$;对于码间串扰不为零的场合,希望 D 最小。

2. 均方失真准则定义为

$$e^2 = \frac{1}{y_0^2} \sum_{\substack{k=-\infty \\ k \neq 0}}^{+\infty} y_k^2 \tag{4-7-15}$$

其物理意义与峰值失真准则相似。按这两个准则来确定均衡器的抽头系数均可使失真最小,获得最佳的均衡效果。

注意:这两种准则都是根据均衡器输出的单脉冲响应来规定的。

下面我们以最小峰值失真准则为基础,指出在该准则意义下时域均衡器的工作原理。可将未均衡前的输入峰值失真(称为初始失真)表示为

$$D_0 = \frac{1}{x_0} \sum_{\substack{k=-\infty \\ k \neq 0}}^{+\infty} |x_k| \tag{4-7-16}$$

Lucky 曾证明:如果初始失真 $D_0 < 1$,则 D 的最小值必然发生在 y_0 前后的 y_k 都等于零的情况下($|k| \leq N, k \neq 0$)。这一定理的数学意义是,所求的各抽头系数 $\{C_i\}$ 应该使:

$$y_k = \begin{cases} 0 & \text{当 } 1 \leq |k| \leq N \\ 1 & \text{当 } k = 0 \end{cases} \tag{4-7-17}$$

成立时的 $2N+1$ 个联立方程的解。

将式(4-7-13)代入式(4-7-17)有

$$\begin{cases} \sum_{i=-N}^{N} C_i x_{k-i} = 0, & \text{当 } k = \pm 1, \pm 2, \cdots, \pm N \\ \sum_{i=-N}^{N} C_i x_{-i} = 1, & \text{当 } k = 0 \end{cases} \tag{4-7-18}$$

写成矩阵形式,有

$$\begin{pmatrix} x_0 & x_{-1} & \cdots & x_{-2N} \\ \vdots & \vdots & \cdots & \vdots \\ x_N & x_{N-1} & \cdots & x_{-N} \\ \vdots & \vdots & \vdots & \vdots \\ x_{2N} & x_{2N-1} & \cdots & x_0 \end{pmatrix} \begin{pmatrix} C_{-N} \\ C_{-N+1} \\ \vdots \\ C_0 \\ \vdots \\ C_{N-1} \\ C_N \end{pmatrix} = \begin{pmatrix} 0 \\ \vdots \\ 0 \\ 1 \\ 0 \\ \vdots \\ 0 \end{pmatrix} \tag{4-7-19}$$

这就是说,在输入序列$\{x_k\}$给定时,如果按式(4-7-19)解方程组所得到的抽头系数来调整或设计各抽头系数C_i,可迫使y_0前后各有N个取样点上的值为零。这种调整叫作"迫零"调整,所设计的均衡器称为"迫零"均衡器。它能保证在$D_0 < 1$(这个条件等效于在均衡之前有一个睁开的眼图,即码间串扰不足以严重到闭合眼图)时,调整出C_0外的$2N$个抽头增益,并迫使y_0前后各有N个取样点上无码间串扰,此时D取最小值,均衡效果达到最佳。

【例4-14】设计3个抽头的迫零均衡器,以减小码间串扰。已知$x_{-2} = 0$,$x_{-1} = 1/5$,$x_0 = 1$,$x_1 = -1/4$,$x_2 = -1/8$,求3个抽头的系数,并计算均衡前后的峰值失真。

解 $2N + 1 = 3$,列出矩阵方程为

$$\begin{pmatrix} x_0 & x_{-1} & x_{-2} \\ x_1 & x_0 & x_{-1} \\ x_2 & x_1 & x_0 \end{pmatrix} \begin{pmatrix} C_{-1} \\ C_0 \\ C_1 \end{pmatrix} = \begin{pmatrix} 0 \\ 1 \\ 0 \end{pmatrix}$$

将样值代入上式,可列出方程组

$$\begin{cases} C_{-1} + C_0/5 - C_1/8 = 0 \\ -C_{-1}/4 + C_0 + C_1/5 = 1 \\ -C_{-1}/8 - C_0/4 + C_1 = 0 \end{cases}$$

解联立方程可得

$$C_{-1} = -0.1575, \quad C_0 = 0.9186, \quad C_1 = 0.2100$$

并可算出

$$y_{-1} = 0, \quad y_0 = 1, \quad y_1 = 0$$
$$y_{-3} = 0, \quad y_{-2} = -0.0315, \quad y_2 = -0.1673, \quad y_3 = -0.0262$$

输入峰值失真为$D_0 = 0.5750$,输出峰值失真为:$D = 0.225$,均衡后的峰值失真减小2.6倍。

可见,3抽头均衡器可以使y_0两侧各有一个零点,但在远离y_0的一些抽样点上仍会有码间串扰。这就是说抽头有限时,总不能完全消除码间串扰,但均衡后峰值失真减小了。

4.7.3 均衡器的实现与调整

实现时域均衡方法有多种,但从原理上分有预置式均衡器和自适应均衡器。预置式均衡是在实际数据传输之前,发送一种预先规定的测试脉冲序列,如频率很低的周期脉冲序列,然后按照"迫零"调整原理,根据测试脉冲得到的样值序列$\{x_k\}$自动或手动调整各抽头系数,直至误差小于某一允许范围。调整好后,再传送数据,在数据传输过程中不再调整。自适应均衡可在数据传输过程根据某种算法不断调整抽头系数,因而能适应信道的随机变化。

1. 预置式均衡器

预置式自动均衡器的原理框图如图4-41所示。

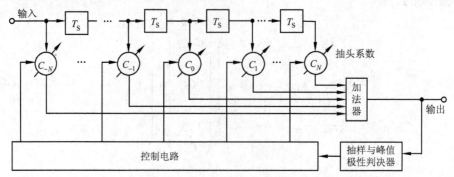

图4-41 预置式自动均衡器的原理框图

它的输入端每隔一段时间送入一个来自发端的测试单脉冲波形。当该波形每隔 T_s 依次输入时，在输出端就将获得各样值为 $y_k(k = -N, -N+1, \cdots, N-1, N)$ 的波形，根据"迫零"调整原理，若得到的某一 y_k 为正极性时，则相应的抽头增益 C_k 应下降一个适当的增量 Δ；若 y_k 为负极性，则相应的 C_k 应增加一个增量 Δ。为了实现这个调整，在输出端将每个 y_k 依次进行抽样并进行极性判决，判决的两种可能结果以"极性脉冲"表示，并加到控制电路。控制电路将在某一规定时刻（如测试信号的终了时刻）将所有"极性脉冲"分别作用到相应的抽头上，让它们作增加 Δ 或下降 Δ 的改变。这样，经过多次调整，就能达到均衡的目的。可以看到，这种自动均衡器的精度与增量 Δ 的选择和允许调整时间有关。Δ 愈小，精度就愈高，但调整时间就需要愈长。

2. 最小均方失真法自适应均衡器

图 4-42 是自适应均衡器示例，自适应均衡器不再利用专门的测试单脉冲进行误差的调整，而是在传输数据期间借助信号本身来调整增益，从而实现自动均衡的目的。

设发送序列为 $\{a_k\}$，均衡器输入为 $x(t)$，均衡后输出的样值序列为 $\{y_k\}$，此时误差信号为

$$e_k = y_k - a_k \tag{4-7-20}$$

均方误差定义为

$$\overline{e^2} = E(y_k - a_k)^2 \tag{4-7-21}$$

当 $\{a_k\}$ 是随机数据序列时，上式最小化与均方失真最小化是一致的。将

$$y_k = \sum_{i=-N}^{N} C_i x_{k-i} \tag{4-7-22}$$

代入上式，得到

$$\overline{e^2} = E\left(\sum_{i=-N}^{N} C_i x_{k-i} - a_k\right)^2 \tag{4-7-23}$$

可见，均方误差是各抽头增益的函数。我们期望对于任意的 k，都应使均方误差最小，故将上式对 C_i 求偏导数，有

$$\frac{\partial \overline{e^2}}{\partial C_i} = 2E(e_k x_{k-i}) \tag{4-7-24}$$

式中

$$e_k = y_k - a_k = \sum_{i=-N}^{N} C_i x_{k-i} - a_k \tag{4-7-25}$$

表示误差值。这里误差的起因包括码间串扰和噪声，而不仅仅是波形失真。从式(4-7-24)可见，要使均方误差最小，应使上式等于 0，即 $E[e_k x_{k-i}] = 0$，这就要求误差 e_k 与均衡器输入样值 x_{k-i} ($|i| \leq N$) 应互不相关。这就说明，抽头增益的调整可以借助对误差 e_k 和样值 x_{k-i} 乘积的统计平均值。若这个平均值不等于零，则应通过增益调整使其向零值变化，直到使其等于零为止。

图 4-42 给出了一个按最小均方误差算法调整的 3 抽头自适应均衡器原理框图。

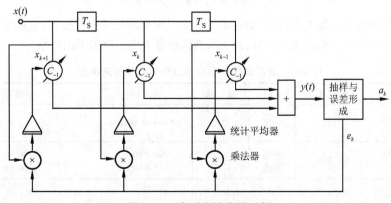

图 4-42　自适应均衡器示例

由于自适应均衡器的各抽头系数可随信道特性的时变而自适应调节,故调整精度高,无须预调时间。在高速数传系统中,普遍采用自适应均衡器来克服码间串扰。

自适应均衡器还有多种实现方案,经典的自适应均衡器算法有:迫零算法(ZF)、随机梯度算法(LMS)、递推最小二乘算法(RLS)、卡尔曼算法等。

预置式均衡器和自适应均衡器的异同点如表4-4所示。

表4-4 两种均衡器的比较

比较	预置式均衡器	自适应均衡器
相同点	都是通过调整横向滤波器的抽头增益来实现均衡的	
不同点	利用专门的测试单脉冲进行误差的调整	在传输数据期间借助信号本身来调整增益

4.8 课程扩展:现代通信技术之光纤通信

光纤通信是以光纤为传输媒介,以光波为载波的通信方式,其载波(光波)具有很高的频率(约为 10^{14} Hz),因此光纤具有很大的通信容量。由于光纤通信传输相对普通导线传输而言,具有传输频带宽、通信容量大、误码率低、抗电磁干扰能力和抗辐射能力强、重量轻、尺寸小和光纤材料资源丰富等显著优点,因而得到了广泛的应用。光纤通信经过几十年的技术发展,目前正在淘汰着其他的有线通信方式。图4-43是目前最主要的几种现代通信方式的示意图。

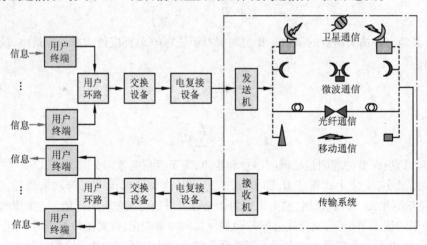

图4-43 现代通信方式示意图

光纤通信的发展可分为五个阶段,如表4-5所示。可见对光纤通信而言,超高速度、超大容量和超长距离传输一直是人们追求的目标,而全光网络也是人们不懈追求的梦想。

表4-5 光纤通信的发展的五个年代及相关技术

年代	工作波长/nm	光纤	激光器	比特率	中继距离
第一代:20 世纪 70 年代	850	多模	多模	10 ～100 Mbit/s	10 km
第二代:20 世纪 80 年代初	1 300	多模 单模	多模	100 Mbit/s 1.7 Gbit/s	20 km 50 km

年代	工作波长/nm	光纤	激光器	比特率	中继距离
第三代:20 世纪 80 年代 中至 90 年代初	1 550	单模	单模	2.5 ~10 Gbit/s	100 km
第四代:20 世纪 90 年代	1 550	单模	单模	2.5 ~10 Gbit/s	21 000 km(环路) 1 500 km(光放大器)
第五代:20 世纪 90 年代至今	1 550	单模	单模	波分复用 WDM	单路速率:40 Gbit/s、160 Gbit/s、 640 Gbit/s 信道数:8、16、64、128、1 022 超长传输距离:27 000 km(Loop), 6 380 km(Line)
目前研究的内容	WDM 光网络,全光分组交换,光时分复用,光弧子通信,新型的光器件				

光纤通信系统的基本组成如图 4-44 所示,它包括了电收发端机、光收发端机、光纤光缆线路和中继器等。

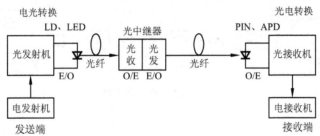

图 4-44   光纤通信系统的组成

光发送机的主要作用是将电端机送来的电信号变换为光信号,并耦合进光纤中进行传输。光接收机的主要作用是将光纤传输后的幅度被衰减的产生畸变的、微弱的光信号变换为电信号,并对电信号进行放大、整形和再生,再生成与发送端相同的电信号,输入电接收机。光纤线路的功能是把来自光发射机的光信号,以尽可能小的畸变和衰减传输到光接收机。

目前光纤通信最具代表性的技术是波分复用(wavelength division multiplexing,WDM)和光纤放大器。

光波分复用技术是在一根光纤上能同时传送多个波长光信号的一项技术。波分复用基本结构如图 4-45 所示,它是在发送端将不同波长的光信号组合起来(复用),并耦合到光缆线路上的同一根光纤中进行传输,在接收端又将组合波长的光信号分开(解复用)并作进一步处理,恢复出原信号送入不同的终端。

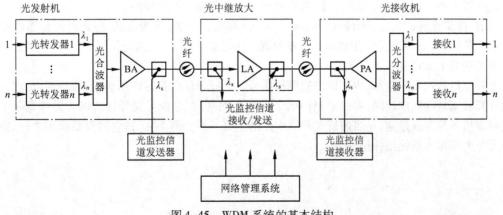

图 4-45   WDM 系统的基本结构

WDM 系统主要由以下五部分组成:光发射机、光中继放大、光接收机、光监控信道和网络管理系统。此外还包括一些互联器件和光信号处理器件,如光纤连接器、隔离器、调制器、滤波器、光开关及路由器、分插复用器 ADM 等。WDM 技术对通信网络的扩容升级、发展各种宽带业务以及充分发掘光纤带宽潜力具有十分重要的意义。

WDM 系统的工作方式有双纤单向传输和单纤双向传输两种。双纤单向传输是指采用两根光纤实现两个方向信号传输,完成全双工通信,如图 4-46(a)所示。而单纤双向传输是指光通路在一根光纤中同时沿着两个不同的方向传输,双向传输的波长相互分开,以实现彼此双方全双工通信,如图 4-46(b)所示。

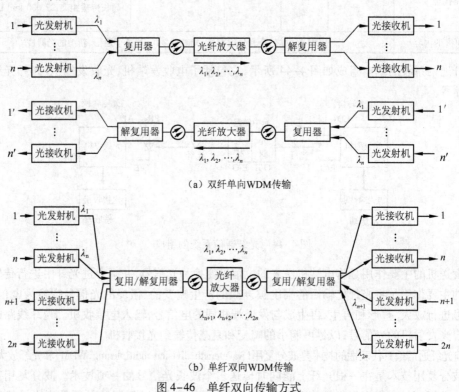

（a）双纤单向WDM传输

（b）单纤双向WDM传输

图 4-46　单纤双向传输方式

通信原理

光纤放大器是光纤通信系统对光信号直接进行放大的光放大器件。光纤放大器利用某种具有增益的激活介质对注入其中的微弱光信号进行放大,使其获得足够的光增益,变为较强的光信号。光纤放大器是提升衰减的光信号,延长光纤的传输距离的关键器件。

目前,掺铒光纤放大器(erbium-doped fiber amplifier,EDFA)最为成熟,是光纤通信系统必备器件。EDFA 的工作原理是采用掺铒离子单模光纤为增益介质,在泵浦光作用下产生粒子数反转,在信号光诱导下实现受激辐射放大。

光纤可以传输数字信号,也可以传输模拟信号。光纤通信的各种应用包括:通信网,构成因特网的计算机局域网和广域网,有线电视网的干线和分配网,综合业务光纤接入网。光纤宽带干线传送网和接入网发展迅速,是当前研究开发应用的主要目标。图 4-47 是它的典型应用之一,宽带综合业务光纤接入系统拓扑结构。

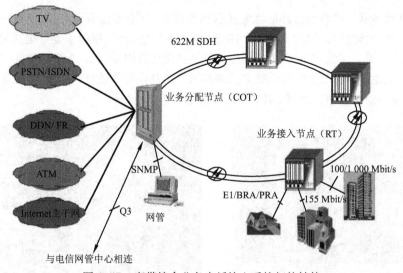

图 4-47　宽带综合业务光纤接入系统拓扑结构

4.9　基带传输系统的 MATLAB 仿真分析

试建立一个基带传输模型,发送数据为二进制双极性不归零码,发送滤波器为平方根升余弦滤波器,滚降系数为 0.5,信道为加性高斯信道,接收滤波器与发送滤波器相匹配。发送数据率为1 000 bit/s,要求观察接收信号眼图,并设计接收机采样判决部分,对比发送数据与恢复数据波形,并统计误码率。假设接收定时恢复是理想的。

设计系统仿真采样率为 1×10^4 次/s,滤波器采样速率等于系统仿真采样率。数字信号速率为1 000 bit/s,故在进入发送滤波器之前需要 10 倍升速率,接收解码后再以 10 倍降速率来恢复信号传输比特率。仿真模型如图 4-48 所示,其中系统分为二进制信源、发送滤波器、高斯信道、接收匹配滤波器、接收采样、判决恢复以及信号测量等七部分。二进制信源输出双极性不归零码,并向接收端提供原始数据以便对比和误码率统计。发送滤波器和接收滤波器是相互匹配的,均为平方根升余弦滤波器,由于接收定时被假定是理想的,可用脉冲发生器实现 1 000 Hz 的矩形脉冲作为恢复定时脉冲,以乘法器实现在最佳采样时刻对接收滤波器输出的采样。然后对采样结果进行门限判决,最佳门限设置为零,判决输出结果在一个传输码元时间内保持不变,最后以 10 倍降速率采样得出采样率为 1 000 Hz 的恢复数据。

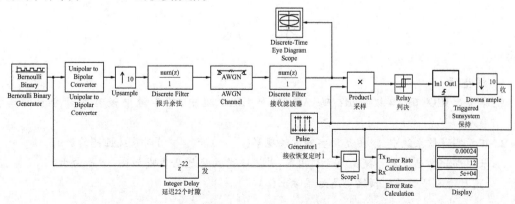

图 4-48　高斯信道下的基带传输系统测试模型仿真图

由于发送滤波器和接收滤波器的滤波延迟均设计为 10 个传输码元时隙,所以在传输中共延迟 20 个时隙,加上接收机采样和判决恢复部分的 2 个时隙的时延,接收恢复数据比发送信源数据共延迟了 22 个码元。因此,在对比收发数据时需要将发送数据延迟 22 个采样单位(时隙)。信号测量部分对接收滤波器输出波形的眼图、收发数据波形以及误码率进行了测量,仿真结果如图 4-49 所示,其中高斯信道中信噪比为 50,测试误码率结果为 0.000 24。

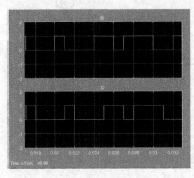
（a）示波器收发波形

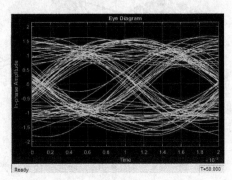
（b）眼图

图 4-49　高斯信道下的基带传输系统测试仿真结果

小　结

数字基带信号是未经调制的数字信号,它所占据的频谱是从零频或很低频率开始的。数字基带传输系统是不经载波调制而直接传输数字基带信号的系统,常用于传输距离不太远的情况下。

本章介绍了基带传输系统常用的波形:单极性归零和不归零波形,双极性归零和不归零波形,差分波形和多电平波形等。基带传输系统中常用的线路码型:AMI、HDB3、分相码和 CMI 等。码间串扰及其产生的原因和消除码间串扰的时域和频谱条件。眼图及眼图模型的 6 个指标,第 Ⅰ 类和第 Ⅳ 类部分响应系统的预编码、相关编码和模 L 判决。均衡前、后峰值失真的计算,通过迫零均衡设计时域均衡器的抽头系数。

本章还介绍了二进制随机脉冲序列的功率谱 $P_s(f)$ 的表示形式、根据离散谱确定随机序列来判断是否含有直流分量和定时分量,并确定信号的带宽。

习　题

一、填空题

1. 单极性 NRZ 码、单极性 RZ 码、AMI 码和 HDB3 码中,功率谱中含有定时分量的码型为（　　）。

2. 在数字通信系统中,眼图是用实验方法观察（　　）和（　　）对系统性能的影响。

3. 采用部分响应技术可提高频带利用率,并使冲激响应尾巴衰减加快,这是由于（　　）,而在（　　）,对输入序列进行预编码是为了防止（　　）。

4. 在数字通信系统中,接收端采用均衡器的目的是( )。

5. 时域均衡器实际上是一个( ),若基带系统使用了 5 抽头的预置式自动均衡器,则此系统冲激响应的抽样值等于 0 的个数最少为( ),不等于 0 的个数最少为 ( )。

6. 时域均衡器的均衡效果一般用( )准则和( )准则来衡量。

7. 设无 ISI 的基带传输系统的奈奎斯特等效带宽为 W,则该系统无码间串扰时最高传码率为( )波特。速率为 100 kbit/s 的二进制基带传输系统,理论上最小传输带宽为( )。

8. 由功率谱的数学表达式可知,随机序列的功率谱包括( )和( )两大部分。

9. 对于滚降系统 $\alpha = 0.5$ 的幅度滚降低通网络,1 Hz 可传输的最大码速率为( )。如果升余弦滚降系统的滚降系数 α 越小,则相应的系统总的冲激响应 $h(t)$ 的拖尾衰减越( )。

10. 某模拟基带信号的频谱范围为 0 ~ 1 kHz。对其按奈奎斯特速率进行取样,再经过 A 律 13 折线编码,那么编码后的奈奎斯特带宽为( )。

二、简答题

1. 数字基带传输系统中,造成误码的主要因素和产生原因是什么?

2. 在数字基带传输系统中,传输码的结构应具备哪些基本特性?

3. 消除码间串扰的时域和频域条件.

4. 什么是眼图? 由眼图模型可以说明基带传输系统的哪些性能?

5. 部分响应系统的优点是什么呢? 缺点是什么? (或采用部分响应技术会得到什么好处? 需要付出什么代价?)

6. 列举可以获得消除码间串扰的 3 大类特性(系统)。

三、计算题

1. 设二进制符号序列为 101101001011,试以矩形脉冲为例,分别画出相应的单极性不归零码波形,双极性不归零码波形,单极性归零码波形和双极性归零码波形。

2. 已知绝对码序列为 10011001,求其相对码序列为多少?

3. 设有一数字码序列为 110000010110000000011,试分别编为 AMI 码和 HDB3 码? 并画分别编码后的波形? (第一个非零码编为 −1)

4. 设基带传输系统的发送滤波器、信道及接收滤波器组成总特性为 $H(\omega)$,若要求以 $2/T_s$ 波特的速率进行数据传输,试检验图 4-50 中各种 $H(\omega)$ 满足消除抽样点上码间串扰的条件否?

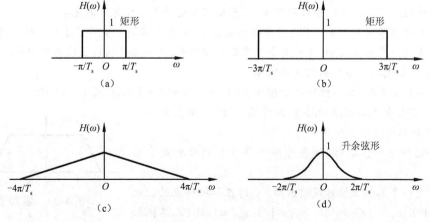

图 4-50 题 4 图

5. 设基带传输系统的发送滤波器、信道和接收滤波器的总传输特性如图 4-51 所示。

其中 $f_1 = 3$ MHz，$f_2 = 4$ MHz。试确定该系统无码间串扰传输时的最高码元速率和频带利用率。

6. 为了传送码元速率 $R_B = 10^3$ B 的数字基带信号，试问系统采用图 4-52 中所画的哪一种传输特性较好？并简要说明其理由。

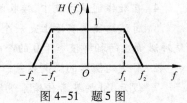

图 4-51　题 5 图

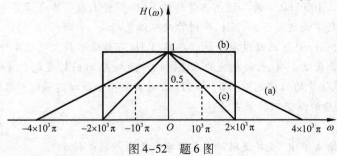

图 4-52　题 6 图

7. 设随机二进制脉冲序列码元间隔为 T_b，送到图 4-53(a)、(b) 两种滤波器，指出哪种会引起码间串扰，哪种不会引起码间串扰，说明理由。

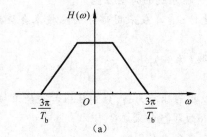

（a）

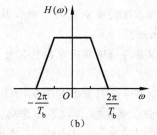

（b）

图 4-53　题 7 图

8. 某数字基带系统速率为 $3\,600$ Bd，试问：(1) 以二进制或八进制码元传输时系统的比特速率为多少？(2) 采用双极性 NRZ 矩形脉冲时，信号的带宽是多少？(3) 传输此信号无码间串扰所需要的最小理论带宽为多少？

9. 一个理想低通滤波器特性信道的截止频率为 6 kHz。

(1) 若发送信号采用 8 电平基带信号，求无码间串扰的最高信息传输速率？

(2) 若发送信号采用 3 电平第 I 类部分响应信号，重求无码间串扰的最高信息传输速率？

(3) 若发送信号采用 $\alpha = 0.5$ 的升余弦滚降频谱信号，请问在此信道上采用哪种传输方式可以实现 24 kbit/s 的无码间串扰的信息传输速率？

10. 基带传输系统，其系统特性如图 4-54 所示。其中 $f_1 = 2$ kHz，$f_2 = 2.8$ kHz。

求：(1) 若符合无码间串扰奈奎斯特第一准则，那么奈奎斯特等效带宽和码元速率各为多少？

(2) 采用四电平传输时，信息速率为多少？频带利用率为多少？

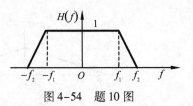

图 4-54　题 10 图

11. 设有一个三抽头的时域均衡器，$x(t)$ 在各抽样点的值依次为 $x_{-2} = 1/8$，$x_{-1} = 1/3$，$x_0 = 1$，$x_{+1} = 1/4$，$x_{+2} = 1/16$（在其他抽样点均为零），试求输入波形 $x(t)$ 峰值的失真值及时域均衡器输出波形 $y(t)$ 峰值的失真值。

12. 已知话音信号的最高频率 $f_m = 3\,400$ Hz，用 PCM 系统传输，要求量化信噪比不低于 30 dB。

试求此 PCM 系统所需的最小带宽。

13. 单路话音信号的最高频率为 4 kHz,抽样速率为 8 kHz,以 PCM 方式传输。设传输信号的波形为矩形脉冲,其宽度为 τ,且占空比为 1。

(1)抽样后信号按 8 级量化,求 PCM 基带信号过零点频宽;

(2)若抽样后信号按 128 级量化,PCM 二进制基带信号过零点频宽又为多少?

14. PCM 系统与 ΔM 系统,如果输出信噪比都满足 30 dB 的要求,且 $f_m = 4$ kHz,$f_k = 1$ kHz。试比较 PCM 系统与 ΔM 系统所需的带宽。

15. 设模拟信号的最高频率为 4 kHz,若采用 PCM 方式进行传输,要求采用均匀量化,且最大量化误差为信号峰–峰值的 0.25%。试求:

(1)PCM 信号的最低码元速率;

(2)需要的奈奎斯特基带带宽;

(3)若将其转换成八进制信号进行传输,求此时的码元速率和需要的奈奎斯特基带带宽。

第5章 数字频带传输系统

包括调制和解调过程的数字传输系统称为数字信号的频带传输系统。调制是指利用要传输的基带信号去控制高频载波的某个或某几个参量,使高频载波信号中的某个或某几个参量随基带信号的变化而变化。已调信号通过信道传输到接收端,在接收端再把已调的数字信号还原成数字基带信号,这个过程称为解调。

为什么要进行调制呢? 第一,将基带调制信号变换成适合在信道中传输的已调信号。实际信道中,大多数信道具有带通传输特性(微波、移动通信、卫星通信等无线信道,光纤和数字用户环路的ADSL 等有线信道),并不适合于直接传送基带信号,因此将基带信号频谱"搬移"到适合信道传输的较高频段处进行传送。另外在无线传输中,信号是经电磁波的形式通过天线辐射到空间的,天线的尺寸主要取决于波长 λ 及应用场合。对蜂窝电话来说,天线长度一般不宜短于 $\lambda/4$,以语音信号为例,人能听见的声音频率范围为 20 Hz ~20 kHz,假定我们要以无线通信的方式直接发送一个频率为10 kHz 的单音信号出去,该单音信号的波长为 $\lambda = c/f = 30$ km。其中,c 为光速,一般认为电磁在空间传播速度等于光速,f 为信号的频率。如果不经过调制直接在空间发送这个单音信号,需要的天线尺寸至少要几千米,实际上根本不可能制造这样的天线。调制可以将信号频谱搬移到任何所需的较高频率范围,这样可以较小的发送功率与较短的天线来辐射电磁波。第二,把多个基带信号分别搬移到不同的载频处,以实现信道的多路复用,提高信道利用率。第三,扩展信号带宽,提高系统抗干扰能力、抗衰落能力,还可实现传输带宽与信噪比之间的互换。

在大多数数字通信系统中,人们都选择正弦信号作为载波,这主要是因为正弦信号形式简单,便于产生及接收。

📖 调制信号、载波和已调信号

调制信号,即基带信号,指来自信源的消息信号。注意:调制信号不是已调信号,不要把它们混淆。

载波,即未受到调制的周期性振荡信号,如正弦波或周期性脉冲序列。

已调信号,即受调载波。它应该具有两个基本特征:一是含有调制信号的信息,二是适合于信道传输。由于已调信号的频谱通常具有带通形式,所以已调信号又称带通信号。

数字调制与模拟调制过程相类似,相同点是:(1)载波相同,都是对正弦载波进行调制;(2)调制的目的相同,都是把基带信号频谱搬移到正弦载波频率附近,以便与信道频率特性相匹配;(3)调制参数相同,由于正弦波有振幅、频率和相位 3 个参量,因而相应地两者都有振幅调制、频率调制和相位调制 3 种调制方式。不同的是调制信号不同,前者是数字信号,后者是模拟信号。

由于数字信号具有时间和取值离散的特点,使受控载波的参数变化过程离散化,因此这种调制过程又称为键控法。图 5-1 是以二进制为例这三种调制方式的波形图。如果用数字基带信号同时改变正弦型载波幅度、频率或相位中的某几个参数,则可以产生新型的数字调制如 QAM 调制。本章重点论述二进制数字调制系统的原理、产生方法、功率谱及解调过程,并简要介绍多进制及几种先进的数字调制方式。

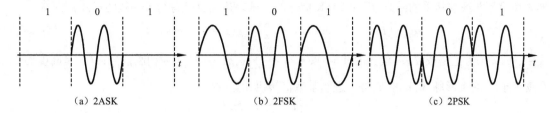

图 5-1　二进制信号波形图的三种基本形式

从图 5-1 中可以看出 2PSK 和 2FSK 信号都是恒定包络,而 2ASK 信号不是恒定包络,这一特性使得 2PSK 和 2FSK 信号幅度为非线性的情况下仍能不受影响。因此,在实用中,2PSK 和 2FSK信号比 2ASK 信号更适合于非线性信道中传输,如微波通信和卫星通信等。

5.1　二进制数字调制

若调制信号是二进制数字基带信号,则这种调制称为二进制数字调制。

5.1.1　二进制振幅键控

1. 2ASK 信号的表达式和波形

振幅键控是正弦载波 $A(t)\cos(\omega_c t + \varphi_k)$ 的振幅随数字基带信号而变化的数字调制,其频率和初始相位保持不变。在 2ASK 中,载波的幅度只有两种状态(A 和 0),分别对应二进制信号"1"和"0"。因此 2ASK 信号也可表示为

$$e_{2\text{ASK}}(t) = \begin{cases} A\cos \omega_c t & \text{送"1"时} \\ 0 & \text{送"0"时} \end{cases} \tag{5-1-1}$$

为了分析问题方便,假设载波的相位为零。由式(5-1-1)可以画出 2ASK 的波形如图 5-2 所示。

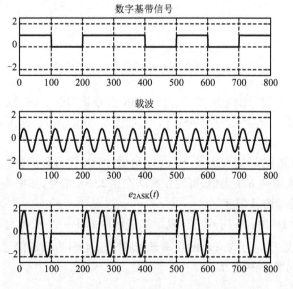

图 5-2　二进制振幅键控信号时间波形

由图 5-2 可以看出,2ASK 信号的时间波形 $e_{2ASK}(t)$ 随二进制基带信号 $s(t)$ 通断变化,所以又称为通断键控 OOK(on-off keying)。而且 2ASK 信号相当于调制信号为二进制单极性不归零矩形脉冲信号与载波相乘的结果,因此 2ASK 信号的时域表达式也可写为更一般的形式:

$$e_{2ASK}(t) = s(t)\cos\omega_c t = \sum_n a_n g(t-nT_s)\cos\omega_c t \tag{5-1-2}$$

式中,$\cos\omega_c t$ 为正弦载波(假设振幅 $A=1$);$s(t) = \sum_n a_n g(t-nT_s)$ 为调制信号;$g(t)$ 是高度为 1、宽度等于 T_s 的矩形脉冲,这里 T_s 是二进制基带信号码元宽度

$$g(t) = \begin{cases} 1 & \text{当}\ 0 \leqslant t \leqslant T_s \\ 0 & \text{其他} \end{cases} \tag{5-1-3}$$

a_n 对应第 n 个码元的电平取值,对 2ASK 有

$$a_n = \begin{cases} 1 & \text{当概率为}\ P \\ 0 & \text{当概率为}\ 1-P \end{cases} \tag{5-1-4}$$

2. 2ASK 信号的产生方法

由式(5-1-1)和式(5-1-2)2ASK 的数学表示式,可以得到 2ASK 信号的两种产生方法:数字键控法和模拟相乘法,如图 5-3 所示。

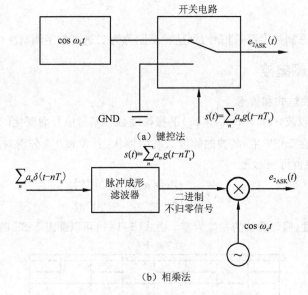

图 5-3　二进制振幅键控信号调制器原理框图

(1)键控法:由 2ASK 信号的波形图可看出 2ASK 信号是用载波信号的有无来表示的,因此可用开关电路来控制载波的通断来产生 2ASK 信号,如图 5-3(a)所示,这里的开关电路受基带信号 $s(t)$ 的控制。

(2)相乘法:由 2ASK 信号的表达式(5-1-2)可知 2ASK 信号是调制信号和载波信号的乘积,因此与一般的模拟幅度调制方法类似,可用相乘法产生 2ASK 信号,如图 5-3(b)所示。

3. 2ASK 信号的功率谱及带宽

(1)2ASK 信号的功率谱:若用 $G(f)$ 表示二进制序列中一个宽度为 T_s、高度为 1 的门函数 $g(t)$ 所对应的频谱函数,$P_s(f)$ 为 $s(t)$ 的功率谱密度,$P_{2ASK}(f)$ 为已调信号 $e_{2ASK}(t)$ 的功率谱密度,则式(5-1-2)对应的功率谱密度为

$$P_{2ASK}(f) = \frac{1}{4}[P_s(f+f_c) + P_s(f-f_c)] \tag{5-1-5}$$

由第 4 章的介绍可知,二进制不归零随机基带信号 $s(t)$ 的功率谱密度 $P_s(f)$ 为

$$P_s(f) = f_s P(1-P) \mid G(f) \mid^2 + \sum_{m=-\infty}^{+\infty} \mid f_s(1-P)G(mf_s) \mid^2 \delta(f-mf_s)$$

$$= \frac{T_s}{2} Sa^2(\pi f T_s) + \frac{1}{4}\delta(f) \tag{5-1-6}$$

式中,设 $P = 1/2$,其中 $G(f) = T_s Sa(\pi t / T_s)$,则 2ASK 信号的功率谱密度为

$$P_{2ASK}(f) = \frac{T_s}{16}\{Sa^2[\pi(f+f_c)T_s] + Sa^2[\pi(f-f_c)T_s]\} + \frac{1}{16}[\delta(f+f_c) + \delta(f-f_c)] \tag{5-1-7}$$

式中,$f_s = 1/T_s$。由式(5-1-7)画出的 2ASK 信号功率谱示意图如图 5-4 所示,可见 2ASK 信号的功率谱密度 $P_{2ASK}(f)$ 是相应的单极性数字基带信号功率谱密度加权后分别平移到 $\pm f_c$ 处形成的。调制信号 $s(t)$ 是单极性不归零矩形脉冲序列,其双边平均功率谱密度中含有直流分量,经平移后在 $\pm f_c$ 处存在离散谱,这意味着 2ASK 信号中存在着可作载频同步的载波频率 f_c 的成分,所提取的载波可用于相干解调。

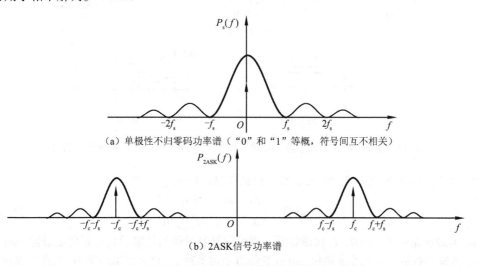

(a) 单极性不归零码功率谱("0"和"1"等概,符号间互不相关)

(b) 2ASK信号功率谱

图 5-4 二进制振幅键控信号的功率谱密度示意图

📖 频域卷积定理的实际应用:由于 $\cos 2\pi f_c t$ 与 $[\delta(f-f_c) + \delta(f+f_c)]/2$ 互为傅里叶变换对,根据时域相乘相当于频域卷积,可以得到

$$Y(f) = X(f) * \Phi(\cos \omega_c t) = X(f) * \{[\delta(f-f_c) + \delta(f+f_c)]/2\}$$

信号的频谱 $X(f)$ 与 $\delta(f-f_c)$ 卷积,得到的是频率搬移了 f_c 后的频谱,$f_c > 0$,频谱整体向右搬移 $|f_c|$;$f_c < 0$,频谱整体向左搬移 $|f_c|$,因此信号调制到 $\cos 2\pi f_c t$ 载波上的过程就是将信号的频谱分别向左和向右搬移到以 f_0 为中心的位置的过程。

(2)2ASK 信号的带宽:对任何调制系统来说,信号带宽都是最重要的特性参数。带宽通常指信号所占据的频带宽度。由图 5-4 可知,当数字基带信号是单极性矩形不归零脉冲时,码元速率 $R_B = 1/T_s$,基带信号的过零点带宽为 $B = f_s = 1/T_s$,则 2ASK 信号的带宽为

$$B_{2ASK} = 2f_s = 2B = 2R_B \tag{5-1-8}$$

即 2ASK 信号的带宽(即过零点带宽)是基带信号的带宽的 2 倍,或码元速率的 2 倍。此时

2ASK 频带利用率为

$$\eta_{2ASK} = \frac{R_B}{B_{2ASK}} = \frac{R_B}{2R_B} = 0.5(\text{Bd/Hz}) \tag{5-1-9}$$

4. 2ASK 信号的解调

2ASK 信号有两种基本解调方法,相干解调法和非相干解调法。

(1)2ASK 信号的相干解调:相干解调又称为同步检波,当考虑噪声影响时,2ASK 信号的相干解调原理框图如图 5-5(a)所示,其带通滤波器和低通滤波器特性如图 5-5(b)和图 5-5(c)所示,带通滤波器要让有用信号[$e_{2ASK}(t)$ 信号]完全通过,因此其带宽要不小于基带信号带宽的 2 倍。相干解调时,接收机要提供一个与发送载波同频同相的本地载波信号,称其为同步载波或相干载波(一般是接收端直接从发送信号中提取出来的)。利用此载波与收到的已调波相乘,低通滤波器滤除高频分量,然后由抽样判决电路来还原数字基带信号。

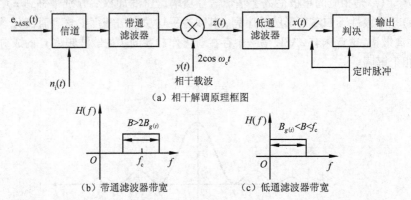

(a)相干解调原理框图

(b)带通滤波器带宽　　　(c)低通滤波器带宽

图 5-5　2ASK 信号的相干解调原理框图及其带通滤波器和低通滤波器特性

在一个码元的时间间隔 T_s 内,发送端输出的信号波形 $e_{2ASK}(t)$ 为

$$e_{2ASK}(t) = \begin{cases} A\cos\omega_c t & \text{发送"1"} \\ 0 & \text{发送"0"} \end{cases} \tag{5-1-10}$$

式中,ω_c 为载波角频率,在$(0, T_s)$时间间隔,假设信号经过信道传输后只受到固定衰减,未产生失真(信道传输系数取为 K),令 $a = AK$,再假设信道中的噪声 $n_i(t)$ 为高斯白噪声,高斯白噪声 $n_i(t)$ 经过带通滤波器后变为窄带高斯白噪声 $n(t)$,即

$$n(t) = n_c(t)\cos\omega_c t - n_s(t)\sin\omega_c t \tag{5-1-11}$$

式中,ω_c 为带通滤波器的中心频率,等于输入信号的载波角频率。$n_c(t)$ 和 $n_s(t)$ 分别为窄带噪声的同相分量和正交分量。

所以,图 5-5 中带通滤波器的输出为受到固定衰减后的已调信号和窄带噪声 $n(t)$ 的混合信号,即

$$y(t) = \begin{cases} [a+n_c(t)]\cos\omega_c t - n_s(t)\sin\omega_c t & \text{发送"1"} \\ n_c(t)\cos\omega_c t - n_s(t)\sin\omega_c t & \text{发送"0"} \end{cases} \tag{5-1-12}$$

与相干载波 $2\cos\omega_c t$ 相乘后的波形 $z(t)$ 为

$$z(t) = 2y(t)\cos\omega_c t = \begin{cases} [a+n_c(t)] + [a+n_c(t)]\cos2\omega_c t - n_s(t)\sin2\omega_c t & \text{发送"1"} \\ n_c(t) + n_c(t)\cos2\omega_c t - n_s(t)\sin2\omega_c t & \text{发送"0"} \end{cases} \tag{5-1-13}$$

经理想低通滤波器后,以 $2\omega_c$ 为载波的高频分量被滤除,滤波器输出波形 $x(t)$ 为

$$x(t) = \begin{cases} a + n_c(t) \\ n_c(t) \end{cases}$$

式中，a 为信号成分；$n_c(t)$ 为低通型高斯噪声；其均值为零，方差为 σ_n^2。设第 k 个符号的抽样时刻为 kT_s，则 $x(t)$ 在 kT_s 时刻的抽样值 x 为

$$x(kT_s) = \begin{cases} a + n_c(kT_s) \\ n_c(kT_s) \end{cases} = \begin{cases} a + n_c & \text{发送"1"} \\ n_c & \text{发送"0"} \end{cases} \qquad (5\text{-}1\text{-}14)$$

当"1""0"等概出现时，2ASK 解调器中的抽样判决器的判决电平 b 应取为其解调信号的电平值的一半（$b = a/2$）。由于接收信号电平可能变化，故要求判决电平做相应变化，这正是 2ASK 缺点之一。设判决门限为 b，则判决规则为

$$x(kT_s) > b \text{ 时判为"1"输出}$$

$$x(kT_s) \leqslant b \text{ 时判为"0"输出}$$

图 5-6 是相干解调时各点信号波形，由于噪声影响及传输特性的不理想，低通滤波器输出波形有失真，经抽样判决、整形后可恢复出数字基带脉冲。

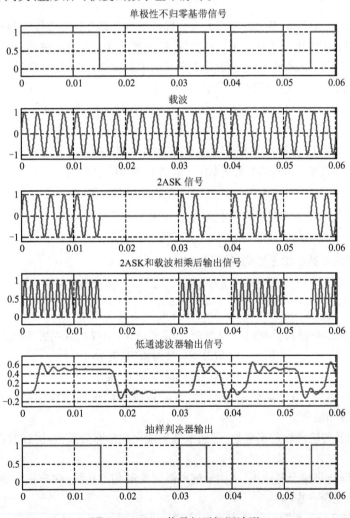

图 5-6　2ASK 信号相干解调波形

📖 相干的概念来源于波动光学,两列波在媒质中传播且相遇,若它们满足一定的条件,则在叠加区域的某些位置振动始终加强,在另一些位置上振动始终减弱或完全抵消,而且振动加强的区域和振动减弱的区域相互隔开,这种现象称为波的干涉。

产生相干现象的波叫相干波,波相干的条件是:频率相同,相位差恒定,振动方向相同。

---

(2)2ASK 的非相干解调(包络检波):当考虑噪声影响时,2ASK 信号的包络检波法原理框图如图 5-7 所示。

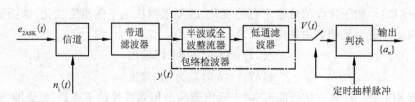

图 5-7　包络检波法的系统模型

包络检波器由整流器和低通滤波器组成。带通滤波器要使 2ASK 信号完整地通过,滤除带外噪声以提高接收端的信噪比。信号经包络检测后,输出其包络。低通滤波器的作用是滤除高频杂波,定时抽样脉冲是很窄的脉冲,通常位于每个码元的中央位置,其重复周期等于码元的宽度。显然,带通滤波器的输出波形 $y(t)$ 与相干解调法的相同:

$$y(t) = \begin{cases} [a + n_c(t)] \cos \omega_c t - n_s(t) \sin \omega_c t & \text{发送“1”} \\ n_c(t) \cos \omega_c t - n_s(t) \sin \omega_c t & \text{发送“0”} \end{cases} \tag{5-1-15}$$

当发送“1”时,包络检波器的输入信号包括了一个正弦载波信号和窄带噪声,因为包络检波器提取的是输入信号的包络,则包络检波器输出(低通滤波器的输出):

$$V(t) = \sqrt{[a + n_c(t)]^2 + n_s^2(t)} \tag{5-1-16}$$

当发送“0”码时,只剩下窄带噪声。包络检波器输出为

$$V(t) = \sqrt{n_c^2(t) + n_s^2(t)} \tag{5-1-17}$$

在 kT_s 时刻,包络检波器输出波形的抽样值为

$$V(kT_s) = \begin{cases} \sqrt{[a + n_c]^2 + n_s^2}, & \text{发送“1”} \\ \sqrt{n_c^2 + n_s^2}, & \text{发送“0”} \end{cases} \tag{5-1-18}$$

当“1”和“0”等概出现时,设判决门限为 b(一般来说 $b = a/2$),则判决规则为

$$V(kT_s) > b \text{ 时判为“1”输出}$$

$$V(kT_s) \leq b \text{ 时判为“0”输出}$$

由式(5-1-18)可知,当噪声较小的时候,可以正确解调出原始数字基带信号。图 5-8 是 2ASK 信号非相干解调波形。

由于噪声影响及传输特性的不理想,低通滤波器输出波形有失真,经抽样判决、整形后可恢复出数字基带脉冲。

2ASK 相干解调与非相干解调相比,相干解调需要提取相干载波,而非相干解调不需要。因此相干解调时设备要复杂一些。

【例 5-1】已知 2ASK 系统码元速率为 1 000 B,载波信号为 $A\cos(2\pi \times 10^4 t)$,试问:(1)每个码元中包含多少个载波周期? (2)求 2ASK 信号的第一零点带宽。

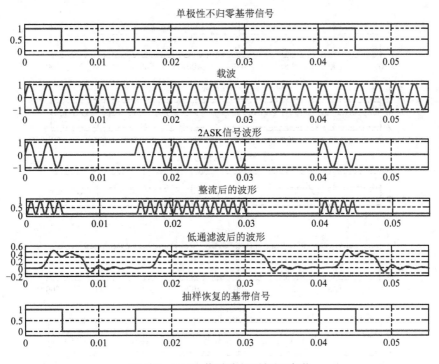

图 5-8　2ASK 信号非相干解调波形

解　（1）载波频率为

$$f_c = \frac{2\pi \times 10^4}{2\pi} = 10^4 \, (\text{Hz})$$

而码元速率 $R_B = 1\,000$ B，故每个码元中包含 10 个载波周期。

（2）由 2ASK 带宽的公式 $B = 2f_s$ 可得其第一零点带宽为：$B = 2f_s = 2R_B = 2\,000\,(\text{Hz})$。

5.1.2　二进制频移键控

1. 2FSK 信号的表达式和波形

移频键控是正弦载波的频率随数字基带信号的变化而变化，其幅度和初始相位保持不变的调制方式。因此在 2FSK 中，用载波的两种不同频率（f_1 和 f_2），分别对应二进制信号"1"和"0"。所以，2FSK 信号可表示为

$$e_{2FSK}(t) = \begin{cases} A\cos\omega_1 t & \text{发送"1"} \\ A\cos\omega_2 t & \text{发送"0"} \end{cases} \tag{5-1-19}$$

这里假设初相位都为 0，由式（5-1-19）可得 $e_{2FSK}(t)$ 波形，如图 5-9 所示。

2FSK 是利用载波的频率变化传递数字信息的，其特点是载波的频率有两种变化，而载波的振幅和相位不变。

由图 5-9 可见，2FSK 可以看成是两个不同载波的二进制振幅键控信号的叠加，则二进制移频键控信号的时域表达式可写成一般形式为

$$e_{2FSK}(t) = \left[\sum_n a_n g(t - nT_s)\right]\cos\omega_1 t + \left[\sum_n \overline{a}_n g(t - nT_s)\right]\cos\omega_2 t$$

$$= s(t)\cos\omega_1 t + \overline{s(t)}\cos\omega_2 t \tag{5-1-20}$$

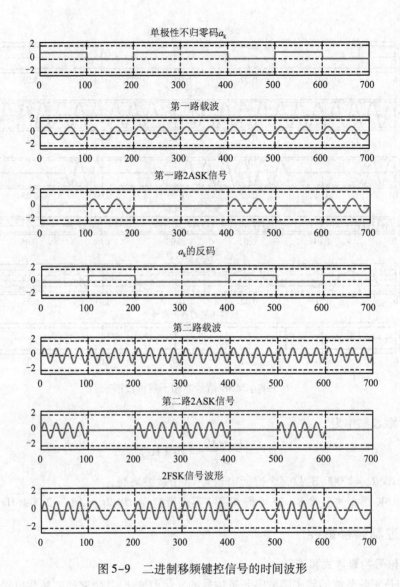

图 5-9　二进制移频键控信号的时间波形

式 (5-1-20) 中，$s(t) = \sum_n a_n g(t - nT_b)$，$\overline{s(t)}$ 为 $s(t)$ 的反码，$\overline{a_n}$ 为 a_n 的反码，且有

$$a_n = \begin{cases} 0 & \text{当概率为 } P \\ 1 & \text{当概率为 } 1 - P \end{cases} \tag{5-1-21}$$

2. 2FSK 信号的产生方法

2FSK 信号的产生方法（调制方法）也有两种，模拟调频法和键控法，如图 5-10 所示。模拟调频法通过基带信号控制振荡器中的某个参数（如用数字信号的不同电压控制半导体二极管，通过改变振荡器的元件参数来改变振荡频率）来得到不同频率的信号，模拟调频法产生的 2FSK 信号在频率变换过渡点相位是连续的；而键控法是根据发送比特的取值，控制开关在两个振荡器之间切换，形成 2FSK 信号，在切换瞬间，两个振荡器产生的信号波形的相位一般是不连续的。

142

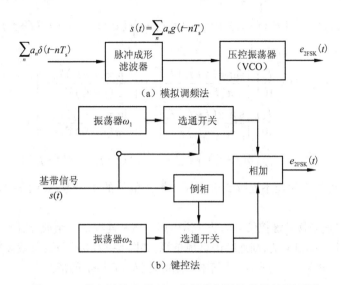

$$s(t) = \sum_n a_n g(t-nT_s)$$

（a）模拟调频法

（b）键控法

图 5-10　数字键控法实现二进制移频键控信号的原理图

📖**相位连续性**

　　模拟调频法产生的 2FSK 信号在相邻码元之间的相位是连续变化的,而键控法产生的 2FSK 信号是由电子开关在两个独立的频率源之间转换形成的,产生的 2FSK 信号的相位在相邻码元之间不一定连续。如图 5-11 所示,这两种方法产生的 2FSK 信号的频谱结构不同。

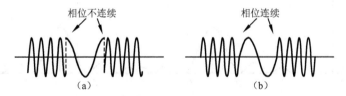

图 5-11　不连续与连续相位的 2FSK 信号

　　相位不连续的信号占据很多的频带,应该尽量避免。保持相位连续的方法有:

（1）桑德 FSK 信号的参数: $f_1 = (k+1)R_b$, $f_0 = kR_b$。其中,k 为某固定正整数。

（2）使用压控振荡器产生

$$f_c = (f_1 + f_0)/2$$

$$s_{2FSK}(t) = A\cos\left[2\pi f_c t + 2\pi K_{FM}\int_{-\infty}^t m(\tau)\mathrm{d}\tau\right]$$

即用模拟调频的方式产生 FSK 信号。其中,$m(t)$ 是双极性基带信号。

3. 2FSK 信号的功率谱及带宽

　　（1）2FSK 信号的功率谱:由于相位不连续的二进制移频键控信号,可以看成由两个不同载波的二进制振幅键控信号的叠加,因此功率谱密度可以表示成两个不同载波的二进制振幅键控信号功率谱密度的叠加,重写式（5-1-20）,即

$$e_{2FSK}(t) = s(t)\cos\omega_1 t + \overline{s(t)}\cos\omega_2 t \tag{5-1-22}$$

类似于 2ASK 信号的功率谱的求法,可得 2FSK 信号的功率谱密度为

$$P_{2FSK}(f) = \frac{1}{4}[P_s(f-f_1) + P_s(f+f_1)] + \frac{1}{4}[P_s(f-f_2) + P_s(f+f_2)] \tag{5-1-23}$$

由式(5-1-7),并令概率 $P = 1/2$,则

$$P_{2FSK}(f) = \frac{T_s}{16}\left[\left|\frac{\sin \pi(f+f_1)T_s}{\pi(f+f_1)T_s}\right|^2 + \left|\frac{\sin \pi(f-f_1)T_s}{\pi(f-f_1)T_s}\right|^2\right] +$$

$$\frac{T_s}{16}\left[\left|\frac{\sin \pi(f+f_2)T_s}{\pi(f+f_2)T_s}\right|^2 + \left|\frac{\sin \pi(f-f_2)T_s}{\pi(f-f_2)T_s}\right|^2\right] + \tag{5-1-24}$$

$$\frac{1}{16}[\delta(f+f_1) + \delta(f-f_1) + \delta(f+f_2) + \delta(f-f_2)]$$

由式(5-1-24)可画出相位不连续二进制移频键控信号的功率谱,如图 5-12 所示,这里只画出了正频率轴部分。

相位不连续的二进制移频键控信号的功率谱由离散谱和连续谱所组成,离散谱位于两个载频 f_1 和 f_2 处;若载波频差 $|f_2 - f_1| < f_s$,则连续谱呈现单峰,如图 5-12(b)所示;若载波频差 $|f_2 - f_1| \geqslant f_s$,则连续谱呈现双峰,如图 5-12(c)所示;通信中常用的是 $|f_2 - f_1| \geqslant f_s$ 的情况。

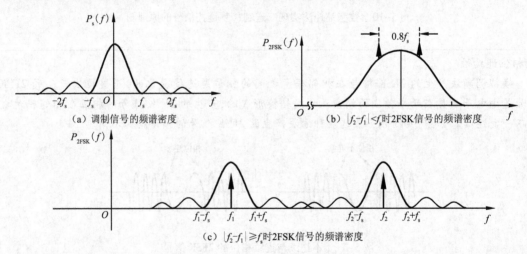

(a) 调制信号的频谱密度

(b) $|f_2-f_1| < f_s$ 时2FSK信号的频谱密度

(c) $|f_2-f_1| \geqslant f_s$ 时2FSK信号的频谱密度

图 5-12　相位不连续二进制移频键控信号的功率谱示意图

设两个载波的中心频率为 $f_c = (f_1 + f_2)/2$。两个载波的频差为 $\Delta f = f_2 - f_1$,若数字基带信号的码元速率为 R_B,则调制指数或频移指数为

$$h = \frac{\Delta f}{R_B} = \frac{f_2 - f_1}{R_B}$$

工程上一般取 $h = 0.7$ 或 $h = 0.5$。

(2)2FSK 信号的带宽:由图 5-12 可得 2FSK 信号的过零点带宽为

$$B = |f_2 - f_1| + 2f_s \tag{5-1-25}$$

这里 $f_s = 1/T_s$ 为基带信号的带宽。则其频带利用率为

$$\eta_B = \frac{R_B}{B} = \frac{f_s}{|f_2 - f_1| + 2f_s} \quad (Bd/Hz) \tag{5-1-26}$$

2FSK 信号的频带利用率比 2ASK 低,而且相位不连续的 2FSK 信号存在载波分量,浪费功率,一般只用于设备要求简单的场合。

至于相位连续的 2FSK 信号的功率谱,因为是一个调频信号,求其功率谱就变得十分复杂,在

此不再详细讲解。和相位不连续的情况类似,随着两个载频距离的加大,所占带宽也增加,也由单峰变为双峰,但在相同的调制指数情况下,相位连续 FSK 要比相位不连续 FSK 所占用的带宽小,因此频谱效率高。

4. 2FSK 信号的解调方法

由于一个 2FSK 信号可视为两个 2ASK 信号的叠加,因此对 2FSK 信号的解调可视为对两路 2ASK 信号的解调,因此同样有相干解调和非相干解调两种方法,另外还有模拟鉴频法和过零检测法等解调方法。

(1)相干解调法:考虑噪声影响时,2FSK 信号的相干解调原理框图如图 5-13 所示。图中两个带通滤波器的带宽相同,皆为相应的 2ASK 信号带宽,中心频率不同,起分路作用,用以分开两路 2ASK 信号。上支路带通滤波器用来通过载频为 f_1 的 2ASK 信号,因而其中心频率为 f_1,带宽 $B_1 \geqslant 2R_B$($2R_B$ 即基带信号带宽的 2 倍);下支路的带通滤波器用来通过载频为 f_2 的 2ASK 信号,因而其中心频率是 f_2,带宽 $B_2 \geqslant 2R_B$。为了使两路 2ASK 信号能通过上下两个带通滤波器完全分开,要求 $|f_2 - f_1| > 2f_s$。另外抽样判决器的判决依据是对两路 LPF 的输出进行比较,谁大取谁。因而无须另加判决门限电平,这正是 2FSK 优于 2ASK 之处。

图 5-13(b)(c)中 B 为 2ASK 信号的带宽,在码元时间宽度 T_s 区间,发送端产生的 2FSK 信号可表示为

$$s_{2FSK}(t) = \begin{cases} A\cos \omega_1 t & \text{发送“1”} \\ A\cos \omega_2 t & \text{发送“0”} \end{cases} \tag{5-1-27}$$

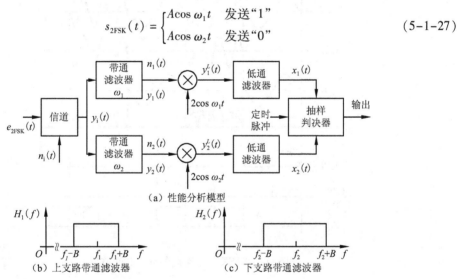

(a)性能分析模型

(b)上支路带通滤波器　　　　　　(c)下支路带通滤波器

图 5-13　2FSK 相干解调

式(5-1-27)中,ω_1 和 ω_2 分别为发送“1”码和“0”码的载波角频率。信道输出(带通滤波器输入)为经过衰减的 2FSK 信号和加性高斯白噪声的合成波形 $y_i(t)$ 为

$$y_i(t) = \begin{cases} a\cos \omega_1 t + n_i(t) & \text{发送“1”} \\ a\cos \omega_2 t + n_i(t) & \text{发送“0”} \end{cases} \tag{5-1-28}$$

式中,$n_i(t)$ 为加性高斯白噪声,上支路在发送“0”和发送“1”时,带通滤波器的输出为

$$y_1(t) = \begin{cases} [a + n_{1c}(t)]\cos \omega_1 t - n_{1s}(t)\sin \omega_1 t & \text{发送“1”} \\ n_{1c}(t)\cos \omega_1 t - n_{1s}(t)\sin \omega_1 t & \text{发送“0”} \end{cases} \tag{5-1-29}$$

同理,下支路在发送“0”和发送“1”时,带通滤波器的输出为

$$y_2(t) = \begin{cases} n_{2c}(t)\cos\omega_2 t - n_{2s}(t)\sin\omega_2 t & \text{发送"1"} \\ [a + n_{2c}(t)]\cos\omega_2 t - n_{2s}(t)\sin\omega_2 t & \text{发送"0"} \end{cases} \tag{5-1-30}$$

假设在$(0, T_s)$发送"1"码,则上下两个支路带通滤波器的输出分别与相应的同步相干载波相乘后得

$$\begin{aligned} y_1^L(t) &= [a + n_{1c}(t)]\cos\omega_1 t \cdot 2\cos\omega_1 t - n_{1s}(t)\sin\omega_1 t \cdot 2\cos\omega_1 t \\ &= a + n_{1c}(t) + [a + n_{1c}(t)]\cos 2\omega_1 t - n_{1s}(t)\sin 2\omega_1 t \end{aligned} \tag{5-1-31}$$

$$\begin{aligned} y_2^L(t) &= n_{2c}(t)\cos\omega_2 t \cdot 2\cos\omega_2 t - n_{2s}(t)\sin\omega_2 t \cdot 2\cos\omega_2 t \\ &= n_{2c}(t) + n_{2c}(t)\cos 2\omega_2 t - n_{2s}(t)\sin 2\omega_2 t \end{aligned} \tag{5-1-32}$$

$y_1^L(t)$和$y_2^L(t)$再分别经低通滤波器滤掉二倍频信号后的输出$x_1(t)$和$x_2(t)$分别为

$$x_1(t) = a + n_{1c}(t) \tag{5-1-33}$$
$$x_2(t) = n_{2c}(t) \tag{5-1-34}$$

抽样判决器对两路信号进行比较判决,即可还原出数字基带信号,判决规则为:$x_1(kT_s) > x_2(kT_s)$时判为"1"码;$x_1(kT_s) < = x_2(kT_s)$时判为"0"码。

图5-14为2FSK相干解调各点的时间波形。这里没有考虑噪声的影响。

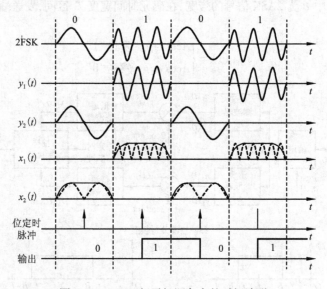

图5-14　2FSK相干解调各点的时间波形

📖 由于2FSK信号解调时将2FSK信号分解为上、下两路2ASK信号分别解调,其中的抽样判决是直接比较两路信号抽样值的大小,因此不用专门设置判决门限。注意判决规则要与调制规则相呼应,例如,若调制时规定载波f_1(上支路)表示"1",则在接收时应相应的规定,上支路样值>下支路样值时判为"1",反之判为"0"。

(2)2FSK非相干解调法(包络检波法):当考虑噪声影响时,2FSK信号的非相干解调原理框图如图5-15所示。

当考虑噪声和信道衰减的影响时,上、下两个支路带通滤波器的输出信号与相干解调时相同,分别为

$$y_1(t) = \begin{cases} [a + n_{1c}(t)]\cos\omega_1 t - n_{1s}(t)\sin\omega_1 t & \text{发送"1"} \\ n_{1c}(t)\cos\omega_1 t - n_{1s}(t)\sin\omega_1 t & \text{发送"0"} \end{cases} \tag{5-1-35}$$

通信原理

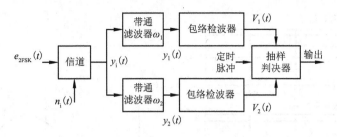

图5-15 2FSK信号采用包络检波法

$$y_2(t) = \begin{cases} n_{2c}(t)\cos\omega_2 t - n_{2s}(t)\sin\omega_2 t & \text{发送"1"} \\ [a + n_{2c}(t)]\cos\omega_2 t - n_{2s}(t)\sin\omega_2 t & \text{发送"0"} \end{cases} \tag{5-1-36}$$

这里以在$(0, T_s)$发送"1"信号为例进行分析,发送"1"时有

$$y_1(t) = \sqrt{[a + n_{1c}(t)]^2 + n_{1s}^2(t)}\cos[\omega_1 t + \varphi_1(t)] \tag{5-1-37}$$

$$y_2(t) = \sqrt{n_{2c}^2(t) + n_{2s}^2(t)}\cos[\omega_2 t + \varphi_2(t)] \tag{5-1-38}$$

包络检波器后输出为信号的包络,即低通滤波器输出信号为

$$V_1(t) = \sqrt{[a + n_{1c}(t)]^2 + n_{1s}^2(t)} \tag{5-1-39}$$

$$V_2(t) = \sqrt{n_{2c}^2(t) + n_{2s}^2(t)} \tag{5-1-40}$$

在kT_s时刻,抽样判决器的抽样值分别为

$$V_1(kT_s) = \sqrt{[a + n_{1c}]^2 + n_{1s}^2} \tag{5-1-41}$$

$$V_2(kT_s) = \sqrt{n_{2c}^2 + n_{2s}^2} \tag{5-1-42}$$

在判决器中对上、下两路信号的大小进行比较,即判决规则为

$$\begin{cases} V_1(kT_s) > V_2(kT_s) \text{时判为"1"} \\ V_1(kT_s) <= V_2(kT_s) \text{时判为"0"} \end{cases} \tag{5-1-43}$$

图5-16为包络检波各点的时间波形。

【例5-2】设某2FSK调制系统的码元速率$R_B = 1\,000$ Bd,已调信号的载频分别为1 000 Hz和2 000 Hz。

(1)若发送数字信息为10110,试画出相应2FSK信号波形;

(2)若发送数字信号"0"和"1"是等概的,试画出它的功率谱密度图;

(3)试讨论这时的2FSK信号应选择怎样的解调方式。

解 (1)设$f_0 = 1\,000$ Hz(表示"0"码)和$f_1 = 2\,000$ Hz(表示"1"码),f_0和f_1频率分别为信息速率的1倍和2倍,故一个码元间隔内分别有1("0"码)和2("1"码)个载波周期,2FSK信号的波形如图5-17所示。

(2)2FSK信号的功率谱密度为两个2ASK信号的功率谱的叠加(见图5-18)。

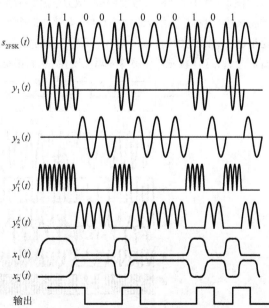

图5-16 2FSK包络检波各点的时间波形

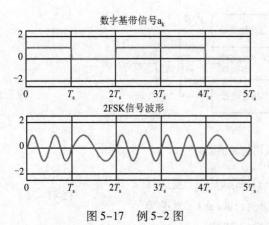

图 5-17 例 5-2 图

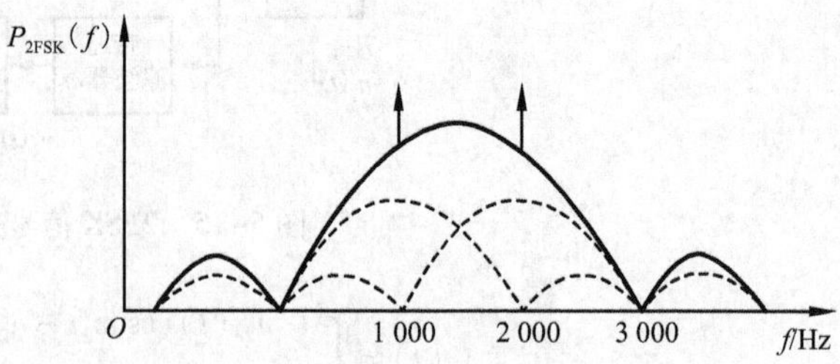

图 5-18 2FSK 信号功率谱示意图

传输带宽：

$$B_{2FSK} = |f_2 - f_1| + 2f_s = 2\ 000 - 1\ 000 + 2 \times 1\ 000 = 3\ 000(Hz)$$

频带利用率：

$$\eta_{2FSK} = \frac{R_B}{B_{2FSK}} = \frac{R_B}{|f_2 - f_1| + 2R_B} = \frac{1\ 000}{3\ 000} = \frac{1}{3}(Bd/Hz)$$

（3）由于 $|f_2 - f_1| < 2R_B$，两个 2ASK 信号的频谱有重叠，2FSK 非相干解调器上、下两个支路的带通滤波器不可能将两个 2ASK 信号分开，所以不能采用非相干解调 2FSK 信号，此时可以采用过零检测器解调 2FSK 信号。另外由于"1"码和"0"码的两个信号正好是正交的，故也可以采用相干解调方式，因为相干解调具有抑制正交分量的功能。

（4）2FSK 的过零检测法：2FSK 过零检测的原理是基于 2FSK 信号的过零点数随不同频率而异，通过检测过零点数目的多少从而区分两个不同频率的信号码元。图 5-19 是 2FSK 信号过零检测的原理框图及各点的时间波形。

图 5-19 中 2FSK 信号经限幅、微分、整流后形成与频率变化相对应尖脉冲序列，这些尖脉冲序列的密集程度反映了信号的频率高低，尖脉冲的个数就是信号过零点数。把这些尖脉冲变换成较宽的矩形脉冲，以增大其直流分量，该直流分量的大小和信号频率的高低成正比，然后经低通滤波器取出直流分量，这样就完成了频率-幅度变换，从而根据直流分量幅度的大小还原出数字信号"1"和"0"。

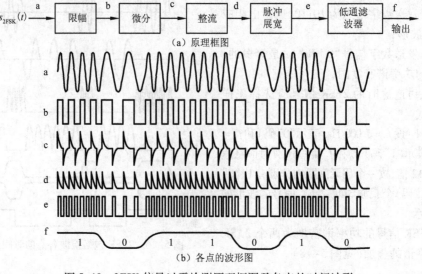

图 5-19 2FSK 信号过零检测原理框图及各点的时间波形

5.1.3 二进制相移键控

1. 2PSK 信号的表达式和波形

正弦载波的相位随二进制数字基带信号的变化而变化,则产生二进制相移键控(2PSK)信号。由于 2PSK 系统的抗噪声性能优于 2ASK 和 2FSK,而且频带利用率高,所以在中高速数字通信系统中被广泛采用。设载波为 $c(t) = A\cos[\omega_c t + \varphi(t)]$,式中 $\varphi(t)$ 为载波的相位,在 2PSK 中通常用初始相位 0 和 π 分别表示二进制数字信号"1"和"0"。即

$$\varphi(t) = \begin{cases} \pi & \text{发送"1"} \\ 0 & \text{发送"0"} \end{cases} \tag{5-1-44}$$

则 2PSK 可表示为

$$e_{2PSK}(t) = \begin{cases} A\cos(\omega_c t + \pi) = -A\cos\omega_c t & \text{发送"1"} \\ A\cos(\omega_c t + 0) = A\cos\omega_c t & \text{发送"0"} \end{cases} \tag{5-1-45}$$

由式(5-1-45)可画出 2PSK 信号波形如图 5-20 所示。

由图 5-20 可知,二进制数字信号与已调载波的相位之间是一一对应的关系,或者说已调信号的初始相位的取值与"1"码和"0"码是一一对应的,这种调制方式也称作绝对相移调制。

2PSK 信号也可看成是二进制双极性不归零信号与正弦载波相乘,则 2PSK 可以写成一般形式,即

$$e_{2PSK}(t) = s(t)A\cos\omega_c t \tag{5-1-46}$$

式中,$s(t)$ 实际是取值为 ± 1 的持续时间为 T_s 双极性的矩形脉冲序列,$s(t)$ 可表示为

$$s(t) = \sum_{n=-\infty}^{+\infty} a_n g(t - nT_s) \tag{5-1-47}$$

这里 a_n 为双极性信号

$$a_n = \begin{cases} 1 & \text{发送概率为 } P \\ -1 & \text{发送概率为 } 1-P \end{cases} \tag{5-1-48}$$

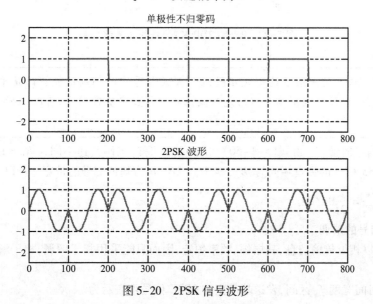

图 5-20 2PSK 信号波形

2.2PSK 信号的产生方法

2PSK 信号的产生方法（调制方法）也有两种，模拟调制法和键控法，如图 5-21 所示，分别对应式（5-1-45）和式（5-1-46）。

3.2PSK 信号的功率谱及带宽

（1）2PSK 信号的功率谱：对比式（5-1-46）和式（5-1-2）可知，2PSK 信号的一般表达式与 2ASK 信号的表示形式相同，所以 2PSK 的功率表达式和 2ASK 功率谱的表达式具有相同的形式，即

$$P_{2PSK}(f) = \frac{1}{4}[P_s(f+f_c) + P_s(f-f_c)]$$

$$(5-1-49)$$

只不过在这里 $P_s(f)$ 是双极性不归零基带信号的功率谱密度，由第 4 章可知二进制双极性信号的功率谱密度为 $P_s(f) = T_s Sa^2(\pi f T_s)$，则"0"和"1"等概时 2PSK 信号的功率谱为

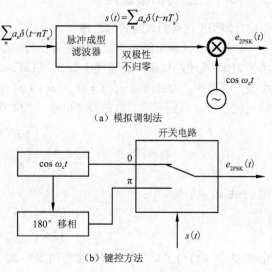

（a）模拟调制法

（b）键控方法

图 5-21　2PSK 信号的调制原理图

$$P_{2PSK}(f) = \frac{T_s}{4}\left[\left|\frac{\sin\pi(f+f_c)T_s}{\pi(f+f_c)T_s}\right|^2 + \left|\frac{\sin\pi(f-f_c)T_s}{\pi(f-f_c)T_s}\right|^2\right] \qquad (5-1-50)$$

2PSK 信号的功率谱密度如图 5-22 所示，一般情况下二进制相移键控信号的功率谱密度由离散谱和连续谱所组成，当"0"和"1"等概出现时，无直流分量，则不存在离散谱。

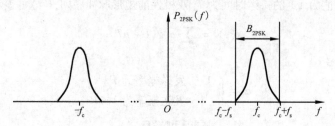

图 5-22　2PSK（2DPSK）信号的功率谱密度

📖 虽然 2ASK 与 2PSK 的一般表达形式相同，但 2ASK 信号中的调制信号 $s(t)$ 是单极性非归零数字基带信号，而在 2PSK 中调制信号 $s(t)$ 是双极性非归零数字基带信号，所以 2PSK 功率谱密度中不含离散谱。

（2）2PSK 信号的带宽：由式（5-1-50）和图 5-22 可知，当码元速率同为 $R_B = 1/T_s$ 时，2PSK 信号的带宽与 2ASK 信号的带宽相同为：$B_{2PSK} = 2f_s = 2B$，B 为基带信号的带宽。所以，其频带利用率 $\eta_{2PSK} = \dfrac{R_B}{B_{2PSK}} = \dfrac{R_B}{2R_B} = \dfrac{1}{2}Bd/Hz$。

4.2PSK 信号的解调

2PSK 信号以相位传输信息，其振幅、频率恒定，因而只能采用相干解调，相干解调原理框图如图 5-23 所示。

设在码元时间宽度 T_s 区间，发送端产生的 2PSK 信号可表示为

$$e_{2PSK}(t) = \begin{cases} A\cos \omega_c t & 发送"1" \\ -A\cos \omega_c t & 发送"0" \end{cases} \qquad (5-1-51)$$

接收端带通滤波器输出波形 $y(t)$ 为经信道衰减后的有用信号和窄带高斯白噪声

$$y(t) = \begin{cases} [a+n_c(t)]\cos \omega_c t - n_s(t)\sin \omega_c t & 发送"1" \\ [-a+n_c(t)]\cos \omega_c t - n_s(t)\sin \omega_c t & 发送"0" \end{cases} \qquad (5-1-52)$$

乘法器输出为 $y(t) \times 2\cos(\omega_c t)$:

$$z(t) = \begin{cases} a[1+\cos 2\omega_c t] + n_c(t)[1+\cos 2\omega_c t] - n_s(t)\sin 2\omega_c t & 发送"1"信号 \\ -a[1+\cos 2\omega_c t] + n_c(t)[1+\cos 2\omega_c t] - n_s(t)\sin 2\omega_c t & 发送"0"信号 \end{cases} \qquad (5-1-53)$$

低通滤波器滤除 2 倍频分量,其输出波形 $x(t)$ 为

$$x(t) = \begin{cases} a+n_c(t), & 发送"1" \\ -a+n_c(t), & 发送"0" \end{cases} \qquad (5-1-54)$$

判决原则如下:

$$\begin{cases} x(kT_s) > 0 \Rightarrow 1 \\ x(kT_s) < = 0 \Rightarrow 0 \end{cases}$$

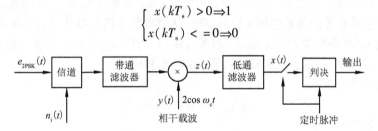

图 5-23 2PSK 信号相干解调原理框图

图 5-24 是 2PSK 相干解调各点信号波形。

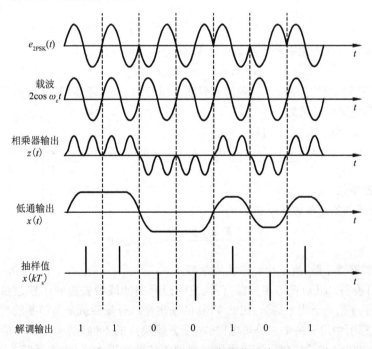

图 5-24 2PSK 相干解调各点信号波形

5. 相干载波的提取和相位模糊

由于 2PSK 信号只能采用相干解调,解调时需要与发送端同频同相的相干载波,由图 5-22 可知,2PSK 信号的功率谱中不存在离散的载波分量。所以,在接收端需要对接收到的信号进行某种非线性变换才能提取相干载波。实现这种非线性变换的电路常采用含有锁相环的平方环电路,其原理框图如图 5-25 所示。

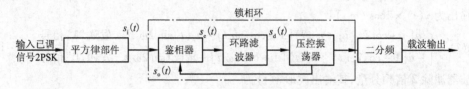

图 5-25　平方环相干载波提取的原理框图

锁相环(PLL)原理是:环路输入 $s_i(t)$ 与压控振荡器(VCO)的输出 $s_o(t)$ 一起加到鉴相器上,鉴相器是个相位比较装置。它把输入信号 $s_i(t)$ 和压控振荡器的输出信号 $s_o(t)$ 的相位进行比较,产生对应于两个信号相位差的误差电压 $s_e(t)$。环路滤波器的作用是滤除误差电压 $s_e(t)$ 中的高频成分和噪声,以保证环路所要求的性能,增加系统的稳定性。$s_e(t)$ 经环路滤波器处理后可改变 VCO 输出信号的频率和相位,使之跟踪输入信号的频率和相位。

输入信号为 2PSK 信号(设 $A=1$)有:

$$e_{2PSK}(t) = s(t)\cos\omega_c t \tag{5-1-55}$$

平方后输出信号为

$$s_i(t) = \left[s(t)\cos\omega_c t\right]^2 = \frac{s^2(t)}{2} + \frac{s^2(t)}{2}\cos 2\omega_c t \tag{5-1-56}$$

若取 $s(t)$ 值为 ± 1,则有

$$s_i(t) = \left[s(t)\cos\omega_c t\right]^2 = \frac{1}{2} + \frac{1}{2}\cos 2\omega_c t \tag{5-1-57}$$

当环路锁定时,VCO 的频率锁定在 $2\omega_c$ 上,VCO 的输出信号为

$$s_o(t) = v_o\sin(2\omega_c t + 2\theta) \tag{5-1-58}$$

这里 θ 为 VCO 输出信号与输入已调信号载波之间的相位差,经鉴相器(由相乘器和低通滤波器组成)的相乘器相乘后输出为

$$s_e(t) = K_p s_i(t) s_o(t)$$
$$= \frac{K_p v_o\sin(2\omega_c t + 2\theta)}{2} + \frac{K_p v_o\sin(4\omega_c t + 2\theta)}{4} + \frac{K_p v_o\sin 2\theta}{4} \tag{5-1-59}$$

式中,K_p 为鉴相器系数。

$s_e(t)$ 经鉴相器的低通滤波器后得到:

$$s_d(t) = \frac{K_L K_p v_o\sin 2\theta}{4} = K_d\sin 2\theta \tag{5-1-60}$$

式中,K_L 为低通滤波器系数;$K_d = K_L K_p v_o/4$ 为常数。

式(5-1-60)表明,$s_d(t)$ 仅与相位差有关,它通过环路滤波器去控制压控振荡器的相位和频率,当环路锁定后,θ 是一个很小的量,因此 VCO 的输出经二分频后就是所需要的相干载波。

载波提取的框图中用了一个二分频电路,由于分频起点的不确定性,使其输出的载波相对于接收信号相位有 180°的相位模糊。相位模糊对模拟通信关系不大,因为人耳听不出相位的变化。相位模糊对数字通信的影响有可能使 2PSK 相干解调后出现"反相工作"的问题,即 2PSK 信号经

过相干解调后得到的将是原基带信号的反码。克服相位模糊对相干解调影响的最常用而又有效的方法是采用相对相移键控(2DPSK)。

【例5-3】对最高频率为4MHz的模拟信号进行线性 PCM 编码,量化电平数 $M=16$,编码信号先通过 $a=0.2$ 的升余弦滚降滤波器处理,再对载波进行调制。若采用 2PSK 调制,求占用的信道带宽和频带利用率分别是多少?

解　模拟信号的最高频率为 f_H,将取样频率取为 $f_s=2f_H$,当量化电平为 $M=16$ 时,编码位数 $N=\log_2^{16}=4$,PCM 编码后的信息速率为

$$R_b=2f_H N=(2\times4\times10^6\times4)\ \text{bit/s}=32\ \text{Mbit/s}$$

二进制基带升余弦滚降信号带宽为

$$B=\frac{1+a}{2}R_b=\left(\frac{1+0.2}{2}\times32\right)\text{MHz}=19.2\ \text{MHz}$$

用此信号与载波相乘得到的调制信号的带宽是基带信号带宽的两倍,则有

$$B_c=2B=38.4\ \text{MHz}$$

因此频带利用率为

$$\eta=\frac{R_b}{B}=\frac{32\times10^6}{38.4\times10^6}=0.83\ \text{bit/(s·Hz)}$$

也可直接利用频带利用率的公式求解,由于调制信号的带宽为基带信号带宽的两倍,因此有

$$\eta=\frac{1}{1+a}=\frac{1}{1+0.2}=0.83\ \text{bit/(s·Hz)}$$

📖 我们在讲调制原理时为了便于理解,省去了基带滤波器 BBF(base-band filter)(即基带传输系统中所讲的理想低通滤波器或升余弦滚降滤波器等),以 2PSK 为例,一个比较完整的 2PSK 调制原理框图应该如图 5-26 所示。

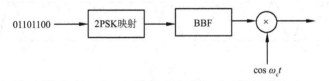

图 5-26　2PSK 调制原理框图

5.1.4　二进制差分相移键控

1. 2DPSK 信号的表达式和波形

与 2PSK 利用载波绝对相位变化传递数字信息不同。差分相移键控(2DPSK,Differential Phase Shift Keying,2DPSK)是用前后相邻码元的载波相位相对变化来表示数字信息的。假设前后相邻码元的载波相位差为 $\Delta\varphi$,数字基带信号与 $\Delta\varphi$ 之间的关系定义为

$$\Delta\varphi=\begin{cases}0 & \text{发送"0"}\\ \pi & \text{发送"1"}\end{cases} \tag{5-1-61}$$

则按式(5-1-61)对应关系可得 2DPSK 信号的波形,如图 5-27 所示。

【例5-4】画出基带信号 $a_k=1101111010$ 的 2DPSK 信号波形和 a_k 的差分码(或相对码) b_k 的 2PSK 波形。

解 差分码 $b_k = b_{k-1} \oplus a_k = 1001010011$，画出波形如图 5-28 所示。

由图 5-28 可以看出：DPSK 的相位 φ_n 不再和基带信号 a_k 有一一对应的关系，而是当前码元和前一码元的相位差 $\Delta\varphi_k$ 和 a_k 有一一对应的关系。这样在解调 DPSK 信号时即使所恢复的载波相位 θ_n 发生反转，只要前后码元的相位差不变，就能避免相位模糊对信号解调的影响。

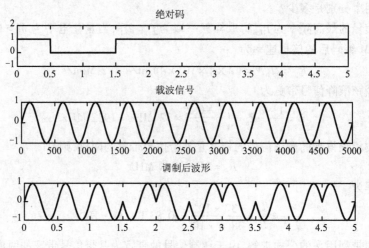

图 5-27 2DPSK 信号波形

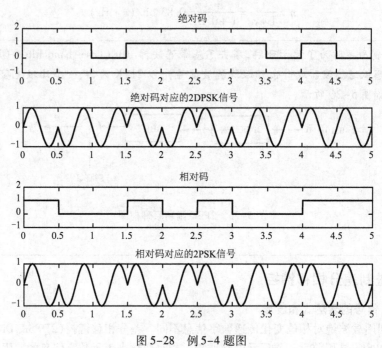

图 5-28 例 5-4 题图

另外，从图 5-28 中也可以看到，由 a_k 产生的 2DPSK 和由 b_k 产生的 2PSK 信号的波形相同，因此得到产生 2DPSK 信号的方法：将绝对码 a_k 进行码变换得到相对码 b_k，然后进行绝对调相，即可产生 2DPSK 信号。绝对码变相对码的规则为

$$b_k = b_{k-1} \oplus a_k \tag{5-1-62}$$

式中，符号 $\oplus$ 为模 2 加或异或；b_{k-1} 为 b_k 的前一码元，初始值可任意设定为"0"或"1"码。

在接收端，按 2PSK 方式进行解调得到的是相对码 b_k，需要进行码反变换得到 a_k，即差分译码，

通信原理

将相对码变为绝对码,其规则为

$$a_k = b_k \oplus b_{k-1} \qquad (5\text{-}1\text{-}63)$$

2. 2DPSK 信号的产生方法

2DPSK 信号的产生方法首先对二进制数字基带信号进行差分编码,将绝对码 a_k 变换为相对码 b_k,然后再对 b_k 进行绝对调相,从而产生二进制差分相移键控信号,2DPSK 信号调制器原理图如图 5-29 所示。

3. 2DPSK 信号的功率谱及带宽

由于基带信号"0"和"1"等概出现且互不相关时,绝对码和差分码的功率谱相同,因此调制后 2DPSK 信号和 2PSK 信号具有相同的功率谱

$$P_{2DPSK}(f) = P_{2PSK}(f) = \frac{T_s}{4} \left[\left| \frac{\sin \pi (f+f_c) T_s}{\pi (f+f_c) T_s} \right|^2 + \left| \frac{\sin \pi (f-f_c) T_s}{\pi (f-f_c) T_s} \right|^2 \right] \qquad (5\text{-}1\text{-}64)$$

相应的 2DPSK 信号的功率谱密度如图 5-30 所示。

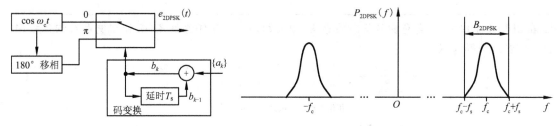

图 5-29　2DPSK 信号调制器原理图　　　　图 5-30　2DPSK 信号的功率谱密度

2DPSK 信号的带宽和频带利用率与 2PSK 相同,2DPSK 信号带宽为基带信号的带宽的 2 倍: $B_{2DPSK} = 2f_s = 2/T_s$,所以其频带利用率 $\eta_{2DPSK} = \dfrac{R_B}{B_{2DPSK}} = \dfrac{R_B}{2R_B} = \dfrac{1}{2}(\text{Bd/Hz})$。

📖 2DPSK、2PSK 和 2ASK 相比于 2FSK 带宽要小,带宽小可以有两个方面的好处:一是信号占用的频谱更少,这样就允许在一个已固定分配的频谱范围内传输更多的信号;二是随着带宽的减小信噪比将大大提高。

4. 2DPSK 信号的解调方法

2DPSK 信号的解调方法有基于极性比较的相干解调和基于相位比较的差分相干解调法两种。

(1)2DPSK 信号相干解调:2DPSK 信号可以采用相干解调方式(极性比较法),其解调原理如下:对 2DPSK 信号进行相干解调,恢复出相对码,再通过码反变换器变换为绝对码,从而恢复出发送的二进制数字信息。在解调过程中,若相干载波产生 180°相位模糊,使得解调出的相对码有"反相工作"现象。但是经过码反变换器后,输出的绝对码不会发生任何"反相工作"现象,从而解决了载波相位模糊的问题。2DPSK 信号相干解调原理框图如图 5-31 所示,2DPSK 信号解调过程各点时间波形如图 5-32 所示。

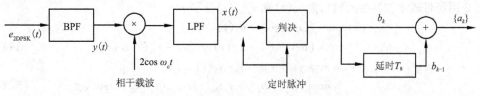

图 5-31　2DPSK 信号相干解调原理框图

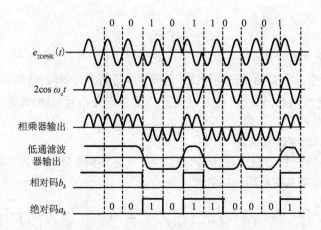

图 5-32　2DPSK 信号相干解调过程各点时间波形

📖在 2DPSK 系统中, 不会受初始状态的影响, 即最初的 b_{n-1} 可任意设定, 而且即使存在相位模糊仍然可以正确解调, 如

$$\frac{(a_k)}{(b_k)}\quad \begin{array}{ccccccccccc} 0 & 0 & 1 & 1 & 1 & 0 & 0 & 1 & 0 & 1 \\ 0 & 0 & 0 & 1 & 0 & 1 & 1 & 1 & 0 & 0 & 1 \end{array}$$

存在相位模糊, 解调之后变成了反码

$$\frac{(b_k')}{(a_k')}\quad \begin{array}{ccccccccccc} 1 & 1 & 1 & 0 & 1 & 0 & 0 & 0 & 1 & 1 & 0 \\ 0 & 0 & 1 & 1 & 1 & 0 & 0 & 1 & 0 & 1 \end{array}$$

在解调过程中, 由于载波相位模糊性的影响, 使得解调出的相对码也可能有"0"和"1"倒置, 但码反变换后得到的绝对码不会发生任何倒置, 从而解决了载波相位模糊性带来的问题(这是因为 $a_k = b_k \oplus b_{k-1} = \overline{b_k} \oplus \overline{b_{k-1}}$), 即克服了因载波相位模糊导致的"反相工作"现象。

(2)2DPSK 信号差分相干解调(相位比较法): 2DPSK 信号也可以采用差分相干解调方式(相位比较法), 其解调原理是直接比较前后码元的相位差, 从而恢复发送的二进制数字基带信息。

差分相干解调的特点是不需要提取相干载波, 因此它是一种非相干解调方式。由接收的信号本身就可以直接解调得到原始基带信号。其工作原理框图如图 5-33 所示。

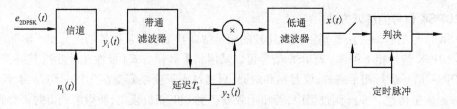

图 5-33　2DPSK 信号差分相干解调原理框图

假设发送端调制规则为 $\Delta\varphi = 0°$ 时发"0", $\Delta\varphi = 180°$ 时发"1", 当前发送信号和前一个时刻发送信号分别经带通滤波器后的输出为 $y_k(t)$ 和 $y_{k-1}(t)$ 分别为

$$y_k(t) = a\cos(\omega_c t + \theta_k) + n_1(t)$$
$$= a\cos(\omega_c t + \theta_k) + n_{1c}(t)\cos\omega_c t - n_{1s}(t)\sin\omega_c t \qquad (5-1-65)$$
$$y_{k-1}(t) = a\cos(\omega_c t + \theta_{k-1}) + n_2(t)$$
$$= a\cos(\omega_c t + \theta_{k-1}) + n_{2c}(t)\cos\omega_c t - n_{2s}(t)\sin\omega_c t \qquad (5-1-66)$$

其中 $n_1(t)$ 和 $n_2(t)$ 分别为无延迟支路的窄带高斯噪声和有延迟支路的窄带高斯噪声，并且 $n_1(t)$ 和 $n_2(t)$ 相互独立。低通滤波器的输出 $x(t)$ 为

$$x(t) = \frac{a^2}{2}\cos(\theta_k - \theta_{k-1}) + \frac{an_{2c}}{2}\cos\theta_k + \frac{an_{2s}}{2}\sin\theta_k +$$

$$\frac{an_{1c}}{2}\cos\theta_{k-1} + \frac{n_{1c}(t)n_{2c}(t)}{2} + \frac{an_{1s}}{2}\sin\theta_{k-1} - \frac{n_{1s}(t)n_{2s}(t)}{2} \qquad (5\text{-}1\text{-}67)$$

由于 θ_k 和 θ_{k-1} 的取值都可以为 $0°$ 或 $180°$，因此式(5-1-67)等于

$$x(t) = \frac{a^2}{2}\cos(\theta_k - \theta_{k-1}) \pm \frac{an_{2c}}{2} \pm \frac{an_{1c}}{2} + \frac{n_{1c}(t)n_{2c}(t)}{2} - \frac{n_{1s}(t)n_{2s}(t)}{2} \qquad (5\text{-}1\text{-}68)$$

为了分析问题简单，不考虑噪声的影响，即 $x(t) = a^2\cos(\theta_k - \theta_{k-1})/2$，因此抽样判决器相当于比较 θ_k 和 θ_{k-1} 的相位，如果两者同相位即 $\Delta\varphi = 0°$，则 $x(t) = a^2/2$；否则当 $\Delta\varphi = 180°$ 时，$x(t) = -a^2/2 < 0$，因此判决规则为：

若 $x > 0$，则判决为"0"码；

若 $x <= 0$，则判决为"1"码。

各点信号波形如图 5-34 所示。

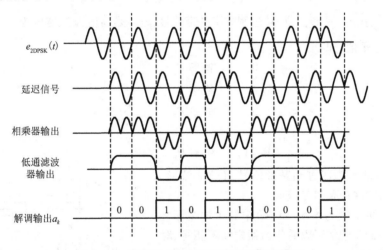

图 5-34　2DPSK 差分相干解调各点信号波形

相乘器起着相位比较的作用，相乘的结果反映了前后码元的相位差，经低通滤波和抽样判决后，即可直接恢复出原始的数字基带信号，不再需要进行码反变换。

总的来说，2DPSK 避免了相位模糊产生的影响，解调可以不需要相干载波，因此简化了接收设备。在实际应用中，二进制相移键控一般都采用 2DPSK 方式。

5.2　多进制数字调制系统

在实际的通信系统中一般采用多进制的数字调制方式。例如：LTE 支持 QPSK、16QAM、64QAM；CDMA 支持 QPSK；GSM 对应 GMSK；EDGE 支持 8PSK；TDSCDMA 支持 QPSK；WCDMA 支持 BPSK、QPSK；CDMA20001x 支持 OQPSK、QPSK。

由于信息速率 R_b、码元速率 R_B 和进制数 M 之间的关系为

$$R_B = R_b / \log_2 M \qquad \text{(B)}$$

$$(5-2-1)$$

可见在信息速率 R_b 不变的情况下,通过增加进制数 M,可以降低码元速率 R_B,从而减小信号带宽,提高系统频带利用率。因此为了提高频带利用率,通常采用多进制数字调制方式,使一个码元传输多个比特的信息,在信道频率资源紧张的无线信道,常常采用这种调制方式以获得高速数据传输。不过在相同的噪声下,多进制调制系统的抗噪声性能低于二进制调制系统,即若想得到相同的误码率,其代价是需要更大的发送信号功率。

多进制调制仍然是利用数字基带信号去控制载波的某个参数,使得载波的某个参数随基带信号的变化而变化。与二进制数字调制相类似,M 进制数字基带信号可以调制正弦载波的幅度、频率或相位,相应得到 MASK、MFSK 和 MPSK 信号。也可以把不同的调制方式结合起来,例如把MASK 和 MPSK 结合起来,产生 M 进制幅度相位联合键控信号 QAM。通常取 $M = 2^N$,其中 N 为正整数。

1. MASK

多进制数字振幅调制是用多进制数字基带信号去控制载波的振幅,MASK 调制信号可表示为

$$e_{\text{MASK}} = s(t) \cos \omega_c t$$

$$(5-2-2)$$

式中,$s(t) = \sum_n a_n g(t - nT_s)$ 为 M 进制数字基带信号;$g(t)$ 是高度为 1、宽度为 T_s 的门函数。a_n 取 M 种不同的电平值,如

$$a_n = \begin{cases} 0 & \text{概率 } P_1 \\ d & \text{概率 } P_2 \\ 2d & \text{概率 } P_3 \text{,} \quad \text{且} \sum_{i=1}^{M} P_i = 1 \\ \vdots & \\ (M-1)d & \text{概率 } P_M \end{cases}$$

$$(5-2-3)$$

图 5-35(a)所示为四进制基带信号 $s(t)$ 的波形,图 5-35(b)所示为 4ASK 信号波形。

由于 4ASK 可等效为图 5-35(c)中的 4 种波形之和,这就是说,MASK 信号可以看作由振幅互不相等、时间上互不相容的 $M-1$ 个 2ASK 信号叠加而成。

因此 MASK 功率谱密度便是这 $M-1$ 个信号的功率谱密度之和,尽管叠加后的频谱结构很复杂,但就带宽而言,MASK 的带宽和 2ASK 信号的带宽相同,即有 $B_{\text{MASK}} = 2f_s$,f_s 为是多进制码元速率。与二进制 2ASK 信号相比较,当两者码元速率相等时,则两者带宽相等。

MASK 信号的产生方法与二进制 ASK 信号相同,可利用乘法器实现,其解调方式也与二进制 ASK 相同,可采用相干解调和包络解调方式。MASK 虽然是一种高效率的传输方式,但由于它的抗噪声性能差,尤其是抗衰落能力较低,因此它一般只适宜在恒参信道中传输。

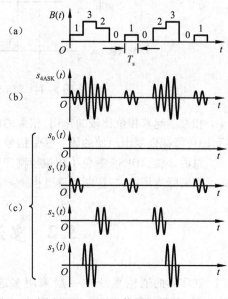

图 5-35　MASK 信号的波形

通信原理

2. MFSK

多进制数字频率调制是利用多进制数字基带信号来控制载波的频率,使载波的频率随数字基带信号的变化而变化,因此 MFSK 有 M 种不同的载波频率来与 M 种不同码元相对应。MFSK 信号的表达式可表示为

$$e_{\text{MFSK}} = A\cos 2\pi f_i t, \quad i = 1,2,3,\cdots,M \tag{5-2-4}$$

MFSK 的产生方式和解调方法可以看成是 2FSK 产生方式和解调方式的推广,如图 5-36 所示(以 MFSK 信号常用的非相干解调为例)。

这种方式产生的 MFSK 信号的相位是不连续的,可看作是 M 个振幅相同、载波不同、时间上互不相容的二进制 ASK 信号的叠加。因此 MFSK 带宽 $B = f_M - f_1 + \Delta f$,其中 f_1 为最低载频,f_M 为最高载频,Δf 为单个码元的带宽,所以相比于 MASK 其信号所占带宽比较宽,频带利用率比较低。但在保证一定误码率时所需的信噪比也比较低,因此是以频带利用率来换取信号功率效率的一种调制方法。

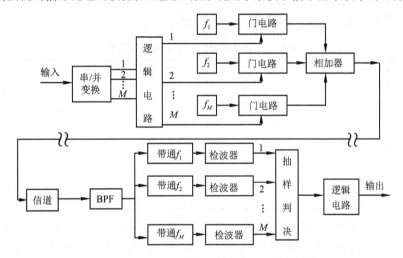

图 5-36 多进制频移键控系统组成原理框图

MFSK 同样具有多进制调制的一切特点,而且 MFSK 系统抗衰落能力强。这种调制方式一般用于调制速率不高的衰落传输信道中。

3. MPSK

多进制数字相位调制是利用载波的多种不同相位来表征数字基带信号的调制方式。图 5-37 中画出 $M = 2,4,8$ 三种情况下的矢量图,当初始相位 $\theta = 0$ 和 $\theta = \pi/M$ 时,矢量图有不同的形式。如果矢量图只保留端点则称为星座图,星座图可以用来描述信号的空间分布状态。由图 5-37 可见,随着进制数的增加,星座图中端点间距变小,数字调制的抗干扰能力变差,对信道质量的要求提高。MPSK 调制信号可表示为

$$e_{\text{MPSK}} = A\cos(\omega_c t + \theta_k) = a_k\cos\omega_c t - b_k\cos\omega_c t,$$
$$k = 1,2,3,\cdots,M \tag{5-2-5}$$

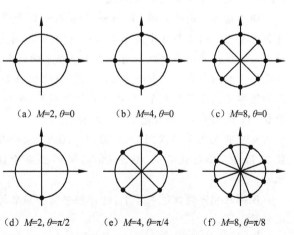

（a）$M=2, \theta=0$ （b）$M=4, \theta=0$ （c）$M=8, \theta=0$

（d）$M=2, \theta=\pi/2$ （e）$M=4, \theta=\pi/4$ （f）$M=8, \theta=\pi/8$

图 5-37 MPSK 信号矢量图

式(5-2-5)中，A 为常数（这里假设 $A=1$），θ_k 为一组间隔均匀的受调制相位，有 M 种不同取值。$\theta_k = 2\pi(k-1)/M$，$k = 1, 2, \cdots, M$。通常 M 取 2 的幂 $M = 2^N$，N 为正整数。$a_k = \cos\theta_k$，$b_k = \sin\theta_k$，可见多进制相位调制的波形可以看成是以两个载波正交的 MASK 信号的合成，并且有 $a_k^2 + b_k^2 = 1$，因此多进制相位调制信号的带宽与 MASK 信号的带宽是相同的。目前 MPSK 中使用最广泛的是四进制和八进制调相。下面以 $M=4$ 为例进行讲解。

5.2.1　四进制绝对相移键控

1. 4PSK 的码元与载波相位关系

四进制绝对相移键控是利用载波的四种不同相位来表示四进制数字信息。由于每一种载波相位代表两个比特信息，因此每个四进制码元可以用两个二进制码元的组合来表示。双比特码元中两个信息比特 ab 是按照格雷码排列的。双比特 ab 与载波相位的关系如表 5-1 所示，有 A 方式和 B 方式两种对应关系。矢量图如图 5-37(b)(e) 所示。

表 5-1　双比特 ab 与载波相位的关系

双比特码元		载波相位(θ_k)	
a	b	A 方式	B 方式
0	0	180°	225°
0	1	90°	135°
1	1	0°	45°
1	0	270°	315°

采用格雷码的好处在于相邻相位所代表的两个比特只有一位不同，由于因相位误差造成错判至相邻相位上的概率最大，故这样编码使之仅造成一个比特误码的概率最大。这样，与其他编码同时改变两位或多位的情况相比更为可靠，即可减少出错的可能性。

📖 4PSK 的映射关系可以随意定吗？

由于信道不是理想的，当 4PSK 调制后的信号通过信道到达接收端解调时，得到的数据不会正好位于星座图的 4 个点中某个点正中央的位置，而是分布在 4 个点周边一定范围内。在接收端进行判断时最简单的办法就是看距离 4 个点中的哪个点最近。从概率的角度讲，误判为相邻点的概率要高于非相邻点。以 B 方式 11 为例，接收数据如果没出现在第一象限，则其出现在第二、四象限的概率要高于第三象限，即接收数据误判为 01 和 10 的概率要高于误判为 00 的概率。11 误判为 01、11 误判为 10 都只是错了 1 比特。

如果将映射关系改写为按 00、01、10、11 顺序与 225°，315°，45° 和 135° 一一对应，则当发送数据 11 时，接收误判为 10 和 00 的概率要高于误判为 01 的概率，而 11 误判为 00 则错了 2 比特。

因此在相同的信道条件下，这种相邻两个码之间只有 1 位数不同的格雷码编码方案能减少误比特率。

【例 5-5】待传送二元数字序列 $\{a_k\} = 1011010011$：

(1) 试画出 QPSK 信号波形。假定载波频率 $f_c = R_b = 1/T_s$，四种双比特码 00,10,11,01 分别用

相位偏移 $0, \pi/2, \pi, 3\pi/2$ 的振荡波形表示。

解 QPSK 信号波形如图 5-38 所示。

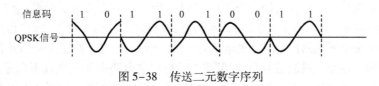

图 5-38　传送二元数字序列

2. QPSK 的产生

QPSK 信号的产生方法有相位选择法和正交调相法两种。

（1）相位选择法：QPSK 信号的特点是已调信号的幅度相等，依靠不同相位来区分各信号，因此可以用相位选择法产生 4PSK 信号，其原理图如图 5-39 所示。

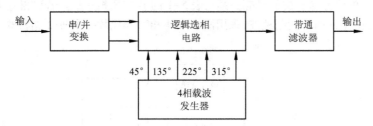

图 5-39　相位选择法产生 4PSK 信号原理图

图 5-39 中相位选择电路按照当时的输入双比特 ab 来选择某个相位的载波输出，即表 5-1 中所规定的 A 方式或 B 方式的 4 个相位之一。

（2）正交调相法：由式（5-2-5）可以看出，4PSK 信号也可以看作两个载波正交的 2PSK 信号的合成，因此 QPSK 也可以采用正交调相的方式产生，正交调相法原理框图如图 5-40 所示。

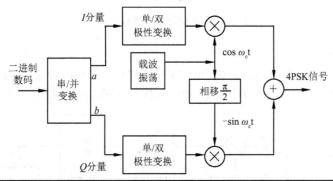

输入二进制码元（ab）		QPSK 信号 $a\cos\omega_c - b\sin\omega_c t$	相位（θ_k）
-1	-1	$-\cos\omega_c t + \sin\omega_c t$	225°
-1	1	$-\cos\omega_c t - \sin\omega_c t$	135°
1	1	$\cos\omega_c t - \sin\omega_c t$	45°
1	-1	$\cos\omega_c t + \sin\omega_c t$	315°

图 5-40　4PSK 正交调制器（B 方式）

图 5-40 中输入基带信号是二进制不归零双极性码元,它对应于输入串行比特流;"串/并变换"将二进制数据每两个比特(用 ab 表示)分为一组。一共有四种组合(1,1),(1,-1),(-1,1)和(-1,-1)。每组前一比特 a 为同向分量(I 分量),后一比特 b 为正交分量(Q 分量)。将它们分别对正交载波 $\cos \omega_c t$ 和 $-\sin \omega_c t$ 进行 2PSK 调制,再将这两路信号相加,即可得到 QPSK 信号,并行码元 a 和 b(每个码元的持续时间是输入码元的 2 倍)。经过两路正交调制并合成后,送出 B 方式的 4PSK 信号。注意二进制信号码元"0"和"1"在相乘电路中要先变成不归零双极性矩形脉冲振幅,其关系为:二进制码元"1"变为双极性脉冲"+1";二进制码元"0"变为双极性脉冲"-1"。

例如,当发送码元为 ab = "00" 时,经单双变换后变为 "-1 -1",分别送到上、下支路与相乘器进行相乘为

$$a\cos \omega_c t - b\sin \omega_c t = -\cos \omega_c t + \sin \omega_c t = \sqrt{2}\cos \left(\omega_c t + \frac{5\pi}{4} \right) \tag{5-2-6}$$

式(5-2-6)中的码元与相位的对应关系与表 5-1 的 B 方式一致。若要得到 A 方式的 4PSK 信号,只需要改变图中的两个调制载波,采用两个 $\pi/4$ 相移器代替一个 $\pi/2$ 相移器,其原理框图如图 5-41 所示。

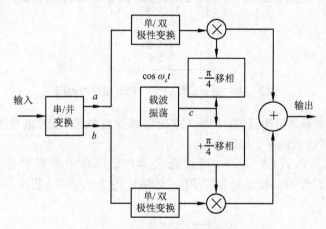

图 5-41 4PSK 正交调制原理框图(A 方式)

3. 4PSK 的解调

由图 5-40 可见,4PSK 信号可以看作两个载波正交 2PSK 信号的合成。因此,对 4PSK 信号的解调可以采用两个正交的 2PSK 相干解调器构成,解调原理图如图 5-42 所示。

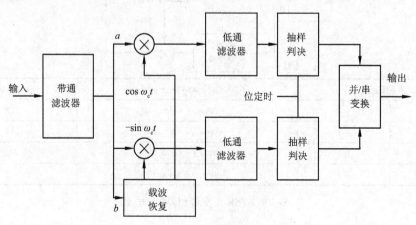

图 5-42 4PSK 信号相干解调原理图

解调时先把 4PSK 分解为两路 2PSK 信号进行解调,相干解调后的两路并行码元 a 和 b,经并/串变换后,成为串行数据输出。例如设 $ab=$ "11",则解调器输入信号为

$$s(t) = -\sin \omega_c t + \cos \omega_c t = 1.414\cos(\omega_c t + 45) \tag{5-2-7}$$

上支路解调结果为

$$s_Q(t) = (-\sin \omega_c t + \cos \omega_c t)(\cos \omega_c t)$$

$$= \cos^2 \omega_c t - \cos \omega_c t \sin \omega_c t = \frac{1}{2}(1 + \cos 2\omega_c t) - \frac{1}{2}\sin 2\omega_c t$$

$$\xrightarrow{\text{低通输出}} \frac{1}{2}V \Rightarrow \text{判决为 "1"} \tag{5-2-8}$$

下支路解调结果为:

$$s_I(t) = (-\sin \omega_c t + \cos \omega_c t)(-\sin \omega_c t)$$

$$= \sin^2 \omega_c t - \cos \omega_c t \sin \omega_c t = \frac{1}{2}(1 - \cos 2\omega_c t) - \frac{1}{2}\sin 2\omega_c t$$

$$\xrightarrow{\text{低通输出}} \frac{1}{2}V \Rightarrow \text{判决为 "1"} \tag{5-2-9}$$

则解调的上支路和下支路比特分别为 1 和 1,经串并变换变成二进制序列 11。在 2PSK 信号相干解调过程中会产生 180°相位模糊。同样,对 4PSK 信号相干解调也会产生相位模糊问题,并且是 0°,90°,180°和 270°四个相位模糊。因此,在实际中更实用的是四进制相对移相键控,即 4DPSK 方式。

5.2.2　四进制差分相移键控

1.4DPSK 的码元与载波相位关系

4DPSK 信号是利用前后码元之间的相对相位变化来表示数字信息。若以前一双比特码元相位作为参考,$\Delta\varphi_n$ 为当前双比特码元与前一双比特码元初相之差,信息编码与载波相位变化关系如表 5-2 所示。

表 5-2　4DPSK 信号载波相位编码逻辑关系

双比特码元		载波相位变化($\Delta\varphi_n$)	
a	b	A 方式	B 方式
0	0	90°	225°
0	1	0°	135°
1	1	270°	45°
1	0	180°	315°

2.4DPSK 信号的产生

4DPSK 的产生方法基本上同 2DPSK,仍可采用正交调相法和相位选择法,与产生 2DPSK 信号类似,由 4PSK 产生 4DPSK 需要将输入信号的绝对码转换成相对码,然后进行 4PSK 调制,就可以产生 4DPSK 信号。

(1)码变换加相位选择法(B 方式):4DPSK 信号相位选择法与产生 QPSK 信号的框图相同,如图 4-43 所示。区别之处在于:这里的逻辑选相电路除按规定完成选择载波的相位外,还应能实现将绝对码转换成相对码的功能。也就是说,在四相绝对移相时,直接用输入双比特码去选择载波的相位;而在四相相对移相时,需要将输入的双比特码绝对码 ab 转换成相应的双比特码相对码 cd,再用相对码 cd 去选择载波的相位。

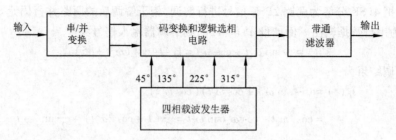

图 5-43　4DPSK 码变换加相位选择法（B 方式）

（2）码变换加正交调相（A 方式）：码变换加正交调相法产生 4DPSK 信号原理图如图 5-44 所示（A 方式）。图 5-44 中，串/并变换器将输入的二进制序列分为速率减半的两个并行序列 a 和 b，码变换器的功能：将绝对码转换成相对码，然后用绝对调相的调制方式实现 4DPSK 信号。

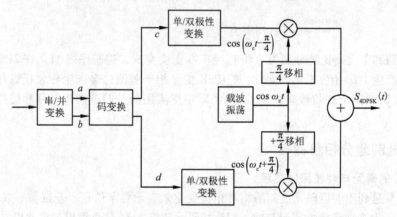

图 5-44　4DPSK 信号产生原理图（A 方式）

图 5-44 中 a 和 b 为经过串/并变换后的一对码元，它需要再经过码变换器变换成相对码 c 和 d 后才与载波相乘。c 和 d 对载波的相乘实际是完成绝对相移键控。ITUT 规定输入 ab 和输出 cd 间的 16 种可能关系（A 方式）如表 5-3 所示。

表 5-3　输入 ab 和输出 cd 间的 16 种可能关系

k 时刻的绝对码元和相对相移			$k-1$ 时刻的相对码元和相位			k 时刻的相对码元和相位		
a_k	b_k	$\Delta\theta_k$	c_{k-1}	d_{k-1}	θ_{k-1}	c_k	d_k	θ_k
			0	0	90°	0	0	180°
			0	1	0°	0	1	90°
0	0	90°	1	1	270°	1	1	0°
			1	0	180°	1	0	270°
			0	0	90°	0	1	90°
			0	1	0°	1	1	0°
0	1	0°	1	1	270°	1	0	270°
			1	0	180°	0	0	180°

k 时刻的绝对码元和相对相移		k−1 时刻的相对码元和相位			k 时刻的相对码元和相位		
a_k b_k	$\Delta\theta_k$	c_{k-1}	d_{k-1}	θ_{k-1}	c_k	d_k	θ_k
1 1	270°	0	0	90°	1	1	0°
		0	1	0°	1	0	270°
		1	1	270°	0	0	180°
		1	0	180°	0	1	90°
1 0	180°	0	0	90°	1	0	270°
		0	1	0°	0	0	180°
		1	1	270°	0	1	90°
		1	0	180°	1	1	0°

表 5-3 中,k 时刻相对码 c_k d_k 与 θ_k 的关系是固定的,属于绝对调相;而输入双比特绝对码 a_k b_k 与 θ_k 的关系却是不固定的,有四种可能。需要指出,按表 5-3 规定的逻辑功能产生的 c_k d_k 还应按 0 → −1、1 → +1 的规律变换成双极性脉冲,然后再对载波进行调制。最后由相加器输出的信号便是所需的 QDPSK 信号。

3. 4DPSK 信号的解调

4DPSK 信号的解调与 2DPSK 信号的解调方法相类似。4DPSK 信号的解调可以采用基于极性比较的相干解调加码反变换器方式,如图 5-45 和图 5-46 所示,也可以采用基于相位比较的差分相干解调方式,如图 5-47 所示。

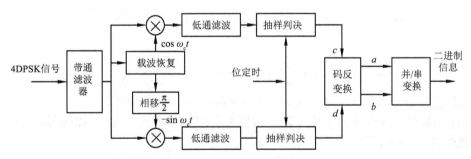

图 5-45　4DPSK 相干解调加码反变换器方式(B 方式)

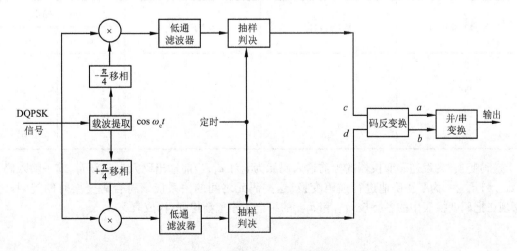

图 5-46　4DPSK 相干解调加码反变换器方式(A 方式)

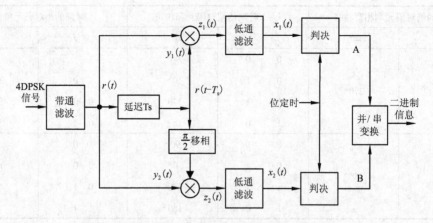

图 5-47　4DPSK 信号差分相干解调方式原理图

相干解调过程原理和 QPSK 信号的一样，只是多一步码反变换。设第 k 个接收信号码元可以表示为

$$s_k(t) = \cos(\omega_c t + \theta_k) \qquad kT_s < t \leqslant (k+1)T_s \qquad (5\text{-}2\text{-}10)$$

相干载波：上支路：$\cos(\omega_c t - \pi/4)$；下支路为 $\cos(\omega_c t + \pi/4)$。信号和上下两路载波相乘的结果如下。

上支路为

$$\cos(\omega_c t + \theta_k)\cos\left(\omega_c t - \frac{\pi}{4}\right) = \frac{1}{2}\cos\left(2\omega_c t + \theta_k - \frac{\pi}{4}\right) + \frac{1}{2}\cos\left(\theta_k + \frac{\pi}{4}\right)$$

下支路为

$$\cos(\omega_c t + \theta_k)\cos\left(\omega_c t + \frac{\pi}{4}\right) = \frac{1}{2}\cos\left(2\omega_c t + \theta_k + \frac{\pi}{4}\right) + \frac{1}{2}\cos\left(\theta_k - \frac{\pi}{4}\right)$$

低通滤波后，上支路为 $\cos(\theta_k + \pi/4)/2$；下支路为 $\cos(\theta_k - \pi/4)/2$。

按照 k 的取值不同，此电压可能为正，也可能为负，故是双极性电压。根据编码时的规定可得出判决规则，如表 5-4 所示。

表 5-4　判决规则表

信号码元相位 θ_k	上支路输出	下支路输出	判决器输出	
			c	d
0°	+	+	1	1
90°	−	+	0	1
180°	−	−	0	0
270°	+	−	1	0

逆码变换器：设逆码变换器的当前输入码元为 c_k 和 d_k，当前输出码元为 a_k 和 b_k，前一输入码元为 c_{k-1} 和 d_{k-1}。为了正确地进行逆码变换，这些码元之间的关系应该符合码变换时的规则。为此，现在把码变换表中的各行按 c_{k-1} 和 d_{k-1} 的组合为序重新排列，构成表 5-5。

表 5-5 码反变换对照表

$k-1$ 输入的相对码		k 时刻输入的相对码		k 时刻码反变换后的绝对码	
c_{k-1}	d_{k-1}	c_k	d_k	a_k	b_k
0	0	0	0	0	0
		0	1	0	1
		1	1	1	1
		1	0	1	0
0	1	0	0	1	0
		0	1	0	0
		1	1	0	1
		1	0	1	1
1	1	0	0	1	1
		0	1	1	0
		1	1	0	0
		1	0	0	1
1	0	0	0	0	1
		0	1	1	1
		1	1	1	0
		1	0	0	0

总结表 5-5 中的码元关系,可得绝对码与相对码的对应关系为:

(1)当 $c_{k-1} \oplus d_{k-1} = 1$ 时,有 $b_k = c_k \oplus c_{k-1}$,$a_k = d_k \oplus d_{k-1}$;

(2)当 $c_{k-1} \oplus d_{k-1} = 0$ 时,有 $a_k = c_k \oplus c_{k-1}$,$b_k = d_k \oplus d_{k-1}$

4DPSK 信号差分相干解调方式原理图如图 5-47 所示。相位比较法适用于接收 A 方式规定的相位关系的 QDPSK 信号,相位比较法解调的原理就是通过直接比较前后码元的相位进行解调。与 2DPSK 差分相干解调一样,接收端不需要再进行码反变换。

设当前码元和当前码元前一时间的码元分别为

$$\begin{cases} r(t) = a\cos(\omega_c t + \theta_k) \\ r(t - T_s) = a\cos(\omega_c t + \theta_{k-1}) \end{cases} \tag{5-2-11}$$

$r(t)$ 延迟 T_s 再进行移相后分别为

$$\begin{cases} y_1(t) = a\cos(\omega_c t + \theta_{k-1}) \\ y_2(t) = a\cos\left(\omega_c t + \theta_{k-1} + \dfrac{\pi}{2}\right) \end{cases} \tag{5-2-12}$$

上下支路在相乘器与 $r(t)$ 进行相乘后的结果分别为

$$\begin{cases} z_1(t) = \dfrac{a^2}{2}\cos(2\omega_c t + \theta_k + \theta_{k-1}) + \dfrac{a^2}{2}\cos(\theta_k - \theta_{k-1}) \\ z_2(t) = \dfrac{a^2}{2}\cos\left(2\omega_c t + \theta_k + \theta_{k-1} + \dfrac{\pi}{2}\right) + \dfrac{a^2}{2}\cos\left(\theta_k - \theta_{k-1} - \dfrac{\pi}{2}\right) \end{cases} \tag{5-2-13}$$

上下支路信号通过低通滤波器后的信号分别为

$$\begin{cases} x_1(t) = \dfrac{a^2}{2}\cos(\theta_k - \theta_{k-1}) \\ x_2(t) = \dfrac{a^2}{2}\cos\left(\theta_k - \theta_{k-1} - \dfrac{\pi}{2}\right) \end{cases} \tag{5-2-14}$$

差分正交解调的判决准则见表5-6。

表5-6　差分正交解调的判决准则

信号码元 相位 $\Delta\theta_k$	上支路输出 $\cos(\theta_k - \theta_{k-1})$	下支路输出 $\cos\left(\theta_k - \theta_{k-1} - \dfrac{\pi}{2}\right)$	判决器输出	
			A	B
45°	+	+	1	1
135°	−	+	0	1
225°	−	−	0	0
215°	+	−	1	0

【例5-6】采用4PSK调制传输3 600 bit/s数据。试求：

(1)最小理论带宽是多少？

(2)若传输带宽不变,而比特率加倍,则调制方式应作何改变？

解　(1)因为4PSK系统的最高频带利用率为 $\eta_b = \log_2 M = \log_2 4 = 2\,[\,\text{bit}/(\text{s}\cdot\text{Hz})\,]$

所传输3 600 bit/s数据时的最小带宽为

$$B = \frac{R_b}{\eta_b} = \frac{3\ 600}{2} = 1\ 800\,(\text{Hz})$$

(2)传输带宽不变,当比特率加倍时,频带利用率也加倍,即

$$\eta_b = \frac{R_b}{B} = \frac{2 \times 3\ 600}{1\ 800} = 4\,[\,\text{bit}/(\text{s}\cdot\text{Hz})\,]$$

因此, $\eta_b = \log_2 M = \log_2 16 = 4\,[\,\text{b}/(\text{s}\cdot\text{Hz})\,]$,可得 $M = 16$,所以调制方式可采用16PSK或16ASK。

5.3　新型的数字带通调制技术

前面讨论的是基本的二进制和多进制数字调制。这几种数字调制方式都存在某些不足,如频谱利用率低、抗多径衰落能力差、功率谱衰减慢等。如采用MPSK调制,虽然系统的有效性明显提高,但可靠性却会降低。这是因为在MPSK体制中,随着 M 的增大,MPSK信号相邻相位距离逐渐减小,导致信号空间中各状态点之间的最小距离逐渐减小,因而,系统噪声容限随之减小,受到干扰后,判决时更容易出错。

为了进一步提高频率利用率和抗衰落能力,人们对这些数字调制体制不断地加以改进,提出了多种新的调制解调技术。新的改进的数字调制技术主要研究内容围绕着减少信号带宽以提高频带利用率,提高功率利用率以增强抗干扰能力,适应各种随参信道以增强抗多径衰落能力。

新型数字调制技术包括正交振幅调制(QAM),偏移四相相移键控(OQPSK),最小移频键控(MSK),高斯最小移频键控,正交频分复用等。

新型数字调制技术应用非常广泛,如QAM和MQAM在中、大容量的数字微波通信系统、有线电视网络高速数据传输、卫星通信等广泛得到应用。GMSK主要应用于移动通信领域(GSM),OQPSK和QPSK主要应用于移动通信领域(CDMA),OFDM主要应用于移动通信领域(3G、4G)等。

5.3.1　正交振幅调制

QAM是一种多进制($M > 4$)振幅和相位联合键控的调制方式。

由图 5-37 所示 4PSK 或 8PSK 的星座图可见(星座图就是信号矢量图),所有信号点(图中矢量端点)平均分布在一个圆周上,信号点所在的圆周半径就等于该信号的幅度。显然,在信号幅度相同(功率相等)的条件下,8PSK 相邻信号点的距离比 4PSK 的小,并且随着 M 的增加,星座图上的相邻信号点的距离会越来越小。这意味着在相同噪声条件下,系统的误码率增大。

可改善 M 较大时的抗噪声性能,并进一步提高频谱利用率,改进方法是设法增加信号空间中各状态点之间的距离。容易想到的一种解决办法是,通过增大圆周半径(即增大信号功率)来增大相邻信号点的距离,但这种方法往往会受发射功率的限制。一种更好的设计思想是在不增大圆半径的基础上(即不增加信号功率),重新安排信号点的位置,以增大相邻信号点的距离,基于这种思想发展出了正交振幅调制(quadrature amplitude modulation,QAM)技术。

正交振幅调制是用两个独立的多进制基带数字信号对两个相互正交的同频载波进行调制,它利用两个已调载波在同一带宽内的频谱相互正交的性质来实现两路并行的数字信息传输。

QAM 具有很高的频谱利用率,当 $M > 4$ 时,QAM 信号的相邻点欧氏距离大于 MPSK、MASK 等多进制键控系统,因而它的抗干扰能力增强。QAM 在中大容量数字微波通信系统、有线电视网络高速数据传输、卫星通信系统等领域得到了广泛应用。

1. QAM 信号的星座图

图 5-48 显示出了 $M = 4,16,64,256$ 时 QAM 信号的矢量图或星座图,其中 4QAM 信号的矢量图与 QPSK 的相同,所以,QPSK 信号就是一种最简单的 QAM 信号。

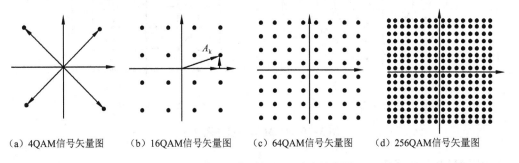

（a）4QAM信号矢量图　　（b）16QAM信号矢量图　　（c）64QAM信号矢量图　　（d）256QAM信号矢量图

图 5-48　QAM 信号的矢量图或星座图

QAM 信号中最具有代表性的是 16QAM 信号,图 5-49 给出了 16QAM 信号和 16PSK 信号的星座图。

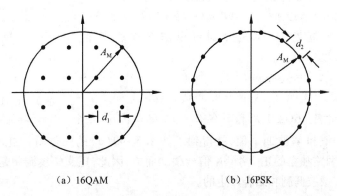

（a）16QAM　　　　　　（b）16PSK

图 5-49　16QAM 和 16PSK 信号的星座图

在图 5-49 中,设两者的最大振幅为 A_M,则 16QAM 信号点的最小距离为

$$d_1 = \sqrt{2}A_{\rm M}/3 = 0.47A_{\rm M} \tag{5-3-1}$$

而 16PSK 信号点的最小距离等于

$$d_2 = 2A_{\rm M}\sin(\pi/16) = 0.39A_{\rm M} \tag{5-3-2}$$

此最小距离代表着噪声容限的大小,在最大功率(振幅)相等的条件下,16QAM 比 16PSK 信号的噪声容限大 1.57dB;在平均功率相等条件下,16QAM 比 16PSK 信号的噪声容限大 4.12dB。因此 16QAM 比 16PSK 信号的抗干扰能力强。

安排 QAM 星座的基本考虑是给定平均信号能量 $E_{\rm av}$,使信号点的最小距离 $d_{\rm min}$ 最大,从而使系统的误码性能最佳;或者,给定 $d_{\rm min}$,使 $E_{\rm av}$ 最小,即消耗最少的能量。

星座图可以排成圆形或矩形等,如图 5-50 所示。矩形 QAM 星座不一定是最优的,但结构简单,且接近最优。尤其是 $M=4,16,64,256$ 等,呈现正方形,称为正方形星座。正方形星座图特别便于格雷编码,易于实际应用。图 5-51 是 16QAM 的格雷编码的排列方式。

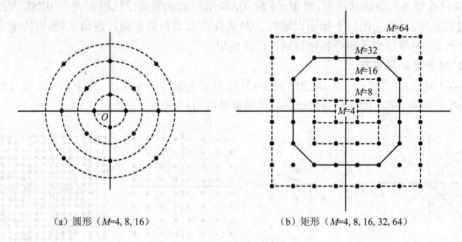

(a) 圆形($M=4, 8, 16$)　　　　　(b) 矩形($M=4, 8, 16, 32, 64$)

图 5-50　QAM 信号星座图例子

2. 16QAM 信号的表示

16QAM 即十六进制正交振幅调制,它是一种振幅/相位联合键控体制。16QAM 信号的振幅和相位作为两个独立的参量同时受到基带信号调制。故这种信号序列的第 k 个码元可以表示为

$$s_k(t) = A_k\cos(\omega_c t + \theta_k), \quad kT_{\rm s} < t \le (k+1)T_{\rm s} \tag{5-3-3}$$

式(5-3-3)中,$k=$ 整数;A_k 和 θ_k 分别可以取多个离散值。式(5-3-3)可以展开为

$$s_k(t) = X_k\cos\omega_c t + Y_k\sin\omega_c t \tag{5-3-4}$$

式(5-3-4)中,$X_k = A_k\cos\theta_k,Y_k = -A_k\sin\theta_k$。$X_k$ 和 Y_k 为多个离散的振幅值。例如,对于 16QAM,X_k 和 Y_k 各有 $L = \sqrt{M} = \sqrt{16} = 4$ 个

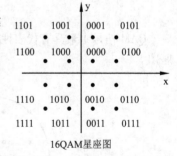

16QAM星座图

图 5-51　16QAM 的格雷编码的排列方式

电平值,即 X_k 取四个值和 Y_k 取四个值,就得到了如图 5-49(a)的矢量图。由式(5-3-4)可见,16QAM 信号可以由两路独立的正交 4ASK 信号叠加而成,因此,正交幅度调制是利用多进制振幅键控(MASK)和正交载波调制相结合产生的。

3. 16QAM 信号的产生

16QAM 的产生有 2 种方法:(1)正交调幅法,它是有 2 路正交的四电平振幅键控信号叠加而成;(2)复合相移法,它是用 2 路独立的四相位相移键控信号叠加而成。

（1）正交调幅法:式(5-3-4)和图 5-49(a)表明,MQAM 可以看作是两路正交的 L 进制振幅键控(ASK)信号之和。而 16QAM 信号可以用两个正交的 4ASK 信号相加得到。图 5-52 给出了 16QAM 调制器原理框图。

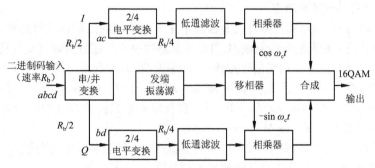

图 5-52　16QAM 信号的调制原理框图

在用正交调幅法产生 16QAM 信号中,每 4 个输入的二进制代码($abcd$)作为一组,图 5-52 中串/并变换器将速率为 R_b 的二进制码元序列分为两路,每路两个比特码元,速率减半为 $R_b/2$ 分别送给上支路(ac)和下支路(bd)。2-4 电平变换将 $R_b/2$ 的二进制码元序列变成速率为 $R_b/\log_2 16$ 的四电平基带信号 X_k 和 Y_k ;经过预调制低通滤波器后,4 电平信号 X_k 和 Y_k 分别与相互正交的两路载波相乘,完成正交调制,形成两路互为正交的 4ASK 信号 $X_k \cos \omega_c t$ 和 $Y_k \sin \omega_c t$,两路信号叠加后产生 16QAM 信号。

（2）复合相移法:它是用两路独立的 QPSK 信号叠加,形成 16QAM 信号,如图 5-53 所示。

图中虚线大圆上的 4 个大黑点表示第一个 QPSK 信号矢量的位置。在这 4 个位置上可以叠加上第二个 QPSK 矢量,后者的位置用虚线小圆上的 4 个小黑点表示。

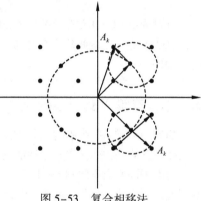

图 5-53　复合相移法

4. 16QAM 信号的解调

16QAM 信号的解调可以采用正交相干解调法,如图 5-54 所示。

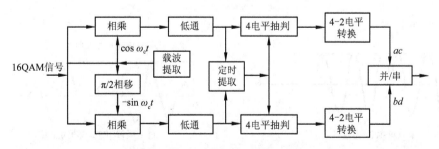

图 5-54　16QAM 信号解调原理框图

正交相干解调时,解调器输入信号分别与本地恢复的两路正交的载波进行相乘,然后经低通滤波器滤除乘法器产生的高频分量,输出两路多电平基带信号,然后用多电平判决器对多电平基带信号进行判决和检测,分别恢复出两路速率为 $R_b/2$ 的四进制序列。再以 4 电平到 2 电平转换和并/串变换器最终输出二进制数据,速率为 R_b 。完成 16QAM 解调。

图 5-54 中由于 16QAM 信号的 16 个信号点在水平轴和垂直轴上投影的电平数均有 4 个（+3，+1，-1，-3），对应低通滤波器的输出的 4 电平信号，因而抽样判决器应有 3 个判决电平：+2，0，-2。

5. 16QAM 信号的频带利用率

在式(5-3-4)可知，MQAM 信号可以看成两个正交的抑制载波调幅信号的相加，所以 MQAM 信号具有与 MPSK 信号相同的频带利用率，其功率谱都取决于同相分量和正交分量基带信号的功率谱。MQAM 与 MPSK 信号在相同信号点数时，功率谱相同，带宽均为基带信号带宽的两倍。在理想情况下，MQAM 与 MPSK 的最高频带利用率均为 $\log_2 M[\text{bit}/(\text{s} \cdot \text{Hz})]$。例如 16QAM（或 16PSK）的最高频带利用率为 $4[\text{bit}/(\text{s} \cdot \text{Hz})]$。当收发基带滤波器合成响应为升余弦滚降特性时，频带利用率为 $1/[(1+\alpha)\log_2 M][\text{bit}/(\text{s} \cdot \text{Hz})]$。

但在信号平均功率相同的条件下，MQAM 的抗噪声能力优于 MPSK。因此近年来 MQAM 方式得到了广泛的应用，如有线数字电视系统就采用 64QAM。

📖 比较 MPSK 和 MQAM

$$S_{\text{MPSK}}(t) = a_k \cos \omega_c t - b_k \sin \omega_c t \tag{5-3-5}$$

$$S_{\text{QAM}}(t) = X_k \cos \omega_c t + Y_k \sin \omega_c t \tag{5-3-6}$$

可以看出 MQAM 信号的带宽与 MPSK 信号的带宽相同，频带利用率相同均为 $\log_2 M[\text{bit}/(\text{s} \cdot \text{Hz})]$。因此，QAM 是一种高效的信息传输方式。而在信号平均功率相等的条件下，MQAM 的抗噪声性能优于 MPSK。

5.3.2 交错正交相移键控

QPSK 信号频带利用率高，幅度是恒定的，如图 5-55(a)所示，然而当 QPSK 进行波形成形时，由于实际信道是带限的，要经过带通滤波，所以限带后的 QPSK 将失去恒包络的性质。如图 5-55(b)所示。

且对 QPSK 当码组 00↔11 或 01 ↔ 10 时，将产生 180°的载波相位跳变，会导致信号的包络在瞬时间通过零点，反映在频谱方面，会出现边瓣和频谱加宽的现象，增加对相邻信道的干扰。为了防止旁瓣再生和频谱扩展，必须使用效率较低的线性放大器放大 QPSK 信号。为此，人们提出了 OQPSK——恒包络数字调制技术，它对出现旁瓣和频谱加宽等有害现象不敏感，可以得到效率高的放大结果。

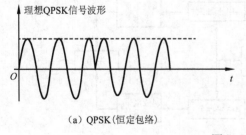

（a）QPSK（恒定包络）

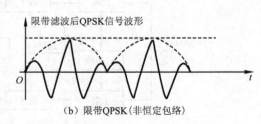

（b）限带 QPSK（非恒定包络）

图 5-55　QPSK 包络

📖 一个已调波的频谱特性与其相位路径有着密切的关系（因为 $\omega = \mathrm{d}\theta(t)/\mathrm{d}t$），因此，为了控制已调波的频率特性，必须控制它的相位特性。恒包络调制技术的发展正是始终围绕着进一步改善已调波的相位路径这一中心进行的。

恒包络:是指已调波的包络保持为恒定。恒包络已调波具有两个主要特点:一是包络恒定或起伏很小,通过非线性部件时,只产生很小的频谱扩展;二是具有高频快速滚降频谱特性,已调波旁瓣很小,甚至几乎没有旁瓣。

目前已实现了多种恒包络技术调制方式。OQPSK 以及 MSK、GMSK 数字调制技术都属于恒包络调制技术。

OQPSK 全称为偏移四相相移键控(Offset-QPSK),是 QPSK 的改进型。它与 QPSK 有着同样的相位关系,也是把输入码流分成两个支路,然后进行正交调制。不同的是将同向(I 信道)和正交(Q 信道)的两个支路的码流在时间上错开了半个码元周期,由于两个支路的码元出现了半个码元周期上的偏移,每次只有一路可能发生极性翻转,不会发生两支路码元极性同时翻转的现象。图 5-56 分别是 QPSK 和 OQPSK 相位关系图,可见对 OQPSK 信号相位只能跳变 0°、±90°,不会出现 180°的相位跳变。

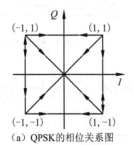
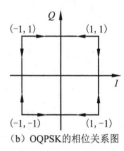

(a) QPSK的相位关系图　　(b) OQPSK的相位关系图

图 5-56　QPSK 和 OQPSK 相位关系图

图 5-57(a)和(b)分别画出了 OQPSK 信号的波形与 QPSK 信号波形。从图中可见,对 OQPSK 信号,I 信道和 Q 信道的两个数据流,每次只有其中一个可能发生极性转换。输出的 OQPSK 信号的相位只有 $\pm\pi/2$ 跳变,而没有 π 的相位跳变,同时经滤波及硬限幅后的功率谱旁瓣较小,这是 OQPSK 信号在实际信道中的频谱特性优于 QPSK 信号的主要原因。

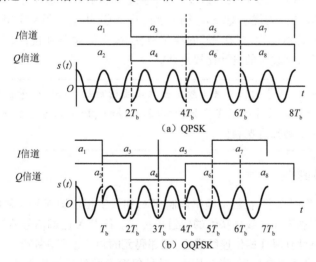

图 5-57　OQPSK 信号的波形与 QPSK 信号波形的

1. OQPSK 的产生

OQPSK 信号产生时,是将输入数据经数据分路器分成奇偶两路。并使其在时间上相互错开一个码元间隔,然后再对两个正交的载波进行 BPSK 调制,叠加成为 OQPSK 信号,调制框图如图 5-58 所示,$T_s/2$ 的延迟电路是为了保证 I、Q 两路码元能偏移半个码元周期。BPF 的作用是形成 OQPSK 信号的频谱形状,保持包络恒定。除此之外,其他均与 QPSK 的作用相同。

2. OQPSK 信号的解调

OQPSK 信号的解调原理框图如图 5-59 所示,与 QPSK 信号的解调原理基本相同可以采用正交相干解调。差别仅在于对 Q 支路信号抽样判决时间比 I 支路延迟了 $T_b/2$。

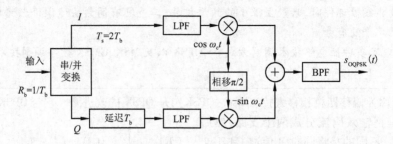

图 5-58　OQPSK 调制原理框图

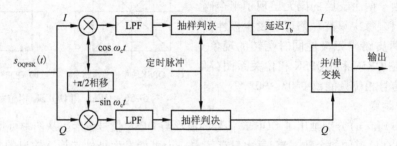

图 5-59　OQPSK 信号的解调原理框图

　　OQPSK 克服了 QPSK 的 180°的相位跳变,信号通过 BPF 后包络起伏小,经限幅放大后功率谱展宽得少,所以 OQPSK 的性能优于 QPSK。因此实际中,OQPSK 比 QPSK 应用更广泛。但是,当码元转换时,相位变化还是不连续,存在 90°的相位跳变,因而高频滚降慢,频带仍然较宽。OQPSK 信号不能接受差分检测,接收机的设计比较复杂。

📖须要强调的是,OQPSK 信号的相位跳变频率虽然比变形前的 QPSK 信号快一倍,但它本质上仍是两路符号周期为的 BPSK 信号的正交叠加,所以其频谱和 QPSK 信号完全一样,在高斯白噪声信道下,采用相关解调的误码性能也相同。

5.3.3　最小频移键控

　　根据前面的学习我们知道,在数字频率调制 FSK 和数字相位调制 PSK 体制中,由于已调信号振幅是恒定的,因此有利于在非线性特性的信道中传输。但 PSK 已调信号的相邻码元存在相位跳变,FSK 已调信号如果没有保证相位连续措施,相邻码元的相位也存在跳变。

　　相位跳变会使信号功率谱扩展,旁瓣增大,对相邻频率的信道形成干扰。为了使信号功率谱尽可能集中于主瓣之内,主瓣之外的功率谱衰减速度快,那么信号的相位就不能突变。恒包络连续相位调制技术就是按照这种思想产生的。MSK 和 GMSK 就是两种在移动通信中常用的恒包络连续相位调制技术。

　　为了克服 2FSK 的相位不连续、占用频带宽和功率谱旁瓣衰减慢等缺点,提出了 2FSK 的改进型——最小频移键控(Minimum Shift Keying MSK,)。MSK 是调频指数 $h=0.5$ 的相位始终保持连续的一种特殊的频移键控方式,如图 5-60 所示。最小移频键控又称快速移频键控(FFSK)。这里"最小"指的是能以最小的调制指数(即 0.5)获得正交信号;而"快速"指的是对于给定的同样的频带内,它能比 2PSK 有更高的比特率,且在带外的频谱分量要比 2PSK 衰减得快。

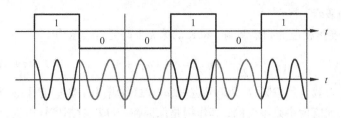

图 5-60 MSK 信号的波形

1. 正交 2FSK 信号的最小频率间隔

假设 2FSK 信号码元的表达式为

$$s_{2FSK}(t) = \begin{cases} A\cos\left(\omega_1 t + \varphi_1\right) & \text{当发送"1"} \\ A\cos\left(\omega_0 t + \varphi_0\right) & \text{当发送"0"} \end{cases} \tag{5-3-7}$$

现在,为了满足正交条件,要求

$$\int_0^{T_s} \cos\left(\omega_1 t + \varphi_1\right) \cdot \cos\left(\omega_0 t + \varphi_0\right) dt = 0 \tag{5-3-8}$$

将式(5-3-8)进行三角公式展开,得

$$\frac{1}{2}\int_0^{T_s}\left\{\cos\left[\left(\omega_1 + \omega_0\right)t + \varphi_1 + \varphi_0\right] + \cos\left[\left(\omega_1 - \omega_0\right)t + \varphi_1 - \varphi_0\right]\right\}dt = 0 \tag{5-3-9}$$

由式(5-3-9)积分可得下列等式成立

$$\frac{\sin\left[\left(\omega_1 + \omega_0\right)T_s + \varphi_1 + \varphi_0\right]}{\omega_1 + \omega_0} + \frac{\sin\left[\left(\omega_1 - \omega_0\right)T_s + \varphi_1 - \varphi_0\right]}{\omega_1 - \omega_0} - \frac{\sin\left(\varphi_1 + \varphi_0\right)}{\omega_1 + \omega_0} - \frac{\sin\left(\varphi_1 - \varphi_0\right)}{\omega_1 - \omega_0} = 0$$

$$\tag{5-3-10}$$

假设 $\omega_1 + \omega_0 \gg 1$,上式(5-3-10)左端第 1 和 3 项近似等于零,式(5-3-10)可化简为

$$\cos\left(\varphi_1 - \varphi_0\right)\sin\left(\omega_1 - \omega_0\right)T_s + \sin\left(\varphi_1 - \varphi_0\right)\left[\cos\left(\omega_1 - \omega_0\right)T_s - 1\right] = 0 \tag{5-3-11}$$

由于 φ_1 和 φ_0 是任意常数,故必须同时满足

$$\sin\left(\omega_1 - \omega_0\right)T_s = 0 \tag{5-3-12}$$

$$\cos\left(\omega_1 - \omega_0\right)T_s = 1 \tag{5-3-13}$$

式(5-3-12)和式(5-3-13)两个要求同时成立的条件是 $(\omega_1 - \omega_0)T_s = 2m\pi$,所以有

$$f_1 - f_0 = m/T_s \tag{5-3-14}$$

所以,当式(5-3-14)中取 $m = 1$ 时可得最小频率间隔。也就是任意两个码元正交的最小频率间隔等于 $1/T_s$。如果假设初始相位 φ_1 和 φ_0 是任意的,它在接收端无法预知,所以只能采用非相干检波法接收。对于相干接收,则要求初始相位是确定的,在接收端是预知的,这时可以令 $\varphi_1 - \varphi_0 = 0$。

$$\cos\left(\varphi_1 - \varphi_0\right)\sin\left(\omega_1 - \omega_0\right)T_s + \sin\left(\varphi_1 - \varphi_0\right)\left[\cos\left(\omega_1 - \omega_0\right)T_s - 1\right] = 0 \tag{5-3-15}$$

即

$$\sin\left(\omega_1 - \omega_0\right)T_s = 0 \tag{5-3-16}$$

由式(5-3-16)可得

$$f_1 - f_0 = n/2T_s \tag{5-3-17}$$

所以对于相干接收,保证正交的 2FSK 信号的最小频率间隔等于 $1/(2T_s)$。此时调制指数

$$h = \frac{f_1 - f_0}{R_B} = \frac{1}{2T_s \cdot R_B} = \frac{1}{2} \tag{5-3-18}$$

式中,R_B 为码元速率,$R_B = 1/T_s$。

2. MSK 信号的表示

MSK 是恒包络连续相位的频率调制，MSK 的第 k 个码元可表示为

$$s_{\mathrm{MSK}}(t) = \cos\left(\omega_c t + \frac{a_k \pi}{2T_s}t + \varphi_k\right) = \cos(\omega_c t + \theta_k) \quad (k-1)T_s < t \leqslant kT_s \tag{5-3-19}$$

式中，$k=1,2,\cdots,\omega_c$ 为载波角载频；T_s 为码元宽度，$a_k = \pm 1$ 为第 k 个数据信号；φ_k 为第 k 个码元的初始相位，它在一个码元宽度中是不变的，其作用是保证在 $t=kT_s$ 时刻信号相位的连续，设

$$\theta_k = \frac{a_k \pi}{2T_s}t + \varphi_k, \quad (k-1)T_s < t \leqslant T_s \tag{5-3-20}$$

为第 k 个码元的附加相位。可以看出，当输入码元为"1"时，$a_k = +1$，故码元频率 f_1 等于 $f_c + 1/(4T_s)$；当输入码元为"0"时，$a_k = -1$，故码元频率 f_0 等于 $f_c - 1/(4T_s)$。由式(5-3-18)可知可满足正交信号的最小频差条件，则 f_1 和 f_0 的频差应等于码元速率的一半，由于

$$\Delta f = f_1 - f_0 = \left(f_c + \frac{1}{4T_s}\right) - \left(f_c - \frac{1}{4T_s}\right) = \frac{1}{2T_s} \tag{5-3-21}$$

满足式(5-3-18)，因此，二进制频移键控的这种特殊选择被称为最小频移键控。相应地，MSK 信号的调制指数达最小值，为 1/2，因此能满足正交条件的最小频移指数。

3. MSK 信号的相位连续性

波形(相位)连续的一般条件是前一码元末尾的总相位等于后一码元开始时的总相位，即 $t = kT_s$ 时要求

$$\frac{a_{k-1}\pi}{2T_s}kT_s + \varphi_{k-1} = \frac{a_k \pi}{2T_s}kT_s + \varphi_k \tag{5-3-22}$$

由式(5-3-22)可以容易地写出下列递归条件

$$\varphi_k = \varphi_{k-1} + \frac{k\pi}{2}(a_{k-1} - a_k) = \begin{cases} \varphi_{k-1} & \text{当 } a_{k-1} = a_k \\ \varphi_{k-1} \pm k\pi & \text{当 } a_{k-1} \neq a_k \end{cases} \tag{5-3-23}$$

由式(5-3-23)可以看出，第 k 个码元的相位不仅和当前的输入有关，而且和前一码元的相位有关。这就是说 MSK 信号的前后码元之间存在相关性。

在用相干法接收时，可以假设 φ_{k-1} 的初始参考值等于 0。这时，由式(5-3-23)可知

$$\varphi_k \equiv 0 \quad \text{或} \quad \pi \pmod{2\pi} \tag{5-3-24}$$

以下讨论在每个码元间隔 T_s 内相对于载波相位的附加相位函数的变化，由于

$$\theta_k(t) = \frac{a_k \pi}{2T_s}t + \varphi_k \tag{5-3-25}$$

式中，$\theta_k(t)$ 称作第 k 个码元的附加相位。由式(5-3-25)可见，$\theta_k(t)$ 是 MSK 信号的总相位减去随时间线性增长的载波相位得到的剩余相位，在一个码元持续时间内它是 t 的直线方程。并且，在一个码元持续时间 T_s 内，它变化 $a_k\pi/2$，即变化 $\pm\pi/2$。按照相位连续性的要求，在第 $k-1$ 个码元的末尾，即当 $t=(k-1)T_s$ 时，其附加相位 $\theta_{k-1}(kT_s)$ 就应该是第 k 个码元的初始附加相位 $\theta_k(kT_s)$。所以，每经过一个码元的持续时间，MSK 码元的附加相位就改变 $\pm\pi/2$；若 $a_k = +1$，则第 k 个码元的附加相位增加 $\pi/2$；若 $a_k = -1$，则第 k 个码元的附加相位减小 $\pi/2$。按照这一规律可以画出 MSK 信号附加相位 $\theta_k(t)$ 的轨迹图，如图 5-61 所示。

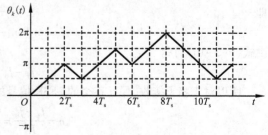

图 5-61　MSK 信号附加相位 $\theta_k(t)$ 的轨迹图

图 5-61 中给出的曲线所对应的输入数据序列是：$a_k = +1, +1, -1, +1, +1, -1, +1, +1,$ $-1, -1, -1, +1$。附加相位的全部可能路径图如图 5-62(a) 所示，模 2 运算后的附加相位路径如图 5-62(b) 所示。

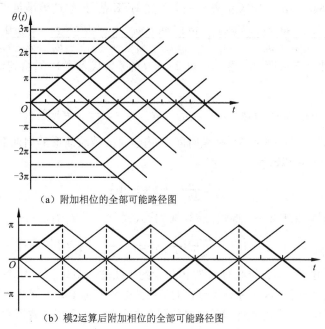

（a）附加相位的全部可能路径图

（b）模2运算后附加相位的全部可能路径图

图 5-62　MSK 附加相位的可能路径图

【例 5-7】设输入数据序列为：$a_k = +1, -1, -1, +1, +1, +1, -1, +1, +1, -1, -1, -1$，试画出 MSK 信号的附加相位轨迹图。

解　MSK 信号的附加相位轨迹如图 5-63 所示。

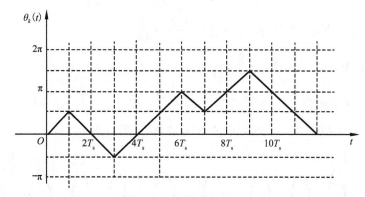

图 5-63　所得的 MSK 信号的附加相位轨迹图

4. MSK 码元中载波的周期数

将式(5-3-19)改写为

$$s_{2MSK}(t) = \begin{cases} A\cos\left(2\pi f_1 t + \varphi_k\right) & \text{当 } a_k = +1 \\ A\cos\left(2\pi f_0 t + \varphi_k\right) & \text{当 } a_k = -1 \end{cases} \quad (k-1)T_s < t \leqslant kT_s \quad (5\text{-}3\text{-}26)$$

式中

$$f_1 = f_c + \frac{1}{4T_s}, \quad f_0 = f_c - \frac{1}{4T_s} \tag{5-3-27}$$

为 MSK 信号的两个频率,由于 MSK 信号是一个正交 2FSK 信号,它应该满足正交条件,即

$$\frac{\sin\left[(\omega_1 + \omega_0)T_s + 2\varphi_k\right]}{\omega_1 + \omega_0} + \frac{\sin\left[(\omega_1 - \omega_0)T_s\right]}{\omega_1 - \omega_0} - \frac{\sin 2\varphi_k}{\omega_1 + \omega_0} - \frac{\sin 0}{\omega_1 - \omega_0} = 0 \tag{5-3-28}$$

式中左端 4 项应分别等于零,所以将第 3 项 $\sin 2\varphi_k = 0$ 的条件代入第 1 项,得到要求 $\sin 2\omega_c T_s = 0$,即要求

$$4\pi f_c T_s = n\pi, n = 1, 2, 3, \cdots \quad 或 \quad T_s = n\frac{1}{4f_c}, n = 1, 2, 3, \cdots \tag{5-3-29}$$

式(5-3-29)表示,MSK 信号每个码元持续时间 T_s 内包含的载波波形的周期数必须是 1/4 周期的整数倍,即(5-3-29)式可以改写为

$$f_c = \frac{n}{4T_s} = \left(N + \frac{m}{4}\right)\frac{1}{T_s} \tag{5-3-30}$$

式中,N 为正整数;$m = 0, 1, 2, \cdots$,将式(5-3-30)代入式(5-3-27)有

$$f_1 = f_c + \frac{1}{4T_s} = \left(N + \frac{m+1}{4}\right)\frac{1}{T_s}, \quad f_0 = f_c - \frac{1}{4T_s} = \left(N + \frac{m-1}{4}\right)\frac{1}{T_s} \tag{5-3-31}$$

式(5-3-31)给出一个码元持续时间 T_s 内包含的正弦波周期数。由式(5-3-27)看出,无论两个信号频率 f_1 和 f_0 等于何值,这两种码元包含的正弦波数均相差 1/2 个周期。例如,当 $N = 1$,$m = 3$ 时,对于比特"1"和"0",一个码元持续时间内分别有 2 个和 1.5 个正弦波周期。

【例 5-8】已知载波频率 $f_c = 1.75/T_s$,初始相位 $\varphi_0 = 0$。

(1)当数字基带信号 $a_k = \pm 1$ 时,MSK 信号的两个频率 f_1 和 f_2 分别是多少?

(2)对应的最小频差及调制指数是多少?

(3)若基带信号为 $+1 +1 -1 -1 +1 -1$,画出相应的 MSK 信号波形。

解 (1)当 $a_k = -1$ 时,信号频率 f_1 为:$f_1 = f_c - \frac{1}{4T_s} = \frac{1.75}{T_s} - \frac{1}{4T_s} = \frac{1.5}{T_s}$

当 $a_k = +1$ 时,信号频率 f_2 为:$f_2 = f_c + \frac{1}{4T_s} = \frac{1.75}{T_s} + \frac{1}{4T_s} = \frac{2}{T_s}$

(2)最小频差:$\Delta f = f_2 - f_1 = \frac{2}{T_s} - \frac{1.5}{T_s} = \frac{1}{2T_s}$

它等于码元传递速率的一半。调制指数为:$h = \frac{\Delta f}{f_s} = \Delta f \times T_s = \frac{1}{2T_s} \times T_s = 0.5$

(3)根据以上计算结果,可以画出相应的 MSK 波形(见图 5-64)。

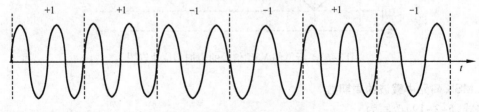

图 5-64　相应的 MSK 波形

"$+1$"和"-1"对应 MSK 波形相位在码元转换时刻是连续的,而且在一个码元期间所对应的波形恰好相差 1/2 载波周期。

5. MSK 信号的产生

考虑到 $a_k = \pm 1$, $\varphi_k = 0$ 或 π, MSK 信号可以用两个正交分量表示为

$$s_{\mathrm{MSK}}(t) = \cos \varphi_k \cos \frac{\pi t}{2T_s} \cos \omega_c t - a_k \cos \varphi_k \sin \frac{\pi t}{2T_s} \sin \omega_c t$$

$$= I_k \cos \frac{\pi t}{2T_s} \cos \omega_c t + Q_k \sin \frac{\pi t}{2T_s} \sin \omega_c t \qquad (5\text{-}3\text{-}32)$$

式中, $I_k = \cos \varphi_k$ 为同相分量; $Q_k = -a_k \cos \varphi_k$ 为正交分量。由此可以得到 MSK 信号的产生框图,如图 5-65 所示。

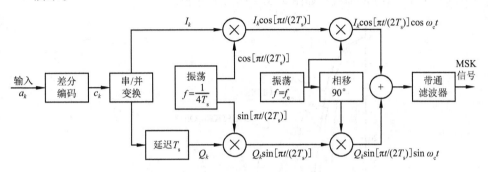

图 5-65 MSK 信号的产生原理框图

图 5-65 中输入数据序列为 a_k, 它经过差分编码后变成序列 c_k。经过串/并转换, 将一路延迟 T_s, 得到相互交错一个码元宽度的两路信号 I_k 和 Q_k。加权函数 $\cos \pi t/(2T_s)$ 和 $\sin \pi t/(2T_s)$ 分别对两路数据信号 I_k 和 Q_k 进行加权, 加权后的两路信号再分别对正交载波 $\cos \omega_c t$ 和 $\sin \omega_c t$ 进行调制, 调制后的信号相加再通过带通滤波器, 就得到 MSK 信号。

6. MSK 解调

由于 MSK 信号是一种 2FSK 信号, 所以它也像 2FSK 信号那样, 可以采用相干解调或非相干解调方法, 但在对误码率有较高要求时大多采用相干解调方式, 图 5-66 是 MSK 信号采用相干解调方式的原理框图。

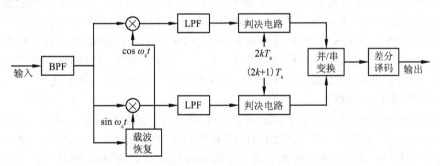

图 5-66 MSK 解调原理框图

MSK 信号经带通滤波器滤除带外噪声, 然后借助正交的相干载波与输入信号相乘, 将 I_k 和 Q_k 两路信号区分开, 再经低通滤波后输出。同相支路在 $2kT_s$ 时刻抽样, 正交支路在 $(2k+1)T_s$ 时刻抽样, 判决器根据抽样后的信号极性进行判决, 大于 0 判为 "1", 小于 0 判为 "0", 经串/并变换, 变为串行数据。与调制器相对应, 因在发送端经差分编码, 故接收端输出经差分译码后, 即可恢复原始数据。

7. MSK 信号的功率谱特性

经推导,MSK 信号的归一化双边功率频谱密度 $P_s(f)$ 的表达式为

$$P_s(f) = \frac{16T_s}{\pi^2}\left[\frac{\cos 2\pi(f-f_c)T_s}{1 - 16(f-f_c)^2T_s^2}\right]^2 \tag{5-3-33}$$

式中,f_c 为载频;T_s 为码元宽度。而 MSK 信号的归一化(平均功率 = 1 W 时)单边功率谱密度 $P_s(f)$ 为

$$P_s(f) = \frac{32T_s}{\pi^2}\left[\frac{\cos 2\pi(f-f_c)T_s}{1 - 16(f-f_c)^2T_s^2}\right]^2 \tag{5-3-34}$$

按照式(5-3-34)画出的曲线在如图 5-67 中用实线示出。

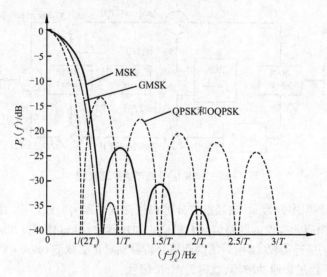

图 5-67 MSK 功率谱曲线

图中横坐标是以载频为中心画的,即横坐标代表频率 $f-f_c$;T_s 表示二进制码元间隔。图 5-67 中还给出了其他几种调制信号的功率谱密度曲线作为比较。由图 5-67 可见,与 QPSK 和 OQPSK 信号相比,MSK 信号功率谱更为集中,即其旁瓣下降得更快,故它对相邻频道的干扰较小。因此 MSK 比较适合非线性的和邻道抑制严格的移动信道应用。计算表明,包含 90% 信号功率的带宽 B 近似值中,对于 QPSK、OQPSK 和 MSK 的带宽 $B \approx 1/T_s$(Hz);BPSK 的带宽 $B \approx 2/T_s$(Hz)。而包含 99% 信号功率的带宽近似值中,MSK 的带宽 $B \approx 1.2/T_s$(Hz),QPSK 及 OPQSK 的带宽 $B \approx 6/T_s$(Hz),BPSK 的带宽 $B \approx 9/T_s$(Hz)。由此可见,MSK 信号的带外功率下降非常快。

8. MSK 信号的误码率性能

MSK 信号是用极性相反的半个正(余)弦波形去调制两个正交的载波。因此,当用匹配滤波器分别接收每个正交分量时,MSK 信号的误比特率性能和 2PSK、QPSK 及 OQPSK 等的性能一样。但是,若把它当作 FSK 信号用相干解调法在每个码元持续时间 T_s 内解调,则其性能将比 2PSK 信号的性能差 3dB。

综上所述,MSK 信号的特点如下:

(1)已调信号的振幅是恒定的,即 MSK 为等幅波。

(2)信号的频率偏移严格地等于 $\pm 1/(4T_s)$;相应的调制指数 $h = 1/2$。

(3)以载波相位为基准的信号相位在一个码元期间内准确地线性变化 $\pm \pi/2$。

(4)在码元转换时刻信号的相位是连续的,或者说,信号的波形没有突跳。

(5)在信号的一个码元持续时间内,载波波形的个数为载波周期四分之一的整数倍;即 $f_c =$

$n/(4T_s), n = 1, 2, \cdots$

（6）MSK 的频带利用率优于 2FSK 及 2PSK，它的抗噪声性能相当于 2PSK，而且它的同步恢复也较方便。因此 MSK 方式在实际系统中得到了广泛的重视和应用。

【例 5-9】 设发送数据序列为 00101101，采用 MSK 方式传输，码元速率为 1 200 Bd，载波频率为 2 400 Hz。

（1）试求"0"码和"1"码对应的频率。

（2）画出 MSK 信号时间波形。

（3）画出 MSK 信号附加相位路径图（初始相位为 0）。

解 （1）设"0"码对应频率 f_0，"1"码对应频率 f_1，则有

$$f_0 = f_c - \frac{1}{4T_s} = 2\ 400 - \frac{1\ 200}{4} = 2\ 100\ (\text{Hz})$$

$$f_1 = f_c + \frac{1}{4T_s} = 2\ 400 + \frac{1\ 200}{4} = 2\ 700\ (\text{Hz})$$

（2）由于

$$f_0 = 2\ 100 = \frac{7}{4}R_B \quad \left(\text{一个码元周期 } T_s \text{ 内画 } \frac{7}{4} \text{ 周载波}\right)$$

$$f_1 = 2\ 700 = \frac{9}{4}R_B \quad \left(\text{一个码元周期 } T_s \text{ 内画 } \frac{9}{4} \text{ 周载波}\right)$$

所以 MSK 信号时间波形如图 5-68 所示。

（3）由式（5-3-25）可以看出：MSK 信号的附加相位函数 $\theta_k(t)$ 是 t 的直线方程，其斜率为 $a_k\pi/2$，截距为 φ_k。所以，在任一个码元期间 T_s，若 $a_k = +1$，则 $\theta_k(t)$ 线性增加 $\pi/2$；若 $a_k = -1$，则 $\theta_k(t)$ 线性减小 $\pi/2$。所以，MSK 信号附加相位路径如图 5-69 所示。可见，附加相位在相邻码元之间是连续的。

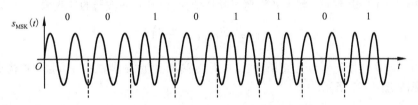

图 5-68　MSK 信号时间波形

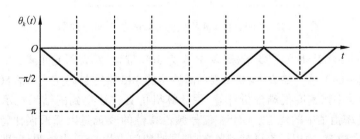

图 5-69　MSK 信号附加相位路径

5.3.4　高斯最小频移键控

　　MSK 信号的相位虽然是连续变化的，但在信息代码发生变化时刻，相位变化出现尖角，即附加

相位的导数不连续。这种不连续性降低了 MSK 信号功率谱旁瓣的衰减速度。另外虽然包络恒定,带外功率谱密度下降快,但在一些通信场合还不能满足需要。例如在移动通信中,MSK 所占带宽和频谱的带外衰减速度仍不能满足需要,以至于在 25kHz 信道间隔内传输 16kbit/s 的数字信号时,将会产生邻道干扰。

为了进一步使信号的功率谱密度集中和减小对邻道的干扰,可以在进行 MSK 调制之前,用一个高斯型的低通滤波器对输入基带矩形信号脉冲进行处理,高斯型低通滤波器对基带信号进行预滤波,滤除高频分量,使得功率谱更加紧凑,这样的体制称为高斯最小移频键控(Gaussian filtered minimum shift keying,GMSK)。

GMSK 的基本原理:基带信号先经过高斯滤波器滤波,形成高斯脉冲,之后进行 MSK 调制。所形成的高斯脉冲包络无陡峭的边沿,亦无拐点,经调制后的已调波相位路径在 MSK 的基础上进一步得到平滑,如图 5-70 所示。

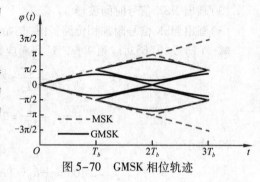

图 5-70　GMSK 相位轨迹

GMSK 方式的功率谱密度比 MSK 的更加集中,旁瓣进一步降低,能满足蜂窝移动通信环境下对带外辐射的严格要求。为了获得窄带输出信号的频谱,预滤波器必须满足以下条件:

(1)带宽窄并且具有陡峭的截止特性,以抑制高频分量;

(2)脉冲响应的过冲较小,以防止产生过大的瞬时频偏;

(3)保证输出脉冲的面积不变,以保证 π/2 的相移,以使调频指数为 1/2.

要满足这些条件,选择高斯型滤波器是合适的,其频率特性表示式为:

$$H(f) = \exp\left[-(\ln 2/2)(f/B)^2 \right] \tag{5-3-35}$$

式中,B 为滤波器的 3 dB 带宽。将上式做傅里叶逆变换,得到此滤波器的冲激响应 $h(t)$:

$$h(t) = \frac{\sqrt{\pi}}{\alpha}\exp\left(-\frac{\pi^2}{\alpha^2}t^2 \right) \tag{5-3-36}$$

式中,$\alpha = \sqrt{\ln2/2}/B$。由于 $h(t)$ 为高斯特性,故称为高斯型滤波器。采用直接 FM 构成的 GMSK 发射机原理图如图 5-71 所示。

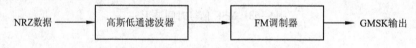

图 5-71　采用直接 FM 构成的 GMSK 发射机原理图

一般用 BT_s 来作为 GMSK 的重要指标,其中 B 为 3dB 带宽,T_s 为码元间隔,BT_s 表明了滤波器 3dB 带宽与码元速率的关系。如 $BT_s = 0.8$ 表示滤波器的 3dB 带宽是码元速率的 80%。

GMSK 信号的功率谱密度很难分析计算,用计算机仿真方法得到的结果也示于图 5-67 中。可见 GMSK 具有功率谱集中的优点。GMSK 信号频谱特性的改善是以降低误比特率性能为代价的,预滤波器的带宽越窄,输出功率谱就越紧凑,但同时码间串扰(ISI)也越明显,即 BT_s 值越小,码间串扰越大,误比特率性能也会变得越差。在实际应用中 BT_s 应该折中选择。

5.3.5　正交频分复用

正交频分复用(orthogonal frequency division multiplexing,OFDM),是一种多载波调制技术,具

有较强的抗多径传播和抗频率选择性衰落的能力以及较高的频谱利用率,在高速无线通信系统中得到了广泛应用。

1. OFDM 基本原理

在传统的并行数据传输系统中,整个信号频段被划分为 N 个相互不重叠的频率子信道。每个子信道传输独立的调制信号,然后再将 N 个子信道进行频率复用。这种避免信道频谱重叠看起来有利于消除信道间的干扰,但是这样又不能有效利用频谱资源。OFDM(orthogonal frequency division multiplexing)即正交频分复用,是一种能够充分利用频谱资源的多载波传输方式。常规频分复用与 OFDM 的信道分配情况如图 5-72 所示。

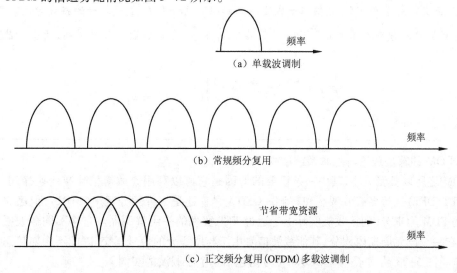

（a）单载波调制

（b）常规频分复用

节省带宽资源

（c）正交频分复用(OFDM)多载波调制

图 5-72　常规频分复用与 OFDM 的信道分配

OFDM 是将频域划分为 N 个带宽为 Δf 的多个子信道,各相邻子信道相互重叠,但不同子信道相互正交。将高速的串行数据流分解成 N 路并行的低速子数据流,用这 N 路并行的低速子数据流(或子信号)分别调制 N 路相互正交的子载波并在 N 个带宽为 Δf 的子频带(或子信道)中进行同步传输。由于在 OFDM 系统中各个子信道的载波相互正交,它们的频谱是相互重叠的,这样不但减少了子载波间的相互干扰,同时又提高了频谱利用率。

OFDM 子载波的带宽小于信道"相干带宽"时,可以认为该信道是"非频率选择性信道",所经历的衰落是"平坦衰落"。OFDM 符号持续时间小于信道"相干时间"时,信道可以等效为"线性时不变"系统,降低了信道时间选择性衰落对传输系统的影响。这样,尽管总的信道是非平坦的,具有频率选择性,但是每个子信道是相对平坦的,在每个子信道上进行的是窄带传输,信号带宽小于信道的相应带宽,因此就可以大大消除信号波形间的干扰。

OFDM 优点:

(1)各子信道上的正交调制和解调可以采用 IDFT 和 DFT 实现,运算量小,实现简单;

(2)OFDM 系统可以通过使用不同数量的子信道,实现上下行链路的非对称传输;

(3)所有子信道不会同时处于频率选择性深衰落,可以通过动态子信道分配充分利用信噪比高的子信道,提升系统性能。

OFDM 的缺点:

(1)对频率偏差敏感,传输过程中出现的频率偏移,如多普勒频移,或者发射机载波频率与接收机本地振荡器之间的频率偏差,会造成子载波之间正交性破坏。

(2)存在较高的峰均比,OFDM 调制的输出是多个子信道的叠加,如果多个信号相位一致,叠加信号的瞬时功率会远远大于信号的平均功率,导致较大的峰均比,这对发射机 PA 的线性提出了更高的要求.

OFDM 是当今能提供高速率传输的各种无线解决方案最有前途的方案之一,它是第 4 代(4G)移动通信的关键技术之一。

📖OFDM 系统原理与实现——正交性

对于任意两个函数 $S_1(t)$ 和 $S_2(t)$,如果有 $\int_0^{T_s} S_1(t)S_2(t)\mathrm{d}t = 0$,则函数 $S_1(t)$ 和 $S_2(t)$ 在区间 $(0, T_s)$ 上正交。对于 OFDM,设相邻子载波的频率间隔 $\Delta f = 1/T_s$,T_s 是符号的持续时间。那么,任意一对子载波可以分别表示为 $\mathrm{e}^{\mathrm{j}2\pi\frac{k_1}{T_s}t}$ 和 $\mathrm{e}^{\mathrm{j}2\pi\frac{k_2}{T_s}t}$,其中 k_1 和 k_2 是正整数。可以得到,两个子载波的内积,满足:

$$\frac{1}{T_s}\int_0^{T_s}\mathrm{e}^{\mathrm{j}2\pi\frac{k_1}{T_s}t} \cdot \mathrm{e}^{-\mathrm{j}2\pi\frac{k_2}{T_s}t}\mathrm{d}t = \begin{cases} 1 & \text{当 } k_1 = k_2 \\ 0 & \text{当 } k_1 \neq k_2 \end{cases}$$

即子载波 $\mathrm{e}^{\mathrm{j}2\pi\frac{k_1}{T_s}t}$ 和 $\mathrm{e}^{\mathrm{j}2\pi\frac{k_2}{T_s}t}$ 正交。

2. OFDM 的算法理论与基本系统结构

OFDM 之所以备受关注,其中一条重要的原因是它可以利用离散傅里叶逆变换/离散傅里叶变换(IDFT/DFT)代替多载波调制和解调。OFDM 尽管还是一种频分复用(FDM),但已完全不同于过去的 FDM。OFDM 的接收机实际上是通过 FFT 实现的一组解调器。它将不同载波搬移至零频,然后在一个码元周期内积分,其他载波信号由于与所积分的信号正交,因此不会对信息的提取产生影响。图 5-73 给出了一个 OFDM 符号内包括 4 个子载波的实例。

OFDM 系统基本模型如图 5-74 所示。

OFDM 符号调制原理:发射机在发射数据时,将 N 个高速串行数据 $d_0, d_1, d_2, \cdots, d_{N-1}$ 转为低速并行数据,这里 $d_i = a_i + jb_i$,利用多个正交的子载波进行数据传输,各个子载波使用独立的调制器和解调器,而且各个子载波之间要求完全正交。每个子载波序列都在发送自己的信号,这些互相交叠在空中形成信号 $S(t)$。

$$S(t) = \sum_{k=0}^{N-1} d_k \cdot e^{j2\pi f_k(t-t_s)} \qquad (5-3-37)$$

$$S(t) = 0 \qquad t < t_s \text{ 或 } t > t_s + T_s$$

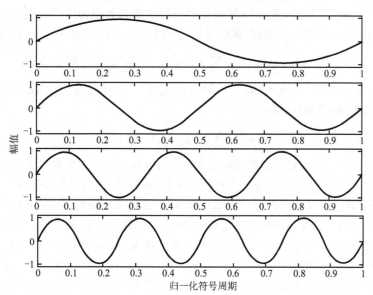

图 5-73 OFDM 符号内包括 4 个载波的实例

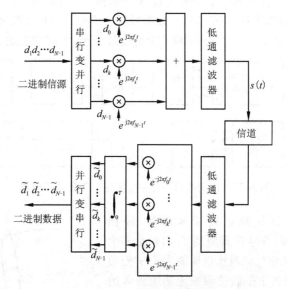

图 5-74 OFDM 系统的原理框图

T_s 是 *OFDM* 符号持续时间,子载波频率 $f_k = k/T_s$。接收端收到合成的信号 $S(t)$ 后,再在每个子载波上分别作相乘后积分的操作,就可以取出每个子载波分别承载的信号了。*OFDM* 的解调利用了

各子载波之间的正交性，如对式(5-3-37)中的第 k 个子载波进行解调，即

$$\tilde{d}_k = \frac{1}{T_s} \int_{t_s}^{t_s+T_s} \exp\left[\frac{-j2\pi k(t-t_s)}{T_s}\right] \sum_{i=0}^{N-1} d_i \cdot \exp\left[\frac{j2\pi i(t-t_s)}{T_s}\right] dt$$

$$= \frac{1}{T_s} \sum_{i=0}^{N-1} d_i \int_{t_s}^{t_s+T_s} \exp\left[\frac{j2\pi(i-k)(t-t_s)}{T_s}\right] dt = d_k \tag{5-3-38}$$

根据式(5-3-38)可以看到，对第 k 个子载波进行解调可以恢复出期望符号 d_k，而对于其他载波来说，由于在积分间隔内，频率差别$(i-k)/T_s$可以产生整数倍个周期，所以其积分结果为零。

实际上，式(5-3-37)中定义的 OFDM 的信号可以采用离散逆傅里叶变换(IDFT)来实现，令 $t_s=0$，在 T_s 区间内对 S(t)做 N 次采样，采样时刻 $t_n = nT_s/N$，$n=0,1,2,\cdots,N-1$，则可以得到

$$S[n] = S(t_n) = \sum_{k=0}^{N-1} d_k \cdot e^{j2\pi f_k t_n} = \sum_{k=0}^{N-1} d_k \cdot e^{j2\pi kn/N} \tag{5-3-39}$$

式(5-3-39)中$0 \le k \le N-1$，S[n]即为 d_k 的 IDFT 运算。在接收端，为了恢复原始的数据符号 d_k，可以对 S[n]进行 DFT 变换，得到

$$d_k = \sum_{k=0}^{N-1} S[n] \cdot e^{-j2\pi kn/N} \tag{5-3-40}$$

根据上述分析可以看到，系统的调制和解调可以分别由 IDFT/DFT 来代替。但上述方法所需设备非常复杂，当 N 很大时，需要大量的正弦波发生器，滤波器，调制器和解调器等设备，因此系统非常昂贵。为了降低 OFDM 系统的复杂度和成本，在 OFDM 系统调制解调的实际应用中可以采用快速算法 IFFT/FFT 实现 IDFT/DFT 的理论计算，这为 OFDM 技术的推广创造了极为有利的条件。另外，为消除码间串扰(ISI)，在实际 OFDM 系统中采用插入循环前缀(CP)的方法，即将 OFDM 符号尾部的一部分复制后放到符号前面，CP 使所传输的符号表现出周期性，当 CP 的持续时间比信号在信道传输延迟时间大时，码间串扰仅仅会干扰 OFDM 符号前面的 CP 从而消除 ISI。

根据上面所述，OFDM 的系统框图如图 5-75 所示。图中给出了采用 IFFT 实现 OFDM 调制并加入循环前缀的过程：输入串行数据信号，首先经过串/并转换，串/并转换之后输出的并行数据就是要调制到相应子载波上的数据符号，相应的这些数据可以看成是一组位于频域上的数据。经过 IFFT 之后，出来的一组并行数据是位于离散的时间点上的数据，这样 IFFT 就实现了频域到时域的转换。

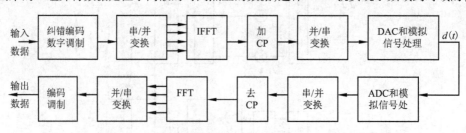

图 5-75　用离散傅里叶变换实现 OFDM 的解调器

这种正交性还可以从频域角度来理解，根据式(5-3-37)，每个 OFDM 符号在其周期 T_s 内包括多个非零的子载波，因此其频谱可以看作是周期为 T_s 的矩形脉冲的频谱与一组位于各个子载波频率上的函数 δ 的卷积。矩形脉冲的频谱幅值为 Sa(·)函数，这种函数的零点出现在频率为 $1/T_s$ 整数倍的位置上。

这种现象可以参见图 5-76，其中给出相互覆盖的各

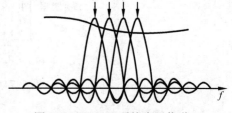

图 5-76　OFDM 系统中子信道符号的频谱(经过矩形脉冲成型)

通信原理

个子信道内经过矩形成型得到的符号的 $Sa(\cdot)$ 函数频谱。在每一个子载波频率的最大值处，所有其他子信道的频谱值恰好为零。由于在对 *OFDM* 符号进行解调的过程中，需要计算这些点上所对应的每一个子载波频率的最大值，因此可以从多个相互重叠的子信道符号频谱中提取出每个子信道符号，而不会受到其他子信道的干扰。

从图 5-76 可以看出，*OFDM* 符号频谱实际上可以满足奈奎斯特准则，即多个子信道频谱之间不存在相互干扰，但这是出现在频域中的。因此这种一个子信道频谱的最大值对应于其他子信道频谱的零点可以避免子信道间干扰的出现。

3. OFDM 系统性能

(1) 抗脉冲干扰：*OFDM* 信号采用多进制、多载频、并行传输的主要优点是大大降低了各子载波的信号速率，使传输码元的持续时间大为增长，因而 *OFDM* 信号的解调是在一个很长的码元周期内积分，从而使脉冲的影响得以分散，所以 *OFDM* 系统抗脉冲干扰的能力比单载波系统强很多。

(2) 抗多径传播与衰落：由于 *OFDM* 信号的传输码元持续时间比多径延迟长，从而提高了信号的抗多径传输能力。若再采用保护间隔和时域均衡等措施，可以有效克服码间串扰的影响。

(3) 频谱利用率高：设一 *OFDM* 系统中共有 N 路子载波，子信道码元持续时间为 T_s，每路子载波均采用 M 进制调制，则由 *OFDM* 的频谱结构，可知它占用的频带宽度等于 $B_{OFDM} = (N+1)/T_s$ (Hz) 频带利用率为单位带宽传输的比特率为

$$\eta_{OFDM} = \frac{N/T_s}{B_{OFDM}}log_2\text{M} = \frac{N}{N+1}log_2\text{M}\left[\,bit/(s\cdot Hz)\,\right]$$

当 N 很大时，$\eta_{OFDM} \approx log_2\text{M}\left[\,bit/(s\cdot Hz)\,\right]$。而采用单载波的 M 进制码元传输，为了得到相同的传输速率，则码元持续时间应缩短为 T_s/N，而占用带宽等于 $2N/T_s$，其频带利用率为：$\eta_b = \frac{Nlog_2\text{M}}{T_s}\cdot\frac{T_s}{2N} = \frac{1}{2}log_2\text{M}\left[\,bit/(s\cdot Hz)\,\right]$。因此并行的 *OFDM* 体制和串行的单载波体制相比，频带利用率大约提高了 1 倍。

4. OFDM 的关键技术

OFDM 的关键技术包括：

(1) 保护间隔和循环前缀：它可以有效地对抗多径时延扩展。

(2) 时域和频域同步：*OFDM* 系统对定时和频率偏移敏感，特别是实际应用中与 *FDMA*、*TDMA* 和 *CDMA* 等多址方式结合使用时，时域和频率同步显得尤为重要。

(3) 信道估计：在 *OFDM* 系统中，信道估计器的设计主要有两个问题：一是导频信息的选取；二是复杂度较低和导频跟踪能力良好的信道估计器的设计。

(4) 编码信道和交织：为了提高数字通信系统性能，信道编码和交织是普遍采用的方法。

(5) 降低峰值平均功率比：由于 *OFDM* 信道时域上表现为 N 个正交子载波信号的叠加，当这 N 个信号恰好均以峰值叠加时，*OFDM* 信号也将产生最大峰值，该峰值功率是平均功率的 N 倍。尽管峰值功率出现的概率较低，但为了不失真地传输这些高峰值平均功率比的 *OFDM* 信号，发送端对高功率放大器(*HPA*)的线性度要求也很高。因此，高的峰值平均功率比使得 *OFDM* 系统的性能大大下降甚至直接影响实际应用。为了解决这一问题，人们提出了基于信号畸变技术、信号扰码技术和基于信号空间扩展等降低 *OFDM* 系统峰值平均功率比的方法。

(6) 均衡：*OFDM* 加均衡器以使循环前缀的长度适当减小，即通过增加系统的复杂性换取频带利用率的提高。

5.7 课题扩展:数字微波通信系统

微波是指频率为 $300\ MHz \sim 300\ GHz$ 的电磁波,数字微波通信是指利用微波频段的电磁波传输数字信息的一种通信方式。数字微波通信除具有数字通信的特点外,还具有微波通信的特点,如微波波段的频带宽,通信容量大,适于传送宽频带信号和采用中继传输方式。

1. 中继方式

数字微波中继通信线路是由线路两端的终端站、若干个中继站及分路站构成,如图5-77所示。

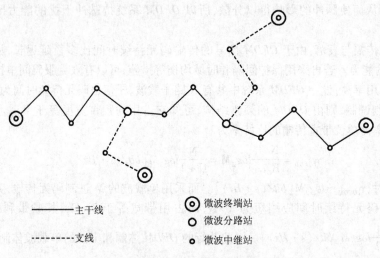

- ◎——主干线
- ------ 支线
- ◎ 微波终端站
- ○ 微波分路站
- ∘ 微波中继站

图5-77　数字微波中继通信线路图

数字微波终端站处于线路两端的终点站,在终端站可以连接上、下支路信号。数字微波中继站处于线路中间,分为再生转接式中继站、中频转接式中继站和微波转接式中继站。数字微波分路站处于线路中间,可以沟通干线上不同方向之间通信的站。

2. 系统组成

数字微波通信系统一般包括数字微波终端站、天线馈线系统和微波中继站,其原理框图如图5-78所示。

数字终端站中可包括:微波收发信设备、调制解调设备以及时分复用设备。微波收发信设备完成射频混频和放大等功能,然后由微波馈线、天线发射到空间传输,而收端完成相反的工作。调制与解调设备的作用就是将所要传输的基带信号变换成适合于信道传输的信号。与其相反的过程就是解调。图5-79为调制与解调过程的基本框图。

天线是用来辐射和接收无线电波的一种设备,实现电流和电磁波之间的相互转换。馈线是把电磁波以尽可能小的损耗从发射机传到天线或从天线传到接收机所用的连接线,微波通信中常用天线的基本形式有喇叭天线、抛物面天线、喇叭抛物面天线和潜望镜天线等。

由于微波通信采用的是接力传输方式,因此,长途微波干线上必须要有微波中继站。中继站的转接方式包括以下三种:

(1)中频转接式中继站,中频转接式中继站采用的是中频接口。

(2)微波转接方式中继站,在微波频率上直接放大,即为微波转接方式。

（3）再生转接式中继站，再生转接式中继站要进行上下变频及数字调制和解调，它的特点是可避免噪声和干扰的累积。适用于需上下话路的中继站。目前数字微波通信中常用的转接方式是再生转接式中继站，其示意图如图5-80所示。

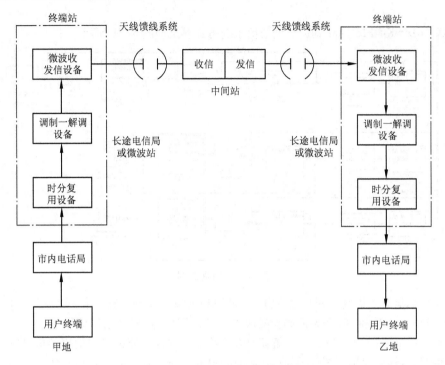

图5-78　数字微波通信系统框图

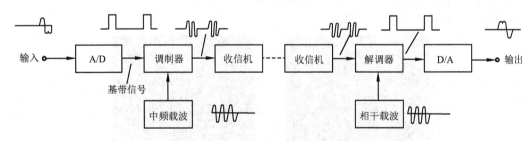

图5-79　调制与解调过程的基本框图

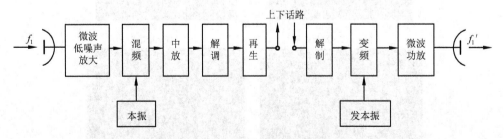

图5-80　再生转接式中继站示意图

数字信号的调制与解调技术，是数字微波通信中的关键技术。数字微波通信常用的是相移键控，因为这种调制方式在抗干扰性能方面优于幅移键控和频移键控这两种方式。

5.8　16PSK、16DPSK 和 16QAM 通信系统的 MATLAB 仿真分析

16PSK、16DPSK 和 16QAM 调制解调通信系统仿真模型如图 5-81 所示。

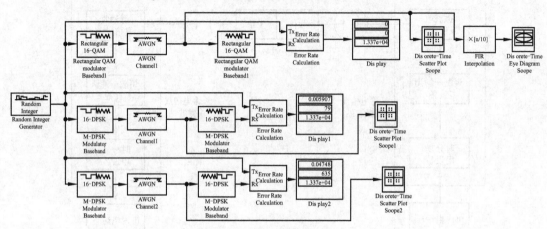

图 5-81　仿真框图

图中选用伯努利二进制序列产生器（Bernoulli binary generator）来产生一个二进制序列，将序列送入 16QAM、16PSK 和 16DPSK 调制器模块中得到已调信号，再将已调信号送入一个加性高斯白噪声信道，其 variance 设置为 0.01。解调阶段则将通过加性高斯白噪声信道的信号输入相应的解调器模块，其后接一误码率统计模块（error rate calculation），且误码率统计模块另一输入端接至源信号处。而用示波器观察解调波形并与源信号波形进行比较。另外，还可以观察信号的眼图和星座图等。仿真图形如图 5-82 所示。

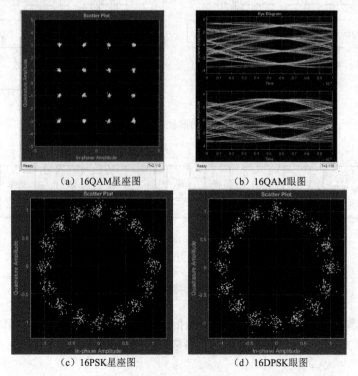

（a）16QAM星座图　　　　　　　　（b）16QAM眼图

（c）16PSK星座图　　　　　　　　（d）16DPSK眼图

图 5-82　仿真图形

在相同的信道条件下,16QAM 的误码率最小,然后是 16PSK,最差的是 16DPSK,因为 DPSK 是在 PSK 的基础上增加了码反变换,所以误码率增加了。

小　结

数字调制的基本方式有三种:振幅键控(ASK)、频移键控(FSK)和相移键控(PSK)。它们分别利用正弦载波的振幅、频率或相位传送数字信息。由于 PSK 方式存在相位模糊度的问题,又发展出了差分相移键控(DPSK)。

本章内容包括 2ASK、2FSK、2PSK 和 2DPSK 信号的表示式和时域波形、调制和解调原理及各点的波形、频谱特性和带宽、多进制调制的特点和目的,4PSK 和 4DPSK 相位和波形的关系和调制解调原理。

本章还介绍了 QAM 星座图、16QAM 的调制解调原理和带宽,MSK 的特点、调制解调原理和附加相位轨迹,GMSK 的基本原理及特点。最后介绍了 OFDM 的基本原理、频谱特性和系统性能。

习　题

一、填空题

1. 在等概的情况,数字调制信号 2ASK、2FSK 和 2PSK 的功率谱中不含有离散谱的是(　　　)。2ASK、2FSK 和 2PSK 这三种数字调制方式之间,其已调信号占用频带的大小关系为(　　　);在误码率相同的条件下,三种数字调制方式之间抗干扰性能好坏的关系为(　　　)。

2. 在采用 4DPSK 的通信系统中,无码间串扰时能达到的最高频谱利用率为(　　　)B/Hz。

3. 2PSK 是用码元载波的相位来传输信息;DPSK 是用前后码元载波的(　　　)来传输信息,它可克服 PSK 的(　　　)的缺点。

4. 8PSK 系统的信息传输速率是 1 800 bit/s,其无码间串扰传输的最小带宽是(　　　)。

5. 多进制数字调制与二进制调制相比,具有(　　　)高、(　　　)差的特点。

6. 2FSK 信号当(　　　)时其功率谱将出现单峰;当(　　　)时其功率谱将出现双峰。

7. 设 16QAM 调制器输入的信息速率为 90 Mbit/s,则其码元速率为(　　　)。

8. 先验概率相等的 2PSK 信号解调,若抽样判决器输入端信号的峰－峰值为 10V,那么该判决器的判决电平应取为(　　　)。

二、简答题

1. 简述通信系统中采用调制的目的。

2. 为什么实际的数字调相不采用绝对调相而采用相对调相?

3. 简述数字调制与模拟调制之间的异同点?

4. 何谓多进制数字调制? 与二进制数字调制相比,多进制数字调制有哪些优缺点?

5. 简述 2FSK 过零检测的基本原理。

6. 简述 2FSK、MSK 和 GMSK 信号的异同点。

7. 在随参信道中传输信息,若采用 2DPSK 调制方式,应采用哪一种解调方式? 若在 2DPSK 与 2FSK 两种调制方式中选择一种调制方式,应选哪一种? 为什么?

8. 简述 OFDM 的基本原理。

三、计算题

1. 设发送数字信息为 101100111010,试分别画出 OOK、2FSK、2PSK 及 2DPSK 信号的波形示意图。(对 2FSK 信号,"0"对应 $T_s = 2T_c$,"1"对应 $T_s = T_c$;其余信号 $T_s = T_c$,其中 T_s 为码元周期,T_c 为载波周期;对 2DPSK 信号,$\Delta\varphi = 0°$ 代表"0",$\Delta\varphi = 180°$ 代表"1",参考相位为 0;对 2PSK 信号,$\varphi = 0°$ 代表"0",$\varphi = 180°$ 代表"1"。)

2. 已知某 2ASK 系统的码元传输速率为 1 000 Bd,所用的载波信号为 $A\cos(2\pi \times 10^3 t)$。

(1) 设所传送的数字信息为 1101001010110,试画出相应的 2ASK 信号波形示意图。

(2) 求 2ASK 信号的带宽。

3. 设发送数字信息序列为 11010010,码元速率为 2 000 Bd,现采用键控法产生 2FSK 信号,并设 $f_1 = 2$ kHz,对应"1"码;$f_2 = 3$ kHz,对应"0"码。若两振荡器输出振荡初相均为 0,画出 2FSK 信号波形,并计算其带宽和频率利用率。

4. 设二进制信息为 0101,采用 2FSK 系统传输。码元速率为 1 000 B,已调信号的载频分别为 3 000 Hz(对应"1"码)和 1 000 Hz(对应"0"码)。

(1) 若采用包络检波方式进行解调,试画出各点时间波形;

(2) 若采用相干方式进行解调,试画出各点时间波形;

(3) 求 2FSK 信号的第一零点带宽。

5. 设在某 2DPSK 系统中,载波频率为 2 400 Hz,码元速率为 1 200 Bd,已知绝对码序列为 11101001。

(1) 试画出 2DPSK 信号波形;

(2) 若采用差分相干解调法接收该信号,试画出解调系统的各点波形;

(3) 若发送符号 0 和 1 的概率相同,试给出 2DPSK 信号的功率谱示意图。

6. 设发送的绝对码序列为 10110110,采用 2DPSK 方式传输。已知码元传输速率为 2 400 B,载波频率为 2 400 Hz。

(1) 试构成一种 2DPSK 信号调制器原理框图;

(2) 若采用相干解调—码反变换器方式进行解调,试画出各点时间波形;

(3) 若采用差分相干方式进行解调,试画出各点时间波形。

7. QPSK 系统,采用 $\alpha = 0.25$ 的升余弦基带信号,信道带宽为 20 MHz,求无码间串扰传输的最大速率。

8. 对最高频率为 6 MHz 的模拟信号进行线性 PCM 编码,量化电平数为 $M = 8$,编码信号先通过 $\alpha = 0.2$ 的升余弦滚降滤波处理,再对载波进行调制:(1) 采用 2PSK 调制,求占用信道带宽和频带利用率;(2) 将调制方式改为 8PSK,求占用信道带宽和频带利用率。

9. 设某 2FSK 调制系统的码元传输速率为 1 000 Bd,已调信号的载频为 1 000 Hz 或 2 000 Hz。

(1) 若发送数字信息为 1101001010110,试画出相应的 2FSK 信号波形。

(2) 试讨论这时的 2FSK 信号应选择怎样的解调器解调?

(3) 若发送数字信息是等可能的,试画出它的功率谱密度草图。

10. 采用 4PSK 调制传输 2 400 bit/s 数据:(1) 最小理论带宽是多少? (2) 若传输带宽不变,比特率加倍,则调制方式应作何改变?

11. 若要求传输 1.024 Mbit/s 的二进制数据,采用无线通信正交频分复用(OFDM)系统,其中每个子信道的调制方式为 16QAM。假定 OFDM 系统的子载波数为 128,试求:(1) 每个子载波的比特率 R_b 和符号速率 R_{B_i};(2) 最小子载波频率间隔 Δf;(3) 该系统占用的频带宽度 B;(4) 该系统的频带利用率 η。

通信原理

12. 一个二进制数字序列的码元速率为 10 kbit/s,采用 MSK 传输,如果载波频率为 5 MHz,请给出 MSK 系统的参数:

(1)传输码元 1 和 0 的频率;

(2)系统的峰–峰值频率偏移;

(3)系统传输带宽;

(4)给出传输信号表达式。

13. 采用 MSK 调制,设发送的数字序列为 10011010,码元速率为 1 600 B,载波频率为 2 000 Hz,试求:

(1)画出 MSK 信号的相位路径图(设初始相位为零);

(2)画出 MSK 信号的波形图(频率 f_1 对应"0"码,f_2 对应"1"码,且 $f_1 < f_2$)。

14. 已知电话信道可用的信号传输频带为 600 ~ 3 000 Hz,取载频为 1 800 Hz,试说明:

(1)采用 $\alpha = 1$ 升余弦滚降基带信号时,QPSK 调制可以传输 2 400 bit/s 数据;

(2)采用 $\alpha = 0.5$ 升余弦滚降基带信号时,8PSK 调制可以传输 4 800 bit/s 数据;

(3)画出(1)和(2)传输系统的频率特性草图。

第6章 数字通信系统的抗噪声性能分析

在通信系统中对信号有影响的所有干扰的集合称为噪声，噪声对信号的传输是有害的，它会使数字信号发生误码，并随之限制信息的传输速率。噪声干扰又分为乘性干扰和加性干扰。本章通信系统的抗噪声性能分析主要讨论通信系统抗加性干扰的能力。加性噪声是分散在通信系统中各处噪声的集中表示，它独立于有用信号，却始终干扰有用信号。

6.1 通信系统中的噪声及其性能

加性噪声按来源不同，可分为：（1）人为噪声。人为噪声来源于人类活动造成的其他信号源，如外台信号、开关接触噪声、工业的点火辐射及荧光灯干扰等。（2）自然噪声。自然噪声是指自然界存在的各种电磁波源，如闪电、大气中的电暴、银河系噪声及其他各种宇宙噪声等。（3）内部噪声：内部噪声是系统设备本身产生的各种噪声。例如：导体中自由电子的热运动（热噪声）、真空管中电子的起伏发射和半导体中载流子的起伏变化（散弹噪声）及电源噪声。

按性质不同，可将噪声分为：（1）单频噪声，单频噪声是一种连续波的干扰，主要是指无线电噪声，还有电源的交流声、信道内设备的自激振荡、高频电炉干扰等。这种噪声的主要特点是其频谱集中在某个频率附近较窄的范围之内，干扰的频率可以通过实测来确定。因此，单频噪声并不是在所有通信系统中都存在，且只要采取适当的措施便可能防止或削弱其对通信的影响。（2）脉冲噪声，脉冲噪声是在时间上无规则地突发的短促噪声，如工业上的点火辐射、闪电及偶然的碰撞和电气开关通断等产生的噪声。这种噪声的特点是其突发的脉冲幅度大，但持续时间短，且相邻突发脉冲之间有较长的平静期。从频谱上看，脉冲噪声通常有较宽的频谱（从其低频到高频）。脉冲噪声主要影响数字信道（编码信道），而对模拟信道（调制信道）的影响比较小。（3）起伏噪声，起伏噪声是最基本的噪声来源，是普遍存在和不可避免的，其波形随时间作不规律的随机变化，主要包括信道内元器件所产生的热噪声、散弹噪声和天电噪声中的宇宙噪声。从它的统计特性来看，可认为起伏噪声是一种高斯噪声，且在相当宽的频率范围内有平坦的功率密度谱，称这种噪声为白噪声，故而起伏噪声又可表述为高斯白噪声。

而通信中常见的噪声为热噪声，因此在分析通信系统的抗噪声性能时，常用高斯白噪声作为通信信道中的噪声模型。在通信系统中，为了减少噪声的影响，通常在接收端设置一个带通滤波器，以滤除信号频带外的噪声，高斯白噪声通过带通滤波器后就变成了窄带高斯白噪声。

1. 平稳随机过程通过线性系统的统计特性

设线性系统的冲激响应为 $h(t)$，其传递函数为 $H(\omega)$，假设 $\xi_i(t)$ 是线性系统的平稳的输入随机过程，均值为 a，自相关函数为 $R_i(\tau)$，功率谱密度为 $P_i(\omega)$；$\xi_i(t)$ 通过线性系统后输出为

$\xi_o(t)$,有

$$\xi_o(t) = \int_{-\infty}^{+\infty} h(\tau)\xi_i(t-\tau)\mathrm{d}\tau \tag{6-1-1}$$

根据式(6-1-1)的关系式,可计算得到输出过程 $\xi_o(t)$ 的均值、自相关函数和功率谱密度等统计特征。

$$E[\xi_o(t)] = a \cdot H(0) \tag{6-1-2}$$

$$R_o(t_1,t_1+\tau) = E[\xi_o(t_1)\xi_o(t_1+\tau)] = R_o(\tau) \tag{6-1-3}$$

$$P_o(f) = H^*(f) \cdot H(f) \cdot P_i(f) = |H(f)|^2 P_i(f) \tag{6-1-4}$$

式中,$H^*(f)$ 为 $H(f)$ 的共轭复数。

$$\xi_o(t) = \int_{-\infty}^{+\infty} h(\tau)\xi_i(t-\tau)\mathrm{d}\tau = \lim_{\Delta\tau_i \to 0}\sum_{k=0}^{+\infty}\xi_i(t-\tau_k)h(\tau_k)\Delta\tau_k \tag{6-1-5}$$

由式(6-1-2)至式(6-1-5)可知,输出过程 $\xi_o(t)$ 仍然是一个平稳的随机过程,即均值是一个常数,自相关函数只与时间间隔 τ 有关。输出过程 $\xi_o(t)$ 的功率谱密度 $P_o(f)$ 等于输入过程的功率谱密度乘以系统传递函数模的二次方,并且如果线性系统的输入过程是高斯型的,则系统的输出过程也是高斯型的(数字特征可能不同)。

2. 窄带高斯随机过程的表示及其统计特性

若高斯随机过程 $n_R(t)$ 的谱密度集中在中心频率 f_c 附近相对窄的频带范围 B 内,即满足带宽 $B \ll f_c$ 的条件,且 f_c 远离零频率,则称该 $n_R(t)$ 为窄带高斯随机过程。窄带高斯随机过程是一个包络和相位随机缓慢变化的正弦波,可用同相-正交表示法表示为

$$n_R(t) = n_c(t)\cos\omega_c t - n_s(t)\sin\omega_c t \tag{6-1-6}$$

利用三角公式变换可将式(6-1-6)表示为包络相位表示法为

$$n_R(t) = a_n(t)\cos[\omega_c t + \varphi_n(t)] \quad a_\xi(t) \geqslant 0 \tag{6-1-7}$$

式中,$a_n(t) = \sqrt{n_c^2(t) + n_s^2(t)}$ 为随机包络,$\varphi_n(t) = \arctan[n_s(t)/n_c(t)]$,$0 \leqslant \varphi \leqslant 2\pi$ 为随机相位,ω_c 为中心角频率。而且 $a_n(t)$ 和 $\varphi_n(t)$ 的变化相对于载波 $\cos\omega_c t$ 的变化要缓慢得多。

我们有如下结论:(1)一个均值为零,方差为 σ_n^2 的窄带平稳高斯过程 $n_R(t)$,它的同相分量 $n_c(t)$ 和正交分量 $n_s(t)$ 同样是平稳高斯过程,而且均值为零,方差也相同。此外,在同一时刻上得到的 $n_c(t)$ 和 $n_s(t)$ 是互不相关的或统计独立的,即有

$$E[n_R(t)] = E[n_c(t)] = E[n_s(t)] = 0 \tag{6-1-8}$$

$$\sigma_c^2 = \sigma_s^2 = \sigma_n^2 \tag{6-1-9}$$

$$R_{cs}(0) = R_{sc}(0) = 0 \tag{6-1-10}$$

(2)一个均值为零,方差为 σ_n^2 的窄带平稳高斯过程 $n_R(t)$,其包络 $a_n(t)$ 的一维分布是瑞利分布,相位 $\varphi_n(t)$ 的一维分布是均匀分布,并且就一维分布而言,$a_n(t)$ 和 $\varphi_n(t)$ 是统计独立的,即有

$$f(a_n) = \frac{a_n}{\sigma_n^2}\exp\left[-\frac{a_n^2}{2\sigma_n^2}\right] \qquad a_\xi \geqslant 0 \tag{6-1-11}$$

$$f(\varphi_n) = \frac{1}{2\pi} \qquad 0 \leqslant \varphi_n \leqslant 2\pi \tag{6-1-12}$$

$$f(a_n,\varphi_n) = f(a_n) \cdot f(\varphi_n) \tag{6-1-13}$$

以上两个结论在带通系统的抗噪声性能分析中将会用到,这是因为,在带通传输系统中,信道噪声经过接收端带通滤波器后,到达解调器前端的噪声就是一个平稳高斯窄带随机过程。

3. 正弦波加窄带高斯噪声的表示及统计特性

在接收端,通常信号先经过一个带通滤波器,带通滤波器的作用是滤除信号之外的噪声,而且

会让有用信号会完全通过,接收端带通滤波器的输出是有用信号与噪声的混合波形,在数字带通传输系统中通常通过调制之后的信号为一高频正弦信号,因此接收到的信号可表示为正弦波加窄带高斯噪声的混合信号

$$r(t) = A\cos\left(\omega_c t + \theta\right) + n_R(t) \tag{6-1-14}$$

式中,θ 为正弦波的随机相位,均匀分布在 $0 \sim 2\pi$ 之间,A 和 ω_c 分别为确知振幅和角频率,$n_R(t)$ 窄带高斯噪声,用同相分量-正交分量的形式表示为

$$n_R(t) = n_c(t)\cos\omega_c t - n_s(t)\sin\omega_c t \tag{6-1-15}$$

将 $n_R(t)$ 代入式(6-1-14)并整理有

$$
\begin{aligned}
r(t) &= \left[A\cos\theta + n_c(t)\right]\cos\omega_c t - \left[A\sin\theta + n_s(t)\right]\sin\omega_c t \\
&= z_c(t)\cos\omega_c t - z_s(t)\sin\omega_c t
\end{aligned}
\tag{6-1-16}
$$

或

$$
\begin{aligned}
r(t) &= z_c(t)\cos\omega_c t - z_s(t)\sin\omega_c t \\
&= z(t)\cos\left[\omega_c t + \varphi(t)\right]
\end{aligned}
\tag{6-1-17}
$$

式中 $z_c(t) = A\cos\theta + n_c(t)$,$z_s(t) = A\sin\theta + n_s(t)$ 为正弦波加窄带高斯噪声的同相分量和正交分量。$z(t) = \sqrt{z_c^2(t) + z_s^2(t)}$,$z \geqslant 0$,$\varphi(t) = \arctan\left[z_s(t)/z_c(t)\right]$,$0 \leqslant \varphi \leqslant 2\pi$,为正弦波加窄带高斯噪声的包络和相位。

我们有如下结论:(1) 一个均值为零,方差为 σ_n^2 的窄带平稳高斯过程 $n_R(t)$ 加上一个正弦波 $A\cos\left(\omega_c t + \theta\right)$,如果 θ 值已给定,则 z_c、z_s 是相互独立的高斯随机变量,且有

$$E[z_c] = A\cos\theta \tag{6-1-18}$$

$$E[z_s] = A\sin\theta \tag{6-1-19}$$

$$\sigma_c^2 = \sigma_s^2 = \sigma_n^2 \tag{6-1-20}$$

(2)合成波的包络 $z(t)$ 的概率密度函数服从广义瑞利分布,又称莱斯(Rice)分布,即

$$f(z) = \frac{z}{\sigma_n^2}\exp\left[-\frac{1}{2\sigma_n^2}(z^2 + A^2)\right]I_0\left(\frac{Az}{\sigma_n^2}\right) \quad z \geqslant 0 \tag{6-1-21}$$

当信号很小时,即 $A \to 0$ 时,式(6-1-21)中(Az/σ_n^2)很小,

$$I_0(Az/\sigma_n^2) \approx 1 \tag{6-1-22}$$

式(6-1-21)的莱斯分布退化为瑞利分布。当($r = Az/\sigma_n^2$)很大时,有

$$I_0(x) \approx \frac{e^x}{\sqrt{2\pi x}} \tag{6-1-23}$$

这时上式(6-1-21)近似为高斯分布,即

$$f(z) \approx \frac{1}{\sqrt{2\pi}\sigma_n} \cdot \exp\left[-\frac{(z-A)^2}{2\sigma_n^2}\right] \tag{6-1-24}$$

6.2 无码间串扰时噪声对基带传输系统性能的影响

码间串扰和信道噪声是影响数字基带传输系统出现误码的两个因素。第4章讨论了不考虑噪声影响时,能够消除码间串扰的基带传输特性。这里来讨论在无码间串扰的条件下,噪声对基带信号传输的影响,即计算噪声引起的误码率。若认为信道噪声只对接收端产生影响,则基带传输系统的抗噪声性能分析模型如图6-1所示。

接收滤波器保证信号通过的同时尽量滤除噪声，假设图6-1中 $n_i(t)$ 为信道加性平稳高斯白噪声，均值为 0，双边功率谱密度为 $n_0/2$。因为接收滤波器是一个线性网络，故判决电路输入噪声 $n(t)$ 也是均值为 0 的平稳高斯噪声，由式(6-1-4)可知它的功率谱密度 $P_n(f)$ 为

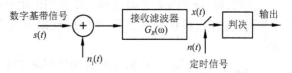

图 6-1 基带传输系统的抗噪声性能分析模型

$$P_n(f) = \frac{n_0}{2} \mid G_R(f) \mid^2 \tag{6-2-1}$$

由于均值为零，则方差就等于平均功率，即

$$\sigma_n^2 = \int_{-\infty}^{+\infty} \frac{n_0}{2} \mid G_R(f) \mid^2 df \tag{6-2-2}$$

故 $n(t)$ 是均值为 0、方差为 σ_n^2 的高斯白噪声，因此它的瞬时值的统计特性可用下述一维概率密度函数描述，设噪声的瞬时取值 $n(kT_s)$ 为 V，则有

$$f(V) = \frac{1}{\sqrt{2\pi}\sigma_n} e^{-V^2/(2\sigma_n^2)} \tag{6-2-3}$$

在噪声影响下发生误码将有两种形式：(1)发送的是"1"码时被错判为"0"码；(2)发送的"0"码时被错判为"1"码。设发送"1"码的概率为 $P(1)$，发送"0"码的概率为 $P(0)$，则基带传输系统的总误码率为

$$P_e = P(1)P(0/1) + P(0)P(1/0) \tag{6-2-4}$$

式中，$P(0/1)$ 为将"1"错判为"0"的概率；$P(1/0)$ 为将"0"错判为"1"的概率。

6.2.1 二进制双极性基带系统的抗噪声性能

设图 6-1 中接收端接收到的有用信号波形为 $s(t)$，信道噪声 $n_i(t)$ 通过接收滤波器后的输出噪声为 $n(t)$，则接收滤波器的输出是信号加噪声的混合波形

$$x(t) = s(t) + n(t) \tag{6-2-5}$$

假设信道噪声为均值为 0、方差为 σ_n^2 的高斯噪声。为简明起见，假设信道特性为理想无失真的恒参信道，认为信号经过信道传输后只受到固定衰减，未产生失真（信道传输系数取为 K），令 $a = AK$，则有若二进制基带信号为双极性，发送端电平取值为 $+A$ 或 $-A$ 分别对应与信码"1"或"0"码，则 $x(t)$ 在抽样时刻的取值为

$$x(kT_s) = a + n(kT_s)，发送"1"时$$
$$x(kT_s) = -a + n(kT_s)，发送"0"时$$

由于 $n(t)$ 是均值为 0、方差为 σ_n^2 的高斯噪声，a 为常数，则当发送"1"时，$a + n(kT_s)$ 的一维概率密度函数为

$$f_1(x) = \frac{1}{\sqrt{2\pi}\sigma_n} \exp\left\{ -\frac{(x-a)^2}{2\sigma_n^2} \right\} \tag{6-2-6}$$

而当发送"0"时，$-a + n(kT_s)$ 的一维概率密度函数为

$$f_0(x) = \frac{1}{\sqrt{2\pi}\sigma_n} \exp\left\{ -\frac{(x+a)^2}{2\sigma_n^2} \right\} \tag{6-2-7}$$

$f_1(x)$ 和 $f_0(x)$ 相应的曲线如图 6-2 所示。

这时,在 $-a$ 到 $+a$ 之间选择一个适当的电平 b 作为判决门限,根据判决规则将会出现以下几种情况:

发"1"码时 $\begin{cases} \text{当 } x > b,\text{判为发"1"码(判决正确)} \\ \text{当 } x < b,\text{判为发"1"码(判决错误)} \end{cases}$

发"0"码时 $\begin{cases} \text{当 } x < b,\text{判为发"0"码(判决正确)} \\ \text{当 } x > b,\text{判为发"1"码(判决错误)} \end{cases}$

可见,在二进制基带信号传输过程中,噪声会引起两种误码概率:

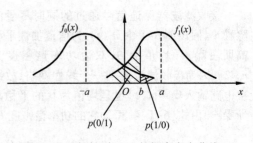

图 6-2　双极性时 $x(t)$ 的概率密度曲线

1. 发"1"错判为"0"的概率 $P(0/1)$

$$P(0/1) = P(x <= b) = \int_{-\infty}^{b} f_1(x)\,\mathrm{d}x = \frac{1}{\sqrt{2\pi}\sigma_n} \int_{-\infty}^{b} \exp\left\{-\frac{(x-a)^2}{2\sigma_n^2}\right\}\mathrm{d}x$$

$$= \frac{1}{2} + \frac{1}{2}\mathrm{erf}\left(\frac{b-a}{\sqrt{2}\sigma_n}\right) \tag{6-2-8}$$

2. 发"0"错判为"1"的概率 $P(1/0)$

$$P(1/0) = P(x > b) = \int_{b}^{+\infty} f_0(x)\,\mathrm{d}x = \frac{1}{\sqrt{2\pi}\sigma_n} \int_{b}^{+\infty} \exp\left\{-\frac{(x+a)^2}{2\sigma_n^2}\right\}\mathrm{d}x$$

$$= \frac{1}{2} - \frac{1}{2}\mathrm{erf}\left(\frac{b+a}{\sqrt{2}\sigma_n}\right) \tag{6-2-9}$$

由基带传输系统总的误码率为

$$P_e = P(1)P(0/1) + P(0)P(1/0) = P(1)\int_{-\infty}^{b} f_1(x)\,\mathrm{d}x + P(0)\int_{b}^{\infty} f_0(x)\,\mathrm{d}x \tag{6-2-10}$$

由式(6-2-10)可知总误码率 P_e 与 $P(1)$、$P(0)$、a、b 和 σ_n^2 有关,在 $P(1)$、$P(0)$、a 和 σ_n^2 一定的条件下,可以找到一个使误码率最小的判决门限电平,这个门限电平称为最佳门限电平。根据求极值方法有使总误码率最小的最佳门限电平应满足 $\partial P_e / \partial b^* = 0$,则可求得最佳门限电平 b^* 为:

$$b^* = \frac{\sigma_n^2}{2a}\ln\frac{P(0)}{P(1)} \tag{6-2-11}$$

当 $P(1) = P(0) = 1/2$ 时

$$b^* = 0 \tag{6-2-12}$$

这时,基带传输系统总误码率为

$$P_e = \frac{1}{2}P(1/0) + \frac{1}{2}P(0/1) = \frac{1}{2}\left[1 - \mathrm{erf}\left(\frac{a}{\sqrt{2}\sigma_n}\right)\right]$$

$$= \frac{1}{2}\mathrm{erfc}\left(\frac{a}{\sqrt{2}\sigma_n}\right) \tag{6-2-13}$$

由式(6-2-13)可知在发送"1"码和"0"码概率相等时,且在最佳门限电平下,系统的总误码率仅依赖于信号峰值 a 与噪声均方根值 σ_n 的比值,而与采用什么样的信号形式无关。且比值 a/σ_n 越大,P_e 就越小。图 6-3 是分别用蒙特卡罗模型仿真得到的双极性数字基带系统误码率曲线和用理论公式计算双极性数字基带系统误码率曲线的对比。

通信原理

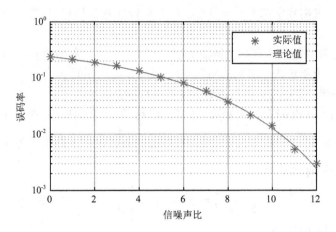

图 6-3　双极性理论值与实际值的比较

6.2.2　二进制单极性基带系统的抗噪声性能

对于单极性信号其分析方法与双极性信号的分析方法一样,只不过接收端收到的单极性信号电平取值为 $+a$(对应"1"码)或 0(对应"0"码),则 $x(t)$ 在抽样时刻的取值

$$x(kT_s) = \begin{cases} a + n(kT_s) & \text{当发送"1"} \\ n(kT_s) & \text{当发送"0"} \end{cases} \tag{6-2-14}$$

发"0"码和发"1"码时的一维概率密度函数分别为

$$f_0(x) = \frac{1}{\sqrt{2\pi}\sigma_n}\exp\left(-\frac{x^2}{2\sigma_n^2}\right) \tag{6-2-15}$$

$$f_1(x) = \frac{1}{\sqrt{2\pi}\sigma_n}\exp\left[-\frac{(x-a)^2}{2\sigma_n^2}\right] \tag{6-2-16}$$

$f_1(x)$ 和 $f_0(x)$ 相应的曲线示于图 6-4 中。
将 $f_1(x)$ 和 $f_0(x)$ 即(6-2-15)式(6-2-16)代入重新计算式(6-2-8)-(6-2-10),并利用 $\partial P_e/\partial b^* = 0$,得最佳判决门限电平为

$$b^* = \frac{a}{2} + \frac{\sigma_n^2}{a}\ln\frac{P(0)}{P(1)} \tag{6-2-17}$$

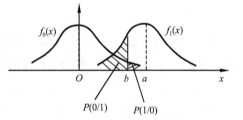

图 6-4　单极性时 $x(t)$ 的概率密度曲线

当 $P(1) = P(0) = 1/2$ 时,有 $b^* = a/2$,这时

$$P_e = \frac{1}{2}\left[1 - \text{erf}\left(\frac{a}{2\sqrt{2}\sigma_n}\right)\right] = \frac{1}{2}\text{erfc}\left(\frac{a}{2\sqrt{2}\sigma_n}\right) \tag{6-2-18}$$

式中, a 是接收端单极性基带波形的峰值。

　　结论:由于 erfc 函数为递减的函数,比较式(6-2-13)和(6-2-18)可知:(1)比值 a/σ_n 越大, P_e 越小。(2)在单极性与双极性基带信号的峰值 a 相等、噪声均方根值 σ_n 也相同时,单极性基带系统的抗噪声性能不如双极性基带系统。(3)在等概条件下,单极性的最佳判决门限电平为 $a/2$,当信道特性发生变化时,故判决门限电平也随之改变,而不能保持最佳状态,从而导致误码率增大。而双极性的最佳判决门限电平为 0,与信号幅度无关,因而不随信道特性变化而变,故能保持最佳状态。因此,双极性基带系统比单极性基带系统应用更为广泛。

【例6-1】 某二进制数字基带系统所传送的是单极性基带信号,且数字信息"1"和"0"出现的概率相等。

(1)若数字信息为"1"时,接收滤波器输出信号在抽样判决时刻的值 $a = 1$ V,且接收滤波器输出噪声是均值为0,均方根值为0.2 V 的高斯噪声,试求这时的误码率 P_e。

(2)若要求误码率 P_e 不大于 10^{-5},试确定 a 至少应该是多少?

解 (1) 用 $P(1)$ 和 $P(0)$ 分别表示数字信息"1"和"0"出现的概率,则 $P(1) = P(0) = 0.5$ 等概时,最佳判决门限为 $V_d^* = \dfrac{a}{2} = 0.5$ V。已知接收滤波器输出噪声是均值为0,均方根值为 $\sigma_n = 0.2$ V,由单极性的误码率公式有

$$P_e = \frac{1}{2}\text{erfc}\left(\frac{a}{2\sqrt{2}\sigma_n}\right) = \frac{1}{2}\text{erfc}\left(\frac{1}{2\sqrt{2}\times 0.2}\right) = 6.21\times 10^{-3}$$

(2)根据 P_e 不大于 10^{-5},即

$$\frac{1}{2}\text{erfc}\left(\frac{a}{2\sqrt{2}\sigma_n}\right) \leqslant 10^{-5}$$

求得

$$a \geqslant 8.53\sigma_n = 1.706(\text{V})$$

6.3 带通调制系统的抗噪声性能

6.3.1 2ASK 系统的抗噪声性能

1. 2ASK 系统相干解调法的抗噪声性能分析

式(5-1-14)是 2ASK 相干解调法 $x(t)$ 在 kT_s 时刻的抽样值:

$$x = x(kT_s) = \begin{cases} a + n_c(kT_s) & \text{当发送"1"} \\ n_c(kT_s) & \text{当发送"0"} \end{cases} \tag{6-3-1}$$

式中,n_c 是均值为零,方差为 σ_n^2 的高斯随机变量,a 为信号成分,是一个常数。因此发送"1"码时的抽样值 $x = a + n_c(kT_s)$ 的一维概率密度函数 $f_1(x)$ 为

$$f_1(x) = \frac{1}{\sqrt{2\pi}\sigma_n}\exp\left\{-\frac{(x-a)^2}{2\sigma_n^2}\right\} \tag{6-3-2}$$

发送"0"码时的抽样值 $x = n_c(kT_s)$ 的一维概率密度函数 $f_0(x)$ 为

$$f_0(x) = \frac{1}{\sqrt{2\pi}\sigma_n}\exp\left\{-\frac{x^2}{2\sigma_n^2}\right\} \tag{6-3-3}$$

它们的概率密度曲线分别如图6-5所示。

假设判决电平为 b,由于判决规则为:抽样值 $x > b$ 时判为符号"1"输出;抽样值 $x \leqslant b$ 时判为符号"0"输出。则发送为符号"1"错判为"0"的概率为:

$$P(0/1) = P(x \leqslant b) = \int_{-\infty}^{b} f_1(x)\,\mathrm{d}x$$

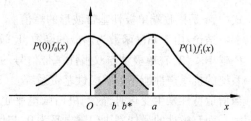

图6-5 抽样值 x 的一维概率密度函数

$$= \frac{1}{\sqrt{2\pi}\sigma_n} \int_{-\infty}^{b} \exp\left[-\frac{(x-a)^2}{2\sigma_n^2}\right]\mathrm{d}x \tag{6-3-4}$$

$$= 1 - \frac{1}{2}\mathrm{erfc}\left(\frac{b-a}{\sqrt{2}\sigma_n}\right)$$

同理,发送为"0"码错判为"1"的概率为

$$P(1/0) = P(x>b) = \int_{b}^{\infty} f_0(x)\mathrm{d}x = \frac{1}{\sqrt{2\pi}\sigma_n} \int_{b}^{\infty} \exp\left[-\frac{x^2}{2\sigma_n^2}\right]\mathrm{d}x$$

$$= \frac{1}{2}\mathrm{erfc}\left(\frac{b}{\sqrt{2}\sigma_n}\right) \tag{6-3-5}$$

因此,系统总的误码率为

$$P_e = P(1)P(0/1) + P(0)P(0/1) = P(1)\int_{-\infty}^{b} f_1(x)\mathrm{d}x + P(0)\int_{b}^{\infty} f_0(x)\mathrm{d}x \tag{6-3-6}$$

式(6-3-6)表明,当符号的发送概率 $P(1)$、$P(0)$ 及概率密度函数 $f_1(x)$、$f_0(x)$ 一定时,系统总的误码率 P_e 将与判决门限 b 有关,如图 6-5 所示。误码率 P_e 等于图 6-5 中阴影部分的面积。由图 6-5 可以看到,当判决门限 b 取 $P(1)f_1(x)$ 与 $P(0)f_0(x)$ 两条曲线相交点 b^* 时,阴影的面积最小。这个门限就称为最佳判决门限。最佳判决门限也可通过求误码率 P_e 关于判决门限 b 的最小值的方法得到,令

$$\partial P_e/\partial b^* = 0 \tag{6-3-7}$$

可得

$$P(1)f_1(b^*) - P(0)f_0(b^*) = 0 \tag{6-3-8}$$

解出最佳判决门限值为

$$b^* = \frac{a}{2} - \frac{\sigma_n^2}{a}\ln\frac{P(0)}{P(1)} \tag{6-3-9}$$

当 $P(1) = P(0)$ 时,最佳判决门限 b^* 为

$$b^* = a/2 \tag{6-3-10}$$

当发送二进制符号"1"和"0"等概率,判决门限取 $b^* = a/2$ 代入式(6-3-6)得 2ASK 信号采用同步检测法进行解调时的误码率 P_e 为

$$P_e = \frac{1}{2}\mathrm{erfc}\left(\sqrt{\frac{r}{4}}\right) \tag{6-3-11}$$

式中 $r = \dfrac{a^2}{2\sigma_n^2}$ 为解调器输入端的信噪比,$\sigma_n^2 = n_0 B$ 解调器输入端噪声功率,B 为带通滤波器的带宽。当 $r \gg 0$ 有

$$P_e \approx \frac{1}{\sqrt{\pi r}}\mathrm{e}^{-r/4} \tag{6-3-12}$$

📖 几种特殊的函数:由于形于式(6-3-4)这个积分无法用闭合形式计算,我们要设法把这个积分式和可以在数学手册上查出积分值的特殊函数联系起来,一般常用以下几种特殊函数:

◇误差函数:$\mathrm{erf}(x) = \dfrac{2}{\sqrt{\pi}}\displaystyle\int_0^x \mathrm{e}^{-t^2}\mathrm{d}t$,$\quad x \geq 0$。

它是自变量的递增函数,有 $\mathrm{erf}(0) = 0$,$\mathrm{erf}(\infty) = 1$,$\mathrm{erf}(-x) = -\mathrm{erf}(x)$。

◇互补误差函数:$\mathrm{erfc}(x) = 1 - \mathrm{erf}(x) = \dfrac{2}{\sqrt{\pi}}\displaystyle\int_x^{\infty} \mathrm{e}^{-t^2}\mathrm{d}t$

它是自变量的递减函数，且有 erfc $(0) = 1$, $erf(\infty) = 0$, ，当 $x > 2$ 时，erfc $(x) \approx \dfrac{1}{x\sqrt{\pi}}\mathrm{e}^{-x^2}$。

$\Diamond$ $Q(x)$ 函数：$Q(x) = \dfrac{2}{\sqrt{\pi}} \displaystyle\int_x^{\infty} \mathrm{e}^{-t^2/2}\,\mathrm{d}t$，有 $Q(x) = \dfrac{1}{2}\mathrm{erfc}\left(\dfrac{x}{\sqrt{2}}\right)$。

2. 包络检波 2ASK 信号的抗噪声性能分析

由式(5-1-18)是 2ASK 包络检波法 $x(t)$ 在 kT_s 时刻的抽样值：

$$V(kT_s) = \begin{cases} \sqrt{[a+n_c]^2 + n_s^2} & \text{当发送"1"} \\ \sqrt{n_c^2 + n_s^2} & \text{当发送"0"} \end{cases} \qquad (6-3-13)$$

由式(6-3-13)可见，$V(t)$ 为有用信号和噪声的混合包络，对比式(6-1-11)和式(6-1-21)包络的统计特性，可知发送"1"码时的抽样值服从广义瑞利型分布；发送"0"码时的抽样值服从瑞利型，它们的一维概率密度函数分别为

$$f_1(V) = \dfrac{V}{\sigma_n^2} I_0\left(\dfrac{aV}{\sigma_n^2}\right)\mathrm{e}^{-(V^2+a^2)/(2\sigma_n^2)} \qquad (6-3-14)$$

$$f_0(V) = \dfrac{V}{\sigma_n^2}\mathrm{e}^{-V^2/(2\sigma_n^2)} \qquad (6-3-15)$$

式中，σ_n^2 为窄带高斯噪声 $n(t)$ 的方差。则发送"1"时错判为"0"的概率为

$$P(0/1) = P(V \le b) = \int_0^b f_1(V)\,\mathrm{d}V = 1 - \int_b^{\infty} f_1(V)\,\mathrm{d}V \qquad (6-3-16)$$

而发送"0"时错判为"1"的概率为

$$P(1/0) = P(V > b) = \int_b^{\infty} f_0(V)\,\mathrm{d}V \qquad (6-3-17)$$

则系统的总误码率 P_e 为

$$P_e = P(1)P(0/1) + P(0)P(1/0) = P(1)\int_0^b f_1(V)\,\mathrm{d}V + P(0)\int_b^{\infty} f_0(V)\,\mathrm{d}V \qquad (6-3-18)$$

由式(6-3-18)可见，在系统输入信噪比 r 一定的情况下，系统误码率与门限值 b 有关。误码率 P_e 的几何表示如图 6-6 所示。

通过求极值的方法得到，令 $\partial P_e/\partial b^* = 0$，当 $P(0) = P(1)$ 时，在大信噪比的条件下可求得最佳判决门限 b^* 为

$$b^* = a/2 \qquad (6-3-19)$$

在实际工作中，系统总是工作在大信噪比的情况下，代入最佳判决门限值 $b^* = a/2$，此时系统的总误码率 P_e 为

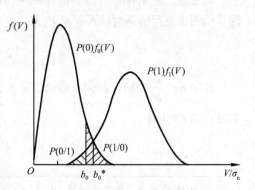

图 6-6　误码率 P_e 的几何表示

$$P_e = \dfrac{1}{4}\mathrm{erfc}\left(\sqrt{\dfrac{r}{4}}\right) + \dfrac{1}{2}\mathrm{e}^{-r/4} \qquad (6-3-20)$$

当 $r/4 \gg 2$ 式，上式(6-3-21)可近似表示为指数形式：

$$P_e = \dfrac{\mathrm{e}^{-r/4}}{2} \qquad (6-3-21)$$

📖**两种解调方式下 2ASK 的抗噪声性能比较**

在相同的信噪比条件下,同步检测法的误码性能优于包络检波法的性能。在大信噪比条件下,包络检波法的误码性能将接近同步检测法的性能。由于包络检波不需要提取相干载波,解调电路简单,因而在大信噪比的条件下,系统多采用包络检波的方式。

包络检波法存在门限效应,同步检测法无门限效应。门限效应是由包络检波器的非线性解调作用引起的。在小信噪比情况下,调制信号无法与噪声分开,而且有用信号淹没在噪声之中,此时检波器输出信噪比不是按比例地随着输入信噪比下降,而是急剧恶化,也就是出现了门限效应。

6.3.2 2FSK 系统的抗噪声性能

1. 2FSK 相干解调法的抗噪声性能

式(5-1-33)和式(5-1-34)为发"1"时 2FSK 相干解调时接收端抽样判决时刻的值

$$x_1(t) = a + n_{1c}(t) \tag{6-3-22}$$

$$x_2(t) = n_{2c}(t) \tag{6-3-23}$$

式中,a 为信号成分,$n_{1c}(t)$ 和 $n_{2c}(t)$ 均为窄带高斯白噪声的同相分量,其均值为零,方差为 σ_n^2。因此 $x_1(t)$ 和 $x_2(t)$ 在 kT_s 时刻抽样值的一维概率密度函数分别为

$$f(x_1) = \frac{1}{\sqrt{2\pi}\sigma_n}\exp\left[-\frac{(x_1-a)^2}{2\sigma_n^2}\right] \tag{6-3-24}$$

$$f(x_2) = \frac{1}{\sqrt{2\pi}\sigma_n}\exp\left[-\frac{x_2^2}{2\sigma_n^2}\right] \tag{6-3-25}$$

由于抽样判决器是对两个信号进行比较判决,判决规则为

$$x_1(kT_s) > x_2(kT_s)\text{时判为"1"码输出} \tag{6-3-26}$$

$$x_1(kT_s) <= x_2(kT_s)\text{时判为"0"码输出} \tag{6-3-27}$$

因此"1"码错判为"0"的概率 $P(0/1)$ 为

$$P(0/1) = P(x_1 <= x_2) = P(x_1 - x_2 <= 0) = P(z <= 0) \tag{6-3-28}$$

式中,$z = x_1 - x_2$。由于 x_1 和 x_2 均服从高斯分布,所以 z 也是高斯型随机变量,其均值为 a,方差为 $\sigma_z^2 = 2\sigma_n^2$,即

$$f(z) = \frac{1}{\sqrt{2\pi}\sigma_z}\exp\left[-\frac{(z-a)^2}{2\sigma_z^2}\right] = \frac{1}{2\sqrt{\pi}\sigma_n}\exp\left\{-\frac{(z-a)^2}{4\sigma_n^2}\right\} \tag{6-3-29}$$

所以有

$$P(0/1) = P(x_1 < x_2) = P(z < 0)$$
$$= \int_{-\infty}^{0} f(z)\,\mathrm{d}z = \frac{1}{\sqrt{2\pi}\sigma_z}\int_{-\infty}^{0}\exp\left[-\frac{(x-a)^2}{2\sigma_z^2}\right]\mathrm{d}z = \frac{1}{2}\mathrm{erfc}\left(\sqrt{\frac{r}{2}}\right) \tag{6-3-30}$$

同理可得"0"码错判为"1"的概率为

$$P(1/0) = P(x_1 > x_2) = \frac{1}{2}\mathrm{erfc}\left(\sqrt{\frac{r}{2}}\right) \tag{6-3-31}$$

因此系统总的误码率

$$P_e = P(1)P(0/1) + P(0)P(1/0) = \frac{1}{2}\mathrm{erfc}\left(\sqrt{\frac{r}{2}}\right) \tag{6-3-32}$$

式中,$r = a^2/(2\sigma_n^2)$ 为解调器输入端(带通滤波器输出端)的信噪比。

$$r \gg 1 \text{ 时}, \quad P_e \approx \frac{1}{\sqrt{2\pi r}} e^{-r/2} \tag{6-3-33}$$

📖 由于 2FSK 信号解调中将 2FSK 信号分解为上下两路 2ASK 信号分别解调,因此上、下支路中的带通滤波器的通带宽度应等于 2ASK 信号的带宽,而不是 2FSK 的带宽,所以求 2FSK 的误码率时,其解调器输入端信噪比等于 $r = a^2/(2\sigma_n^2)$,其中的噪声功率 $\sigma_n^2 = n_0 B_{2ASK} = 2n_0/T_s$ 而不是 $\sigma_n^2 = n_0 B_{2FSK}$。

2. FSK 非相干解调系统的抗噪声性能

式(5-1-41)和式(5-1-42)为发"1"时 2FSK 包络检波时接收端抽样判决时刻的值,即

$$V_1(kT_s) = \sqrt{(a + n_{1c})^2 + n_{1s}^2} \tag{6-3-34}$$

$$V_2(kT_s) = \sqrt{n_{2c}^2 + n_{2s}^2} \tag{6-3-35}$$

由上两式可知,当发送"1"时,上支路带通滤波器的输出信号是有用信号和窄带随机信号的混合信号,经包络检波后,其抽样器输出服从广义瑞利分布。同时,下支路的带通滤波器的输出信号只有窄带随机信号,经包络检波后,其抽样器输出服从瑞利分布:

$$f(V_1) = \frac{V_1}{\sigma_n^2} I_0\left(\frac{aV_1}{\sigma_n^2}\right) e^{-(V_1^2 + a^2)/(2\sigma_n^2)} \tag{6-3-36}$$

$$f(V_2) = \frac{V_2}{\sigma_n^2} e^{-V_2^2/(2\sigma_n^2)} \tag{6-3-37}$$

判决规则为 $V_1(kT_s) > V_2(kT_s)$ 判为"1"码,否则判为"0"码,因此发"1"时错判为"0"的概率为

$$P(0/1) = P(V_1 \leqslant V_2) = \iint_c f(V_1) f(V_2) \, dV_1 dV_2$$

$$= \int_0^\infty f(V_1) \left[\int_{V_2 = V_1}^\infty f(V_2) \, dV_2 \right] dV_1 \tag{6-3-38}$$

$$= \int_0^\infty \frac{V_1}{\sigma_n^2} I_0\left(\frac{aV_1}{\sigma_n^2}\right) e^{-(2V_1^2 + a^2)/(2\sigma_n^2)} \, dV_1$$

令

$$t = \frac{\sqrt{2}V_1}{\sigma_n}, \quad z = \frac{a}{\sqrt{2}\sigma_n} \tag{6-3-39}$$

可得

$$P(0/1) = \int_0^\infty \frac{1}{\sqrt{2}\sigma_n} \left(\frac{\sqrt{2}V_1}{\sigma_n}\right) I_0\left(\frac{a}{\sqrt{2}\sigma_n} \cdot \frac{\sqrt{2}V_1}{\sigma_n}\right) e^{-V_1^2/\sigma_n^2} e^{-a^2/2\sigma_n^2} \left(\frac{\sigma_n}{\sqrt{2}}\right) d\left(\frac{\sqrt{2}V_1}{\sigma_n}\right)$$

$$= \frac{1}{2} \int_0^\infty t I_0(zt) e^{-t^2/2} e^{-z^2} \, dt = \frac{1}{2} e^{-z^2/2} \int_0^\infty t I_0(zt) e^{-(t^2 + z^2)/2} \, dt \tag{6-3-40}$$

$$= \frac{1}{2} e^{-z^2/2} = \frac{1}{2} e^{-r/2}$$

式中,$r = a^2/(2\sigma_n^2)$。由于解调器的对称性,同理可得发送"0"而错判成"1"的概率为

$$P(1/0) = P(V_1 > V_2) = \frac{1}{2} e^{-r/2} \tag{6-3-41}$$

因此 2FSK 包络检波法总的误码率为

$$P_e = P(1)P(0/1) + P(0)P(1/0) = \frac{1}{2}e^{-r/2} \tag{6-3-42}$$

对比式(6-3-42)和式(6-3-33)可知,在大信噪比条件下,2FSK 信号采用包络检波法解调性能与同步检测法解调性能接近,但相干解调法性能更好一些。但相干解调设备要复杂得多,因此在满足一定输入信噪比的场合下,非相干解调 2FSK 系统更为常见。

【例6-2】 已知 2FSK 信号的两个频率 $f_1 = 980$ Hz, $f_2 = 2\,180$ Hz,码元速率 $R_B = 300$ Bd,信道有效带宽为 3 000 Hz,信道输出端的信噪比为 6 dB。试求:

(1)2FSK 信号的谱零点带宽。

(2)非相干解调时的误比特率。

解 (1) 2FSK 信号的谱零点带宽为

$$B_s = |f_2 - f_1| + 2R_B = (2\,180 - 980) + 2 \times 300 = 1800\ (\text{Hz})$$

(2)设非相干接收机中带通滤波器 BPF$_1$ 和 BPF$_2$ 的频率特性为理想矩形,且带宽为

$$B = 2R_B = 600(\text{Hz})$$

信道带宽为 3 000 Hz,是接收机带通滤波器带宽的 5 倍,所以接收机带通滤波器输出信噪比是信道输出信噪比的 5 倍。当信道输出信噪比为 6 dB 时,带通滤波器输出信噪比为

$$r = 5 \times 10^{0.6} = 5 \times 4 = 20$$

2FSK 非相干接收机的误比特率为

$$P_b = 0.5e^{-r/2} = 0.5e^{-10} = 2.27 \times 10^{-5}$$

6.3.3 2PSK 系统的抗噪声性能

由式(5-1-54)可知 2PSK 相干解调时接收端抽样判决时刻的值为

$$x(kT_s) = \begin{cases} a + n_c(kT_s) & \text{当发送"1"} \\ -a + n_c(kT_s) & \text{当发送"0"} \end{cases} \tag{6-3-43}$$

判决规则为 $x(kT_s) > 0$ 判为"1"码,否则判为"0"码,由于 n_c 为零均值的高斯随机变量。因此发"1"、发"0"时在 kT_s 时刻抽样器输出值的概率密度函数为 $f_1(x)$ 和 $f_0(x)$ 分别为

$$f_1(x) = \frac{1}{\sqrt{2\pi}\sigma_n}\exp\left[-\frac{(x-a)^2}{2\sigma_n^2}\right] \quad \text{当发送"1"码} \tag{6-3-44}$$

$$f_0(x) = \frac{1}{\sqrt{2\pi}\sigma_n}\exp\left[-\frac{(x+a)^2}{2\sigma_n^2}\right] \quad \text{当发送"0"码} \tag{6-3-45}$$

对比基带传输系统双极性信号的抗噪声性能的分析方法,在发送"1"码和发送"0"码概率相等时,最佳判决门限 $b^* = 0$。此时,发送"1"码而错判为"0"码的概率 $P(0/1)$ 为

$$P(0/1) = P(x \leqslant 0) = \int_{-\infty}^{0} f_1(x)\mathrm{d}x = \frac{1}{\sqrt{2\pi}\sigma_n}\int_{-\infty}^{0}\exp\left[-\frac{(x-a)^2}{2\sigma_n^2}\right]\mathrm{d}x$$

$$= \frac{1}{2}\mathrm{erfc}(\sqrt{r}) \tag{6-3-46}$$

式中 $r = a^2/(2\sigma_n^2)$。同理可得发送"0"码而错判为"1"码的概率 $P(1/0)$ 为

$$P(1/0) = P(x > 0) = \frac{1}{2}\mathrm{erfc}(\sqrt{r}) \tag{6-3-47}$$

故 2PSK 信号相干解调时系统的总误码率为

$$P_e = P(1)P(0/1) + P(0)P(0/1) = \frac{1}{2}\mathrm{erfc}(\sqrt{r}) \tag{6-3-48}$$

在大信噪比$(r \gg 1)$条件下，上式可近似为

$$P_e \approx \frac{1}{2} \frac{1}{\sqrt{\pi r}} e^{-r} \qquad (6-3-49)$$

6.3.4 2DPSK 系统的抗噪声性能

1. 2DPSK 相干解调-码反变换法系统的抗噪声性能

由 2DPSK 信号相干解调原理框图（见图 5-31）可知，2DPSK 相干解调是先对相对码进行 2PSK 相干解调后再进行码反变换就得到了 2DPSK 解调信号。因此 2DPSK 相干解调的误码率是在 2PSK 相干解调误码率的基础上再考虑码反变换的误码率即可。下面来分析当相对码出错时，码反变换后绝对码出错的情况，这里分别考虑相对码序列$\{b_k\}$中 1 个错码，连续 2 个错码，$\cdots$，连续 n 个错码的情况，此时绝对码出错的情况如表 6-1 所示，表中带下画线的为误码。从表中可以看到，当相对码中出现单个错码时，引起绝对码出现两个错码；当相对码连续出现两个或多个错码时，绝对码仅出现头尾两个错码。

表 6-1　码反变换器对错码的影响

码	发送端绝对码		0	0	0	1	0	1	1	0	1	1	···	1	0
	发送端相对码	0	0	0	1	1	0	1	1	1	0	1	···	0	0
错 1 位码	接收端相对码		0	0	0	1	0̲	0	1	1	0	1	···	0	0
	接收端绝对码		0	0	1̲	0̲	0	1	1	0	1	1	···	1	0
错 2 位码	接收端相对码		0	0	0	1	0̲	1̲	1	1	0	1	···	0	0
	接收端绝对码		0	0	1̲	1	1	0̲	0	1	1	1	···	1	0
⋮							⋮								
错 n 位码	接收端相对码		0	0	0	1	0̲	1̲	0̲	0̲	1	0̲	···	1̲	0
	接收端绝对码		0	0	1̲	1	1	1	0	1	1		···	1	1̲

设 P_e 为码反变换器输入端相对码序列的误码率，并假设每个码出错概率相等且统计独立，P'_e 为码反变换器输出端绝对码序列的误码率，则有 $P'_e = 2P_1 + 2P_2 + \cdots + 2P_n + \cdots$。

式中 P_i，$i = 1, 2, \cdots$ 为码反变换器输入端相对码序列连续出现 i 个错码的概率，这一事件必然是由于 i 个码元同时出错，而两端的码元不出错，因此有

$$P_i = (1 - P_e) P_e^i (1 - P_e) = (1 - P_e)^2 P_e^i, i = 1, 2, 3, \cdots \qquad (6-3-50)$$

所以

$$\begin{aligned}
P'_e &= 2(1 - P_e)^2 (P_e + P_e^2 + \cdots + P_e^n + \cdots) \\
&= 2(1 - P_e)^2 P_e (1 + P_e + P_e^2 + \cdots + P_e^n + \cdots)
\end{aligned} \qquad (6-3-51)$$

因为误码率 P_e 小于 1，所以有

$$P'_e = 2(1 - P_e) P_e = \frac{1}{2}\left[1 - (\operatorname{erf}\sqrt{r})^2\right] \qquad (6-3-52)$$

当相对码的误码率 $P_e \ll 1$ 时，由式（6-3-52）有

$$P'_e = 2P_e \qquad (6-3-53)$$

即此时码反变换器输出端绝对码序列的误码率是码反变换器输入端相对码序列误码率的两倍。可见，码反变换器的影响是使输出误码率增大。

2. 2DPSK 信号差分相干解调系统性能

假设当前发送的是"1"，且令前一个码元也是"1"（也可以令其为"0"），则送入相乘器的两个

信号 $y_1(t)$ 和 $y_2(t)$（延迟器输出）可表示为

$$\begin{cases} y_1(t) = a\cos \omega_c t + n_1(t) = [a + n_{1c}(t)]\cos \omega_c t - n_{1s}(t)\sin \omega_c t \\ y_2(t) = a\cos \omega_c t + n_2(t) = [a + n_{2c}(t)]\cos \omega_c t - n_{2s}(t)\sin \omega_c t \end{cases} \qquad (6-3-54)$$

式中，a 为信号振幅；$n_1(t)$ 为叠加在前一码元上的窄带高斯噪声，$n_2(t)$ 为叠加在后一码元上的窄带高斯噪声，并且 $n_1(t)$ 和 $n_2(t)$ 相互独立。则低通滤波器的输出信号经抽样后为

$$x = \frac{1}{2}\left[(a + n_{1c})(a + n_{2c}) + n_{1s}n_{2s} \right] \qquad (6-3-55)$$

判决规则为若 $x > 0$，则判决为"1"码，否则判决为"0"码。则 2DPSK 的判决规则可知，"1"码错判为"0"码的概率为

$$P(0/1) = P\{x < 0\} = P\left\{ \frac{1}{2}\left[(a + n_{1c})(a + n_{2c}) + n_{1s}n_{2s} \right] < 0 \right\} \qquad (6-3-56)$$

利用恒等式

$$x_1 x_2 + y_1 y_2 = \frac{1}{4}\{ [(x_1 + x_2)^2 + (y_1 + y_2)^2] - [(x_1 - x_2)^2 + (y_1 - y_2)^2] \} \qquad (6-3-57)$$

若判为"0"码则有

$$(2a + n_{1c} + n_{2c})^2 + (n_{1s} + n_{2s})^2 < (n_{1c} - n_{2c})^2 - (n_{1s} + n_{2s})^2 \qquad (6-3-58)$$

令

$$R_1 = \sqrt{(2a + n_{1c} + n_{2c})^2 + (n_{1s} + n_{2s})^2}, R_2 = \sqrt{(n_{1c} - n_{2c})^2 + (n_{1s} - n_{2s})^2} \qquad (6-3-59)$$

则

$$P(0/1) = P\{x < 0\} = P\{R_1 < R_2\} \qquad (6-3-60)$$

因为 n_{1c}、n_{2c}、n_{1s}，n_{2s} 是相互独立的高斯随机变量，且均值为 0，方差相等为 σ_n^2。则 $n_{1c} + n_{2c}$ 是零均值，方差为 $2\sigma_n^2$ 的高斯随机变量。同理，$n_{1s} + n_{2s}$、$n_{1c} - n_{2c}$、$n_{1s} - n_{2s}$ 都是零均值，方差为 $2\sigma_n^2$ 的高斯随机变量。由随机信号分析理论可知，R_1 的一维分布服从广义瑞利分布，R_2 的一维分布服从瑞利分布，其概率密度函数分别为

$$f(R_1) = \frac{R_1}{2\sigma_n^2} I_0\left(\frac{aR_1}{\sigma_n^2} \right) e^{-(R_1^2 + 4a^2)/(4\sigma_n^2)} \qquad (6-3-61)$$

$$f(R_2) = \frac{R_2}{2\sigma_n^2} e^{-R_2^2/(4\sigma_n^2)} \qquad (6-3-62)$$

所以

$$P(0/1) = P\{x < 0\} = P\{R_1 < R_2\} = \int_0^\infty f(R_1)\left[\int_{R_2 = R_1}^\infty f(R_2)\,dR_2 \right] dR_1$$

$$= \int_0^\infty \frac{R_1}{2\sigma_n^2} I_0\left(\frac{aR_1}{\sigma_n^2} \right) e^{-(R_1^2 + 4a^2)/(4\sigma_n^2)} \left[\int_{R_2 = R_1}^\infty \frac{R_2}{\sigma_n^2} e^{-R_2^2/(2\sigma_n^2)}\,dR_2 \right] dR_1 \qquad (6-3-63)$$

$$= \int_0^\infty \frac{R_1}{2\sigma_n^2} I_0\left(\frac{aR_1}{\sigma_n^2} \right) e^{-(2R_1^2 + 4a^2)/(4\sigma_n^2)}\,dR_1 = \frac{1}{2}e^{-r}$$

式中，$r = a^2/(2\sigma_n^2)$。同理，可以求得将"0"码错判为"1"码的概率，即

$$P(1/0) = \frac{1}{2}e^{-r} \qquad (6-3-64)$$

因此，"1"和"0"等概的时，2DPSK 信号差分相干解调系统的总误码率为

$$P_e = \frac{1}{2}e^{-r} \qquad (6-3-65)$$

📖 在2DPSK的差分相干解调中不需要相干载波,接收机结构简单,抗频率漂移、抗多径干扰性能较优。但是,对于延迟单元的延时精度要求较高,较难做到,误码性能比相干解调差3 dB。

【例6-3】 采用2DPSK方式传送二进制数字信息,已知发送端发出的信号振幅为5V,输入接收端解调器的高斯噪声功率 $\sigma_n^2 = 3 \times 10^{-12}$W,若要求误码率为 $P_e = 10^{-5}$。试求:

(1)采用差分相干接收时,由发送端到解调器输入端的衰减为多少?

(2)采用相干解调–码反变换接收时,由发送端到解调器输入端的衰减为多少?

解 (1)2DPSK方式传输,采用差分相干接收,其误码率为: $P_e = \dfrac{1}{2}e^{-r} = 10^{-6}$,可得: $r = 13.12$

又因为: $r = a^2/(2\sigma_n^2)$,可得: $a = \sqrt{2\sigma_n^2 r} = \sqrt{7.873 \times 10^{-11}} = 8.87 \times 10^{-6}$

衰减分贝数为

$$k = 20\lg\frac{5}{a} = 20\lg\frac{5}{8.87 \times 10^{-6}} = 115.02 \ (\text{dB})$$

(2)采用相干解调–码反变换接收时误码率为

$$P_e \approx 2P = \text{erfc}(\sqrt{r}) \approx \frac{1}{\sqrt{\pi r}}e^{-r} = 10^{-6}$$

可得

$$r = 12, \ a = \sqrt{2\sigma_n^2 r} = \sqrt{7.2 \times 10^{-11}} = 8.49 \times 10^{-6}$$

衰减分贝数为

$$k = 20\lg\frac{5}{a} = 20\lg\frac{5}{8.49 \times 10^{-6}} = 95.4 \ (\text{dB})$$

由分析结果可以看出,当系统误码率较小时,2DPSK系统采用差分相干方式接收与采用相干解调–码反变换方式接收的性能很接近。

6.3.5 二进制调制系统的性能比较

数字通信系统性能的好坏可以从可靠性、有效性、对信道的适应能力和设备的复杂程度等方面进行比较。以便在实际的不同应用场合选择合适的调制和解调方式。下面将对4种二进制数字通信调制系统的误码率性能、频带利用率、对信道的适应能力等方面的性能做比较。

1. 误码率

在加性高斯白噪声信道条件下,各种二进制数字调制系统的误码率如表6-2所示。误码率与信噪比的关系曲线如图6-7所示。

表6-2 二进制数字调制系统的误码率公式一览表

二进制调制系统	相干解调	非相干解调
2ASK	$\dfrac{1}{2}\text{erfc}\left(\sqrt{\dfrac{r}{4}}\right)$	$\dfrac{1}{2}e^{-r/4}$
2FSK	$\dfrac{1}{2}\text{erfc}\left(\sqrt{\dfrac{r}{2}}\right)$	$\dfrac{1}{2}e^{-r/2}$
2PSK	$\dfrac{1}{2}\text{erfc}(\sqrt{r})$	
2DPSK	$\text{erfc}(\sqrt{r})$	$\dfrac{1}{2}e^{-r}$

由表 6-2 和图 6-7 可得到如下结论：

（1）对同一种数字调制信号,采用相干解调方式的误码率低于采用非相干解调方式的误码率,但随着 r 的增大两者逐渐接近。

（2）在误码率 P_e 一定的情况下,2PSK、2FSK、ASK 系统所需要的信噪比关系为

$$r_{2ASK} = 2r_{2FSK} = 4r_{2PSK} \qquad (6-3-66)$$

用分贝表示式为 $(r_{2ASK})_{dB} = 3 \text{ dB} + (r_{2FSK})_{dB} = 6 \text{ dB} + (r_{2PSK})_{dB}$

（3）若信噪比 r 一定,2PSK 系统的误码率低于 2FSK 系统,2FSK 系统的误码率低于 2ASK 系统。

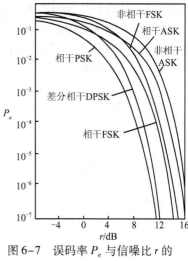

图 6-7　误码率 P_e 与信噪比 r 的
关系曲线

2. 频带宽度

若传输的码元时间宽度为 T_s,则由第五章的分析可知

$$B_{2ASK} = B_{2PSK} = B_{2DPSK} = 2/T_s, \quad B_{2FSK} = |f_2 - f_1| + 2/T_s$$
$$(6-3-67)$$

因此 2ASK 系统和 2PSK(2DPSK)系统具有相同的频带宽度,2FSK 系统的频带宽度大于前两者的频带宽度。所以从频带宽度或频带利用率上看,2FSK 系统的频带利用率最低,有效性最差。

3. 对信道特性变化的敏感性

在通信系统中,许多信道是随参信道,即信道参数随时间变化,因此,在选择数字调制方式时,还应考虑系统的最佳判决门限对信道特性的变化是否敏感。

（1）在 2FSK 系统中,判决器是根据上下两个支路解调输出抽样值的大小来作出判决,不需要专门设置判决门限,因而对信道的变化不敏感。

（2）在 2PSK 系统中,当发送"0"码和"1"码等概时,判决器的最佳判决门限为零,与接收机输入信号的幅度无关,判决门限不随信道特性的变化而变化。

（3）对 2ASK 系统,当发送的"0"码和"1"码等概时,判决器的最佳判决门限为 $a/2$,它与接收机输入信号的幅度 a 有关,判决门限易受信道参数变化的影响。因此 2ASK 对信道特性变化敏感,不适合应用于随参信道的场合。

因此对信道特性变化的敏感性性来说 2FSK 最优,2PSK 次之,2ASK 最差,大多径衰落信道中,2FSK 的优势更为明显,而且信道存在严重衰落时,宜用非相干解调,信道稳定或发射机功率受限时,宜用相干解调。

4. 设备复杂程度比较

对于二进制振幅键控、频移键控及相移键控这三种方式来说,发送端设备的复杂程度相差不多,而接收端的复杂程度则与所选用的调制和解调方式有关。对于同一种调制方式,相干解调的设备要比非相干解调时复杂;而同为非相干解调时,2DPSK 的设备最复杂,2FSK 次之,2ASK 最简单。

上面从几个方面对各种二进制数字调制系统进行了比较。可以看出,在选择调制和解调方式时,要考虑的因素是比较多的。通常,只有对系统的要求做全面的考虑并且抓住其中最主要的要求,才能做出比较恰当的选择。如果抗噪声性能是主要的,则应考虑相干 2PSK 和相干解调 – 码反变换法的 2DPSK,而不能取 2ASK;如果带宽是主要的要求,则应考虑 2PSK、2DPSK 和 2ASK,而 2FSK 最不可取;如果设备的复杂性是一个必须考虑的重要因素,则非相干解调方式比相干解调方式更为合适。

目前常的是相干 2DPSK 方式和非相干 2FSK 方式,相干 2DPSK 主要用于中速数据传输,而非

相干 2FSK 则用于中、低速数据传输中,尤其适用于随参信道的场合。

【例 6-4】 4PSK 信号系统,信息传输速率为 8kbit/s,高斯型噪声的单边功率谱密度 $n_0 = 10^{-6}$ W/Hz,载波幅度为 3 V,求输出信噪比为多少?

解 信号传输码速率为

$$R_B = 8\,000/\log_2 4 = 4\,000\,(\mathrm{B})$$

信号带宽为

$$B = 2R_B = 8\,(\mathrm{kHz})$$

噪声平均功率为

$$\sigma_n^2 = n_0 B = 8 \times 10^{-3}\,(\mathrm{W})$$

信号的平均功率为

$$P_s = A^2/2 = 4.5\,(\mathrm{W})$$

信噪比为

$$\frac{P_s}{\sigma_n^2} = \frac{4.5}{8 \times 10^{-3}} = 5.625 \times 10^2$$

6.4 多进制数字调制系统的抗噪声性能

对任意的 M 进制 PSK 信号,当信噪比足够大时,误码率可以近似地表示为

$$P_e \approx \mathrm{erfc}\left(\sqrt{r}\sin\frac{\pi}{M}\right) \tag{6-4-1}$$

📖 在通信系统当中功率是一个很重要的表现系统性能的参数,因为在接收机当中要得到大的信噪比完全依赖于大的信号功率,以及小的噪声功率,但是功率中最重要的不是全部信号功率,而是其中一部分用来传输有效信息所需要的功率。如在 AM 信号当中载波信号不随调制而发生变化,因此其中也不含有用信息,它唯一作用就是帮助信息信号进行传输并且在接收端帮助解调出有用信号。

在大信噪比的条件下,MDPSK 误码率计算近似公式为

$$P_e \approx \mathrm{erfc}\left(\sqrt{2r}\sin\frac{\pi}{2M}\right) \tag{6-4-2}$$

MPSK 和 MDPSK 系统的误码率性能曲线如图 6-8 和图 6-9 所示。

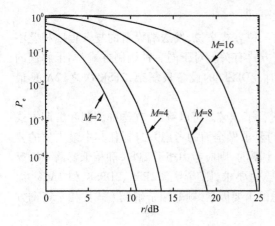

图 6-8 MPSK 信号的误码率曲线

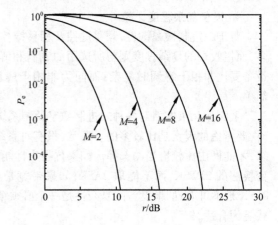

图 6-9 MDPSK 信号的误码率曲线

由图 6-8 和图 6-9 可见,在多进制相移键控调制系统中,M 相同时,相干解调下 MPSK 系统的抗噪声性能优于差分相干解调 MDPSK 系统的抗噪声性能。对同一种调制解调方式,r 相同时,M 越大,出现误码的概率越大。

6.5 数字信号的最佳接收

在数字通信系统中,信道的传输特性和传输过程中的噪声是影响通信性能的两个主要因素。通常认为,信道中加性高斯白噪声主要影响接收系统的性能。前面讨论了二进制数字通信系统在不同的解调方式下的抗噪声性能,那么,从接收角度来看,前面讨论的解调方法是否是最佳的呢?最佳接收理论回答了这个问题。

最佳接收理论以接收问题作为研究对象,研究如何从噪声中最好地提取有用信号。所谓最佳接收就是在某个准则下构成最佳接收机,使接收性能达到最佳。因此,最佳接收是一个相对的概念,在某种准则下的最佳系统,在另外一种准则下就不一定是最佳的。在数字通信中,最常采用的最佳准则是输出信噪比最大准则和差错概率最小准则。下面分别讨论在这两种准则下的最佳接收问题。

6.5.1 数字信号的匹配滤波接收

在数字通信系统中,滤波器是重要部件之一,作用有两个方面:一是使输出有用信号成分尽可能强;二是抑制信号带外噪声,使输出噪声成分尽可能小,减小噪声对信号判决的影响。

抽样判决器输出数据正确与否,只取决于抽样时刻信号的瞬时功率与噪声平均功率之比,即信噪比。信噪比越大,错误判决的概率就越小,如表 6-2 所示。匹配滤波器就是使滤波器输出信噪比在抽样判决时刻达到最大的线性滤波器。这一性能是所有线性滤波器不可逾越的,所以匹配滤波器又称为最佳线性滤波器。目前匹配滤波器广泛应用于雷达系统及数字通信系统,是极其重要的一类线性滤波器。

1. 匹配滤波器传输函数

下面来分析当滤波器具有什么样的特性时才能使输出信噪比达到最大。具有匹配滤波接收机的数字信号传输系统等效原理框图如图 6-10 所示。

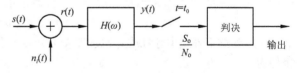

图 6-10 数字信号接收等效原理图

图 6-10 中,$s(t)$ 为输入数字信号,信道特性为加性高斯白噪声信道,$n_i(t)$ 为加性高斯白噪声,其双边功率谱密度为 $p_i = n_0/2$。设输出信噪比最大的最佳线性滤波器(即匹配滤波器)的传输函数为 $H(\omega)$,滤波器输入信号与噪声的合成波为 $r(t) = s(t) + n_i(t)$,滤波器输出也由输出信号和输出噪声两部分组成,即

$$y(t) = s_o(t) + n_o(t) \tag{6-5-1}$$

式(6-5-1)中输出信号的频谱函数为 $S_o(\omega)$,其对应的时域信号为

$$s_o(t) = \frac{1}{2\pi}\int_{-\infty}^{+\infty} S_o(\omega)\,\mathrm{e}^{\mathrm{j}\omega t}\mathrm{d}\omega = \frac{1}{2\pi}\int_{-\infty}^{+\infty} S(\omega)H(\omega)\,\mathrm{e}^{\mathrm{j}\omega t}\mathrm{d}\omega \tag{6-5-2}$$

式(6-5-2)中,滤波器输出噪声的平均功率为

$$N_o = \frac{1}{2\pi} \int_{-\infty}^{+\infty} P_o(\omega) \mathrm{d}\omega = \frac{1}{2\pi} \int_{-\infty}^{+\infty} P_i(\omega) \mid H(\omega) \mid^2 \mathrm{d}\omega$$

$$= \frac{1}{2\pi} \int_{-\infty}^{+\infty} \frac{n_o}{2} \mid H(\omega) \mid^2 \mathrm{d}\omega = \frac{n_o}{4\pi} \int_{-\infty}^{+\infty} \mid H(\omega) \mid^2 \mathrm{d}\omega \tag{6-5-3}$$

在抽样时刻 t_0，线性滤波器输出信号的瞬时功率与噪声平均功率之比为

$$r_o = \frac{\mid s_o(t_0) \mid^2}{N_o} = \frac{\left| \dfrac{1}{2\pi} \displaystyle\int_{-\infty}^{+\infty} H(\omega) S(\omega) \mathrm{e}^{\mathrm{j}\omega t_0} \mathrm{d}\omega \right|^2}{\dfrac{n_o}{4\pi} \displaystyle\int_{-\infty}^{+\infty} \mid H(\omega) \mid^2 \mathrm{d}\omega} \tag{6-5-4}$$

由于滤波器输出信噪比 r_0 与输入信号的频谱函数 $S(\omega)$ 和滤波器的传输函数 $H(\omega)$ 有关。在输入信号给定的情况下，输出信噪比 r_o 只与滤波器的传输函数 $H(\omega)$ 有关。使输出信噪比 r_o 达到最大的传输函数 $H(\omega)$ 就是我们所要求的最佳滤波器的传输函数。

根据施瓦兹不等式，对复函数 $X(\omega)$ 和 $Y(\omega)$，有下列不等式成立：

$$\left| \frac{1}{2\pi} \int_{-\infty}^{+\infty} X(\omega) Y(\omega) \mathrm{d}\omega \right|^2 \leqslant \frac{1}{2\pi} \int_{-\infty}^{+\infty} \mid X(\omega) \mid^2 \mathrm{d}\omega \frac{1}{2\pi} \int_{-\infty}^{+\infty} \mid Y(\omega) \mid^2 \mathrm{d}\omega \tag{6-5-5}$$

式 (6-5-5) 当且仅当 $X(\omega) = KY^*(\omega)$ 时等式才能成立，其中 K 是不为零的常数。令 $X(\omega) = H(\omega)$，$Y(\omega) = S(\omega) \mathrm{e}^{\mathrm{j}\omega t_0}$，可得

$$r_o = \frac{\left| \dfrac{1}{2\pi} \displaystyle\int_{-\infty}^{+\infty} H(\omega) S(\omega) \mathrm{e}^{\mathrm{j}\omega t_0} \mathrm{d}\omega \right|^2}{\dfrac{n_o}{4\pi} \displaystyle\int_{-\infty}^{+\infty} \mid H(\omega) \mid^2 \mathrm{d}\omega} \leqslant \frac{\dfrac{1}{4\pi^2} \displaystyle\int_{-\infty}^{+\infty} \mid H(\omega) \mid^2 \mathrm{d}\omega \displaystyle\int_{-\infty}^{+\infty} \mid S(\omega) \mathrm{e}^{\mathrm{j}\omega t_0} \mid^2 \mathrm{d}\omega}{\dfrac{n_o}{4\pi} \displaystyle\int_{-\infty}^{+\infty} \mid H(\omega) \mid^2 \mathrm{d}\omega}$$

$$= \frac{\dfrac{1}{2\pi} \displaystyle\int_{-\infty}^{+\infty} \mid S(\omega) \mid^2 \mathrm{d}\omega}{n_o / 2} \tag{6-5-6}$$

由帕塞瓦尔定理有 $\dfrac{1}{2\pi} \displaystyle\int_{-\infty}^{+\infty} \mid S(\omega) \mid^2 \mathrm{d}\omega = \displaystyle\int_{-\infty}^{+\infty} s^2(t) \mathrm{d}t = E$（$E$ 为输入信号的能量），代入式 (6-5-5) 有

$$r_o \leqslant 2E/n_o \tag{6-5-7}$$

式 (6-5-7) 说明，线性滤波器所能给出的最大输出信噪比为

$$r_{o\,\max} = 2E/n_o \tag{6-5-8}$$

由施瓦兹不等式中等号成立的条件 $X(\omega) = KY^*(\omega)$，则可得不等式 (6-5-6) 中等号成立的条件为

$$H(\omega) = KS^*(\omega) \mathrm{e}^{-\mathrm{j}\omega t_0} \tag{6-5-9}$$

式中，K 是不为零常数，通常可选择为 $K = 1$。

可见，这种滤波器的传输函数除相乘因子 $K\mathrm{e}^{-\mathrm{j}\omega t_0}$ 外与信号频谱的复共轭相一致，即滤波器的传输特性与信号 $s(t)$ 的频谱相匹配，所以称该滤波器为匹配滤波器。另外该滤波器在给定时刻 t_0 能获得最大输出信噪比为 $2E/n_o$。不过应该注意的是，这一结论是在高斯白噪声的干扰条件下得到的，否则该结论是不成立的。

2. 匹配滤波器单位冲激响应

从匹配滤波器传输函数 $H(\omega)$ 所满足的条件式 (6-5-9)，可以得到其冲激响应为：

$$h(t) = \frac{1}{2\pi} \int_{-\infty}^{+\infty} H(\omega) \mathrm{e}^{\mathrm{j}\omega t} \mathrm{d}\omega = \frac{1}{2\pi} \int_{-\infty}^{+\infty} KS^*(\omega) \mathrm{e}^{-\mathrm{j}\omega t_0} \mathrm{e}^{\mathrm{j}\omega t} \mathrm{d}\omega$$

$$= \frac{K}{2\pi} \int_{-\infty}^{+\infty} \left[\int_{-\infty}^{+\infty} s(\tau) \mathrm{e}^{-\mathrm{j}\omega \tau} \mathrm{d}\tau \right]^* \mathrm{e}^{-\mathrm{j}\omega(t_0 - t)} \mathrm{d}\omega$$

$$= K \int_{-\infty}^{+\infty} \left[\frac{1}{2\pi} \int_{-\infty}^{+\infty} e^{j\omega(\tau - t_0 + t)} d\omega \right] s(\tau) d\tau \tag{6-5-10}$$

$$= K \int_{-\infty}^{+\infty} s(\tau)\delta(\tau - t_0 + t) d\tau = K s(t_0 - t)$$

即匹配滤波器的单位冲激响应为 $h(t) = Ks(t_0 - t)$，式(6-5-10)表明，不论输入信号的波形形式，匹配滤波器的单位冲激响应始终应是将输入沿纵轴镜像之后，向右平移 t_0，如图6-11所示，t_0 为输出最大信噪比时刻。

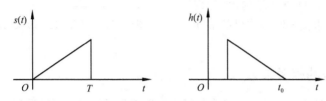

图6-11　匹配滤波器单位冲激响应产生原理

对于因果系统，匹配滤波器的单位冲激响应 $h(t)$ 应满足

$$h(t) = \begin{cases} Ks(t_0 - t) & \text{当 } t \geqslant 0 \\ 0 & \text{当 } t < 0 \end{cases} \tag{6-5-11}$$

为了满足式(6-5-11)的条件必须有

$$s(t_0 - t) = 0, \quad t < 0 \tag{6-5-12}$$

即

$$s(t) = 0, \quad t_0 - t < 0, \text{或 } t > t_0 \tag{6-5-13}$$

式(6-5-12)和式(6-5-13)说明，对于一个物理上可实现的匹配滤波器，其输入信号 $s(t)$ 必须在它输出最大信噪比的时刻 t_0 之前结束。也就是说，若输入信号在 T_s 时刻结束，则对物理可实现的匹配滤波器应有 $t_0 \geqslant T_s$。对于接收机来说，t_0 是时间延迟，通常总是希望时间延迟尽可能小，因此一般情况可取 $t_0 = T_s$。

3. 匹配滤波器输出

匹配滤波器的输出信号为输入信号与系统冲激信号的卷积

$$s_o(t) = s(t) * h(t) = \int_{-\infty}^{+\infty} s(t - \tau)h(\tau) d\tau = \int_{-\infty}^{+\infty} s(t - \tau)Ks(T_s - \tau) d\tau \tag{6-5-14}$$

令 $T_s - \tau = x$ 有

$$s_o(t) = K \int_{-\infty}^{+\infty} s(x)s(x + t - T_s) dx = KR(t - T_s) \tag{6-5-15}$$

式中，$R(t)$ 为输入信号 $s(t)$ 的自相关函数。

式(6-5-15)表明，匹配滤波器的输出波形是输入信号 $s(t)$ 自相关函数的 K 倍。因此，匹配滤波器可以看成是一个计算输入信号自相关函数的相关器，其在 T_s 时刻得到最大输出信噪比 $r_{o\max} = 2E/n_o$。由于输出信噪比与常数 K 无关，所以通常取 $K = 1$。

对匹配滤波器输出信号来说，信号经过匹配滤波器后，波形改变了原来的样子，变为它的自相关函数的加权，但由于匹配滤波器输出是通过判决器来检测的，所以只关心判决时刻输出信号的峰值功率与噪声功率之比，对原波形是否失真并不关心。

4. 匹配滤波器构成的最佳接收机

利用匹配滤波器作为接收滤波器，能够获得最大输出信噪比，因此常利用匹配滤波器构成最大输出信噪声比接收机,将式(6-5-11)匹配滤波器的冲激响应代入图6-10,可得最匹配滤波器形式的最佳接收机如图6-12所示,这里为 M 进制码元($M \geqslant 2$)数字信号的最大信噪比接收机。

应当注意,这里比较器应该在 $t = T_s$ 时刻才做最后的判决的,即比较器是在每个码元的结束时刻才给出最佳判决结果的,因此判决时刻的任何偏离将直接影响接收机的最佳性能。

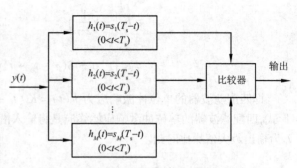

图 6-12 匹配滤波器形式的最佳接收机

6.5.2 数字信号的相关接收

匹配滤波器是以抽样时刻信噪比最大为标准构造接收机结构。而在数字通信中,人们更关心判决输出的数据正确率。因此,使输出总误码率最小的最小差错概率准则,更适合于作为数字信号接收的准则。为了便于讨论最小差错概率最佳接收机,需首先建立数字信号接收的统计模型。

1. 噪声空间统计特性

假设信道特性是加性高斯噪声信道,在前面分析系统抗噪声性能时,用噪声的一维概率密度函数来描述噪声的统计特性,在设计数字信号的最佳接收机时,为了更全面的描述噪声的统计特性,采用噪声的多维联合概率密度函数。接收噪声电压 n 的 k 维联合概率密度函数为 $f(n) = f(n_1, n_2, \cdots, n_k)$,其中 $n_1, n_2, \cdots, n_k$ 为噪声 n 在各时刻的可能取值。若噪声是高斯白噪声,则它在任意两个时刻上得到的样值都是互不相关的,同时也是统计独立的;若噪声是带限高斯型的,按抽样定理对其抽样,则它在抽样时刻上的样值也是互不相关的,同时也是统计独立的。根据随机信号分析,若随机信号各样值是统计独立的,则其 k 维联合概率密度函数等于其 k 个一维概率密度函数的乘积,即

$$f(n_1, n_2, \cdots, n_k) = f(n_1) f(n_2) \cdots f(n_k) \tag{6-5-16}$$

式中 $f(n_i)$ 是噪声 n 在 t_i 时刻的取值 n_i 的一维概率密度函数,若 n_i 的均值为零,方差为 σ_n^2,则其一维概率密度函数为

$$f(n_i) = \frac{1}{\sqrt{2\pi}\sigma_n} \exp\left(-\frac{n_i^2}{2\sigma_n^2}\right) \tag{6-5-17}$$

所以,噪声 n 的 k 维联合概率密度函数为

$$f(n_1, n_2, \cdots, n_k) = \frac{1}{(\sqrt{2\pi}\sigma_n)^k} \exp\left(-\frac{1}{2\sigma_n^2} \sum_{i=1}^{k} n_i^2\right) \tag{6-5-18}$$

若设 $n_1, n_2, \cdots, n_k$ 为一个码元期间内以 $2f_H$ 速率抽样得到的 k 个抽样值,则 $f(n_1, n_2, \cdots, n_k)$ 就是噪声抽样电压的 k 维联合概率密度,则在一个码元时间 T_s 内共有 $2f_H T_s$ 个抽样值,其噪声平均功率为

$$\frac{1}{k} \sum_{i=1}^{k} n_i^2 = \frac{1}{2f_H T_s} \sum_{i=1}^{k} n_i^2 \tag{6-5-19}$$

根据帕塞瓦尔定理,当 k 很大时有 $\frac{1}{T_s} \int_0^{T_s} n^2(t) \mathrm{d}t = \frac{1}{2f_H T_s} \sum_{i=1}^{k} n_i^2$,即 $\frac{1}{2\sigma_n^2} \sum_{i=1}^{k} n_i^2 = \frac{1}{n_0} \int_0^{T_s} n^2(t) \mathrm{d}t$,其中,$n_0 = \sigma_n^2 / f_H$ 为噪声的单边功率谱密度。则式(6-5-18)可改写为

$$f(n) = \frac{1}{(\sqrt{2\pi}\sigma_n)^k} \exp\left[-\frac{1}{n_0} \int_0^{T_s} n^2(t) \mathrm{d}t\right] \tag{6-5-20}$$

通信原理

2. 观察空间统计特性

信号通过信道叠加噪声后到达观察空间，由于在一个码元 T_s 期间，信号集合中各状态 $s_1(t)$，$s_2(t)$，$\cdots$，$s_m(t)$ 之一被发送，因此在观察期间 T_s 内观察波形为

$$y(t) = n(t) + s_i(t), i = 1, 2, \cdots, m \tag{6-5-21}$$

所以 $y(t)$ 也是服从高斯分布的，其方差为 σ_n^2，但均值为 $s_i(t)$，将式（6-5-21）代入式（6-5-20），可得当出现信号 $s_i(t)$ 时 $y(t)$ 的概率密度函数 $f_{s_i}(y)$ 可表示为

$$f_{s_i}(y) = \frac{1}{(\sqrt{2\pi}\sigma_n)^k} \exp\left\{ -\frac{1}{n_0} \int_0^{T_s} [y(t) - s_i(t)]^2 dt \right\}, \quad i = 1, 2, \cdots, m \tag{6-5-22}$$

3. 数字信号的最佳接收

在数字通信系统中，最直观且最合理的准则是"最小差错概率"准则。由于在传输过程中，信号会受到畸变和噪声的干扰，发送信号 $s_i(t)$ 时判决空间的所有状态都可能出现。这样将会造成错误接收，我们期望错误接收的概率愈小愈好。

在噪声干扰环境中，按照何种方法接收信号才能使得错误概率最小？我们以二进制数字通信系统为例分析其原理。在二进制数字通信系统中发送信号只有两种状态，假设发送信号 $s_1(t)$ 和 $s_2(t)$ 的先验概率分别为 $P(s_1)$ 和 $P(s_2)$，$s_1(t)$ 和 $s_2(t)$ 在观察时刻的取值分别为 a_1 和 a_2，出现 $s_1(t)$ 信号时 $y(t)$ 的概率密度函数 $f_{s_1}(y)$ 为

$$f_{s_1}(y) = \frac{1}{(\sqrt{2\pi}\sigma_n)^k} \exp\left\{ -\frac{1}{n_0} \int_0^{T_s} [y(t) - a_1]^2 dt \right\} \tag{6-5-23}$$

同理，出现 $s_2(t)$ 信号时 $y(t)$ 的概率密度函数 $f_{s_2}(y)$ 为

$$f_{s_2}(y) = \frac{1}{(\sqrt{2\pi}\sigma_n)^k} \exp\left\{ -\frac{1}{n_0} \int_0^{T_s} [y(t) - a_2]^2 dt \right\} \tag{6-5-24}$$

$f_{s_1}(y)$ 和 $f_{s_2}(y)$ 的曲线如图 6-13 所示。设判决门限值为 y'_0，则发送的是 $s_1(t)$，但观察时刻得到的观察值 y_i 落在 $y_i \in (y'_0, +\infty)$ 区间被而错判为 $s_2(t)$ 的概率为

$$P_{s_1}(s_2) = \int_{y'_0}^{+\infty} f_{s_1}(y) dy \tag{6-5-25}$$

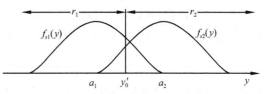

图 6-13　判决过程示意图

同理，如果发送的是 $s_2(t)$，但是观察时刻得到的观察值 y_i 落在 $(-\infty, y'_0)$ 区间被错判为 $s_1(t)$ 出现的概率为

$$P_{s_2}(s_1) = \int_{-\infty}^{y'_0} f_{s_2}(y) dy \tag{6-5-26}$$

因此可得到系统的总误码率为

$$P_e = P(s_1) P_{s_1}(s_2) + P(s_2) P_{s_2}(s_1)$$

$$= P(s_1) \int_{y'_0}^{+\infty} f_{s_1}(y) dy + P(s_2) \int_{-\infty}^{y'_0} f_{s_2}(y) dy \tag{6-5-27}$$

由式（6-5-27）可以看出，系统总的误码率与先验概率、似然函数及判决门限 y'_0 有关，在先验概率和似然函数一定的情况下，系统总的误码率 P_e 是判决门限 y'_0 的函数。不同的 y'_0 将将有不同的 P_e，我们希望选择一个判决门限 y_0 使误码率 P_e 达到最小。使误码率 P_e 达到最小的判决门限 y_0 称为最佳判决门限。y_0 可以通过求 P_e 的最小值得到。即 $\partial P_e / \partial y_0 = 0$，可得到如下等式：

$$-P(s_1) f_{s_1}(y_0) + P(s_2) f_{s_2}(y_0) = 0 \tag{6-5-28}$$

由此可得最佳判决门限应满足如下方程

$$\frac{f_{s_1}(y_0)}{f_{s_2}(y_0)} = \frac{P(s_2)}{P(s_1)} \qquad (6\text{-}5\text{-}29)$$

式中 y_0 即为最佳判决门限。

因此,为了达到最小差错概率,可以按以下规则进行判决

$$\begin{cases} \dfrac{f_{s_1}(y)}{f_{s_2}(y)} > \dfrac{P(s_2)}{P(s_1)}, & \text{判为 } r_1(\text{即 } s_1) \\[3mm] \dfrac{f_{s_1}(y)}{f_{s_2}(y)} < \dfrac{P(s_2)}{P(s_1)}, & \text{判为 } r_2(\text{即 } s_2) \end{cases} \qquad (6\text{-}5\text{-}30)$$

式中,$f_{s_1}(y)$ 和 $f_{s_2}(y)$ 称为似然函数,$f_{s_1}(y)/f_{s_2}(y)$ 称为似然比,因此以上判决规则称为似然比准则。在加性高斯白噪声条件下,似然比准则和最小差错概率准则是等价的。当 $s_1(t)$ 和 $s_2(t)$ 的发送概率相等时,即 $P(s_1) = P(s_2)$ 时,式(6-5-30)变为

$$\begin{cases} f_{s_1}(y) > f_{s_2}(y), & \text{判为 } s_1 \\[2mm] f_{s_1}(y) < f_{s_2}(y), & \text{判为 } s_2 \end{cases} \qquad (6\text{-}5\text{-}31)$$

上式判决规则称为最大似然准则,其物理概念是,接收到的波形 y 中,哪个似然函数大就判为哪个信号出现。以上判决规则可以推广到多进制数字通信系统中,对于 m 个可能发送的信号,在先验概率相等时的最大似然准则为

$$\begin{aligned} f_{s_i}(y) > f_{s_j}(y), & \qquad \text{判为 } s_i \\ i = 1,2,\cdots,m; j = 1,2,\cdots,m; i \neq j \end{aligned} \qquad (6\text{-}5\text{-}32)$$

4. 二进制确知信号的最佳接收机

(1)二进制确知信号最佳接收机结构:设到达接收机输入端的两个确知信号分别为 $s_1(t)$ 和 $s_2(t)$,它们的持续时间为 $(0, T_s)$,且有相等的能量,即 $E = E_1 = \int_0^{T_s} s_1^2(t) \mathrm{d}t = E_2 = \int_0^{T_s} s_2^2(t) \mathrm{d}t$,噪声 $n(t)$ 是高斯白噪声,均值为零单边功率谱密度为 n_0。二进制确知信号最佳接收机的设计就是要求设计如图 6-14 所示的最佳接收机,使它能在噪声干扰下以最小的错误概率检测信号。

图 6-14　接收端原理框图

在加性高斯白噪声条件下,最小差错概率准则与似然比准则是等价的。因此,我们可以直接利用式(6-5-30)的似然比准则对确知信号作出判决。在观察时间 $(0, T_s)$ 内,接收机输入端的信号为 $s_1(t)$ 和 $s_2(t)$,合成波为

$$y(t) = \begin{cases} s_1(t) + n(t) & \text{当发送 } s_1(t) \\ s_2(t) + n(t) & \text{当发送 } s_2(t) \end{cases} \qquad (6\text{-}5\text{-}33)$$

当出现 $s_1(t)$ 和 $s_2(t)$ 时观察空间的似然函数分别为

$$f_{s_1}(y) = \frac{1}{(\sqrt{2\pi}\sigma_n)^k} \exp\left\{ -\frac{1}{n_0} \int_0^{T_s} [y(t) - s_1(t)]^2 \mathrm{d}t \right\} \qquad (6\text{-}5\text{-}34)$$

$$f_{s_2}(y) = \frac{1}{(\sqrt{2\pi}\sigma_n)^k} \exp\left\{ -\frac{1}{n_0} \int_0^{T_s} [y(t) - s_2(t)]^2 \mathrm{d}t \right\} \qquad (6\text{-}5\text{-}35)$$

根据似然比判决规则式(6-5-30),假设 $P(s_1)$ 和 $P(s_2)$ 分别为发送 $s_1(t)$ 和 $s_2(t)$ 的先验概率并利用 $s_1(t)$ 和 $s_2(t)$ 能量相等的条件,似然比判决规则可化简为

$$\begin{cases} U_1 + \int_0^{T_s} y(t)s_1(t)\,\mathrm{d}t > U_2 + \int_0^{T_s} y(t)s_2(t)\,\mathrm{d}t & \text{判为 } s_1(t) \text{ 出现} \\ U_1 + \int_0^{T_s} y(t)s_1(t)\,\mathrm{d}t < U_2 + \int_0^{T_s} y(t)s_2(t)\,\mathrm{d}t & \text{判为 } s_2(t) \text{ 出现} \end{cases} \qquad (6-5-36)$$

式中, $U_1 = n_0 \ln P(s_1)/2$, $U_2 = n_0 \ln P(s_2)/2$,在先验概率 $P(s_1)$ 和 $P(s_2)$ 给定的情况下, U_1 和 U_2 都为常数。根据判决规则式(6-5-36),可得到最佳接收机的结构如图6-15(a)所示,其中比较器是比较抽样时刻 $t = T_s$ 时上下两个支路样值的大小。这种最佳接收机的结构是由比较观察波形 $y(t)$ 与发送信号 $s_1(t)$ 和 $s_2(t)$ 的互相关函数的大小而构成的,因而称为相关接收机。其中相乘器与积分器构成相关器。其物理意义也很明显,即互相关函数越大,说明接收到的波形 $y(t)$ 与该信号越相像,因此正确判决的概率也越大。

如果 $P(s_1) = P(s_2)$,则有 $U_1 = U_2$ 。此时图6-15(a)中的两个相加器可以省去,则先验等概率情况下的二进制确知信号最佳接收机简化结构如图6-15(b)所示。

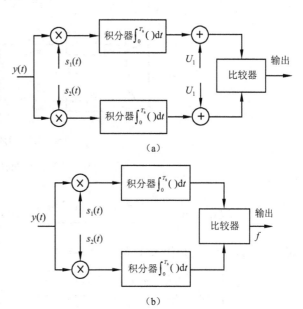

图6-15 二进制确知信号最佳接收机结构

前述的匹配滤波器可以看成是一个计算输入信号自相关函数的相关器。设发送信号为 $s(t)$,则匹配滤波器的单位冲激响应为 $h(t) = s(T_s - t)$,若匹配滤波器输入合成波为 $y(t) = s(t) + n(t)$,则匹配滤波器的输出在抽样时刻 $t = T_s$ 时的样值为

$$u_0(t) = k \int_{t-T_s}^{t} y(u)s(T_s - t + u)\,\mathrm{d}u \Rightarrow u_0(t) = k \int_0^{T_s} y(u)s(u)\,\mathrm{d}u \qquad (6-5-37)$$

由式(6-5-37)可以看出匹配滤波器在抽样时刻 $t = T_s$ 时的输出样值与最佳接收机中相关器在 $t = T_s$ 时的输出样值相等。因此,可以用匹配滤波器代替相关器构成最佳接收机。图6-16是2FSK利用匹配滤波器和相关接收机这两种最佳接收机进行解调的原理框图。

即在最小差错概率准则下,相关器形式的最佳接收机与匹配滤波器形式的最佳接收机是等价的。另外,无论是相关器还是匹配滤波器形式的最佳接收机它们的比较器都是在 $t = T_s$ 时刻才作出判决,也即在码元结束时刻才能给出最佳判决结果。因此,判决时刻的任何偏差都将影响接收机的性能。

(2)最佳接收机误码性能分析:相关器形式的最佳接收机与匹配滤波器形式的最佳接收机是等价的。下面从相关器形式的最佳接收机角度来分析这个问题。设发送信号为 $s_1(t)$,接收机输入端合成波为 $y(t) = s_1(t) + n(t)$,得到发送信号 $s_1(t)$ 时错判为 $s_2(t)$ 时的概率就为以下不等式成立的概率。

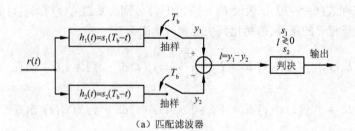

（a）匹配滤波器

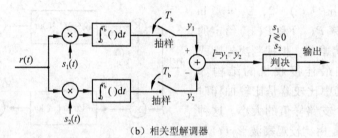

（b）相关型解调器

图 6-16　2FSK 信号两种形式的解调器

$$P(s_1)\exp\left\{-\frac{\int_0^{T_s}\left[\,y(t)-s_1(t)\,\right]^2\mathrm{d}t}{n_0}\right\} < P(s_2)\exp\left\{-\frac{\int_0^{T_s}\left[\,y(t)-s_2(t)\,\right]^2\mathrm{d}t}{n_0}\right\} \quad (6-5-38)$$

将 $y(t)=s_1(t)+n(t)$ 代入式(6-5-38)可得

$$P(s_1)\exp\left\{-\frac{\int_0^{T_s}\left[\,s_1(t)+n(t)-s_1(t)\,\right]^2\mathrm{d}t}{n_0}\right\} < P(s_2)\exp\left\{-\frac{\int_0^{T_s}\left[\,s_1(t)+n(t)-s_2(t)\,\right]^2\mathrm{d}t}{n_0}\right\}$$

$$(6-5-39)$$

对上式不等式两边取对数,并整理得

$$\int_0^{T_s}\left[s_1(t)-s_2(t)\right]n(t)\mathrm{d}t+E_1-\rho\,\sqrt{E_1E_2} < \frac{n_0}{2}\ln\frac{P(s_2)}{P(s_1)}+\frac{E_1-E_2}{2} \quad (6-5-40)$$

式中,$E_1=\int_0^{T_s}s_1^2(t)\mathrm{d}t$,$E_2=\int_0^{T_s}s_2^2(t)\mathrm{d}t$ 分别为 $s_1(t)$ 和 $s_2(t)$ 的能量,$\rho=\int_0^T s_1(t)s_2(t)\,\mathrm{d}t/\sqrt{E_1E_2}$ 为 $s_1(t)$ 和 $s_2(t)$ 的互相关系数。式(6-5-40)左边是随机变量,右边是常数,令 $A=\frac{n_0}{2}\ln\frac{P(s_2)}{P(s_1)}+\frac{E_1-E_2}{2}$。

$$\xi(t)=\int_0^{T_s}\left[s_1(t)-s_2(t)\right]n(t)\mathrm{d}t+E_1-\rho\sqrt{E_1E_2} \quad (6-5-41)$$

式(6-5-40)可简化为

$$\xi(t) < A \text{ 判为 } s_2(t) \text{ 出现} \quad (6-5-42)$$

由于式(6-5-42)可得 $\xi(t)$ 的数学期望和方差分别为

$$E[\xi]=E\left[\int_0^{T_s}\left[s_1(t)-s_2(t)\right]n(t)\mathrm{d}t+E_1-\rho\sqrt{E_1E_2}\right]=E_1-\rho\,\sqrt{E_1E_2}=m_1 \quad (6-5-43)$$

$$D[\xi]=\frac{n_0}{2}\int_0^{T_s}\left[s_1(t)-s_2(t)\right]^2\mathrm{d}t=\frac{n_0}{2}(E_1+E_2-2\rho\,\sqrt{E_1E_2})=\sigma_\xi^2$$

于是可以写出 ξ 的概率密度函数为

$$f(\xi) = \frac{1}{\sqrt{2\pi}\sigma_\xi}\exp\left[-\frac{(\xi - m_1)^2}{2\sigma_\xi^2}\right] \tag{6-5-44}$$

至此可得发送 $s_1(t)$ 将其错误判决为 $s_2(t)$ 的概率为

$$P_{s_1}(s_2) = P(\xi < A) = \frac{1}{\sqrt{2\pi}\sigma_\xi}\int_{-\infty}^{A}\exp\left[-\frac{(x - m_1)^2}{2\sigma_\xi^2}\right]dx = \frac{1}{2}\mathrm{erfc}\left(\frac{m_1 - A}{\sqrt{2}\sigma_\xi}\right) \tag{6-5-45}$$

利用相同的分析方法可以得到发送 $s_2(t)$ 将其错误判决为 $s_1(t)$ 的概率为

$$P_{s_2}(s_1) = \frac{1}{2}\mathrm{erfc}\left(\frac{A - m_2}{\sqrt{2}\sigma_\xi}\right) \tag{6-5-46}$$

式中 $m_2 = \rho\sqrt{E_1 E_2} - E_2$,所以系统总的误码率为

$$P_e = P(s_1)P_{s_1}(s_2) + P(s_2)P_{s_2}(s_1) = \frac{1}{2}P(s_1)\mathrm{erfc}\left(\frac{m_1 - A}{\sqrt{2}\sigma_\xi}\right) + \frac{1}{2}P(s_2)\mathrm{erfc}\left(\frac{A - m_2}{\sqrt{2}\sigma_\xi}\right) \tag{6-5-47}$$

📖为什么总是假设先验概率相等的条件?

由计算表明,先验概率不等时的误码率略小于先验概率相等时的误码率,这就是说,就误码率而言,先验概率相等是最坏的情况,因此,在先验概率相等条件下设计的最佳接收机若能满足系统误码率的要求,当然在不等概率条件下工作也能满足。

假设发送 $s_1(t)$ 和 $s_2(t)$ 的先验概率相等,即 $P(s_1) = P(s_2) = 1/2$,则有 $A = (E_1 - E_2)/2$,代入总误码率公式有:

$$P_e = \frac{1}{2}\mathrm{erfc}\left(\sqrt{\frac{E_1 + E_2 - 2\rho\sqrt{E_1 E_2}}{4n_0}}\right) \tag{6-5-48}$$

当 $s_1(t)$ 和 $s_2(t)$ 具有相等的能量时有 $E = E_1 = E_2 = E_b$。将 E_b 和 ρ 代入式(6-5-48)可得

$$P_e = \frac{1}{2}\mathrm{erfc}\left[\sqrt{\frac{E_b(1 - \rho)}{2n_0}}\right] \tag{6-5-49}$$

式(6-5-49)即为二进制确知信号最佳接收机误码率一般表示式。它与信噪比 E_b/n_0 及发送信号之间的互相关系数 ρ 有关。

由互补误差函数 $\mathrm{erfc}(x)$ 的性质,为了得到最小的误码率 P_e,就要使 $E_b(1 - \rho)/2n_0$ 最大化。当信号能量 E_b 和噪声功率谱密度 n_0 一定时,误码率 P_e 就是互相关系数 ρ 的函数。互相关系数 ρ 愈小,误码率 P_e 也愈小,要获得最小的误码率 P_e,就要求出最小的互相关系数 ρ。根据互相关系数 ρ 的性质,ρ 的取值范围为 $-1 \leqslant \rho \leqslant 1$。

① 当 ρ 取最小值,即 $\rho = -1$ 时,误码率 P_e 将达到最小,此时误码率为

$$P_e = \frac{1}{2}\mathrm{erfc}\left(\sqrt{E_b/n_0}\right) \tag{6-5-50}$$

式(6-5-50)为发送信号先验概率相等时二进制确知信号最佳接收机所能达到的最小误码率,此时相应的发送信号 $s_1(t)$ 和 $s_2(t)$ 之间的互相关系数 $\rho = -1$。也就是说,当发送二进制信号 $s_1(t)$ 和 $s_2(t)$ 之间的互相关系数 $\rho = -1$ 时的波形就称为是最佳波形。

② 当互相关系数 $\rho = 0$ 时,误码率为

$$P_e = \frac{1}{2}\mathrm{erfc}\left(\sqrt{\frac{E_b}{2n_0}}\right) \tag{6-5-51}$$

③ 若互相关系数 $\rho = 1$,则误码率为 $P_e = 1/2$。

④ 若发送信号 $s_1(t)$ 和 $s_2(t)$ 是不等能量信号,如 $E = 0$,$E_2 = E_b$,$\rho = 0$,发送信号 $s_1(t)$ 和 $s_2(t)$

的平均能量为 $E = E_b/2$，在这种情况下误码率表示式（6-5-55）变为

$$P_e = \frac{1}{2}\text{erfc}\left(\sqrt{\frac{E_b}{4n_0}}\right) \tag{6-5-52}$$

由数字基带传输系统误码率性能分析中可知，双极性信号的误码率低于单极性信号，其原因之一就是双极性信号之间的互相关系数 $\rho = -1$，而单极性信号之间的互相关系数 $\rho = 0$。

在数字频带传输系统误码性能分析中，2PSK 信号能使互相关系数 $\rho = -1$，因此 2PSK 信号是最佳信号波形，其误码率如式（6-5-50）所示；2FSK 和 2ASK 信号对应的互相关系数 $\rho = 0$。因此 2PSK 系统的误码率性能优于 2FSK 和 2ASK 系统；2FSK 信号是等能量信号，其误码率如式（6-5-51）所示，而 2ASK 信号是不等能量信号，其误码率如式（6-5-52）所示。因此 2FSK 系统的误码率性能优于 2ASK 系统。且 2ASK 信号的性能比 2FSK 信号的性能差 3 dB，而 2FSK 信号的性能又比 2PSK 信号的性能差 3 dB。

📖总结：二进制确知信号的误码率取决于两种码元的相关系数 ρ 和信噪比 E_b/n_0，而与信号的波形无直接关系；相关系数 ρ 越小，误率越低；使误码率最小的 $\rho = -1$，这时二进制确知信号的最佳形式是 $s_1(t) = -s_2(t)$。

5. 最佳接收机性能比较

实际接收机和最佳接收机误码性能如表 6-3 所示。可以看出，两种结构形式的接收机误码率表示式具有相同的数学形式，实际接收机中的信噪比 $r = S/N$ 与最佳接收机中的能量噪声功率谱密度之比 E_b/n_0 相对应。

表 6-3　误码率公式一览表

接 收 方 式	实际接收机误码率 P_e	最佳接收机误码率 P_e
相干 PSK	$\frac{1}{2}\text{erfc}(\sqrt{r})$	$\frac{1}{2}\text{erfc}\left(\sqrt{\frac{E_b}{n_0}}\right)$
相干 FSK	$\frac{1}{2}\text{erfc}\left(\sqrt{\frac{r}{2}}\right)$	$\frac{1}{2}\text{erfc}\left(\sqrt{\frac{E_b}{2n_0}}\right)$
相干 ASK	$\frac{1}{2}\text{erfc}\left(\sqrt{\frac{r}{4}}\right)$	$\frac{1}{2}\text{erfc}\left(\sqrt{\frac{E_b}{4n_0}}\right)$
非相干 FSK	$\frac{1}{2}e^{-r/2}$	$\frac{1}{2}e^{\frac{E_b}{2n_0}}$

由带通调制系统的调制和解调这部分内容可知，实际接收机输入端总是有一个带通滤波器，其作用有两个：一是使输入信号顺利通过；二是使噪声尽可能少地通过，以减小噪声对信号检测的影响。信噪比 $r = S/N$ 是指带通滤波器输出端的信噪比。设噪声为高斯白噪声，单边功率谱密度为 n_0，带通滤波器的等效矩形带宽为 B，则带通滤波器输出端的信噪比为

$$r = S/N = S/(n_0 B) \tag{6-5-53}$$

信噪比 r 与带通滤波器带宽 B 有关。对于最佳接收系统，接收机前端没有带通滤波器，其输入端信号能量与噪声功率谱密度之比为

$$\frac{E_b}{n_0} = \frac{ST_s}{n_0} = \frac{S}{n_0\left(\frac{1}{T_s}\right)} \tag{6-5-54}$$

式中,S 为信号平均功率;T_s 为码元时间宽度。

比较式(6-5-53)和式(6-5-54)可以看出,对系统性能的比较最终可归结为对实际接收机带通滤波器带宽 B 与码元时间宽度 $1/T_s$ 的比较。

$1/T_s$ 是基带数字信号的重复频率,对于 2PSK 等数字调制信号,$1/T_s$ 的宽度等于 2PSK 信号频谱主瓣宽度的一半。这一带宽为满足信号无码间串扰的奈奎斯特带宽(因为调制后,已调信号的带宽是基带信号带宽的 2 倍,所以最高频带利用率为 $\eta_B = 1\text{B/Hz}$,$\eta_B = R_B/B$,所以 $B = R_B = 1/T_s$,这是一个理论极限值,在实际接收机的带宽一般要大于这个理论极限值,因此实际接收机接收端的带通滤波器的带宽 $B > 1/T_s$。在此情况下,实际接收机性能比最佳接收机性能差。

上述分析表明:在相同条件下,最佳接收机性能一定优于实际接收机性能。两者的差值取决于 B 与 $1/T_s$ 的比值。

6.6 课程扩展:卫星通信

卫星通信是利用人造地球卫星作为中继站转发或反射无线电信号,在两个或多个地球站之间进行的通信。卫星通信工作在微波频段,因此它实际上也是一种微波通信,是地面微波接力通信的继承和发展,是微波接力通信向太空的延伸。卫星通信具有如下优点:(1)通信距离远,通信成本与通信距离无关;(2) 覆盖范围大,可进行多址通信;(3)频带宽,容量大;(4)通信性能稳定可靠,传输质量高,组网灵活;(5)机动灵活,可实现区域及全球移动通信和定位。其缺点是信号传输时延大且控制复杂。

卫星通信按卫星与地球上任一点的相对位置的不同可分为同步卫星和非同步卫星。绝大多数通信卫星是地球同步卫星,同步卫星构成的全球通信网承担着大约 80% 的国际通信业务和全部国际电视转播业务。同步卫星运行于赤道上空距地面约 36 000 km,由于其运行方向和周期与地球自转方向和周期均相同,因此相对于地面静止。同步卫星只需要三颗就可以建立除南极和北极以外的全球性通信,如图 6-17 所示。

由于同步卫星相对于地球是静止的,因此地面站天线易于保持对准卫星,不需要复杂的跟踪系统,通信连续不会出现信号中断的情况,而且信号频率稳定,不会因卫星相对于地球运动而产生多普勒频移。卫星通信系统一般包括空间通信卫星、通信地球站分系统、跟踪遥测及指令分系统和监控管理分系统四部分组成,如图 6-18 所示。

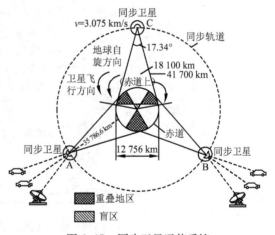

图 6-17 同步卫星通信系统

跟踪遥测及指令分系统负责对卫星进行跟踪测量,控制其准确进入静止轨道上的指定位置。待卫星正常运行后,要定期对卫星进行轨道位置修正和姿态保持。

监控管理分系统负责对定点的卫星在业务开通前、后进行通信性能的检测和控制,例如卫星转发器功率、卫星天线增益以及各地球站发射的功率、射频频率和带宽等基本通信参数进行监控,

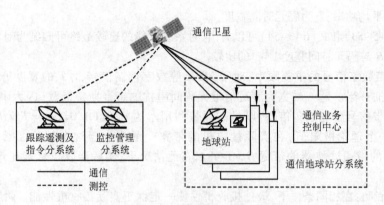

图6-18　卫星通信系统的基本组成

以保证正常通信。

　　空中通信系统是通信卫星上的主体,它主要包括一个或多个转发器,每个转发器能同时接收和转发多个地球站的信号,从而起到中继站的作用。

　　通信地球站是微波无线电收、发信站,用户通过它接入卫星线路,进行通信。

　　目前正在使用的国际通信卫星 INTERLSAT 系统(见图6-19),它是国际卫星通信组按同步卫星的原理建立的。三颗同步卫星分别位于太平洋、印度洋和大西洋上空。

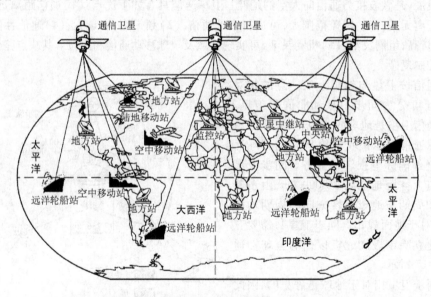

图6-19　国际通信卫星(INTERLSAT)系统

　　两个地球站通过通信卫星进行通信的卫星通信线路的组成示意图如图6-20所示,它包括发端地球站,上行和下行无线传输路径,收端地球站三部分组成。在卫星通信系统中,各地球站要构成双向通信,要向卫星发射信号,也要接收从卫星转发来的其他地球站发给本站的信号,为了避免同频干扰,收发不同频,因此需要混频进行频率变换。通信过程中首先要将来自时分多路的基带信号通过调制变换为 70 MHz 的中频信号,再经上变频变为微波信号,经高功放放大后,经天线发向卫星,卫星收到地面站的上行信号经放大处理,变换为下行的微波信号。收端经与发端相反的处理后,还原为基带信号,并解复用送到各对应的用户。

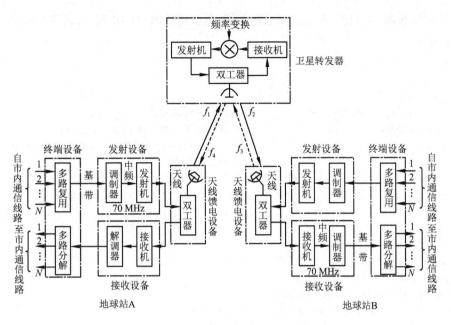

频率变换

图 6-20　两个地球站卫星通信示意图

6.7　二进制频移键控系统的抗噪声性能的 MATLAB 仿真分析

通过 Simulink 环境下对 2FSK 通过加性高斯白噪声（AWGN）信道和 2FSK 通过多径瑞利衰减信道进行仿真分析,学习在这两种信道中不同信噪比条件时系统的误码率变化。其仿真框图如图 6-21所示。其中 Random Integer Generator 产生速率为 10 kbit/s、帧长度为 1 s 的二进制数据源,并且通过 2FSK 产生调制信号。调制信号分别通过 AWGN 信道和径瑞利衰减信道加 AWGN 信道,信号的信噪比等于 SNR(0 ～15 dB),调制信号通过多径瑞利衰落信道时,移动终端相对运动速率为 40 km/h。接收端对信号进行解调,并把解调后的信号和原始数据信号相比较计算误比特率。最后 sin k 模块根据 SNR 与误比特率的关系绘制曲线。

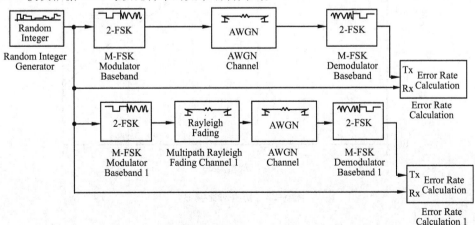

图 6-21　BFSK 在多径瑞利衰落和 AWGN 信道下性能的 MATLAB

如果要画出 SNR 与误比特率的关系绘制曲线,需要编写 MATLAB 程序,调用 Simulink 仿真结果,其程序为:

```
close all; clear; clc;
EbNo_seq = 0:10;
y = EbNo_seq;
for i = 1:length(EbNo_seq)          % 循环执行仿真程序
    EbNo = EbNo_seq(i);             % 信道的信噪比依次取 EbNo_seq(i)
    sim('BFSK_awgn_rayleigh');      % 运行 simulink,得到保存在工作区变量 BitErrorRate
                                    % 中的误比特率
    y(i) = mean(ErrorVec(1));       % AWGN 信道的误比特率
    y1(i) = mean(ErrorVec1(1));     % Rayleigh 信道条件下的误比特率
end
figure;
semilogy(EbNo_seq,y);
xlabel('Eb/No in dB');
ylabel('BER');
title('BFSK in rayleigh'); grid on;
str_theo_filename = 'theo_awgn_rayleigh.fig';
                                    % 理论值
open(str_theo_filename);
hold on;
plot(EbNo_seq,y, 'b-*');           % AWGN 信道条件下 SNR 与误比特率的关系曲线
plot(EbNo_seq,y1, 'g-o');          % Rayleigh 信道条件下 SNR 与误比特率的关系曲线
hold off
```

其比较结果如图 6-22 所示。

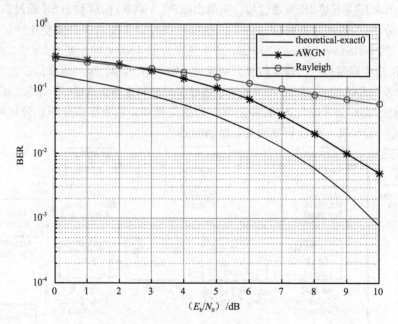

图 6-22　仿真对比波形

通信原理

小　　结

在二进制基带信号传输过程,当 A、n_0、B 和信息速率相同时,数字基带信号的双极性的抗噪声性能好于单极性,且在等概条件下,双极性的最佳判决门限电平为零,与信号幅度无关,因而不随信道特性变化而变化,单极性的最佳判决门限电平为 $a/2$,易受信道特性变化的影响。

各种二进制数字调制系统的误码率取决于解调器输入信噪比 r,对于同一调制方式,相干解调的误码率小于非相干解调的误码率,但随着 r 增大,两者性能相差不大;对于相同的解调方式,抗加性高斯白噪声性能从优到劣的排列顺序是:2PSK、2DPSK、2FSK、2ASK;在误码率相同的条件下,对信噪比 r 的要求:2ASK 比 2FSK 高 3 dB,2FSK 比 2PSK 高 3 dB,2ASK 比 2PSK 高 6 dB。

在多进制相移键控调制系统中,M 相同时,相干解调下 MPSK 系统的抗噪声性能优于差分相干解调 MDPSK 系统的抗噪声性能。与 2PSK 和 2DPSK 系统相同,在相同误码率的条件下,M 值越大,若采用差分相移解调,则差分相移比相干相移在信噪比上损失得越多。

使滤波器输出信噪比在某一特定时刻达到最大,由此而导出的最佳线性滤波器称为匹配滤波器。在最小差错概率准则下,相关器形式的最佳接收机与匹配滤波器形式的最佳接收机是等价的。

习　　题

一、简答题

1. 在设计数字通信接收机输入端带通滤波器的频率特性时,应考虑哪些因素?（至少给出两个因素并说明它们与频率特性的关系）

2. 数字信号的最佳接收准则是什么? 其物理含义是什么?

3. 窄带高斯白噪声中的"窄带""高斯""白"的含义各是什么?

4. 什么单频噪声、脉冲噪声和起伏噪声?

5. 试举例说明相干解调和非相干解调在大信噪比和小信噪比时的抗噪声性能。

6. 2DPSK 信号采用相干解调和差分相干解调的主要区别是什么? 误码率性能有什么区别? 为什么?

二、计算题

1. 某二进制数字基带系统所传输的是单极性基带信号,且数字"1"和"0"的出现概率相等。

（1）若数字信号为"1"时信号的抽样判决时刻的值 $a = 2$ V,且接收滤波器输出噪声是均值为 0,均方根为 0.2 V 的高斯噪声,试求这时的误码率 P_e。

（2）若要求误码率 P_e 不大于 10^{-5},试确定 a 至少应该是多少?

2. 进入判决器的二进制脉冲序列,1 码波形为

$$g_1(t) = \begin{cases} 1 + \cos\dfrac{2\pi t}{T_s} & \text{当 } |t| \leqslant \dfrac{T_s}{2} \\ 0 & \text{其他} \end{cases}$$

"0"码波形无脉冲。"1"码和"0"码概率相同,在码元的中心时刻判决,高斯型噪声的平均功率为 $\sigma_n = 0.2\,\text{W}$。

（1）求最佳判决门限电平和误码率;

(2)如果 0 码的波形为 $g_2(t) = -g_1(t)$，求最佳判决门限电平和误码率。

3. 若采用 OOK 方式传送二进制数字信息，已知码元传输速率 $R_B = 2 \times 10^6 B$，接收端解调器输入信号的振幅 $a = 40\ \mu V$，信道加性噪声为高斯白噪声，且其单边功率谱密度 $n_0 = 6 \times 10^{-18} W/Hz$。

试求：(1)非相干接收时，系统的误码率；

(2)相干接收时，系统的误码率；

(3)试对以上两种接收方式进行比较。

4. 若某 2FSK 系统的码元传输速率为 $R_B = 2 \times 10^6 (B)$，数字信息为"1"时的频率 f_1 为 10 MHz，数字信息为"0"时的频率 f_2 为 10.4 MHz。输入接收端解调器的信号峰值振幅 $a = 40\ \mu V$。信道加性噪声为高斯白噪声，且其单边功率谱密度为 $n_0 = 6 \times 10^{-18} W/Hz$。

试求：(1)2FSK 信号的第一零点带宽；

(2)非相干接收时，系统的误码率；

(3)相干接收时，系统的误码率。

5. 在二进制差分相移键控系统中，已知码元传输速率 $R_B = 2 \times 10^6 B$，接收端解调器输入信号的功率 $a^2 = 40 \times 10^{-6} W$，信道加性噪声为高斯白噪声，且其单边功率谱密度 $n_0 = 10^{-12} W/Hz$。

试求：(1)采用相干解调 2DPSK 信号时的系统误码率；

(2)采用差分相干解调 2DPSK 信号时的系统误码率。

6. 功率谱密度为 $n_0/2$ 的高斯白噪声下，设计一个对图 6-23 所示 $f(t)$ 的匹配滤波器。

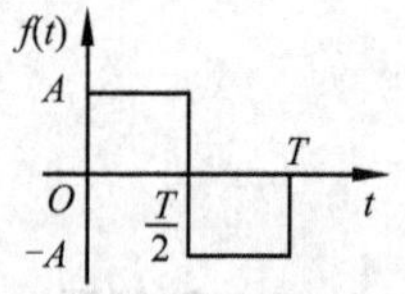

试求：(1)如何确定最大输出信噪比的时刻；

(2)求匹配滤波器的冲激响应 $h(t)$ 的数学表达式并画出 $h(t)$ 的波形；

(3)求输出信号并画出输出信号的波形；

(4)求最大输出信噪比。

图 6-23 题 6 图

7. 设二进制 FSK 信号为

$$s_1(t) = A\sin \omega_1 t \quad 当\ 0 \leqslant t \leqslant T_s$$

$$s_2(t) = A\sin \omega_2 t \quad 当\ 0 \leqslant t \leqslant T_s$$

且 $\omega_1 = 4\pi/T_s$，$\omega_2 = 2\omega_1$，$s_1(t)$ 和 $s_2(t)$ 等可能出现。

(1)求构成相关检测器的最佳接收机结构。

(2)画出各点可能的工作波形。

(3)若接收机输入高斯噪声功率谱密度为 $\dfrac{n_0}{2}$（单位：W/Hz），试求系统的误码率。

通信原理

第7章 信道与信道编码

信道是信号传输的通道,是传输电、电磁波或光信号的物理媒质,是通信系统重要组成部分。一般地,实际信道都不是理想的。首先,这些信道具有非理想的频率响应特性,同时信号通过信道传输时还有噪声和掺杂进去的其他干扰。信道的频率特性不理想及噪声和干扰将影响信息传输的有效性和可靠性。

在数字通信传输过程中,由于受到噪声或干扰的影响,信号在信道传输过程中会出现信号失真,致使接收端产生误码。前面我们讨论的码型变换和均衡等方法都可以对信号传输失真进行预防和补偿,另外选择不同的调制解调方式、扩展信道频带等手段也可以减小信道传输的误码率。这里我们讨论如何借助各种差错控制编码技术来降低误码率。

香农的信道编码定理指出,只要信息传输速率低于信道容量,通过对信息进行适当编码,可在不牺牲信息传输或存储速率的情况下,将有噪信道或存储媒质引入的差错减到任意低的程度。香农的信道编码定理奠定了信道编码的理论基础,并为人们从理论上指出了信道编码的努力方向。信道编码的基本思想就是在数字信号序列中加入一些冗余码元,这些冗余码元不含有通信信息,但与信号序列中的信息码元有着某种制约关系,这种关系在一定程度上可以帮助人们发现或纠正在信息序列中出现的错误(也就是误码),从而起到降低误码率的作用。

本章首先介绍信道和信道容量,然后主要分析差错控制编码的基本方法和基本原理,包括常用检错码、线性分组码和卷积码等。

7.1 通 信 信 道

7.1.1 信道的分类

信道的分类方式可以按照传输方式分类如图 7-1(a)所示,也可以按照传输介质参数特点分类,如图 7-1(b)所示。

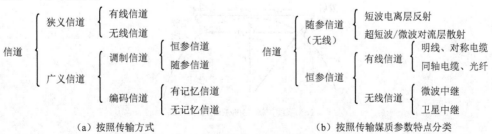

（a）按照传输方式　　　　　　　　　　　　　（b）按照传输媒质参数特点分类

图 7-1　通信信道的分类

狭义信道仅指发送设备和接收设备之间用以传输信号的传输介质(媒介,媒质);广义信道不仅是传输媒质,而且包括通信系统中的一些转换装置,如各种信号形式的转换、耦合等设备。

　　狭义信道通常可分为有线信道和无线信道两大类。有线信道包括双绞线、同轴电缆和光纤等,如图7-2所示。

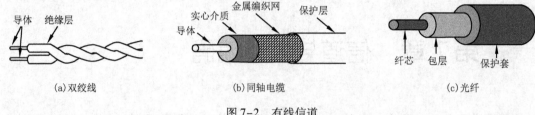

(a)双绞线　　　　　　　　(b)同轴电缆　　　　　　　　(c)光纤

图7-2　有线信道

　　双绞线是由一对相互绝缘的金属导线按一定密度互相绞在一起,由于每根导线在传输中辐射出来的电波会被另一根导线上发出的电波抵消,可以有效降低信号干扰的程度。双绞线价格较低廉,常用于传输话音信号与近距离的数字信号。应用包括本地环路、局域网、用户分配系统,以及综合布线工程。

　　同轴电缆(coaxial cable)是内外由相互绝缘的同轴心导体构成的电缆,外导体是一个圆柱形的空管(在可弯曲的同轴电缆中,它可以由金属丝编织而成),内导体是金属线(芯线)。它们之间填充着绝缘介质,可能是塑料,也可能是空气。电磁场封闭在内外导体之间,故辐射损耗小,受外界干扰影响小,常用于传送多路电话和电视。

　　光纤是一种纤细($2 \sim 125\ \mu m$)柔韧能够传导光线的介质(光导纤维),以光波作为载波的信道。光纤裸纤一般分为三层:中心为高折射率纤芯,中间为低折射率包层,最外面是保护套层。光线在纤芯传送,当光线射到纤芯和包层分界面的角度大于产生全反射的临界角时,光线会全部反射回来,继续在纤芯内向前传送。光纤以其传输频带宽、抗干扰性高和信号衰减小,而远优于电缆、微波通信的传输,已成为现代有线通信的主要传输方式。

　　无线信道中信号的传输是利用电磁波在空间的传播来实现的,无线电磁波的传播主要有地波、天波和视线传播(LOS)三种,如图7-3所示。

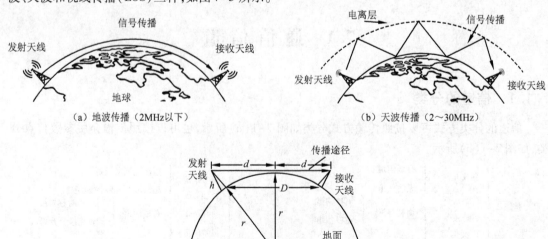

(a)地波传播(2MHz以下)　　　　　(b)天波传播(2～30MHz)

(c)视线传播(30MHz以上)

图7-3　电波传播方式

地波的传播方式如图7-3(a)所示,它是频率在2 MHz以下的电磁波的主要传播方式。在这种方式中,电磁波弯曲地沿着地球的表面传播,这是由于电磁波的绕射作用造成的,通信距离可达数百至数千公里。地波是调幅广播中的传播方式。对于地波传播要保证有效的辐射,所需要的天线长度必须比波长的1/10长。

天波的传播方式如图7-3(b)所示,它是频率在2～30 MHz之间的电磁波的主要传播方式,可能的覆盖范围达几千公里。天波的传播主要是电波在电离层和地球表面之间来回反射,从而实现远距离的电波覆盖。天波传播使得几乎在白天和晚上的任何时候都能收听到来自地球另一边的国际短波电台广播。

视线传播是频率高于30 MHz的电磁波的主要传播方式,这时电磁波以直线方式传播,如图7-3(c)所示,可用于卫星和外太空通信。视线传播的缺点是当两个地球站之间进行通信时,信号的传播路径必须位于水平线上,否则地球曲率就会遮挡视线路径。因此视线传播的距离 d 与天线高度有关,由图7-3(c)可知

$$d^2 + r^2 = (h + r)^2 \qquad (7-1-1)$$

即

$$d^2 = 2rh + h^2 \qquad (7-1-2)$$

其中 r 为地球的半径($r = 6\ 370$ km),h 为地面上的天线高度。这里 h^2 与 $2rh$ 相比可以忽略不计。可见视线传播距离 $D \approx 2d$ 与天线高度 h 有关,增加天线高度可以增大视线距离。

除上述的三种无线电波传播之外,频率在30～60 MHz范围内的电磁波可以散射传播。散射传播分为电离层散射、对流层散射和流星余迹散射。电离层散射现象发生在30 MHz～60 MHz的电磁波上。对流层散射是由于对流层中的大气不均匀性产生的。流星余迹散射是由于流星经过大气层时产生的很强的电离余迹使电磁波散射的现象。

📖无线电波的传播特性与频率有关。在低频上,无线电波能轻易地绕过一般障碍物,但其能量随着传播距离的增大而急剧递减。在高频上,无线电波趋于直线传播并易受障碍物的阻挡,还会被雨水吸收。

广义信道按照它包括的功能可分为调制信道和编码信道两种,如图7-4所示。调制信道是指从调制器输出端到解调器输入端的所有电路设备和传输介质,调制信道主要用来解决通信系统的调制、解调问题,故调制信道又可称为连续信道。编码信道的范围是从编码器输出端至译码器输入端,编码器的输出和译码器的输入都是数字序列,故编码信道又称离散信道。主要用于研究数字通信系统。

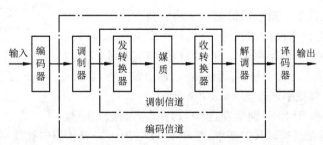

图7-4　调制信道和编码信道

7.1.2 信道的数学模型

信道的数学模型用来表征实际物理信道的特性及其对信号传输带来的影响,它对通信系统的分析和设计是十分方便的。下面讨论调制信道和编码信道这两种广义信道的数学模型。

1. 调制信道模型

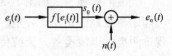

图 7-5 调制信道数学模型

调制信道为连续信道,调制信道对信号的影响是由信道的特性及外界干扰造成的,可以用一个二对端(或多对端)的时变线性网络来表示,即只需关心调制信道输入信号与输出信号之间的关系(不涉及信道内部过程)。调制信道模型如图 7-5 所示。

其输出与输入的关系为

$$e_o(t) = s_o(t) + n(t) = f[e_i(t)] + n(t) \tag{7-1-3}$$

式中,$e_i(t)$ 为输入的已调信号;$s_o(t)$ 为调制信道对输入信号的响应输出波形;$n(t)$ 为加性干扰。一般情况下,$f[e_i(t)]$ 可表示为信道单位冲击响应 $c(t)$ 与输入信号的卷积,即

$$s_o(t) = c(t) * e_i(t) \quad \text{或} \quad S_o(\omega) = C(\omega) \cdot E_i(\omega) \tag{7-1-4}$$

式中,$c(t)$ 依赖于信道特性,表示信道使信号可能产生的各种失真,包括线性失真、非线性失真、时间延迟以及衰减等。对于信号来说,$c(t)$ 可看成是乘性干扰,而 $n(t)$ 为加性干扰。由此可见,调制信道对信号的影响程度取决于乘性干扰 $c(t)$ 和加性干扰 $n(t)$。

在实际使用的物理信道中,根据信道传输函数 $c(t)$ 的时变特性的不同可以分为两大类:

一类是 $c(t)$ 基本不随时间变化,即信道对信号的影响是固定的或变化极为缓慢的,这类信道称为恒定参量信道,简称恒参信道,如由电缆、光导纤维、人造卫星、中长波地波传播、超短波及微波视距传播等传输媒质构成的信道。

另一类信道是传输函数 $c(t)$ 随时间随机快变化,这类信道称为随机参量信道,简称随参信道,如陆地移动信道、短波电离层反射信道、超短波流星余迹散射信道、超短波及微波对流层散射信道、超短波电离层散射及超短波超视距绕射散射信道等。

📖"加性"和"乘性"干扰的含义

加性干扰 $n(t)$ 是叠加在信号上的各种噪声,含义是没有信号输入时,信道输出端也有噪声输出,即噪声是独立于信号且始终存在的。

乘性干扰 $c(t)$ 是由于信道特性不理想造成的,它完全依赖于信道的特性,没有信号输入时,信道输出端也没有乘性干扰输出,即乘性干扰是与信号共存在共消失的。

---

2. 编码信道模型

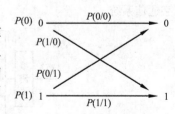

图 7-6 二进制编码信道模型

编码信道是一种数字信道或离散信道。编码信道输入是离散的时间信号,输出也是离散的时间信号,对信号的影响则是将输入数字序列变成另一种输出数字序列。由于信道噪声或其他因素的影响,将导致输出数字序列发生错误,因此输入、输出数字序列之间的关系可以用一组转移概率来表征,如图 7-6 所示。

图 7-6 中 $P(0)$ 和 $P(1)$ 分别是发送"0"码和"1"码的先验概率,$P(0/0)$ 与 $P(1/1)$ 是正确转移的概率,而 $P(1/0)$ 与 $P(0/1)$ 是错误转移概率。信道噪声越大将导致输出数字序列发生错误越多,错误转移概率 $P(1/0)$ 与 $P(0/1)$ 也就越大;反之,错误转移概率 $P(1/0)$ 与 $P(0/1)$ 就越小。输出的总的错误概率为

通信原理

$$P_e = P(0)P(1/0) + P(1)P(0/1) \tag{7-1-5}$$

📖编码信道的具体转移概率是多少,要由具体信道特性决定,一个特定的编码信道有确定的转移概率,可以通过对实际信道的大量统计分析得到。

7.1.3　信道对传输信号的影响

1. 恒参信道特性及其对传输信号的影响

恒参信道对信号传输的影响是确定的或者是变化极其缓慢的。因此,其传输特性可以等效为一个线性时不变网络。恒参信道的传输特性$H(\omega)$通常用幅度-频率特性$|H(\omega)|-\omega$及相位-频率特性$\varphi(\omega)-\omega$来表征,其中

$$H(\omega) = |H(\omega)| e^{j\varphi(\omega)} \tag{7-1-6}$$

信号无失真传输是一种理想情况,所谓无失真传输是指系统输出信号与输入信号相比,只有信号幅度大小和出现时间先后的不同,而波形上没有变化。

理想恒参信道就是理想的无失真传输信道,可等效为一个非时变的线性网络,信道特性为

$$H(\omega) = Ke^{-j\omega t_d} \tag{7-1-7}$$

理想无失真恒参信道具有以下特点:

① 幅度-频率特性为一条水平直线,是不随频率变化的常数,即$|H(\omega)| = K$,其含义为信号的不同频率成分经过信道传输后具有相同的衰减,如图7-7(a)所示。

② 相位-频率特性是一条通过原点的直线,$\varphi(\omega) = \omega t_d$,含义为信号的不同频率成分经过信道传输后具有相同的延迟,如图7-7(b)所示。

③ 若采用群延迟-频率特性来衡量,则群延迟-频率特性$\tau(\omega)$是一条水平直线,如图7-7(c)所示。群延迟-频率特性就是相位-频率特性对频率的导数,即

$$\tau(\omega) = \frac{d\varphi(\omega)}{d\omega} \tag{7-1-8}$$

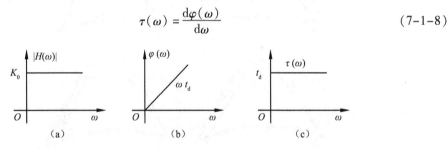

图 7-7　理想恒参信道的特性曲线

由此可见,理想恒参信道对信号传输的影响是:

① 使信号在幅度上产生固定的衰减;

② 使信号在时间上产生固定的迟延。当幅度-频率特性和相位-频率特性不满足无失真的条件时,就会使信号传输产生失真,包括幅度-频率失真和相位-频率失真。

(1)幅度-频率失真:幅度-频率失真是由于信道的幅度-频率特性不理想引起的,在信道有效的传输带宽内,$|H(\omega)|$不是恒定不变的,而是随着频率的变化而有所波动。这种振幅频率特性的不理想会导致信号通过信道时波形产生失真。例如,语音信号,不同频率强弱变化;对数字信号会引起相邻码的波形在时间上相互重叠,从而造成码间串扰,引起误码。产生幅度-频率失真的原因是信道中存在各种滤波器、混合线圈、串联电容和分路电感等。

(2)相位-频率失真:相位-频率失真时,会引起信号的各次谐波通过信道后的相位关系发生

改变,叠加后波形就产生了失真,称为相位频率失真。产生的原因是由于信道中存在各种滤波器和加感线圈等,尤其在信道频带边缘,相位-频率失真就更严重。相位-频率失真时会使得语音信号的基谐时间关系失真,对视频影响大,对数字信号会引起码间串扰,产生误码。

在实际的通信系统中为了克服以上两种失真,在模拟通信系统中可以利用线性补偿网络进行频域均衡,使衰耗特性曲线平坦,联合频率特性无失真。在数字通信系统中要合理设计收发滤波器,消除信道产生的码间串扰,如在信道特性缓慢变化时,可以采用时域均衡器,使码间串扰降到最小且可自适应信道特性的变化。

2. 随参信道特性及其对传输信号的影响

$c(t)$ 随机变化的信道称为随参信道。如短波电离层反射信道、各种散射信道、超短波移动通信信道等。信号在随参信道中的传输特点:

(1)随参信道的传输特性主要依赖于传输媒质,而传输媒质的参数是时变的,如电离层内的电子、离子的分布变化。

(2)信号幅度的衰耗随时间随机变化,从而引起幅度失真;

(3)信号传输的时延随时间随机变化,从而引起相位失真;

(4)多径传播,即发射端发出的信号可能通过多条路径到达接收端,且每条路径的衰减和时延都是随时间变化的。

由于随参信道比恒参信道复杂得多,它对信号传输的影响也比恒参信道严重得多。下面主要介绍多径传播对信号传输的影响。

陆地移动多径传播示意图如图7-8所示。

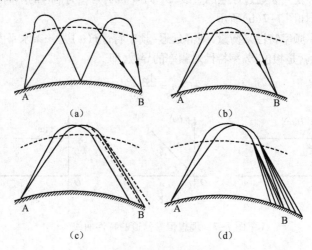

图 7-8　多径形式示意图

图7-8(a)为一次反射和两次反射;图7-8(b)为反射区高度不同;图7-8(c)为寻常波与非寻常波;图7-8(d)漫射现象。

假设发送信号为单一频率正弦波 $A\cos\omega_c t$,基站天线发射的信号经过多条不同的路径到达移动台,设多径信道一共有 n 条,各条路径具有时变衰耗和时变传输时延且从各条路径到达接收端的信号相互独立,则接收端接收到的合成波为

$$r(t) = \sum_{i=1}^{n} a_i(t)\cos\omega_c[t - t_{di}(t)] = \sum_{i=1}^{n} a_i(t)\cos[\omega_c t - \varphi_i(t)] \qquad (7-1-9)$$

式(7-1-9)中, $a_i(t)$ 为多径信号中第 i 条路径到达接收端的随机幅度; $t_{di}(t)$ 为第 i 条路径对应于

它的延迟时间;$\varphi_i(t)$为从第i条路径到达接收端的信号的随机相位,即$\varphi_i(t) = -\omega_c t_{di}(t)$。对式(7-1-9)进行变换有

$$
\begin{aligned}
r(t) &= \left[\sum_{i=1}^{n} a_i(t) \cos \varphi_i(t) \right] \cos \omega_c t - \left[\sum_{i=1}^{n} a_i(t) \sin \varphi_i(t) \right] \sin \omega_c t \\
&= a_I(t) \cos \omega_c t - a_Q(t) \sin \omega_c t \\
&= a(t) \cos \left[\omega_c t + \varphi(t) \right]
\end{aligned}
\tag{7-1-10}
$$

式中,$a_I(t) = \sum_{i=1}^{n} a_i(t) \cos \varphi_i(t)$,$a_Q(t) = \sum_{i=1}^{n} a_i(t) \sin \varphi_i(t)$,$a(t) = \sqrt{a_I^2(t) + a_Q^2(t)}$是多径信号合成后的包络,$\varphi(t) = \arctan \left[a_Q(t)/a_I(t) \right]$是多径信号合成后的相位。

由式(7-1-10)可知,多径传播对单频信号的影响如下:

① 多径传播使单一频率的正弦信号$A \cos \omega_c t$变成了包络和相位受调制的窄带信号,这种信号称为衰落信号,即多径传播使信号产生瑞利型衰落,如图7-9(a)所示。

② 从频谱上看,多径传播使单一谱线变成了窄带频谱,即多径传播引起了频率弥散(色散),如图7-9(b)所示,即由单个频率变成了一个窄带频谱。

③ 造成频率选择性衰落,即信号频谱中某些频率被衰落的现象。

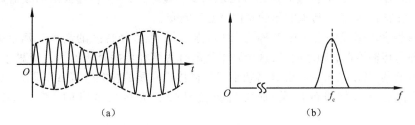

图7-9　衰落信号的波形与频谱示意图

下面通过一个简单的例子来说明多径引起频率选择性衰落的原因,假定只有两条传输路径,如图7-10(a)所示。且认为接收端的幅度与发送端一样,只是在到达时间上差一个时延τ。

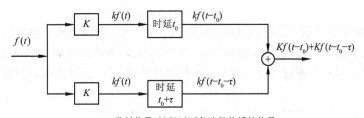

(a)发射信号$f(t)$经过两条路径传播的信号

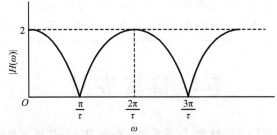

(b)两条路径传播时选择性衰落特性

图7-10　多路径传播的信号

若发送信号为 $f(t)$，它的频谱为 $F(\omega)$，记为 $f(t) \leftrightarrow F(\omega)$。设经信道传输后第一条路径的时延为 t_0，在假定信道衰减为 K 的情况下，到达接收端的信号为 $Kf(t-t_0)$，相应于它的傅里叶变换为 $Kf(t-t_0) \leftrightarrow KF(\omega)\mathrm{e}^{-\mathrm{j}\omega t_0}$。另一条路径的时延为 $(t_0 + \tau)$，假定信道衰减也是 K，故它到达接收端的信号为 $Kf(t-t_0-\tau)$。相应于它的傅里叶变换为 $Kf(t-t_0-\tau) \leftrightarrow KF(\omega)\mathrm{e}^{-\mathrm{j}\omega(t_0+\tau)}$。则这两条传输路径的信号合成后为

$$r(t) = Kf(t-t_0) + Kf(t-t_0-\tau) \tag{7-1-11}$$

对应于它的傅里叶变换为

$$R(\omega) = KF(\omega)\mathrm{e}^{-\mathrm{j}\omega t_0}\left[1 + \mathrm{e}^{-\mathrm{j}\omega\tau}\right] \tag{7-1-12}$$

因此，信道的传递函数为

$$H(\omega) = R(\omega)/F(\omega) = K\mathrm{e}^{-\mathrm{j}\omega t_0}\left[1 + \mathrm{e}^{-\mathrm{j}\omega\tau}\right] \tag{7-1-13}$$

$H(\omega)$ 的幅频特性为

$$\left| H(\omega) \right| = \left| K\mathrm{e}^{-\mathrm{j}\omega t_0}(1 + \mathrm{e}^{-\mathrm{j}\omega\tau}) \right| = K\left| (1 + \mathrm{e}^{-\mathrm{j}\omega\tau}) \right| \tag{7-1-14}$$

$\left| H(\omega) \right| - \omega$ 特性曲线，如图 7-10(b)所示($K=1$)，由图可见，在不同频段上信号的衰落特性是不一样，这就是所谓的频率选择性衰落。信号频谱中某一些分量衰耗特别大、而另一些频谱分量衰耗却比较小，从而造成传输后的信号出现畸变。显然，当一个传输波形的频谱宽于 $1/\tau$ 时（τ 表示有时变的相对时延），传输波形的频谱将受到畸变。

频率选择性衰落造成的波形畸变称为"时间弥散"。设多径传播的最大时延差为 τ_m，定义 $\Delta f = 1/\tau_m$ 为相邻传输零点的频率间隔，这个频率间隔称为多径传播介质的相关带宽，为了不引起明显的选择性衰落，传输信号的频带 B 必须小于多径传输介质的相关带宽 Δf，即 $B < \Delta f$。在工程设计中，为了保证接收信号的质量，通常选择信号带宽为相关带宽的 $1/3 \sim 1/5$。即 $B = (1/3 \sim 1/5)\Delta f$。

随参信道的多径传播对数字信号的传输带来的影响是严重的，这也是随参信道对数字信号传输的主要影响。在多径信道中传输数字信号，特别是传输高速数字信号时，频率选择性衰落将会引起严重的码间串扰，为了减小码间串扰，必须限制数字信号的传输速率。因此由于多径时延的影响，数字波形的传输速度被大大地限制了，一般取使数字信号的码元宽度为：

$$T_s = (3 \sim 5)\tau_m \tag{7-1-15}$$

随参信道引起多径传播，使通信系统性能大大降低。为了提高随参信道中的信号质量，常采用的技术措施有抗衰落性能好的调制解调技术、扩频技术、功率控制技术、与交织结合的差错控制技术、分集技术等。其中分集技术是一种有效的抗衰落技术，已在短波通信、移动通信系统中得到了广泛的应用。

📖 多径效应的影响

多径效应会使数字信号的码间串扰增大。为了减小码间串扰的影响，通常要降低码元传输速率。因为，若码元速率降低，则信号带宽也将随之减小，多径效应的影响也随之减轻。

7.2 信道容量

信道容量是指信道的极限传输能力，即信道单位时间内能够传送信息的最大传输速率。在信道模型中，我们定义了两种广义信道：调制信道和编码信道。调制信道是一种连续信道，可以用连续信道的信道容量来表征；编码信道是一种离散信道，可以用离散信道的信道容量来表征。

7.2.1　连续信道容量

香农公式表明的是当信号与信道加性高斯白噪声的平均功率给定时,在具有一定频带宽度的信道上,理论上单位时间内可能传输的信息量的极限数值,即信道容量 C 为

$$C = B \log_2\left(1 + \frac{S}{N}\right) \quad (\text{bit/s}) \tag{7-2-1}$$

式中,B 为信道带宽;S 为信号功率;N 为噪声功率。若噪声 $n(t)$ 的单边功率谱密度为 n_0,则在信道带宽 B 内的噪声功率 $N = n_0 B$。因此,香农公式的另一形式为

$$C = B \log_2\left(1 + \frac{S}{n_0 B}\right) \quad (\text{bit/s})。$$

(1)信道容量 C 受"三要素"B、S、n_0 的限制。

(2)增大信号功率 S 可以增加信道容量,若信号功率趋于无穷大,则信道容量也趋于无穷大,即

$$\lim_{s\to\infty} C = \lim_{s\to\infty} B \log_2\left(1 + \frac{S}{n_0 B}\right) \to \infty \tag{7-2-2}$$

说明当信号功率不受限时,信道容量为无穷大。

(3)减小噪声功率 N(或减小噪声功率谱密度 n_0)可以增加信道容量,若噪声功率趋于零(或噪声功率谱密度趋于零),则信道容量趋于无穷大,即

$$\lim_{N\to\infty} C = \lim_{N\to\infty} B \log_2\left(1 + \frac{S}{n_0 B}\right) \to \infty \tag{7-2-3}$$

说明无扰信道的信道容量为无穷大。

(4)C 一定时,B 与 S/N 可以互换,即 B 增大,S/N 下降,反之亦然。它对于通信系统的设计和工程应用具有很大的指导意义,B 决定信号传输的有效性,而 S/N 决定可靠性。

(5)若信源的信息速率 $R_b \leqslant C$,则理论上可实现无误差传输。若 $R_b > C$,则不可能实现无误码传输。

(6)香农公式还可以进行如下的改写:

$$C_t = B \log_2\left(1 + \frac{S}{n_0 B}\right) = B \log_2\left(1 + \frac{E_b/T_s}{n_0 B}\right) = B \log_2\left(1 + \frac{E_b}{n_0}\right) \tag{7-2-4}$$

式(7-2-4)中 E_b 为每比特能量;$T_s = 1/B$ 为每比特持续时间。式(7-2-4)表明,为了得到给定的信道容量 C_t,可以增大带宽 B 以换取 E_b 的减小;另一方面,在接收功率受限的情况下,由于 $E_b = S T_s$,可以增大 T_s 以减小 S 来保持 E_b 和 C_t 不变。

(7)增大信道带宽 B 可以增加信道容量,但不能使信道容量无限制增大。信道带宽 B 趋于无穷大时,信道容量的极限值为

$$\lim_{B\to\infty} C_t = \lim_{B\to\infty} B \log_2\left(1 + \frac{S}{n_0 B}\right) = \frac{S}{n_0}\lim_{B\to\infty}\frac{n_0 B}{S}\log_2\left(1 + \frac{S}{n_0 B}\right)$$

$$= \frac{S}{n_0}\log_2 e = 1.44\frac{S}{n_0} \tag{7-2-5}$$

式(7-2-5)表明,当给定 S/n_0 时,若带宽 B 趋于无穷大,信道容量不会趋于无限大,而只是 S/n_0 的 1.44 倍。这是因为当带宽 B 增大时,噪声功率也随之增大。C 和带宽 B 的关系曲线如图7-11 所示。

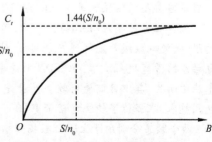

图7-11　C 和带宽 B 的关系曲线

由香农公式可知,当 S/n_0 给定时,提高带宽会带来两种相反的影响:一方面,提高带宽会提高传输速率;另一方面,提高带宽会使得更多的噪声通过信道到达接收端,使系统性能降低。因此无限增大带宽得到的容量只是趋近于一个有限定值,即 $1.44S/n_0$(bit/s)。因此仅仅靠增加带宽不能获得任意需要的信道容量。

香农公式从理论上说明了信息速率 R_b 可以达到接近信道容量 C 的数值的存在,即无误、高速地传输信息。虽然香农信道容量公式并没有给出具体的实现方法,但其贡献仍然是非常巨大的。它为通信系统的发展指明了方向和奋斗目标,具有重要的指导意义。

【例7-1】 黑白电视图像每帧含有 3×10^5 个像素,每个像素有 16 个等概出现的亮度等级。要求每秒传输 30 帧图像。若信道输出 $S/N = 30$ dB,计算传输该黑白电视图像所要求的信道的最小带宽。

解 每个像素携带的平均信息量为:$H(x) = (\log_2 16)$ bit/符号 $= 4$ bit/符号

一帧图像的平均信息量为:$I = (4 \times 3 \times 10^5)$ bit $= 12 \times 10^5$ bit

每秒钟传输 30 帧图像时的信息速率为

$$R_b = (12 \times 10^5 \times 30) \text{ bit/s} = 36 \text{ Mbit/s}$$

令 $R_b = C = B\log_2(1 + S/N)$,得 $B = \dfrac{R_b}{\log_2(1 + S/N)} = \dfrac{36}{\log_2 1001}$ MHz $= 3.61$ MHz

即传输该黑白电视图像所要求的最小带宽为 3.61 MHz。

香农公式的应用:由香农公式可以看出:对于一定的信道容量 C 来说,信道带宽 B、信号噪声功率比 S/N 及传输时间三者之间可以互相转换。若增加信道带宽,可以换来信号噪声功率比的降低,反之亦然。如果信号噪声功率比不变,那么增加信道带宽可以换取传输时间的减少。如果信道容量 C 给定,互换前的带宽和信号噪声功率比分别为 B_1 和 S_1/N_1,互换后的带宽和信号噪声功率比分别为 B_2 和 S_2/N_2,则有

$$B_1 \log_2(1 + S_1/N_1) = B_2 \log_2(1 + S_2/N_2) \tag{7-2-6}$$

由于信道的噪声单边功率谱密度 n_0 往往是给定的,所以上式也可写成

$$B_1 \log_2\left(1 + \frac{S_1}{n_0 B_1}\right) = B_2 \log_2\left(1 + \frac{S_2}{n_0 B_2}\right) \tag{7-2-7}$$

实际通信系统的应用,通常都是利用信道带宽的增大(代价)换取信噪比的下降,在 FM 系统、卫星通信、扩频通信等应用中都是利用这一点。

可以用香农公式来计算电话线的数据传输速率。通常音频电话连接支持的带宽 $B = 3$ kHz,而一般链路典型的信噪比是 30 dB,即 $S/N = 1\,000$,因此有 $C = 3\,000 \times \log_2 1001$,近似等于30 kbit/s。

综合业务数字网(ISDN)出现后,用户线的数字化技术有了巨大发展:取消了音频带宽 3 kHz 的限制,使双绞线带宽得到充分利用,传输数据速率达到 144 kbit/s(2B + D)。(双绞线对比音频电话线的带宽提高了)。但 ISDN 的速率对宽带业务而言还远远不够,更高速度的数字用户环路技术应运而生,其中目前使用较多的就是 ADSL(非对称数字用户线环路)。ADSL 采用 OFDM 频分复用技术,在保留了传统电话带宽(0 ~ 4 kHz)的同时,另外开辟了 10 ~ 130 kHz 和 130 ~ 1 100 kHz 两个频带分别用于上下行数据传输,此外 ADSL 还采用了全新的数字调制解调技术,传输带宽的扩展和调制技术的革命,使其上行可达 1 Mbit/s 速率,下行速率更可高达8 Mbit/s。

由于信道带宽 B 的变化可使输出信噪功率比也变化,而保持信息传输速率不变。这种信噪比和带宽的互换性在通信工程中有很大的用处。例如,在宇宙飞船与地面的通信中,飞船上的发射功率不可能做得很大,因此可用增大带宽的方法来换取对信噪比要求的降低。相反,如果信道频带比较紧张,如有线载波电话信道,这时主要考虑频带利用率,可用提高信号功率来增加信噪比或采用多进制的方法来换取较窄的频带。

7.2.2 离散信道容量

广义信道中的编码信道是一种离散信道,如图7-12所示。

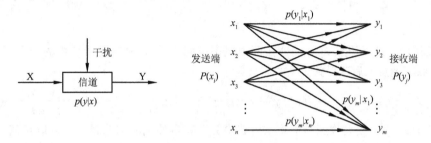

图7-12 离散信道的数学模型

在离散信道中,$X = \{x_1,x_2,x_3,\cdots,x_n\}$ 为发送符号;$Y = \{y_1,y_2,y_3,\cdots,y_m\}$ 为接收符号。$P(x_i)$ 为发送符号 x_i 的出现概率,$i = 1,2,\cdots,n$;$P(y_j)$ 为收到 y_j 的概率,$j = 1,2,\cdots,m$。$P(y_j \mid x_i)$ 为转移概率,即发送 x_i 的条件下收到 y_j 的条件概率。$P(y_j \mid x_i)$ 描述了输入信号和输出信号之间统计依赖关系,反映了信道的统计特性。在定义信道容量之前,我们先给出条件熵和平均互信息的定义。

1. 条件熵(信道疑义度)

概率空间中每个事件含有的自信息量的数学期望称信源熵 $H(X)$。

$$H(X) = \sum_{i=1}^{n} P(x_i) \log \frac{1}{P(x_i)} = -\sum_{X} P(x_i) \log P(x_i) \tag{7-2-8}$$

信息熵 $H(X)$ 表示了信源输出前,信源的平均不确定性;信源输出后,每个消息或符号所提供的平均信息量。

接收(或观测)到 y_j 后,关于 X 的不确定性为

$$H(X \mid y_j) = \sum_{X} P(x_i \mid y_j) \log \frac{1}{P(x_i \mid y_j)} \tag{7-2-9}$$

这是接收到输出符号 y_j 后关于 X 的后验熵。后验熵在输出符号集 Y 范围内是个随机量,对后验熵在符号集 Y 中求数学期望,得条件熵,又称信道疑义度:

$$\begin{aligned}
H(X \mid Y) &= E[H(X \mid y_j)] = \sum_{j=1}^{m} P(y_j) H(X \mid y_j) \\
&= \sum_{j=1}^{m} P(y_j) \sum_{i=1}^{n} P(x_i \mid y_j) \log \frac{1}{P(x_i \mid y_j)} \\
&= \sum_{i=1}^{n} \sum_{j=1}^{m} P(x_i y_j) \log \frac{1}{P(x_i \mid y_j)}
\end{aligned} \tag{7-2-10}$$

信道疑义度(channel equivocation)或条件熵 $H(X/Y)$ 也称为损失熵(loss entropy),表示信源符号通过有噪信道传输后所引起的信息量的损失。它所表达的物理意义为当信道输出端 Y 收到全部的输出符号之后,对输入端 X 尚存的平均不确定度。这种对 X 还剩下的不定度也是由于传送过

程中,信道干扰机制所致。如果是一一对应信道,接收到输出 Y 后,对 X 的不确定性将完全消除,则信道疑义度为零。

2. 平均互信息

平均互信息定义为

$$I(X;Y) = H(X) - H(X \mid Y) \tag{7-2-11}$$

$I(X;Y)$ 代表接收到输出符号后,平均每个符号获得的关于 X 的信息量。也表明,输入与输出两个随机变量之间的统计约束程度。

$$I(X;Y) = \sum_X P(x_i)\log\frac{1}{P(x_i)} - \sum_{X,Y} P(x_iy_j)\log\frac{1}{P(x_i \mid y_j)} = \sum_{X,Y} P(x_iy_j)\log\frac{P(y_j \mid x_i)}{P(y_j)}$$
$$\tag{7-2-12}$$

平均互信息就是互信息 $I(x_i;y_j)$ 在两个概率空间 X 和 Y 中求统计平均的结果。互信息量 $I(x_i;y_j)$ 为收到消息 y_j 后获得关于 x_i 的信息量

$$I(x_i;y_j) = I(x_i) - I(x_i \mid y_j) = \log\frac{1}{p(x_i)} - \log\frac{1}{p(x_i \mid y_j)} = \log\frac{p(x_i \mid y_j)}{p(x_i)} \tag{7-2-13}$$

互信息 $I(x_i;y_j)$ 代表收到某消息 y_j 后获得关于某事件 x_i 的信息量。它可取正值,也可取负值。若互信息 $I(x_i;y_j) < 0$,说明在未收到信息量 y_j 以前对消息 x_i 是否出现的不确定性较小,但由于噪声的存在,接收到消息 y_j 后,反而对 x_i 是否出现的不确定程度增加了。对于无干扰信道,$I(x_i;y_j) = I(x_i)$;对于全损信道,$I(x_i;y_j) = 0$。$I(x_i;y_j)$ 的统计平均就是互信息 $I(X;Y)$:

$$I(X;Y) = \mathop{E}_{X,Y}[I(x_i;y_j)] = \sum_{X,Y} p(x_iy_j)I(x_i;y_j) \tag{7-2-14}$$

因为 $I(X;Y)$ 是 $I(x_i;y_j)$ 的统计平均,所以 $I(X;Y) >= 0$。最差的情况是 $I(X;Y) = 0$,表示在信道输出端接收到输出符号 Y 后不获得任何关于输入符号 X 的信息量(全损信道)。平均互信息与各类熵的关系为

$$I(X;Y) = H(X) - H(X \mid Y)$$
$$I(X;Y) = H(Y) - H(Y \mid X) \tag{7-2-15}$$
$$I(X;Y) = H(X) + H(Y) - H(XY)$$

式中,$H(X) = \sum_X P(x_i)\log\frac{1}{P(x_i)}$,$H(Y) = \sum_Y P(y_j)\log\frac{1}{P(y_j)}$,$H(XY) = \sum_{X,Y} P(x_iy_j)\log\frac{1}{P(x_iy_j)}$,

$H(X \mid Y) = \sum_{X,Y} P(x_iy_j)\log\frac{1}{p(x_i \mid y_j)}$; $H(Y \mid X) = \sum_{X,Y} P(x_iy_j)\log\frac{1}{P(y_j \mid x_i)}$。

对离散无噪声信道(无损信道),无噪声信道模型如图 7-13 所示,$H(X \mid Y) = H(Y \mid X) = 0$,即损失熵和噪声熵都为"0"。由于噪声熵等于零,因此,输出端接收的信息就等于平均互信息:$I(X;Y) = H(X) = H(Y)$。所以在无噪声条件下,从接收一个符号获得的平均信息量为 $H(x)$。而原来在有噪声条件下,从一个符号获得的

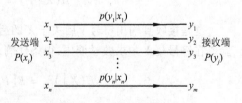

图 7-13 无噪声信道模型

平均信息量为 $H(x) - H(x \mid y)$。这再次说明 $H(x \mid y)$ 即为因噪声而损失的平均信息量。

条件熵 $H(Y \mid X)$ 被称为噪声熵(noise entropy),是由于当已知信源 X 的条件下,信道的输出还存在不定度时,则此刻它必定是由于信道本身的干扰噪声所致,反映了信道中噪声源的不确定性。由 $H(Y \mid X) = H(Y) - I(X;Y)$,得到噪声熵等于输出信源 Y 所含有的信息量减去信道输出端接收到符号集 Y 之后平均每个符号所获得的关于输入集 X 的信息量。

条件熵 $H(Y \mid X)$ 和条件熵 $H(X \mid Y)$ 的概念差别在于:噪声熵 $H(Y \mid X)$ 所表达的是当输出端 Y

在 X 所有情况都确知后,变量 Y 的不定度。由于信道输入除了 X 就是噪声 N,所以此刻 Y 的不定度就一定是 N 的熵。这也说明信道的输出 Y 还有不确定度时,已与信源的变量 X 毫无关系,完全是信道内部的干扰产生;而损失熵 $H(X|Y)$ 所表达的含义是当输出端确知所收到的信号 Y 以后,仍然不明晰输入端 X 的情况,即存有异义。虽然这也是信道干扰所致,但是由于是随 X 的出现而发生,因而称为损失熵。

综上所述,可以看到 $P(y|x)$ 表达的是信道的数学模型,不能直观地表达出信道的物理功能能力的大小,这对于评估、优化、分析等应用都不方便。比如说信息熵 $H(X)$ 就是表征信源能力大小的量。但是我们不能以条件熵 $H(Y|X)$ 表征信道本身功能的物理量,因为 $H(Y|X)$ 仅是噪声这种物理概念,并不能直观地代表信道传送信息功能的大小;而 $H(X|Y)$ 是损失熵,它反映信息遭受损失的情况,也是间接反映信道的功能属性。所以我们只得引入一个信道的物理量——信道容量。

3. 信道容量及其一般计算方法

离散信道容量有两种不同的度量单位:一种是每个符号能够传输的平均信息量最大值 C,另一种是用最大信息速率,即单位时间(1s)内能够传输的平均信息量最大值 C_t;并且两者之间可以互换。

(1)每个符号能够传输的平均信息量的最大值 C 为

$$C = \max_{p(x_i)}\{I(X;Y)\} = \max_{p(x_i)}[H(X) - H(X|Y)] \text{(bit/符号)} \tag{7-2-16}$$

$$H(X) - H(X|Y) = -\sum_X P(x_i)\log P(x_i) - \sum_{j=1}^m P(y_j)\sum_{i=1}^n P(x_i|y_j)\log\frac{1}{P(x_i|y_j)}$$

$$\tag{7-2-17}$$

由式(7-2-16)可见,收到一个符号的平均信息量只有 $H(X) - H(X|Y)$,而发送符号的信息量原为 $H(X)$,少了的部分 $H(X|Y)$ 就是传输错误率引起的损失。

对于一个固定的信道,总存在一种信源概率分布,使传输每一个符号平均获得的信息量,即平均互信息 $I(X;Y)$ 最大,而相应的概率分布 $p(x_i)$,$i = 1,2,\cdots,n$ 称为最佳输入分布。

📖**注意**:在求信道容量时,调整的始终是输入端的概率分布 $P(x_i)$,尽管信道容量式子中平均互信息 $I(X;Y)$ 等于输出端符号熵 $H(Y)$,但是在求极大值时调整的仍然是输入端的概率分布 $P(x_i)$,而不是用输出端的概率分布 $P(y_j)$ 来代替。

【**例 7-2**】 某信源发送端有两个符号 $A = \{a_1,a_2\}$,且有 $P(a_1) = \lambda$,每秒发出一个符号,接收端有 3 种符号 $B = \{b_1,b_2,b_3\}$,转移概率矩阵为 $H = \begin{pmatrix} 1/2 & 1/2 & 0 \\ 1/2 & 1/4 & 1/4 \end{pmatrix}$,试求

① 接收端的平均不确定度?

② 计算由于噪声产生的不确定度 $H(B|A)$;

③ 计算信道容量。

解 ① 由 $P(b_j) = \sum_A P(a_ib_j)$ 得

$$P(b_1) = \sum_A P(a_ib_1) = P(a_1)P(b_1/a_1) + P(a_2)P(b_1/a_2) = 1/2$$

$$P(b_2) = \sum_A P(a_ib_2) = P(a_1)P(b_2/a_1) + P(a_2)P(b_2/a_2) = 1/4 + \lambda/4$$

$$P(b_3) = \sum_A P(a_ib_3) = P(a_1)P(b_3/a_1) + P(a_2)P(b_3/a_2) = 1/4 - \lambda/4$$

$$P(b) = (1/2 \quad 1/4 + \lambda/4 \quad 1/4 - \lambda/4)$$

所以接收端的不确定性为

$$H(B) = -\sum_{j=1}^{3} P(b_j)\log P(b_j) = \frac{1}{2}\log 2 - \frac{\lambda+1}{4}\log\left(\frac{\lambda+1}{4}\right) - \frac{1-\lambda}{4}\log\left(\frac{1-\lambda}{4}\right)$$

$$= \frac{3}{2} - \frac{\lambda+1}{4}\log(\lambda+1) - \frac{1-\lambda}{4}\log(1-\lambda)$$

②

$$H(B\,|\,A) = -\sum_{i=1}^{2}\sum_{j=1}^{3} P(a_i)P(b_j\,|\,a_i)\log P(b_j\,|\,a_i)$$

$$= \lambda\left(\frac{1}{2}\log 2 + \frac{1}{2}\log 2\right) + (1-\lambda)\left(\frac{1}{2}\log 2 + \frac{1}{4}\log 4\right) + (1-\lambda)\frac{1}{4}\log 4$$

$$= \frac{3}{2} - \frac{\lambda}{2}(\text{bit}/\,\text{符号})$$

③ $$H(B) - H(B\,|\,A) = \frac{3}{2} - \frac{\lambda+1}{4}\log(\lambda+1) - \frac{1-\lambda}{4}\log(1-\lambda) - \left(\frac{3}{2} - \frac{\lambda}{2}\right)$$

$C = \max\limits_{P(a_i)} H(B) - H(B\,|\,A)$，为了求 $H(B) - H(B\,|\,A)$ 的极大值，由

$\dfrac{\mathrm{d}[H(B) - H(B/A)]}{\mathrm{d}\lambda} = 0$ 得到使得 $H(B) - H(B\,|\,A)$ 取最大值的 $\lambda = \dfrac{3}{5}$。

将 λ 的值代入，可得 $C = \max\limits_{P(a_i)} H(B) - H(B\,|\,A) = 0.161$。

当信道中的噪声极大时，$H(x\,|\,y) = H(x)$。这时 $C = 0$，即信道容量为零。

（2）如果平均传输一个符号需要 t（单位：s），则信道在单位时间内平均传输的最大信息量 C_t（单位：bit/s）为：

$$C_t = \frac{1}{t}\max_{p(x)}\{I(X;Y)\} = \max_{p(x)}\{r[H(X) - H(X\,|\,Y)]\} \quad (\text{bit/s}) \tag{7-2-18}$$

式中，r 为单位时间内信道传输的符号数。因此如果知道信道每秒传输的符号数 r，则由 C 可求得 C_t。

（3）信息传输速率 R：因 $H(X)$ 是发送符号的平均信息量，$H(X\,|\,Y)$ 是传输过程中因噪声而损失的平均信息量（也称条件信息时），故 $H(X) - H(X\,|\,Y)$ 是接收端得到的平均信息量。设信道每秒传输的符号数为 r（符号速率），则信道每秒传输的平均信息量即信息传输速率 R 为

$$R = r[H(X) - H(X\,|\,Y)] \quad (\text{bit/s}) \tag{7-2-19}$$

7.3 信道编码

差错控制编码就是在信息码序列中按满足一定的规律加入一些冗余码（又称监督码元）的过程。在接收端，利用这种规律性来鉴别传输过程是否发生错误或纠正错误，恢复原始信息序列，这一过程称为译码。所以，差错控制编码是以降低系统有效性为代价来换取系统可靠性的提高的。

1. 差错控制的工作方式

目前常见的差错控制方式主要有：前向纠错（FEC）、检错重发（ARQ）、混合纠错（HEC）、信息反馈（IF）等，其原理如图 7-14 所示。

（1）前向纠错（FEC）：前向纠错又称自动纠错，发端发送具有纠错能力的码。接收端根据接收到的这些码组，并利用加入的差错控制码元发现并自动纠正传输中的错码，如图 7-14（a）所示。

前向纠错方式只要求单向信道,因此特别适合于只能提供单向信道的场合,同时也适合一点发送多点接收的广播方式。因为不需要对发信端反馈信息,所以接收信号的延时小、实时性好。这种纠错系统的缺点是设备复杂、成本高,且纠错能力愈强,编译码设备就愈复杂。

(2)检错重发(ARQ):检错重发又称自动请求重发,是在发端发送具有检错能力的信码,收端译码器根据编码规则检测收到的码字中有无错误。如果接收码字中无错误,则向发送端发送确认信号 ACK,告诉发送端此码字已正确接收;否则,收端不向发送端发送确认信号 ACK,发送端等待一段时间后再次发送此码字,一直到正确接收为止,如图7-14(b)所示。ARQ 的特点是需要双向信道,编码、译码设备不会太复杂,对突发错误特别有效。ARQ 适合于不要求实时传输但要求误码率很低的数据传输系统。

(3)混合纠错(HFC):混合纠错方式是前向纠错方式和检错重发方式的结合。发送端发送纠、检错码,收端对能纠正的错误自动纠正,纠正不了时等待发送端重发,如图7-14(c)所示。混合纠错方式在实时性和译码复杂性方面是前向纠错和检错重发方式的折中,较适合于环路延迟大的高速数据传输系统,所以不适合于实时传输信号。

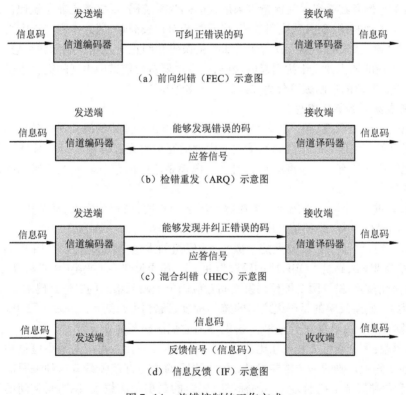

图 7-14 差错控制的工作方式

(4)信息反馈(IF):信息反馈是将接收端接收到的消息原封不动的发回发端,由发送端将反馈信息和原发送信息进行比较。当发现错误时进行重发,如图7-14(d)所示。该方法的优点是原理和设备简单,且无须纠检错编译码系统。缺点是需要双向信道,而且传输效率较低,实时性较差。

注意:不同的纠错编码方法,有不同的检错或纠错能力,一般说来,增加监督码元越多,检错或纠错的能力就越强,也就是说提高传输可靠性是以降低传输有效性为代价的。

2. 差错控制编码的分类

根据编码方式和不同的衡量标准,差错控制编码有多种形式和类别。下面简单地介绍几种主要分类。

(1)根据编码能力可分为检错码、纠错码。只能完成检错功能的码叫检错码;具有纠错能力的码叫纠错码。纠错码一定能检错,但检错码不一定能纠错。通常将检纠错码统称为纠错码。

(2)按照信息码元和附加的监督码元之间的检验关系可以分为线性码和非线性码。若信息码元与监督码元之间的关系可用线性方程来表示,即监督码元是信息码元的线性组合,则称为线性码。反之则称为非线性码。

(3)按照信息码元和监督码元之间的约束方式可分为分组码和卷积码。在分组码中,编码前先把信息序列分为 k 位一组,然后用一定规则附加 r 位监督码元,形成 $n = k + r$ 位的码组。监督码元仅与本码组的信息码元有关,而与其他码组的信息码元无关。但在卷积码中,码组中的监督码元不但与本组信息码元有关,而且与前面码组的信息码元也有约束关系,就像链条那样一环扣一环;所以卷积码又称连环码或链码。线性分组码中,把具有循环移位特性的码称为循环码,否则称为非循环码。

(4)根据码字中信息码元在编码前后是否相同可分为系统码与非系统码。在线性分组码中所有码组的 k 位信息码元在编码前后保持原来形式的码叫系统码,反之就是非系统码。系统码与非系统码在性能上大致相同,而且系统码的编、译码都相对比较简单,因此得到广泛应用。

(5)根据纠(检)错误的类型可分为纠正随机错误码和纠正突发错误码。顾名思义,前者用于纠正因信道中出现的随机独立干扰引起的误码,后者主要对付信道中出现的突发错误。

(6)根据码元取值的进制数可分为二进制码和多进制码。

3. 差错控制编码的基本概念

(1)信息码元、监督码元、码字和码集:信息码元是指进行差错编码前送入的原始信息码。监督码元是指经过差错编码后在信息码元基础上增加的冗余码元。码字(又称为码组)是由信息码元和监督码元组成的具有一定长度的编码组合。码集是不同的信息码元经差错编码后形成的多个码字组成的集合。

(2)码长、码重:一个码字中码元的个数称为码字的长度,简称为码长,通常用 n 表示。例如,码组 "10100" 的码长为 $n = 5$,码组 "110001" 的码长为 $n = 6$。

码组中非 "0" 的数目(即 "1" 码元的个数)称为码组的重量,简称码重。常用 W 表示。如码组 "11001" 的码重为 $W = 3$,码组 "110111" 的码重为 $W = 5$。码重反映一个码组中 "0" 和 "1" 的 "比重"。

(3)码距:所谓码距就是两个等长码组之间对应码位上码元不同的二进制码的个数,也称汉明(Hamming)距离。码距反映的是码组之间的差异程度,通常用 d 表示。如,$a = \{11001100\}$ 和 $b = \{10010111\}$,则 a 和 b 的码重分别为 $W_a = 4$,$W_b = 5$;它们的码距为 $d(a, b) = 5$。

(4)最小码距:多个码组之间相互比较,可能会有不同的码距,其中的最小值被称为最小码距用 $d_{\min}$ 表示,最小码距是码的一个重要参数,最小码距的大小直接关系着这种编码的检错和纠错能力,它是衡量各种码抗干扰能力大小的标准。码组的最小距离越大,说明码字间的最小差别越大,抗干扰能力越强。如若码集包含的码字有 10010、00011 和 11000,最小码距为 $d_{\min} = 2$。

(5)编码效率 R_c:在一个码长为 n 的编码序列中,设信息位为 k 位,它表示所传递的信息;监督位为 r 位,它表示增加的冗余位。其中,$r = n - k$,则其编码效率 R_c 可定义为信息码元数与码长之比

$$R_c = k / n \tag{7-3-1}$$

因为 $k < n$,所以,$R_c < 1$。编码效率是衡量码组性能的又一个重要参数。编码效率越高,传信率越高,但此时纠、检错能力会降低。编码效率 R_c 与抗干扰能力这两个参数是相互矛盾的。

(6)最小码距 $d_{\min}$ 与编码效率 R_c 是信道编码中两个最主要的参数。一般说来,这两个参数是

相互矛盾的，编码的检、纠错能力越强，最小码距 d_{min} 就越大，而编码效率 R_c 就越小。所以，纠错编码的任务就是构造出编码效率 R_c 一定时，最小码距 d_{min} 尽可能大的码；或最小码距 d_{min} 一定时，而编码效率 R_c 尽可能大的码。

(7)冗余度：监督元个数 r 和信息元个数 k 之比定义为冗余度。显然，编码的冗余度越大，编码效率越低。也就是说，通信系统可靠性的提高是以降低有效性(即编码效率)来换取的。

对纠错码的基本要求：检错和纠错能力尽量强；编码效率尽量高；编码规律尽量简单。实际中要根据具体指标要求，保证有一定纠、检错能力和编码效率，并且易于实现。

4. 编码检纠错能力与最小码距的关系

当信息码中加入的冗余码位数增加，编码的抗干扰能力会增强。这是因为冗余码位数增加后，发送端使用的码集中，码字之间最小码距增大，由于最小码距反映了码集中每两个码字之间的差别程度，如果最小码距越大，从一个编码错成另一个编码的可能性就越小，则其检错和纠错能力也越强，因此此最小码距是衡量差错控制编码纠错、检错能力大小的一个重要参数。一般的，差错控制编码的纠错能力和检错能力与最小码距之间的关系如下：

(1)当码组仅用于检测错误时，若要求检测 e 个错误，则最小码距应满足

$$d_{min} \geq e+1 \qquad (7-3-2)$$

(2)当码组仅用于纠正错误时，为纠正 t 个错误，要求最小码距为

$$d_{min} \geq 2t+1 \qquad (7-3-3)$$

(3)当码组既要检错，又要纠错时，为纠正 t 个错误，同时检测 e 个错误($e>t$)，则要求最小码距为

$$d_{min} \geq e+t+1 \qquad (7-3-4)$$

在这种情况下，若接收码组与某一许用码组间的距离在纠错能力 t 范围内，则将按纠错方式工作；若与任何许用码组间的距离都超过 t，则按检错方式工作。

综上所述，要提高编码的纠、检错能力，不能仅靠简单地增加监督码元位数(即冗余度)，更重要的是要加大最小码距(即码组之间的差异程度)，而最小码距的大小与编码的冗余度是有关的，最小码距增大，码元的冗余度就增大。但当码元的冗余度增大时，最小码距不一定增大。因此，一种编码方式具有检错和纠错能力的必要条件是信息编码必须有冗余，而充分条件是码元之间要有一定的码距。另外，检错要求的冗余度比纠错要低。

【例7-3】 以发送消息"雨""晴"为例，假定用 1111 代表"雨"，用 0000 代表"晴"，每个码字中一个码元是信息码，另三个码元是监督码。码组中只有两个码字 1111 和 0000，两个码字间的距离就是最小码距，所以这个码组的最小码距 $d_{min}=4$。

当此码组用于既能检错又能纠错的系统时，$d_{min} \geq 1+2+1$，所以此码组能纠 1 位错误的同时又能检测 2 位错误。如发送 1111，传输中发生 1 位错误，错成 1110，接收端将纠正成 1111，这 1 位错误得到纠正。若码字发生 2 位错误，错成 1100，接收端能发现错误，但无法纠正。若码字发生 3 位错误，错成 1000，由于系统有纠错功能，因此这种情况发生时，系统将把 1000 纠正成 0000，而将无法发现 3 位错误。可见，码距为 4 的码组用于纠错的同时检错，将无法检测 3 位错误，这与只用于检错的情况是不一样的。

5. 常见的几种检错码

检错码是用于检测错误的码，在 ARQ 系统中使用。下面介绍几种在实际系统中应用比较广泛的检错码，因为这些码简单，易于实现，且检错能力较强。

(1)奇偶校验码：奇偶校验码是数据通信中最常见的一种简单检错码，它分为奇数校验码和偶数校验码。其编码方法是把信息码元先分组，然后在每组的最后加 1 位监督码元，使该码字中 1

的个数为奇数或偶数,为奇数时称为奇校验码,为偶数时称为偶校验码。根据编码分类,可知奇偶校验码属于一种检错、线性、分组系统码。

假设一个码组的长度为 n,表示为 $A = (a_{n-1}, a_{n-2}, \cdots, a_0)$,其中前 $n-1$ 位是信息码,最后一位 a_0 为校验位(或监督位),那么,对于偶校验码必须满足偶校验的校验方程

$$a_{n-1} \oplus a_{n-2} \oplus \cdots \oplus a_0 = 0 \tag{7-3-5}$$

对于奇校验码而言,要求必须满足奇校验的校验方程

$$a_{n-1} \oplus a_{n-2} \oplus \cdots \oplus a_0 = 1 \tag{7-3-6}$$

根据奇偶校验的规则我们可以看到,当码组中的误码为偶数时,校验失效。比如有两位发生错误,如:00 变成 11、11 变成 00、01 变成 10、10 变成 01,可见无论哪种情况出现都不会改变码组的奇偶性,偶校验码中 1 的个数仍为偶数,奇校验码中 1 的个数仍为奇数。

(2)行列奇偶校验码:行列奇偶校验码又称为水平垂直奇偶校验码,它是将若干信息码字按照每个码字一行排列成若干行,使每个码字中相同的码位均对齐在同一列中,形成矩阵形式。然后对每一行和每一列的码元均进行奇校验或偶校验,并将校验结果附加在每一行及每一列码元之后。编码完成后可以逐行传输,也可以逐列传输。译码时分别检查各行、各列的奇偶监督关系,判断是否有错。一个行列偶校验的例子如表 7-1 所示。

表 7-1　行列奇偶校验

	信 息 码 元										行 偶 校 验
信息码元	1	0	0	0	1	1	1	0	0	1	1
	0	1	1	0	1	0	0	0	1	1	1
	0	0	0	1	0	1	1	1	0	0	0
	1	0	0	0	0	1	0	0	0	0	0
	0	1	0	0	0	1	1	1	0	1	1
	0	1	1	1	0	0	1	0	0	0	0
	0	1	1	0	0	1	0	0	1	1	1
列偶校验	0	1	1	1	1	0	1	0	1	0	0

(3)恒比码:恒比码又称为等重码或等比,这种码的码字中 1 的数目与 0 的数目保持恒定比例的一种码。这种码通过计算接收码组中"1"的数目是否正确,就可检测出有无错误,恒比码能够检测码字中所有奇数个错误及部分偶数个错误。该码的主要优点是简单。表 7-2 是我国邮电部门在国内通信中采用的五单位数字保护电码,它是一种五中取三的恒比码,每个码组的长度为 5,其中"1"的个数为 3。许用码组的个数就是 5 中取 3 的组合数,即 $C_5^3 = 10$,正好可以表示 10 个阿拉伯数字,实践证明,采用这种码后,我国汉字电报的差错率大为降低。

表 7-2　3:2 恒比码

数　字	码　　字	数　字	码　　字
0	0 1 1 0 1	5	0 0 1 1 1
1	0 1 0 1 1	6	1 0 1 0 1
2	1 1 0 0 1	7	1 1 1 0 0
3	1 0 1 1 0	8	0 1 1 1 0
4	1 1 0 1 0	9	1 0 0 1 1

另外,目前国际上的 ARQ 电报通信系统中采用的 3:4 码也是一种恒比码,又称为"7"中取"3"码。它的码组数量为 $C_7^3 = 35$,代表 26 个英文字母和其他符号。实践证明,这种码使通信的误码率保持在 10^{-6} 以下。

7.3.1 线性分组码

1. 基本概念

既是线性码又是分组码的码称为线性分组码。线性分组码是指码字中信息码元与监督码元之间有某种线性运算关系,且监督码元的确定只与本码字中信息码元有关,而与其他码字中信息码元无关的一类纠错码。

线性分组码一般可用 (n,k) 表示。其中 k 是每组二进制信息码元的数目,n 是编码码组的码元总位数或码长,如图 7-15 所示。$n-k=r$ 为每个码组中的监督码元数目。简单地说,分组码是对每段 k 位长的信息组以一定的规则增加 r 个监督元,组成长为 n 的码字。因此线性分组码的编码效率为 $R_c = k/n$,编码效率越高则线性分组码传输信息的有效性越高。

线性分组码满足封闭性:即任意两个许用码组进行模 2 和运算后结果仍为该码组中的一个码字。如表 7-3 中为 $(7,3)$ 线性分组码。码字 0010011101 和码字 0100100111 对应位模 2 加得 0110111010,这个码字也在表 7-3 中。

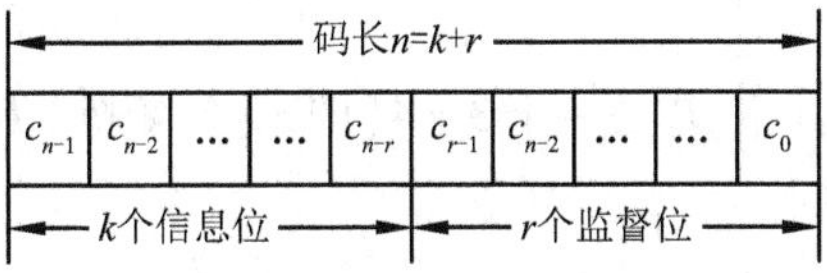

表 7-3   (7,3)分组码编码表

信 息 组	对 应 码 字
0 0 0	0 0 0 0 0 0 0
0 0 1	0 0 1 1 1 0 1
0 1 0	0 1 0 0 1 1 1
0 1 1	0 1 1 1 0 1 0
1 0 0	1 0 0 1 1 1 0
1 0 1	1 0 1 0 0 1 1
1 1 0	1 1 0 1 0 0 1
1 1 1	1 1 1 0 1 0 0

图 7-15   分组码的结构较

2. 线性分组码的编码原理

这里以 $(7,4)$ 码为例来描述线性分组码的编码原理。对 $(7,4)$ 线性分组码码长 $n=7$,信息元的个数 $k=4$,则监督元的个数 $r=3$。$(7,4)$ 码的每一个码组可写成 $A = (a_6,a_5,a_4,a_3,a_2,a_1,a_0)$,其中 $a_6\,a_5\,a_4\,a_3$ 为信息位,$a_2\,a_1\,a_0$ 为监督位。它们之间的监督关系可用线性方程组描述为

$$\begin{cases} a_2 = a_6 \oplus a_5 \oplus a_4 \\ a_1 = a_6 \oplus a_4 \oplus a_3 \\ a_0 = a_5 \oplus a_4 \end{cases} \tag{7-3-7}$$

式(7-3-7)又称为监督方程组,式(7-3-7)进行改写变为

$$\begin{cases} 1 \cdot a_6 \oplus 1 \cdot a_5 \oplus 1 \cdot a_4 \oplus 0 \cdot a_3 \oplus 1 \cdot a_2 \oplus 0 \cdot a_1 \oplus 0 \cdot a_0 = 0 \\ 1 \cdot a_6 \oplus 0 \cdot a_5 \oplus 1 \cdot a_4 \oplus 1 \cdot a_3 \oplus 0 \cdot a_2 \oplus 1 \cdot a_1 \oplus 0 \cdot a_0 = 0 \\ 0 \cdot a_6 \oplus 1 \cdot a_5 \oplus 1 \cdot a_4 \oplus 0 \cdot a_3 \oplus 0 \cdot a_2 \oplus 0 \cdot a_1 \oplus 1 \cdot a_0 = 0 \end{cases} \tag{7-3-8}$$

将式(7-3-8)用矩阵表示

$$\begin{pmatrix} 1 & 1 & 1 & 0 & 1 & 0 & 0 \\ 1 & 0 & 1 & 1 & 0 & 1 & 0 \\ 0 & 1 & 1 & 0 & 0 & 0 & 1 \end{pmatrix} \begin{pmatrix} a_6 \\ a_5 \\ a_4 \\ a_3 \\ a_2 \\ a_1 \\ a_0 \end{pmatrix} = \begin{pmatrix} 0 \\ 0 \\ 0 \\ 0 \end{pmatrix} \quad (\text{模 2 和}) \qquad (7\text{-}3\text{-}9)$$

或

$$\boldsymbol{H}_{3 \times 7} \cdot \boldsymbol{A}^{\mathrm{T}} = \boldsymbol{0}^{\mathrm{T}} \qquad (7\text{-}3\text{-}10)$$

式中

$$\boldsymbol{H}_{3 \times 7} = \begin{pmatrix} 1 & 1 & 1 & 0 & 1 & 0 & 0 \\ 1 & 0 & 1 & 1 & 0 & 1 & 0 \\ 0 & 1 & 1 & 0 & 0 & 0 & 1 \end{pmatrix}_{3 \times 7} , \quad \boldsymbol{0} = (0 \quad 0 \quad 0) \qquad (7\text{-}3\text{-}11)$$

通常 $\boldsymbol{H}$ 被称为监督矩阵,或校验矩阵。只要监督矩阵 $\boldsymbol{H}$ 给定,编码时监督位和信息位的关系就完全确定了。由(7-3-11)式可看出,$\boldsymbol{H}$ 的行数等于监督位(监督元)的数目 $r = 3$,列数是码长 $n = 7$。监督矩阵 $\boldsymbol{H}$ 的每行中"1"的位置表示相应码元之间存在的监督关系。例如,$\boldsymbol{H}$ 的第一行 1110100 表示监督位 a_2 是由信息位 $a_6\, a_5\, a_4$ 之和决定的。式中 $\boldsymbol{H}$ 矩阵可以分成两部分:监督矩阵 $\boldsymbol{H}$ 的后三列组成一个 3×3 的单位方阵,用 $\boldsymbol{I}_3$ 表示,$\boldsymbol{H}$ 的其余部分用 $\boldsymbol{P}$ 表示:

$$\boldsymbol{H} = \begin{bmatrix} 1 & 1 & 1 & 0 & \vdots & 1 & 0 & 0 \\ 1 & 0 & 1 & 1 & \vdots & 0 & 1 & 0 \\ 0 & 1 & 1 & 0 & \vdots & 0 & 0 & 1 \end{bmatrix} = (\boldsymbol{P}_{3 \times 4} \cdot \boldsymbol{I}_3) \qquad (7\text{-}3\text{-}12)$$

式(7-3-12)中的 $\boldsymbol{H}$ 矩阵可以分成 $\boldsymbol{P}$ 和 $\boldsymbol{I}$ 两部分。其中,$\boldsymbol{P}$ 是一个 3×4(即 $r \times k$)矩阵;$\boldsymbol{I}_3$ 为 3 ($r = 3$)阶单位方阵。同理式(7-3-7)也可写成如下的形式

$$\begin{pmatrix} a_2 \\ a_1 \\ a_0 \end{pmatrix} = \begin{pmatrix} 1 & 1 & 1 & 0 \\ 1 & 0 & 1 & 1 \\ 0 & 1 & 1 & 0 \end{pmatrix} \begin{pmatrix} a_6 \\ a_5 \\ a_4 \\ a_3 \end{pmatrix} \qquad (7\text{-}3\text{-}13)$$

或者

$$(a_2 a_1 a_0) = (a_6 \quad a_5 \quad a_4 \quad a_3) \begin{pmatrix} 1 & 1 & 0 \\ 1 & 0 & 1 \\ 1 & 1 & 1 \\ 0 & 1 & 0 \end{pmatrix} = (a_6 \quad a_5 \quad a_4 \quad a_3) \cdot (\boldsymbol{P}^{\mathrm{T}})_{4 \times 3} \qquad (7\text{-}3\text{-}14)$$

式是 $\boldsymbol{P}^{\mathrm{T}}$ 是 $\boldsymbol{P}$ 的转置矩阵。式(7-3-14)表明,信息码元给定后,用信息码元的行矩阵乘 $\boldsymbol{P}^{\mathrm{T}}$ 就产生了监督码元,将 $\boldsymbol{P}^{\mathrm{T}}$ 左边加上一个 $k \times k$ 阶单位矩阵就可构成生成矩阵 $\boldsymbol{G}$。

$$\boldsymbol{G}_{4 \times 7} = \boldsymbol{I}_4 \cdot (\boldsymbol{P}^{\mathrm{T}})_{4 \times 3} = \begin{pmatrix} 1 & 0 & 0 & 0 & 1 & 1 & 0 \\ 0 & 1 & 0 & 0 & 1 & 0 & 1 \\ 0 & 0 & 1 & 0 & 1 & 1 & 1 \\ 0 & 0 & 0 & 1 & 0 & 1 & 0 \end{pmatrix}_{4 \times 7} \qquad (7\text{-}3\text{-}15)$$

G 称为生成矩阵,是一个 4×7 阶的矩阵。G 的行数是信息元 $k = 4$ 的个数,列数是码长 $n = 7$。根据式(7-3-15),由信息位和生成矩阵 G 就可以产生全部码组。

$$A = (a_6 \quad a_5 \quad a_4 \quad a_3 \quad a_2 \quad a_1 \quad a_0) = (a_6 \quad a_5 \quad a_4 \quad a_3) G_{4 \times 7} \qquad (7\text{-}3\text{-}16)$$

$(a_6 a_5 a_4 a_3)$ 取值为 $0000, 0001, \cdots, 1111$,可得到全部码组 A。可见 (n, k) 线性分组码可完全由生成矩阵 G 的 k 行元素决定,即任意一个分组码码组都是 G 的线性组合。而 (n, k) 线性码中的任何 k 个线性无关的码组都可用来构成生成矩阵,所以,生成矩阵 G 的各行都线性无关。如果各行之间是线性相关的,就不可能由 G 生成 2^k 个不同的码组了。其实,G 的各行本身就是一个码组。如果已有 k 个线性无关的码组,则可用其直接构成 G 矩阵,并由此生成其余码组。由于可以用一个 $k \times n$ 矩阵 G 生成 2^k 个不同的码组,因此,编码器只需储存 G 矩阵的 k 行元素(而不是一般分组码的 2^k 码组),就可根据信息向量构造出相应的一个分组码码组。

综上所述,可以得到线性分组码的编码步骤如下:

(1)根据信息码元和监督码元之间线性运算关系列出监督方程组。

(2)根据监督方程组确定监督矩阵 H,并求出矩阵 P。

(3)根据式 $G = I_k P^T$ 的关系计算生成矩阵 G。

(4)用信息码元的行矩阵乘上生成矩阵 G 即可得出对应的线性分组码码组 A。

推广到一般情况:对 (n, k) 线性分组码,每个码字中的 $r(r = n - k)$ 个监督元与信息元之间的关系可由下面的线性方程组确定:

$$\begin{cases} h_{11}a_{n-1} + h_{12}a_{n-2} + \cdots + h_{1n}a_0 = 0 \\ h_{21}a_{n-1} + h_{22}a_{n-2} + \cdots + h_{2n}a_0 = 0 \\ \qquad\qquad\qquad \vdots \\ h_{r1}a_{n-1} + h_{r2}a_{n-2} + \cdots + h_{rn}a_0 = 0 \end{cases} \qquad (7\text{-}3\text{-}17)$$

式(7-3-17)的系数矩阵为 H

$$H_{r \times n} = \begin{pmatrix} h_{11} & h_{12} & \cdots & h_{1n} \\ h_{21} & h_{22} & \cdots & h_{2n} \\ \vdots & \vdots & & \vdots \\ h_{r1} & h_{r2} & \cdots & h_{rn} \end{pmatrix} \qquad (7\text{-}3\text{-}18)$$

为线性分组码的一致监督矩阵,简称监督矩阵。对 H 各行实行初等变换,将后面 r 列化为单位子阵,得到下面矩阵,行变换所得方程组与原方程组同解。

$$H_{r \times n} = \begin{pmatrix} p_{11} & p_{12} & \cdots & p_{1k} & 1 & 0 & \cdots & 0 \\ p_{21} & p_{22} & \cdots & p_{2k} & 0 & 1 & \cdots & 0 \\ \vdots & \vdots & & \vdots & \vdots & \vdots & & \vdots \\ p_{r1} & p_{r2} & \cdots & p_{rk} & 0 & 0 & \cdots & 1 \end{pmatrix} = (P_{r \times k} I_r) \qquad (7\text{-}3\text{-}19)$$

即 H 矩阵的标准形式为后面 r 列是一个单位子阵的监督矩阵。由标准形式的监督矩阵可以直接得到生成矩阵 G:

$$\begin{cases} G_{k \times n} = \left(I_k \quad (P_{r \times k})^T \right) \\ H_{r \times n} = \left(P_{r \times k} \quad I_r \right) \end{cases} \qquad (7\text{-}3\text{-}20)$$

3. 线性分组码的译码

接下来讨论线性分组码在传输过程中如果出错,那么错在哪里、能否纠正、如何纠正的问题。由前面的讨论可以看出,若某一码字为许用码组,则必然满足式(7-3-10)。利用这一关系,接收端就可以用接收到的码组和事先与发端约定好的监督矩阵相乘,看是否为零。若满足条件,则认为接收正确;反之,则认为传输过程中发生了错误,进而设法确定错误的数目和位置。

假设发送码组为 $A = (a_{n-1}, a_{n-2}, \cdots, a_0)$,接收码组为 $B = (b_{n-1}, b_{n-2}, \cdots, b_0)$。由于发送码组在传输的过程中会受到干扰,致使接收码组与发送码组不一定相同。定义发送码组和接收码组之差为

$$B - A \equiv E \quad (\text{mod}2) \tag{7-3-21}$$

E 是传输中产生的错码行矩阵,也称为错误图样,有

$$E = (e_{n-1}, e_{n-2}, \cdots, e_0) \tag{7-3-22}$$

式中

$$e_i = \begin{cases} 0 & \text{当 } b_i = a_i \\ 1 & \text{当 } b_i \neq a_i \end{cases} \tag{7-3-23}$$

若 $e_i = 0$,表示该位接收码元无误;若 $e_i = 1$,则表示该位接收码元有误。E 是一个由"1"和"0"组成的行矩阵,它反映误码状况。例如,若发送码组 $A = (1001101)$,接收码组 $B = (1001001)$,显然 B 中有一个错误。由(7-3-21)可得错误图样为 $E = (0000100)$。可见,E 的码重就是误码的个数,因此 E 的码重越小越好。另外,式(7-3-21)也可以改写为

$$B = A \oplus E \tag{7-3-24}$$

当接收端接收到码组 B 时,可用监督矩阵 H 进行校验,即将接收码组 B 代入式(7-3-10)进行验证。若接收码组中无错码,即 $E = 0$,则 $B = A \oplus E = A$。此时把 B 代入式(7-3-10)后该式仍然成立,则有

$$H \cdot B^{\text{T}} = H \cdot (A \oplus E)^{\text{T}} = H \cdot A^{\text{T}} = 0^{\text{T}} \tag{7-3-25}$$

当接收码组有误时,即 $E \neq 0$,则 $B = A \oplus E$。即把 B 代入式(7-3-10)后该式不成立,则有 $B \cdot H^{\text{T}} \neq 0$,定义

$$B \cdot H^{\text{T}} = S \tag{7-3-26}$$

将 $B = A \oplus E$ 代入式(7-3-26)中,可得

$$S = BH^{\text{T}} = (A \oplus E) \cdot H^{\text{T}} = AH^{\text{T}} \oplus EH^{\text{T}} = EH^{\text{T}} \tag{7-3-27}$$

其中,S 是一个 r 维的行向量,被称为校正子或伴随式。式(7-3-27)表明伴随式 S 与错误图样 E 之间有确定的线性变换关系,而与发送码组 A 无关。所以,可以采用伴随式 S 来判断传输中是否发生了错误。若伴随式 S 与错误图样 E 之间一一对应,则伴随式 S 将能代表错码发生的位置。通过错误图样,就可以达到纠正错误码元的目的。

注意:若传输过程中错码的位置不止一位时,这时系统只能检错而不能纠错,并根据不同系统的要求将该码组丢弃或重发。此时,S 也有可能正好与发生一位错误时的某种伴随式相同,这样经纠错后反而"越纠越错"。在传输过程中,发送码组的某几位发生错误后成为另一许用码组,这种情况接收端无法检测,称这种为不可检测的错误。不过从统计学的观点来看,这种情况出现的概率是很小的,可忽略。

从以上分析可以得到线性分组码的译码过程:

(1)根据接收码组 B 计算其伴随式 $S, BH^{\text{T}} = S$。

(2)根据伴随式 S 找出对应的错误图样 E,并确定误码位置。

(3)根据错误图样 E 和 $A = B \oplus E$ 得到正确的码组 A。

【例7-4】 设某线性码的生成矩阵为

$$G_{4 \times 7} = \begin{pmatrix} 1 & 1 & 0 & 0 & 1 & 1 \\ 0 & 1 & 1 & 1 & 0 & 1 \\ 1 & 0 & 0 & 1 & 0 & 1 \end{pmatrix}$$

（1）确定(n,k)码中的n,k值。

（2）求典型生成矩阵$\boldsymbol{G}$。

（3）求典型监督矩阵$\boldsymbol{H}$。

（4）列出全部码组。

（5）求d_{min}。

（6）列出错码图样表。

解 （1）由于生成矩阵为k行,n列,因此$k=3,n=6,r=3$。本码组为$(6,3)$码。

（2）对原矩阵作线性变换:原矩阵的第3行作为新矩阵的第1行,第1、3行之和作为新矩阵的第2行,原矩阵的第1、2、3行之和作为新矩阵的第3行,得典型生成矩阵

$$\boldsymbol{G}=\boldsymbol{I}_k\cdot\boldsymbol{P}^{\mathrm{T}}=\begin{pmatrix}1&0&0&1&0&1\\0&1&0&1&1&0\\0&0&1&0&1&1\end{pmatrix}$$

进一步可得

$$\boldsymbol{P}^{\mathrm{T}}=\begin{pmatrix}1&0&1\\1&1&0\\0&1&1\end{pmatrix},\quad\boldsymbol{P}=\begin{pmatrix}1&1&0\\0&1&1\\1&0&1\end{pmatrix}$$

（3） $$\boldsymbol{H}=(\boldsymbol{PI}_r)=\begin{pmatrix}1&1&0&1&0&0\\0&1&1&0&1&0\\1&0&1&0&0&1\end{pmatrix}$$

（4）将信息码与典型生成矩阵G相乘可得表7-4所示的码组表,即

$$\mathrm{A}=(a_5\quad a_4\quad a_3\quad a_2\quad a_1\quad a_0)=(a_5\quad a_4\quad a_3)\boldsymbol{G}_{3\times6}$$

从表中可见生成矩阵$\boldsymbol{G}$的每一行也是一个码字。

（5）由表7-4得$d_{min}=W_{min}=3$

（6）错码图样见表7-5。事实上S中的具体内容除了无错码外即为典型监督矩阵的转置$\boldsymbol{H}^{\mathrm{T}}$。

表7-4 例表1

序 号	码字 a_5	a_4	a_3	a_2	a_1	a_0
0	0	0	0	0	0	0
1	0	0	1	0	1	1
2	0	1	0	1	1	0
3	0	1	1	1	0	1
4	1	0	0	1	0	1
5	1	0	1	1	1	0
6	1	1	0	0	1	1
7	1	1	1	0	0	0

表7-5 例表2

错 误 位	伴随式 S		
	S_2	S_1	S_0
无错	0	0	0
e_5	1	0	1
e_4	1	1	0
e_3	0	1	1
e_2	1	0	0
e_1	0	1	0
e_0	0	0	1

7.3.2 循环码

1. 循环码的特点

循环码是线性分组码中一个重要的子类,它除了具有线性分组码的性质之外,还具有循环性。

循环码可定义为:对于一个(n,k)线性分组码,若其中的任一码组向左或向右循环移动任意位后仍是码组集合中的一个码组,则称其为循环码。基于这些性质,循环码有较强的纠错能力(它既能纠正独立的随机错误,又能纠正突出错误),而且其编码和译码电路很容易用移位寄存器实现,因而在 FEC 系统中得到了广泛的应用。

若 $\boldsymbol{A} = (a_{n-1}, a_{n-2}, \cdots, a_0)$ 是循环码中的一个许用码组,对它左循环移位一次,得到 $\boldsymbol{A}_1 = (a_{n-2}, a_{n-3}, \cdots, a_0, a_{n-1})$ 也是一个许用码组,不论右移或左移,移位位数多少,其结果均为循环码组。如(7,3)循环码其全部码组见表 7-6。它是由两组码字循环构成的循环码。

表 7-6 (7,3)循环码的全部码组

序 号	码 字							序 号	码 字						
	信 息 位			监 督 位					信 息 位			监 督 位			
	a_6	a_5	a_4	a_3	a_2	a_1	a_1		a_6	a_5	a_4	a_3	a_2	a_1	a_1
1	0	0	0	0	0	0	0	5	1	0	0	1	0	1	1
2	0	0	1	0	1	1	1	6	1	0	1	1	1	0	0
3	0	1	0	1	1	1	0	7	1	1	0	0	1	0	1
4	0	1	1	1	0	0	1	8	1	1	1	0	0	1	0

2. 循环码的数学描述

为了便于用代数理论分析循环码,可以将循环码的码字用代数多项式来表示,把这个表示码字的代数多项式称为码多项式。把码长 n 的码组 $\boldsymbol{A} = (a_{n-1}, a_{n-2}, \cdots, a_0)$ 可表示为

$$T(x) = a_{n-1}x^{n-1} + a_{n-2}x^{n-2} + \cdots + a_1 x + a_0 \tag{7-3-28}$$

对于二进制码组,多项式的每个系数不是 0 就是 1。在码多项式中,变量 x 称为元素,x 仅是码元位置的标志。因此,x 幂次对应元素的位置,它的系数即为元素的取值(我们不关心 x 本身的取值)。系数之间的加法和乘法仍服从模 2 规则。

码多项式的按模运算:下面我们来介绍多项式的按模运算。如果一个多项式 $F(x)$ 被另一个 n 次多项式 $N(x)$ 除,得到一个商式 $Q(x)$ 和一个次数小于 n 的余式 $R(x)$,即

$$F(x) = N(x)Q(x) + R(x) \tag{7-3-29}$$

可记作

$$F(x) \equiv R(x) \qquad \mathrm{mod}\,(N(x)) \tag{7-3-30}$$

则称作为在模 $N(x)$ 运算下,$F(x) \equiv R(x)$。

【例 7-5】 $x^5 + 1$ 被 $x^3 + 1$ 除时,由于 $x^5 + 1 = x^2 + \dfrac{x^2}{x^3+1}$,所以

$$x^5 + 1 \equiv x^2 \qquad \mathrm{mod}(x^3 + 1) \tag{7-3-31}$$

注意:码多项式系数仍按模 2 运算,即系数只能为"0"或"1",如计算 $x^4 + x^2 + 1$ 除以 $x^3 + 1$ 的值为 $\dfrac{x^4 + x^2 + 1}{x^3 + 1} = x + \dfrac{x^2 + x + 1}{x^3 + 1}$。

将式(7-3-31)乘以 x,再除以 $(x^n + 1)$,则可得:

$$\frac{xT(x)}{x^n + 1} = a_{n-1} + \frac{a_{n-2}x^{n-2} + a_{n-3}x^{n-3} + \cdots + a_1 x^2 + a_0 x + a_{n-1}}{x^n + 1} \tag{7-3-32}$$

式(7-3-32)表明:码多项式 $T(x)$ 乘以 x 再除以 $(x^n + 1)$ 所得余式就是码组左循环一次的码多项式。由此可知,循环码左循环移位 i 次后的码多项式就是将 $x^i T(x)$ 按模 $(x^n + 1)$ 做运算后所得的余式。

【例 7-6】 (7,3)循环码,可由任一个码字(如 0011101)经循环移位,得到其他 6 个非 0 码字;也可由相应的码多项式 $[g(x) = x^4 + x^3 + x^2 + 1]$ 乘以 $x^i (i = 1, 2, \cdots, 6)$,再做模 $(x^7 + 1)$ 运算得到其他 6 个非零码多项式,移位过程和相应的多项式运算如表 7-7 所示。注意码多项式系数仍按模 2 运算,即只取值 0 和 1。

表 7-7 (7,3)循环码移位过程和相应的多项式运算

循环次数	码　字	码多项式
0	0011101	$x^4 + x^3 + x^2 + 1$
1	0111010	$x(x^4 + x^3 + x^2 + 1) \equiv x^5 + x^4 + x^3 + x \quad \mathrm{mod}(1 + x^7)$
2	1110100	$x^2(x^4 + x^3 + x^2 + 1) \equiv x^6 + x^5 + x^4 + x^2 \quad \mathrm{mod}(1 + x^7)$
3	1101001	$x^3(x^4 + x^3 + x^2 + 1) \equiv x^6 + x^5 + x^3 + 1 \quad \mathrm{mod}(1 + x^7)$
4	1010011	$x^4(x^4 + x^3 + x^2 + 1) \equiv x^6 + x^4 + x + 1 \quad \mathrm{mod}(1 + x^7)$
5	0100111	$x^5(x^4 + x^3 + x^2 + 1) \equiv x^5 + x^2 + x + 1 \quad \mathrm{mod}(1 + x^7)$
6	1001110	$x^6(x^4 + x^3 + x^2 + 1) \equiv x^6 + x^3 + x^2 + x \quad \mathrm{mod}(1 + x^7)$

所以一个长度为 n 的循环码,它的码生成多项式必为按模 $(x^n + 1)$ 运算的一个余式。

📖 **结论:**

如果将一个循环码的某一非零码字用码多项式表示出来,那么其他的非零码字多项式就可以用这个码字多项式(或码字多项式的和)乘上 x 的一个幂,再求除以 $(x^n + 1)$ 的余数得到。

说明:一个码字的移位最多能得到 n 个码字,因此"循环码字的循环仍是码字"并不意味着循环码集可以从一个码字循环而得,还应包含码字的一些线性组合。

3. 循环码的生成多项式

如果 (n, k) 循环码可由它的一个 $(n-k)$ 次码多项式 [该码多项式也是 $(x^n + 1)$ 的因式] $g(x)$ 来确定,则称 $g(x)$ 为码的生成多项式。循环码中次数最低的多项式(全 0 码字除外)就是生成多项式。在 (n, k) 循环码中,码的生成多项式 $g(x)$ 有如下的性质:

(1) $g(x)$ 是一个常数项为 1 的 $(n-k)$ 次码多项式。

(2) $g(x)$ 是码组集合中唯一的 $(n-k)$ 次多项式,且次数是最低的。

(3) 在 (n, k) 循环码中,所有码多项式 $T(x)$ 都可被 $g(x)$ 整除,而且任一次数不大于 $(k-1)$ 的多项式乘 $g(x)$ 都是一个码多项式。

(4) (n, k) 循环码的生成多项式 $g(x)$ 是 $(x^n + 1)$ 的一个 $(n-k)$ 次因式。

【例 7-7】 求(7,3)循环码的生成多项式。

解 对 (7,3) 循环码,$n = 7$,$k = 3$,则 $g(x)$ 是一个常数项为 1 的 $(n-k) = 4$ 次码多项式。分解多项式 $x^7 + 1$,取其 4 次因式作生成多项式:$x^7 + 1 = (x + 1)(x^3 + x^2 + 1)(x^3 + x + 1)$
可将一次和任一个三次因式的乘积作为生成多项式,因而可任取:

$$g_1(x) = (x + 1)(x^3 + x^2 + 1) = x^4 + x^2 + x + 1$$

或

$$g_2(x) = (x + 1)(x^3 + x + 1) = x^4 + x^3 + x^2 + 1$$

4. 循环码的生成矩阵

循环码是线性分组码,自然也有生成矩阵。(n, k) 循环码是 n 维线性空间一个具有循环特性

的 k 维的子空间,故 (n,k) 循环码的生成矩阵可用码空间中任一组 k 个线性无关的码字构成,即 k 个线性无关的码字构成 (n,k) 循环码的基底。

得到 k 个线性无关的码字的方法:当循环码的生成多项式 $g(x)$ 给定后,可以取 $g(x)$ 本身加上移位 $k-1$ 次所得到的 $k-1$ 码字作为 k 个基底,即

$$g(x),xg(x),\cdots,x^{k-1}g(x) \tag{7-3-33}$$

也即得到了 k 个码多项式:$g(x),xg(x),\cdots,x^{k-1}g(x)$。由于这 k 个码多项式是相互独立的,可作为码生成矩阵的 k 行来构成此循环码的生成矩阵 $G(x)$,即

$$G(x) = \begin{pmatrix} x^{k-1}g(x) \\ x^{k-2}g(x) \\ \vdots \\ xg(x) \\ g(x) \end{pmatrix} \tag{7-3-34}$$

其中 $g(x) = x^r + a_{r-1}x^{r-1} + \cdots + a_1x + 1$,由式 $(7-3-34)$ 可知,码的生成矩阵一旦确定,那么码也就确定了。这就说明,(n,k) 循环码可由它的一个 $(n-k)$ 次码多项式 $g(x)$ 来确定。

一般地,这样得到的生成矩阵不是典型矩阵[典型矩阵 $G = (I_k, P^T)$],可以通过初等行变换将它化为典型矩阵。

【例 7-8】 现在以 $(7,3)$ 循环码为例,来构造它的生成矩阵和生成多项式,这个循环码主要参数为 $n=7,k=3,r=4$。由生成多项式 $g(x) = x^r + a_{r-1}x^{r-1} + \cdots + a_1x + 1$ 及性质,从表 7-8 中可以看到

表 7-8 (7,3)循环码

序 号	码 字							序 号	码 字						
	信 息 位			监 督 位					信 息 位			监 督 位			
	a_6	a_5	a_4	a_3	a_2	a_1	a_1		a_6	a_5	a_4	a_3	a_2	a_1	a_1
1	0	0	0	0	0	0	0	5	1	0	0	1	0	1	1
2	0	0	1	0	1	1	1	6	1	0	1	1	1	0	0
3	0	1	0	1	1	1	0	7	1	1	0	0	1	0	1
4	0	1	1	1	0	0	1	8	1	1	1	0	0	1	0

其生成多项式可以用第 2 码字(0010111)构造有

$$g(x) = x^4 + x^2 + x + 1$$

由 $k=3$,可得生成矩阵为

$$G(x) = \begin{pmatrix} x^2g(x) \\ xg(x) \\ g(x) \end{pmatrix} = \begin{pmatrix} x^6 + x^4 + x^3 + x^2 \\ x^5 + x^3 + x^2 + x \\ x^4 + x^2 + x + 1 \end{pmatrix}$$

即

$$G(x) = \begin{pmatrix} 1 & 0 & 1 & 1 & 1 & 0 & 0 \\ 0 & 1 & 0 & 1 & 1 & 1 & 0 \\ 0 & 0 & 1 & 0 & 1 & 1 & 1 \end{pmatrix}$$

G 是一个 $k \times n$ 矩阵。

5. 循环码的监督多项式和监督矩阵

因为 (n,k) 线性码的生成矩阵 G 和监督矩阵 H 满足 $GH^\mathrm{T}=0$，循环码也是线性码，如果设 $g(x)$ 为 (n,k) 循环码的生成多项式，必为 x^n+1 的因式，则有

$$x^n+1 = h(x) \cdot g(x) \qquad (7\text{-}3\text{-}35)$$

由于 (n,k) 循环码中 $g(x)$ 是 (x^n+1) 的一个 $(n-k)$ 次因式，因此可令

$$h(x) = \frac{(x^n+1)}{g(x)} = x^k + h_{k-1}x^{k-1} + \cdots + h_1 x + 1 \qquad (7\text{-}3\text{-}36)$$

由于 $g(x)$ 是常数项为 1 的一个 $(n-k)$ 次多项式，故 $h(x)$ 必定是常数项为 1 的 k 次多项式，称 $h(x)$ 为 (n,k) 循环码的校验多项式或监督多项式。与式(7-3-34)所表示的 $G(x)$ 相对应，监督矩阵可用下式表示：

$$H(x) = \begin{pmatrix} x^{n-k-1}h^*(x) \\ x^{n-k-2}h^*(x) \\ \vdots \\ xh^*(x) \\ h^*(x) \end{pmatrix}$$

$$H_{(n-k)\times n} = \begin{pmatrix} h_0 & h_1 & \cdots & h_k & 0 & \cdots & 0 & 0 \\ 0 & h_0 & h_1 & \cdots & h_k & 0 & \cdots & 0 \\ \vdots & \vdots & \vdots & \vdots & \vdots & \vdots & \vdots & \vdots \\ 0 & 0 & \cdots & 0 & h_0 & h_1 & \cdots & h_k \end{pmatrix} \qquad (7\text{-}3\text{-}37)$$

式中，$h^*(x)$ 是 $h(x)$ 的逆多项式，即（这里 $h_0=1,h_k=1$）

$$h^*(x) = x^k + h_1 x^{k-1} + h_2 x^{k-2} + \cdots + h_{k-1}x + 1 \qquad (7\text{-}3\text{-}38)$$

【例 7-9】 $(7,4)$ 码的校验多项式，其生成多项式为 $g(x) = x^3 + x^2 + 1$，则相应的 H 矩阵为

$$h(x) = \frac{x^7+1}{g(x)} = \frac{x^7+1}{x^3+x^2+1} = x^4 + x^3 + x^2 + 1$$

$$h^*(x) = x^4 + x^2 + x + 1$$

$$H(x) = \begin{pmatrix} x^2(x^4+x^2+x+1) \\ x(x^4+x^2+x+1) \\ x^4+x^2+x+1 \end{pmatrix} = \begin{pmatrix} 1 & 0 & 1 & 1 & 1 & 0 & 0 \\ 0 & 1 & 0 & 1 & 1 & 1 & 0 \\ 0 & 0 & 1 & 0 & 1 & 1 & 1 \end{pmatrix}$$

以监督多项式 $h(x)$ 作为生成多项式构造得到的 $(n,n-k)$ 循环码，与以 $g(x)$ 作为生成多项式构造得到的 (n,k) 循环码，互为对偶码。

6. 循环码的伴随式

参照线性分组码中求校正子的方法，设发送码组为 A，错误图样为 E，接收码组 B

$$E = B - A \qquad (7\text{-}3\text{-}39)$$

其中 $E = (e_{n-1}, e_{n-2}, \cdots, e_1, e_0)$，且当 $b_i = a_i$ 时 $e_i = 0$，否则 $e_i = 1$。则它们相应的多项式分别为

$$T(x) = a_{n-1}x^{n-1} + a_{n-2}x^{n-2} + \cdots + a_1 x + a_0 \qquad (7\text{-}3\text{-}40)$$

$$E(x) = e_{n-1}x^{n-1} + e_{n-2}x^{n-2} + \cdots + e_1 x + e_0 \qquad (7\text{-}3\text{-}41)$$

则接收码组 B 的码多项式为

$$R(x) = T(x) + E(x) = (a_{n-1}+e_{n-1})x^{n-1} + (a_{n-2}+e_{n-2})x^{n-2} + \cdots + (a_1+e_1)x + (a_0+e_0)$$

$$= b_{n-1}x^{n-1} + b_{n-2}x^{n-2} + \cdots + b_1x + b_0 \tag{7-3-42}$$

循环码中,由于任一发送码组多项式都能被生成多项式 $g(x)$ 整除,因此在接收端用 $g(x)$ 去除 $R(x)$,可得

$$\frac{R(x)}{g(x)} = \frac{T(x) + E(x)}{g(x)} \tag{7-3-43}$$

在线性分组码中,伴随式 $\boldsymbol{S} = \boldsymbol{BH}^{\mathrm{T}} = \boldsymbol{EH}^{\mathrm{T}}$。按照同样的道理,对于循环码而言,其伴随式可表示为

$$S(x) \equiv R(x) \equiv E(x) \quad \mathrm{mod}(g(x)) \tag{7-3-44}$$

因此,循环码的伴随式 $S(x)$ 就是用码生成多项式 $g(x)$ 除接收到的码多项式 $R(x)$ 所得到的余式。$S(x)$ 的次数最高为 $n-k-1$ 次,故 $S(x)$ 有 2^{n-k} 个可能的伴随式。若满足 $2^{n-k} \geq n+1$,则具有纠错的能力。若传输过程无错误,则 $S(x) = 0$,否则 $S(x) \neq 0$。

由于循环码具有循环移位特性,致使其伴随式 $S(x)$ 也具有循环特性。这样使得伴随式 $S(x)$ 的计算电路具有一个重要性质。该性质为:设 $S(x)$ 是接收码组多项式 $R(x)$ 的伴随式,则 $R(x)$ 的一次循环移位 $xR(x)$(按模 x^n-1)的伴随式 $S^{(1)}(x)$ 是 $S(x)$ 在伴随式计算电路中无输入时,右移一位的结果(称其为自发运算),即有

$$S^{(1)}(x) = xS(x) \tag{7-3-45}$$

也可推广到更一般的情况:对于任何 $i = 1,2,\cdots,n-1$,$R(x)$ 的 i 次循环移位 $x^iR(x)$(模 x^n-1)的伴随式 $S^{(i)}(x)$,必有

$$S^{(i)}(x) \equiv x^iS(x) \quad \mathrm{mod}(g(x)) \tag{7-3-46}$$

即 $S^{(i)}(x)$ 是 $S(x)$ 在伴随式计算电路中无输入时,右移 i 位的结果。

7. 循环码的编码

循环码的主要优点之一:其编码过程很容易用移位寄存器来实现。由于生成多项式 $g(x)$ 和监督多项式 $h(x)$ 都可以唯一地确定循环码,因此编码方法既可基于 $g(x)$ 又可基于 $h(x)$。下面仅给出一种基于生成多项式的具体编码方案。

在编码时,首先需要根据给定循环码的参数确定生成多项式 $g(x)$,也就是从 x^n+1 的因子中选一个 $n-k$ 次多项式作为 $g(x)$;然后,利用循环码的编码特点,即所有循环码多项式 $A(x)$ 都可以被 $g(x)$ 整除,来定义生成多项式 $g(x)$。

根据上述原理可以得到一个较简单的系统循环码编码方法:设要产生 (n,k) 循环码,用 $m(x)$ 表示信息多项式,则其次数必小于 k,而 $x^{n-k}m(x)$ 的次数必小于 n,用 $x^{n-k}m(x)$ 除以 $g(x)$,可得余数 $r(x)$,$r(x)$ 的次数必小于 $n-k$,将 $r(x)$ 加到信息位后作监督位,就得到了系统循环码。

根据上述原理,编码步骤可归纳如下:

(1)根据给定的 (n,k) 值和对纠错能力的要求,选定生成多项式 $g(x)$,即从 x^n+1 的因式中选定一个 $n-k$ 次多项式作为 $g(x)$。然后利用所有码多项式 $T(x)$ 均能被 $g(x)$ 整除这一特点来进行编码。

(2)用信息码元的多项式 $m(x)$ 表示信息码元,其次数小于 k。例如信息码元为 110,它相当于 $m(x) = x^2 + x$。

(3)用 $m(x)$ 乘以 x^{n-k},得到 $x^{n-k}m(x)$,其次数必定小于 n。这一运算实际上是在信息位的后面附加了 $n-k$ 个"0"。例如,信息码为 110,相当于信息码多项式为 $m(x) = x^2 + x$ 时,当 $n-k = 7-3 = 4$ 时,$x^{n-k}m(x) = x^4(x^2+x) = x^6+x^5$,它相当于 1100000。而希望得到的系统循环码多项式应当是 $A(x) = x^{n-k}m(x) + r(x)$。

(4)求 $r(x)$,用 $g(x)$ 除 $x^{n-k}m(x)$ 得到商式 $Q(x)$ 和余式 $r(x)$。即

$$\frac{x^{n-k}m(x)}{g(x)} = Q(x) + \frac{r(x)}{g(x)} \qquad (7-3-47)$$

这样就得到了 $r(x)$，$r(x)$ 的次数小于 $g(x)$ 的次数，即小于 $n-k$。

(5)将此余式 $r(x)$ 加于信息位之后作为监督位，即将 $r(x)$ 与 $x^{n-k}m(x)$ 相加，得到的多项式 $A(x)$ 必定是一码多项式，$A(x) = x^{n-k}m(x) + r(x)$。因为码多项式能被 $g(x)$ 整除，且商的次数不大于 $k-1$。

【例7-10】 对于(7,3)循环码，选定 $g(x) = x^4 + x^3 + x^2 + 1$，信息码为 110 有，有

$$\frac{x^{n-k}m(x)}{g(x)} = \frac{x^6 + x^5}{x^4 + x^3 + x^2 + 1} = (x^2 + 1) + \frac{x^3 + 1}{x^4 + x^3 + x^2 + 1} \qquad (7-3-48)$$

则上式相当于

$$\frac{1100000}{11101} = 101 + \frac{1001}{11101} \qquad (7-3-49)$$

编出的码字 $T(x)$ 为

$$T(x) = x^{n-k}m(x) + r(x) \qquad (7-3-50)$$

在上例中的码字为 $T(x) = 1100000 + 1001 = 1101001$，它就是表 7-7 中第 3 个码组，再将它进行循环移位就可得到其他码组。

8. 循环码的译码

(1)译码原理：在循环码中，由于任一发送码组多项式都能被生成多项式 $g(x)$ 整除，因此可以利用接收码组能否被 $g(x)$ 所整除来判断接收码组 $R(x)$ 是否出差错。当传输中未发生错误时，接收码组与发送码组相同，即 $R(x) = T(x)$，接收码组 $R(x)$ 必定能被 $g(x)$ 整除；若码组在传输中发生错误，则 $R(x) \neq T(x)$，$R(x)$ 被 $g(x)$ 除时可能除不尽。可见，循环码译码器的核心仍是一个除法电路和缓冲移位寄存器，其检错译码原理框图如图 7-16 所示。图 7-16 中的除法电路进行了 $[R(x)/g(x)]$ 运算。若余数为 0，表示 $R(x)$ 中无错误，此时就将暂存在缓冲寄存器中的接收信息码组送至输出端；若余数不为零，则表示 $R(x)$ 中有错误，此时可将缓冲寄存器中的接收码组删除，并向发端发送重传指令，要求将该码重传。

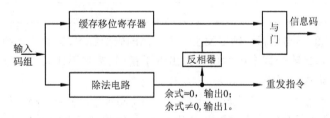

图 7-16 检错译码器原理框图

另外，需要指出的是，当接收码组中有错码时，也有可能被 $g(x)$ 所整除，但这时的错码就不能被检出了，这种错误被称为不可检错误。不可检错误中的错码数必定超过了这种编码的检错能力。

在接收端为纠错而采用的译码方法比检错时复杂。为了能够纠错，要求每个可纠正的错误图样必须与一个特定余式一一对应关系。只有这样，才可能从余式中唯一地决定错误图样，从而纠正错码。因此，纠错循环码的译码包括以下几个步骤：

① 用生成多项式 $g(x)$ 除接收码组 $R(x) = T(x) + E(x)$，得出余式 $r(x)$。

② 按余式 $r(x)$ 用查表法，或由接收到的码多项式 $R(x)$ 计算伴随式 $S(x)$。

③ 由校正子 $S(x)$ 确定其错误图样 $E(x)$，这样就可确定错码的位置。

④ 利用 $T(x) = R(x) - E(x)$ 可得到纠正错误后的原发送码组 $T(x)$。

上述①、②步运算较为简单,与检错码时的运算相同。第④步也较为简单。因而,纠错译码器的复杂性主要取决于第③步。

由式(7-3-46)可知,用接收码多项式 $R(x)$ 除以生成多项式 $g(x)$ 得到的余式,就是循环码的伴随式 $S(x)$,这就可以简化伴随式的计算。同时,由于循环码的伴随式 $S(x)$ 与循环码一样,也具有循环移位特性(即某码组循环移位 i 次的伴随式,等于原码组伴随式在除法电路中循环移位 i 次所得到的结果)。因此,对于只纠正一位错误码元的译码器而言,可以针对接收码组中单个错误出现在首位的错误图样及其相应的伴随式来设计组合逻辑电路。然后利用除法电路中移位寄存器的循环移位去纠正任何位置上的单个错误。

【例7-11】 已知(7,4)汉明循环码,$g(x) = x^3 + x + 1$。

$$G = \begin{pmatrix} 1 & 1 & 0 & 1 & 0 & 0 & 0 \\ 0 & 1 & 1 & 0 & 1 & 0 & 0 \\ 1 & 1 & 1 & 0 & 0 & 1 & 0 \\ 1 & 0 & 1 & 0 & 0 & 0 & 0 \end{pmatrix} \quad H = \begin{pmatrix} 1 & 0 & 0 & 1 & 0 & 1 & 1 \\ 0 & 1 & 0 & 1 & 1 & 1 & 0 \\ 0 & 0 & 1 & 0 & 1 & 1 & 1 \end{pmatrix}$$

$d_{\min}(C) = 3$,可以纠正一个错误。假设接收码多项式中只有一个错码,则 $E(x)$ 多项式的可能形式为:1,x,x^2,x^3,x^4,x^5,x^6。计算接收到的错码所对应的校正子多项式(除法器中的余式),将它与错误图样一一对应起来如表7-9所示。

表7-9 单个错误的错误图样

错误图样		余式 $r(x)$
(1000000)	$E(x) = x^6$	$1 + x^2$
(0100000)	$E(x) = x^5$	$1 + x + x^2$
(0010000)	$E(x) = x^4$	$x + x^2$
(0001000)	$E(x) = x^3$	$1 + x$
(0000100)	$E(x) = x^2$	x^2
(0000010)	$E(x) = x$	x
(0000001)	$E(x) = 1$	1

因此根据伴随式的不同状态可确定发生一个错码的确切位置,从而把它纠正过来。例如发送码组 $T(x)$ 为1101001,传输过程中第六位码元出现了错码,接收码变为了 $R(x) = 1001001$。为了纠正错误,首先计算余式 $r(x)$ 为:

$$r(x) = R(x) \bmod g(x) = (x^6 + x^3 + 1) \bmod g(x) = x^2 + x + 1$$

查表7-9得此余式所对应的错误图样为 $E(x) = x^5$,因此恢复接收到的码字为:

$T(x) = R(x) - E(x) = x^6 + x^3 + 1 + x^5 = x^6 + x^5 + x^3 + 1$,其对应的码字为1101001。

(2)梅吉特译码:循环码的译码基本上按线性分组码的译码步骤进行,其循环位移特性使译码电路大为简化。通用的循环码译码器如图7-17所示。

它包括三个部分:

① 伴随式计算电路,可根据实际情况选取不同的伴随式计算电路。

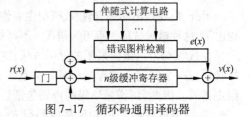

图7-17 循环码通用译码器

② 错误图样检测器。它是一个组合逻辑电路,其作用是将伴随式译为错误图样。

③ 接收码字缓存器和模2和纠错电路。

整个译码电路的工作过程如下:

① 开始译码时,门开,移存器和伴随式计算电路清零,接收字 $R(x)$ 一方面送入 n 级缓存,一方面送入伴随式计算电路,形成伴随式。当 n 位数据接收完后,门关,禁止输入。

② 将伴随式输入错误图样检测电路,找出对应的错误图样。

方法:当且仅当缓存器中最高位出错时,组合逻辑电路输出才为"1",即若检测电路输出为"1",说明缓存中最高位的数据是错误的,需要纠正。这时输出的"1"同时反馈到伴随式计算电路,对伴随式进行修正,消除该错误对伴随式的影响(修正后为高位无错对应的伴随式)。

③ 如高位无错误,组合电路输出"0",高位无须纠正,然后,伴随式计算电路和缓存各移位一次,这是高位输出。同时,接收字第二位移到缓存最高位,而伴随式计算电路得到此高位伴随式,用来检测接收字的次高位,即缓存最右一位是否有错。如有错,组合电路输出"1"与缓存输出相加,完成第二个码元的纠错,如无错,则重复上述过程,一直译完一个码字为止。若最后伴随式寄存器中为全 0,则表示错误全部被纠正,否则检出了不可纠正的错误图样。

随着码长 n 和纠错能力 t 的增加,错误图样检测器的组全逻辑电路变得很复杂,甚至难以实现。但若对于纠单个错误的循环汉明码,其译码器中的组合逻辑电路却很简单。

7.3.3 卷积码

1. 基本概念

由于分组码以孤立码块为单位编译码,信息流割裂为孤立块后丧失了分组间的相关信息,而且分组码长 n 越大越好,但译码运算量随 n 指数上升。为了解决上述问题,1955 年 Elias 等人提出的卷积码。卷积码的特点是信息进行编码时,信息组之间不是独立编码的,而是具有一定的相关性,因此系统译码时就可以利用这种相关性进行译码。

卷积码 (n,k,m) 编码器的一般形式如图 7-18 所示。它主要由移位寄存器和加法器组成。输入移位寄存器包括 m 段,每段有 k 位,共 $m \times k$ 位寄存器,负责存储每段的 k 个信息元;各信息码元通过 n 个模 2 加法器相加,产生每个输出码组的 n 个码元,并寄存在一个 n 级的移位寄存器中输出。整个编码过程可以看成是将输入信息序列与由移位寄存器和模 2 加法器之间连接所决定的另一个序列的卷积,卷积码由此而得名。

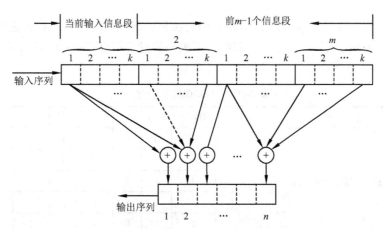

图 7-18　卷积码编码器的一般形式

由图 7-18 可知,n 个输出比特不仅与当前的 k 个输入比特有关,而且与以前 $(m-1)k$ 个输入信息比特有关,一般选 n 和 k 较小,但 m 值较大。

卷积码和分组码的根本区别在于:进行分组编码时,其本组中的 $n-k$ 个校验位仅与本组的 k

个信息元有关,而与其他各组信息无关;但在卷积码中,其编码器将 k 个信息码元编为 n 个码元时,这 n 个码元不仅与当前段的 k 个信息有关,而且与前面的 $(m-1)$ 段信息位有关。通常 m 称为编码约束长度。编码效率 $R_c = k/n$。

2. 卷积码的编码过程

卷积码的编码过程可以看成是输入信息序列与移位寄存器和模 2 和连接方式所决定的另一个序列的卷积。下面以 $(2,1,3)$ 卷积码为例加以说明。图 7-19 为卷积码的编码器,它由移位寄存器、模 2 加法器及开关电路组成。卷积码编码器中输出移位寄存器由开关电路代替,每输入一个信息比特经编码后产生两个输出比特,此时 $n=2, k=1, m=3$,编码效率 $R_c = k/n = 1/2$。

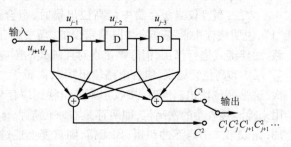

图 7-19　$(2,1,3)$ 卷积码编码器

在起始状态时各级移位寄存器清零即 $u_0u_1u_2 = 000$,由图可知 $(2,1,3)$ 卷积码的输出码字在第 j 时刻分别由下式计算为

$$C_j^1 = u_j \oplus u_{j-2} \oplus u_{j-3} \tag{7-3-51}$$

$$C_j^2 = u_j \oplus u_{j-1} \oplus u_{j-2} \oplus u_{j-3} \tag{7-3-52}$$

这里令 $u = (u_0u_1u_2u_3\cdots)$,为输入信息码,则对应输出两码组为

$$\begin{cases} C^1 = C_0^1 C_1^1 C_2^1 \cdots \\ C^2 = C_0^2 C_1^2 C_2^2 \cdots \end{cases} \tag{7-3-53}$$

最终的编码输出为 $C = C_0^1 C_0^2 C_1^1 C_1^2 C_2^1 C_2^2 \cdots$

当第一个输入信息比特为零,则计算可得到输出为 00;若为 1,则输出为 11。随着第 2 个信息比特输入,第 1 个信息比特右移一位,此时输出比特同时受当前输入和前一个输入比特的影响。第三个信息比特输入时,第 1、2 信息比特各自右移一位,同时输出两个由这 3 位移位寄存器存储内容所决定的比特。当第 4 个信息比特输入时,第 1 个信息比特移出移位寄存器而消失,不再对后续编码产生影响。

假设输入为 $u = (u_j u_{j+1} u_{j+2} u_{j+3} u_{j+4}) = (11010)$,编码开始前先对移位寄存器进行复位[即置 0,$(u_{j-1} u_{j-2} u_{j-3}) = (000)$],输入的顺序为 11010,则编码的过程结合式(7-3-51)、式(7-3-52)和式(7-3-53)如表 7-10 所示。

表 7-10　卷积码编码过程

说　明	输入 u_j	u_{j-1}	u_{j-2}	u_{j-3}	C_j^1	C_j^2	输出 $C_j^1 C_j^2$
	1	0	0	0	1	1	11
	1	1	0	0	1	0	10
对输入 11010 数据寄存器进行移位输入	0	1	1	0	1	0	10
	1	0	1	1	1	1	11
	0	1	0	1	1	0	10
	0	0	1	0	1	1	11
为了使全部数移出,使移位寄存器的清零,数据位输完后需再加 3 个 0 输入	0	0	0	1	1	1	11
	0	0	0	0	0	0	00
加清零码元后,编码器最终输出	1110101110111100						

258

若卷积码子码中前 k 位码元是信息码元的重现,则该卷积码称为系统卷积码,否则称为非系统卷积码。图 7-19 编码器产生的 $(2,1,3)$ 码是非系统码。

【例 7-12】 如图 7-20 是 $(3,2,2)$ 系统卷积编码器,求输入为 $u=(u_0^1 u_0^2 u_1^1 u_1^2 u_2^1 u_2^2)=(100000)$ 和 $u=(u_0^1 u_0^2 u_1^1 u_1^2 u_2^1 u_2^2)=(010000)$ 时的输出码序列。

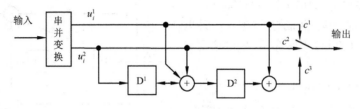

图 7-20 $(3,2,2)$ 系统卷积编码器

解 输入 $u=(100000)$ 的编码过程如表 7-11 所示,输出码 $c=(101001000)$,此时有
$$c_i^1=u_i^1, c_i^2=u_i^2, c_i^3=u_i^1 \oplus u_{i-1}^1 \oplus u_{i-1}^2 \oplus u_{i-2}^2$$

表 7-11 卷积码编码过程

输入 $(u_i^1 u_i^2)$	$u^1_{i-1} u^2_{i-1}$	$u^1_{i-2} u^2_{i-2}$	输出 $c(c_i^1 c_i^2 c_i^3)$
10	00	00	101
00	10	00	001
00	00	10	000

同理可得输入 $u=(010000)$ 的编码输出为 $c=(010001001)$。可以看出码段的左边两个码元和输入的两个信息元始终一致,是系统码。

3. 卷积码的数学描述

卷积码数学描述可分为卷积码的多项式法描述、卷积码的矩阵生成法描述和卷积码的离散卷积法描述方法。

(1)卷积码的多项式法描述:卷积码的一般编码器如图 7-21 所示

图 7-21 卷积码编码器

在某一时刻 i,对一个 (n,k,m) 卷积码,输入编码器的是由 k 个信息元组成的信息组 u_i,相应地输出序列是由 n 个码元组成的子码 c_i。若输入的信息序列 $u_0 u_1 u_2 u_3 \cdots u_i \cdots$ 是一个半无限序列,则由卷积码编码器输出的序列,也是一个由各个子码 $c_0 c_1 c_2 c_3 \cdots c_i \cdots$ 组成的半无限长序列。称此序列为卷积码的一个码序列或码字。类似的,可以将输入的序列对应写成多项式的形式。

若 $u=(u_0 u_1 u_2 u_3 \cdots)$,则 $u(x)=u_0+u_1 x+u_2 x^2+u_3 x^3+\cdots$,所以由 $u=(11010)$ 可以推出 $u(x)=1+x+x^3$,为了分析问题方便,这里用 $g^{1,k}=(g_0^{1,k} g_1^{1,k} g_2^{1,k} g_3^{1,k} \cdots g_m^{1,k})$, $g^{2,k}=(g_0^{2,k} g_1^{2,k} g_2^{2,k} g_3^{2,k} \cdots g_m^{2,k})$, $\cdots$, $g^{n,k}=(g_0^{n,k} g_1^{n,k} g_2^{n,k} g_3^{n,k} \cdots g_m^{n,k})$ 来表示第 k 个输入端在输出端 $c^1,c^2,c^2,\cdots,c^n$ 的求和式的系数(也是第 k 个输入端在 n 个输出端的脉冲冲激响应),则对于上例图 7-19 的结构的卷积编码器, $k=1$(一般的当 $k=1$ 时为了书写简便,可以忽略 k 的角标),所以有 $g^1=(1011)$, $g^2=(1111)$,对应的多项为 $g^1(x)=1+x^2+x^3$, $g^2(x)=1+x+x^2+x^3$。编码后多项式为(乘积后合并也是模 2)

$$c^1=u(x)g^1(x) \tag{7-3-54}$$
$$c^2=u(x)g^2(x) \tag{7-3-55}$$

所以有(注意乘积后合并也是模 2)

$$c^1=u(x)g^1(x)=(1+x+x^3)(1+x^2+x^3)=1+x+x^2+x^3+x^4+x^5+x^6 \tag{7-3-56}$$

$$c^2 = u(x)g^2(x) = (1 + x + x^3)(1 + x + x^2 + x^3) = 1 + x^3 + x^5 + x^6 \qquad (7\text{-}3\text{-}57)$$

故对应的码元为

$$c^1 = (11111110) \qquad (7\text{-}3\text{-}58)$$

$$c^2 = (10010110) \qquad (7\text{-}3\text{-}59)$$

则编码器的输出为 1110101110111100。

（2）卷积码的矩阵生成法描述：下面以图7-22所示的(2,1,2)卷积码为例，来讨论生成矩阵。

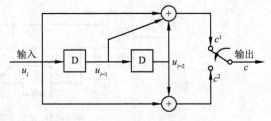

图7-22　(2,1,2)卷积码编码器

由图可得到 $u = (u_0 u_1 u_2 u_3 \cdots)$，$c^1 = c_0^1 c_1^1 c_2^1 \cdots$，$c^2 = c_0^2 c_1^2 c_2^2 \cdots$，$c_i^1 = u_{i-2} \oplus u_{i-1} \oplus u_i$，$c_i^2 = u_{i-2} \oplus u_i$，$c = c_0^1 c_0^2 c_1^1 c_1^2 c_2^1 c_2^2 \cdots$。假设寄存器初始状态全为 0，当输入信息序列为 $u = (110)$ 时，编码器的编码过程如表7-12所示。

表7-12　(2,1,2)卷积码编码过程

输入 u_i	$u_{i-1} u_{i-2}$	$u_i u_{i-1}$	输出 c
1	00	10	11
1	10	11	01
0	11	01	01

所以输入信息序列 $u = (u_0 u_1 u_2) = (110)$ 时，输出码字 $c = (110101)$。

将上述表7-12中 c_i 与 u_i 的关系式表示为矩阵，可得

$$c = (c_0^1 c_0^2 c_1^1 c_1^2 c_2^1 c_2^2 \cdots) = (u_0 u_1 u_2 u_3 \cdots) \begin{pmatrix} 11 & 10 & 11 & 00 \cdots \\ 00 & 11 & 10 & 11 \cdots \\ 00 & 00 & 11 & 10 \cdots \\ 00 & 00 & 00 & 11 \cdots \\ & & \vdots & \end{pmatrix} = UG \qquad (7\text{-}3\text{-}60)$$

表7-13　(2,1,2)卷积码编码

时　　刻	c_0^1 的输出	c_0^2 输出
$j = 0$	$c_0^1 = u_0$	$c_0^2 = u_0$
$j = 1$	$c_1^1 = u_0 \oplus u_1$	$c_1^2 = u_1$
$j = 2$	$c_2^1 = u_0 \oplus u_1 \oplus u_2$	$c_2^2 = u_0 \oplus u_2$
$j = 3$	$c_3^1 = u_1 \oplus u_2 \oplus u_3$	$c_3^2 = u_1 \oplus u_3$
…		

G 被称为(2,1,2)卷积码的生成矩阵，这是一个半无限矩阵，重写如下：

$$G = \begin{pmatrix} 11 & 10 & 11 & 00 \cdots \\ 00 & 11 & 10 & 11 \cdots \\ 00 & 00 & 11 & 10 \cdots \\ 00 & 00 & 00 & 11 \cdots \\ & & \vdots & \end{pmatrix} \qquad (7\text{-}3\text{-}61)$$

G 矩阵的每一行都是前一行右移 n 位的结果，也就是说它完全是由矩阵的第一行确定的。将第一

行取出表示为 $g=(11101100\cdots)$，g 称为该码的基本生成矩阵，通过与表 7-12 比较可知 g 其实就是当 $u=(100\cdots0)$，即输入信息序列为冲激序列时卷积编码器的冲激响应（当系统的初态为 0 时，输入为冲激序列时系统的输出即冲激响应，而之间的关系是卷积关系）。这正是卷积码名称的来源。

令输入信息序列为 $u=(10101)$，则输出码字为

$$c=UG=(10101)\begin{pmatrix} 11 & 10 & 11 & 00\cdots \\ 00 & 11 & 10 & 11\cdots \\ 00 & 00 & 11 & 10\cdots \\ 00 & 00 & 00 & 11\cdots \\ \vdots & \vdots & \vdots & \vdots & \ddots \end{pmatrix}=(11\ 10\ 00\ 10\ 00\ 10\ 11\ 00\cdots) \qquad (7\text{-}3\text{-}62)$$

再如前面例 7-12 所示的 $(3,2,2)$ 系统卷积码，相应的冲激响应为 $u=(10\ 00\ 00\cdots)$ 时，$c=(101\ 001\ 000\cdots)$；$u=(01\ 00\ 00\cdots)$ 时，$c=(010\ 001\ 001\cdots)$。则由 $u=(10\ 00\ 00\cdots)$ 和 $u=(01\ 00\ 00\cdots)$ 的冲激响应，得该码的基本生成矩阵为

$$g=\begin{pmatrix} 101\ 001\ 000\cdots \\ 010\ 001\ 001\cdots \end{pmatrix} \qquad (7\text{-}3\text{-}63)$$

将 g 作为生成矩阵 G 的最上面两行，并经位移（$n=3$ 位）得该码的生成矩阵为

$$G=\begin{pmatrix} 101\ 001\ 000 & & & \\ 010\ 001\ 001 & & & \\ & 101\ 001\ 000 & & \\ & 010\ 001\ 001 & & \\ & & 101\ 001\ 000 & \\ & & 010\ 001\ 001 & \\ & & & 101\ 001\ 000 \\ & & & 010\ 001\ 001 \\ & & & & \ddots \end{pmatrix} \qquad (7\text{-}3\text{-}64)$$

显然，若输入信息序列为 $u=\begin{bmatrix}10 & 11 & 01 & 11\cdots\end{bmatrix}$ 时，则相应的输出码字序列

$$c=UG=(10\ 11\ 01\ 11\cdots)\begin{pmatrix} 101\ 001\ 000\ 000\ 000\ 000\cdots \\ 010\ 001\ 001\ 000\ 000\ 000\cdots \\ 000\ 101\ 001\ 000\ 000\ 000\cdots \\ 000\ 010\ 001\ 001\ 000\ 000\cdots \\ 000\ 000\ 101\ 001\ 000\ 000\cdots \\ 000\ 000\ 010\ 001\ 001\ 000\cdots \\ 000\ 000\ 000\ 101\ 001\ 000\cdots \\ 000\ 000\ 000\ 010\ 001\ 001\cdots \\ \vdots \end{pmatrix} \qquad (7\text{-}3\text{-}65)$$

$$=(101\ 110\ 010\ 111\ 001\ 001\cdots)$$

一般情况下，(n,k,m) 卷积码的生成矩阵可表示为

$$G=\begin{pmatrix} G_0 & G_1 & G_2 & \cdots & G_m & 0 & 0 & \\ 0 & G_0 & G_1 & \cdots & G_{m-1} & G_m & 0 & \cdots \\ 0 & 0 & G_0 & \cdots & G_{m-2} & G_{m-1} & G_m & \\ & & & \cdots & & & & \ddots \end{pmatrix} \qquad (7\text{-}3\text{-}66)$$

基本生成矩阵 $\boldsymbol{g} = [\, G_0 \; G_1 \; G_2 \; G_3 \cdots G_m 0 \cdots]$

其中生成子矩阵为

$$G_l = \begin{pmatrix} g_{1,l}^1 & g_{1,l}^2 & \cdots & g_{1,l}^n \\ g_{2,l}^1 & g_{2,l}^2 & \cdots & g_{2,l}^n \\ \vdots & \vdots & & \vdots \\ g_{k,l}^1 & g_{k,l}^2 & \cdots & g_{k,l}^n \end{pmatrix}_{k \times n}, 0 \leqslant l \leqslant m \tag{7-3-67}$$

生成矩阵中每一行的分组数(即码段数)为编码的约束长度,矩阵的总行数取决于输入信息序列的长度。如对于 $(3,2,m)$ 码,$\boldsymbol{G}$ 的 $k=2$ 行和前面的行组相同,但向左了 $n=3$ 位。

【例 7-13】 由前面给出的 $(2,1,3)$ 卷积码编码器,$k=1$,$n=2$,$m=3$ 可知 $C_j^1 = u_j \oplus u_{j-2} \oplus u_{j-3}$,$C_j^2 = u_j \oplus u_{j-1} \oplus u_{j-2} \oplus u_{j-3}$,则 $g^1 = (1011)$,$g^2 = (1111)$。

$$G_l = \begin{pmatrix} g_{1,l}^1 & g_{1,l}^2 & \cdots & g_{1,l}^n \\ g_{2,l}^1 & g_{2,l}^2 & \cdots & g_{2,l}^n \\ \vdots & \vdots & & \vdots \\ g_{k,l}^1 & g_{k,l}^2 & \cdots & g_{k,l}^n \end{pmatrix} = (g_{1,l}^1 \; g_{1,l}^2)$$

则基本生成矩阵 $\boldsymbol{g} = (g_{1,0}^1 \; g_{1,0}^2 \; g_{1,1}^1 \; g_{1,1}^2 \; g_{1,2}^1 \; g_{1,2}^2 \; g_{1,3}^1 \; g_{1,3}^2 \cdots)$

$\boldsymbol{G}_0 = [\,11\,]$,$\boldsymbol{G}_1 = [\,01\,]$,$\boldsymbol{G}_2 = [\,11\,]$,$\boldsymbol{G}_3 = [\,11\,]$,所以基本生成矩阵为

$$g = (G_0 \; G_1 \; G_2 \; G_3 \cdots G_m 0 \cdots) = (11 \; 01 \; 11 \; 11 \; 00 \cdots)$$

所以生成矩阵 $\boldsymbol{G}$ 为

$$\boldsymbol{G} = \begin{pmatrix} 11 & 01 & 11 & 11 & 00 & 00 & 00 & 00 \\ 00 & 11 & 01 & 11 & 11 & 00 & 00 & 00 \\ 00 & 00 & 11 & 01 & 11 & 11 & 00 & 00 \\ 00 & 00 & 00 & 1101 & 11 & 11 & 00 \\ 00 & 00 & 00 & 00 & 11 & 01 & 11 & 11 \end{pmatrix}$$

当输入为 $u = (10111)$ 时,则相应的输出码字序列为

$$c = \boldsymbol{uG} = (10111) \begin{pmatrix} 11 & 01 & 11 & 11 & 00 & 00 & 00 & 00 \\ 00 & 11 & 01 & 11 & 11 & 00 & 00 & 00 \\ 00 & 00 & 11 & 01 & 11 & 11 & 00 & 00 \\ 00 & 00 & 00 & 11 & 01 & 11 & 11 & 00 \\ 00 & 00 & 00 & 00 & 11 & 01 & 11 & 11 \end{pmatrix} = 1101000101010011$$

(3)卷积码的离散卷积法描述方法:上例的编码后多项式为

$$\begin{cases} c^1 = u(x) g^1(x) \\ c^2 = u(x) g^2(x) \end{cases} \tag{7-3-68}$$

它对应的编码方程为

$$\begin{cases} c^1 = u * g^1 \\ c^2 = u * g^2 \end{cases} \tag{7-3-69}$$

式中,"$*$"表示卷积运算,故卷积码因此而得名,g^1 和 g^2 表示编码器的两个冲激响应。由前面的分析可知 $g^1 = (1011)$,$g^2 = (1111)$,且 $u = (10111)$,则可求得

$$\begin{cases} c^1 = u * g^1 = (10111) * (1011) = (10000001) \\ c^2 = u * g^2 = (10111) * (1111) = (11011101) \end{cases} \tag{7-3-70}$$

交织后可得编码器的输出为(1101000101010011)。

4. 卷积码的图形描述

描述卷积码的方法主要有图解表示法和解析表示法两类。对卷积码虽然可以用矩阵方法描述,但比较抽象。图解方法对编码过程的描述比较直观,初学者容易掌握。常用的图解法有 3 种:状态图、树状图和网格图。

(1)状态图:在卷积码编码器中,寄存器任一时刻存储的数据称为编码器的一个状态,随着信息序列的不断输入,编码器的状态在不断变化,同时输出的码元序列也相应地发生改变。

所谓状态图就是反映编码器中寄存器存储状态转移的关系图,它用编码器中寄存器的状态及其随输入序列而发生的转移关系来描述编码过程,即把当前状态和下一状态之间的码变换关系用更为紧凑的图形表示。

【例 7-14】 (2,1,2)卷积码编码器由两级移位寄存器组成,因此状态只有 4 种可能:00,10,01 和 11,状态这里用符号 S_i 表示,分别将其对应为 S_0,S_1,S_2 和 S_3。表 7-14 和图 7-23 分别为(2,1,2)卷积码的状态表和状态图

表 7-14 (2,1,2)卷积码的状态表

输 入 u	初 态 S_i	次 态 S_j	输 出 C
0	00	00	00
1	00	10	11
0	10	01	10
1	10	11	01
0	01	00	11
1	01	10	00
0	11	01	01
1	11	11	10

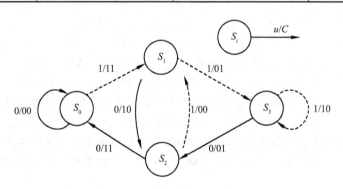

图 7-23 (2,1,2)卷积码状态图

在状态图中,把具有相同状态的节点合并在一起。实线表示输入数据为 0 的路径;虚线表示输入数据为 1 的路径,并在路径上写出相应的输入码字,图 7-23 中的 4 个节点分别表示 S_0,S_1,S_2 和 S_3。对应取值 00,10,01 和 11。每个节点有两条弧线离开该节点,弧线下方的数字即为输出码字。当输入为 01010101 时,输出为 0011100111000110,与表 7-14 所列相同。

(2)树状图:树状图结构是由状态图按时间展开的,即按输入信息序列 u 的输入顺序按时间 $l=0,1,2,\cdots$ 展开,并展开所有可能的输入、输出情况。不失一般性,我们以初始状态 $S_0=00$ 为树按($l=0$)展开,对每个时刻的输入进行分支。

对于$(n,1,m)$卷积编码器,输入消息$x=(x_0,x_1,\cdots,x_{L-1})$,消息集合共有$2^L$种不同消息,编码输出码字个数也是$2^L$。每输入1个消息,编码器有一组$n$比特的输出,各码元一个接一个地输出,考虑1、0两种情况,编码过程形成"树"。

如果(n,k,m)卷积编码器的输入信息序列是半无限长序列,则它的输出码元序列也应是半无限长序列,这种半无限长序列的输入、输出编码过程可用半无限码树来表示。

图7-24所示为$(2,1,2)$卷积码的树图。

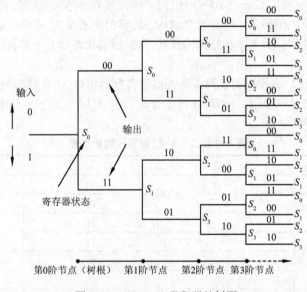

图7-24 $(2,1,2)$卷积码的树图

树的每一分支只代表一个信息比特。通常规定是上支与0的输入相对应,下支与1的输入相对应。设初始状态移位寄存器为全0状态。当输入第1个信息比特$u_1=0$时,取上面一条去路,输出比特为$C_1C_2=00$;若$u_1=1$,取下面一条去路,则$C_1C_2=11$。把移位寄存器最左面的作为最低位共有2位来表示编码器的状态,则编码是从状态S_0(即移位寄存器两个最左位置的内容为00)开始。当$u_1=0$时,编码器状态仍为S_0;当$u_1=1$时,输出比特为11,编码器进入状态S_1(即10状态)。输入第2个信息比特u_2时,相应的输出比特和编码器状态根据u_1的不同出现了四种情况。编码器的四个状态分别以$S_0(00)$、$S_1(10)$、$S_2(01)$和$S_3(11)$标出在各个节点上。新的1位信息比特到来时,随着移位寄存器状态和输入信息比特的不同,树状图继续分叉成4支,2条向上,2条向下,上支路对应于输入比特0,下支路对应于输入比特1。依此类推,可得到如图7-24所示的树状图。

从卷积码树图上可见,输入无限长信息序列,就可以得到一个无限延伸的树状结构图。输入不同的信息序列,编码器就走不同的路径,输出不同的码元序列。在树图中,编码的过程相当于以输入信息序列为指令沿码树游走,在树图中所经过的路径代码就是相应输出的码序列。

树图最大特点是按时间顺序展开的,且能将所有时序状态表示为不相重合的路径。一般地,对于二元(n,k,m)卷积码来说,从每个节点发出2^k条分支,每条分支上标有长度为n的输出数据,最多可有2^{km}种不同状态。状态图从状态上看最为简洁,但时序关系不清晰。码树的最大特点是时序关系清晰,且对于每一个输入信息序列都有一个唯一的不重复的树枝结构相对应,它的主要缺点是进行到一定时序后,状态将产生重复且树图越来越复杂。

(3)网格图:网格图又称篱笆图,它综合了状态图和树图的特点,是将码树中处于同一级节点

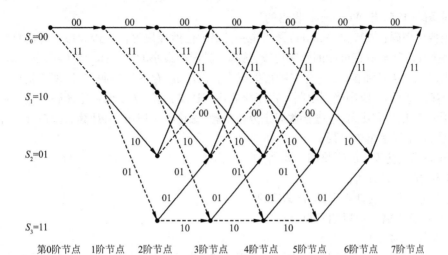

第0阶节点 1阶节点 2阶节点 3阶节点 4阶节点 5阶节点 6阶节点 7阶节点

图7-25   (2,1,2)码的网格图

合并而成,是一个纵深度或者高为2^{km}的网格图,结构简单,而且时序关系清晰。

网格图的最大特点是保持了树图的时序展开性,同时又克服了树图太复杂的缺点,它将树图中产生的重复状态合并起来。

树图中,从某一阶节点开始所长出的分支从纵向看是周期重复的,图7-24所示的(2,1,2)码的树图中,当节点数大于$m+1=3$时,状态$S_0,S_1,S_2,$和S_3重复出现,因此在第$m+1$阶节点以后,将树图上处于同一状态的同一节点折叠起来加以合并,就可以得到网格图。图7-26为信息序列长度为6的(2,1,2)码的网格图。

网格图中支路上标明的码元为输出比特,自上而下4行节点表示S_0,S_1,S_2和S_3四种状态。图7-25画出了所有可能数据输入时状态转移的全部可能轨迹。实线表示输入数据为0的分支;虚线表示输入数据为1的分支,线条旁边数字为输出码字,各节点表示相应的状态。

与树图一样,网格图中每一种信息序列有唯一的网格编码路径,图7-26中当输入信息序列$u=(100110)$路径对应的输出码元序列$C=(111011111001)$。

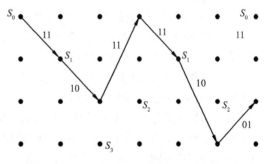

图7-26   (2,1,2)卷积码的过程轨迹

图7-26画出了当输入信息为100110时的过程轨迹。

通常,对于有m个互相约束的子码(段)的卷积码,它应有2^{m-1}种可能状态(节点),从第m节点(从左向右计数)开始,网格图形开始重复而完全相同。

上述三种图解方法,不但有助于求解输出码序列,且可直观地了解其编码过程。

5. 卷积码的译码

卷积码的译码可分为代数译码和概率译码两大类。在卷积码发展过程中早期普遍采用代数译码。代数译码利用生成矩阵和监督矩阵来译码,该方法的硬件实现简单,但性能较差。最主要的方法是大数逻辑译码或门限译码(1963年Massey提出的)。现在,概率译码越来越受到重视,已成为卷积码最主要的译码方法。概率译码中比较实用的有两种:维特比译码(1967年Viterbi提出的)和序列译码(1957 年 Wozencraft 提出的)。

(1)维特比译码：维特比(Viterbi)译码是一种最大似然译码算法。最大似然译码算法的基本思路是,把接收码字与所有可能的码字比较,选择一种码距最小的码字作为译码输出。对于(n,k,m)卷积码而言,发 k 位数据,则它有 2^k 种可能码字,计算机应存储这些码字,以便于比较。当 k 较大时,由于存储量太大,应用受到限制。由于接收序列通常很长,所以维特比译码是最大似然译码算法的简化。简化的方法是：它把接收码字分段处理,每接收一段码字,计算、比较一次,保留码距最小的路径,直至译完整个序列。

Viterbi 译码是基于码的网格图结构,它具有以下优点：

① 有固定的译码时间；

② 适于译码器的硬件实现,运行速度快；

③ 译码的错误概率可以达到很小；

④ 容易实现,成本低。

Viterbi 译码方法采用分段处理,每个码段根据接收的码元序列,按照极大似然译码准则,寻找发送端编码器在网格图上所经过的最佳路径,也就是在网格图上寻找与接收码相比差距最小的可行路径。对于 BSC 信道(二进制对数信道),这种寻找可等价为确定与接收码段具有最小汉明距离的路径。Viterbi 译码算法步骤为：

① 从第 1 时刻的全零状态开始(零状态初始度量为 0,其他状态初始度量为负无穷)。

② 在任一时刻 t,对每一个状态只记录到达路径中度量最小的一个为对应的幸存路径(或残留路径,硬判决为汉明距离)及其度量(状态度量),其余路径则删除。

③ 在向 $t+1$ 时刻前进过程中,对 t 时刻的每个状态作延伸,即在状态度量基础上加上分支度量,得到 $M2^k$ 条路径。对所得到的 $t+1$ 时刻到达每一状态 2^k 条路径进行比较,找到一个度量最小的作为幸存路径。

④ 直到码的终点,最终整个网格图中只剩下一条幸存路径,译码结束。

如果在某阶节点时,某状态的两条路径具有相同的汉明距离,这时需要观察下一阶节点累积的汉明距离,再选定最小距离的路径。

Viterbi 译码过程：对于图 7-25 的编码器,设输入信息序列 $u=(10101)$,通过 BSC 送入译码器的序列 $y=(11\ 10\ 01\ 11\ 00\ 10\ 11)$,采用 Viterbi 译码算法对信息序列和码序列进行估值。

假设当输入信息序列 $u=(10101)$,正确的输出码序列是 $y=(11\ 10\ 00\ 10\ 00\ 10\ 11)$,与实际接收序列 y 比较有 2 个码元错误,Viterbi 译码器对接收序列 y 的译码过程如图 7-27 所示,y_i 为接收码段,d 为最小汉明距离,$\hat{u}$ 为输入信息估值。由于这是一个 $(n,k,m)=(2,1,2)$ 的卷积码,发送序列的约束长度为 $m+1=3$,所以首先要考虑 3 个信息段,即考察 $3n=6$ 位,由网格图 7-25 可见,沿路径每级有 4 种状态：S_0、S_1、S_2 和 S_3,每种状态只有两条路径可以到达,故有 4 种状态共有 8 条路径,比较这 8 条路径和接收序列之间的汉明距离,然后将路径最小的路径保存为幸存路径。为分析方便在图 7-27(a)中给出了从初始状态到达 $j=2$ 阶节点的 4 种状态有 4 条路径,它们与接收序列 $y_0 y_1=(11\ 10)$ 的汉明距离分别为 3、3、0、2,这时只有唯一路径,它们将依次作为 4 种状态的幸存路径都保存下来。

当 $j=3$ 时,沿前一阶节点的幸存路径达到 S_0 状态有 2 条路径 $S_0 \xrightarrow{00} S_0 \xrightarrow{00} S_0 \xrightarrow{00} S_0$ 和 $S_0 \xrightarrow{11} S_1 \xrightarrow{10} S_2 \xrightarrow{11} S_0$ 与 $y_0 y_1 y_2=(11\ 10\ 01)$ 的汉明距离分别为 4 和 1,选取后者为 S_0 状态的幸存路径,同样 S_1、S_2 和 S_3 状态也都有 2 条路径。将距离最小者为幸存路径(若几条路径的汉明距离相同,则可以任意保存一条),其余路径则删除(图中要删除的路径用空心箭头表示)。当 $j=3$ 时如

图 7-27(b)所示。同理可得 $j=4,j=5,j=6$ 时的幸存路径,如图 7-27(c),(d),(e)所示,当 $j=6$ 时有用信息已输入完毕,输入端补充 0 至编码器,所以只剩下 S_0 和 S_2 两种状态,而 S_0 状态的 2 条路径与 $y_0y_1y_2y_3y_4y_5=[11\ 10\ 01\ 11\ 00\ 10]$ 的距离都是 3,因此都被留存。到 $j=7$ 时(见图 7-31),回到初始状态 S_0,只剩唯一的一条幸存路径,其对应的输出码序列就是接收码序列的最佳估值 $\hat{y}=(11\ 10\ 00\ 10\ 00\ 10\ 11)$,相应的信息序列估值为 $\hat{u}=(10101)$。

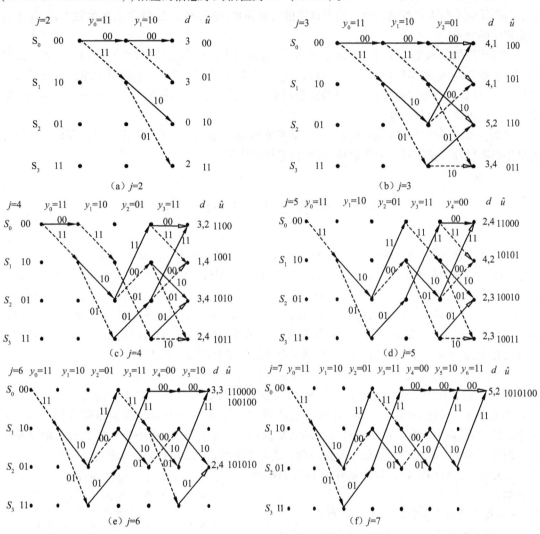

图 7-27　Viterbi 译码过程

可见卷积码利用了前后码段之间的相关性,纠错能力强于分组码,是一种重要的纠错码。

维持比译码在编码约束长度不太长或误比特率不太高的条件下,计算速度很快,目前可达几十兆比特每秒至上百兆比特每秒,而且设备比较简单,故特别适用于卫星通信系统中纠正随机错误。

(2)序列译码:当 m 很大时,可以采用序列译码法,该译码方法可避免漫长的搜索过程。其过程如下所述。

译码先从树状图的起始节点开始,把接收到的第一个子码的 n 个码元与自始节点出发的两条分支按照最小汉明距离进行比较,沿着差异最小的分支走向第二个节点;在第二个节点上,译码器仍以同样原理到达下一个节点;依此类推,最后得到一条路径。若接收码组有错,则自某节点开始,译码器就一直在不正确的路径中行进,译码也一直错误。因此,译码器有一个门限值,当接收码元与译码器所走的路径上的码元之间的差异总数超过门限值时,译码器判定有错,并且返回试走另一分支。经数次返回找出一条正确的路径,最后译码输出。

(3)门限译码:除上述的维特比译码法、序列译码法外,卷积码的另一种译码方法为门限译码法。门限译码又称大数逻辑译码。门限译码的设备简单,译码速度快,约束长度可较大,适用于有突发错误的信道。

门限译码的原理是以分组码为基础的,它既可以用于分组码,也可以用于卷积码。当门限译码用于卷积码时,它把卷积码看作是在译码约束长度含义下的分组码。它的基本思想也是计算一组校正子,其含义与分组码类似,不同的是卷积码的校正子是一个序列。这是由于信息和编码输出都是以序列形式出现的缘故。

通常,可以采用门限译码的卷积码大多是系统码,具有特殊的结构,称为门限可译码。它可分为试探码和标准自正交码。限于篇幅,这里就不详细介绍了。

7.4 课程扩展:LDPC 码

低密度奇偶校验码(low-density parity-check codcs,LDPC)码是由 Gallager 于 1962 年提出的一种基于稀疏矩阵的线性码。LDPC 码具有非常好的特点:逼近香农限,易于理论分析和研究,译码算法为迭代算法且复杂度低,可实行完全并行操作,适合硬件实现,具有高速的译码潜力;同时由于码较长时,相距甚远的信息比特可能参与同一校验约束,使得连续的突发错误对译码影响不大,因此 LDPC 码本身具有很好的抗突发错误的能力。另外,译码方法的选择很灵活,甚至是对同一种译码算法,也可通过对不同信道特征选择适合自己的迭代次数等优点。

LDPC 码是一类可以用非常稀疏的奇偶校验矩阵或二分图定义的线性分组码;所谓"稀疏性"指矩阵 H 中包含 0 的个数远大于 1 的个数,而"低密度"指矩阵 H 中包含 1 的密度很低。设码长为 n,信息位为 k,则校验位为 $r=n-k$,校验矩阵 H 是一个 $r \times n$ 的矩阵。校验矩阵的每一行表示一个校验约束,其中所有非零元素对应的码元变量构成一个校验集,由一个校验方程表示。校验矩阵的每一列表示码元符号参与的校验约束。我们主要对二元 LDPC 码进行讨论。

二元 (n,j,k) LDPC 码的校验矩阵 H 矩阵的特点归纳如下:

(1)每列包含有 j 个 1,即列重量为 j。

(2)每行包含有 k 个 1,即行重量为 k。

(3)任何两列之间同为 1 的行数(称为重叠数)不超过 1,即矩阵 H 和 Tanner 图中无 4 线循环。

(4)j 和 k 均远小于码长度 n 和矩阵行数 r,当 $n \to \infty$ 时,$k/n = j/r \to 0$。

根据上述特点,Gallager 给出了一个实例,如图 7-28 所示。

图 7-28　低密度校验矩阵 $n=15,j=3,k=4$

校验矩阵 H 除了用传统的矩阵直接表示之外,还可以用对应的 Tanner 双向图(bipartite graph)(或称二分图、因子图)来描述校验矩阵 H。描述如下:将信息节点 x_1, x_2,…,x_n 排成一行,对应于校验矩阵各列,信息节点也叫变量节点。同时将 m 个校验节点 z_1, z_2,…,z_m 排成一行,每个节点对应码字的一个校验集,对应于校验矩阵各行。如果校验矩阵第 i 行第 j 列对应元素不为 0,则称节点 x_j 和节点 z_i 之间关联,并将两节点连接起来,我们将这条边两端的节点称为相邻节点。对每个节点,与之相连的边数称为该节点的度(Degree)。矩阵的 Tanner 图如图 7-29 所示。

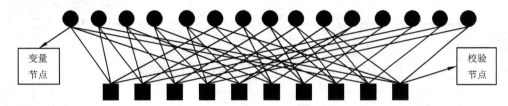

图 7-29 (15,3,4)LDPC 码的 Tanner 图表示

一般情况下校验矩阵是随机构造的,因而是非系统形式的。编码时对校验矩阵 H 进行高斯消去可得:

$$H = (IP) \tag{7-4-1}$$

式中 I 是单位矩阵,P 是 $m \times (n-m)$ 矩阵。

由式(7-4-1)得生成矩阵

$$G = (P^T I) \tag{7-4-2}$$

由于 LDPC 码是一种线性分组码,它的编码可采用线性分组码的编码方法来完成。假设信息序列 $u = (u_0, u_1, \cdots, u_{k-1})$,则 LDPC 码的码字 C 为

$$C = uG \tag{7-4-3}$$

由式(7-4-3)可见,只要找到满足条件的生成矩阵,就可利用它和信息码来完成 LDPC 码的编码,所以 LDPC 码编码算法由稀疏校验矩阵、生成矩阵和码字的生成三部分构成。

LDPC 码成功的一个重要原因是它在译码上的优势。其译码算法主要包括硬判决译码,软判决译码和混合译码三种,其中混合译码算法复杂度较高且效果并不明显,实用价值不如其余两种译码算法。硬判决译码算法复杂度较低,但是性能较差,在 LDPC 码的研究前期比较受关注;软判决译码算法性能更加优异,虽然译码复杂度相比硬判决译码算法更高,但是在目前的硬件水平下已经能够很容易实现,因此 LDPC 码的软判决译码算法一直是人们研究的重点。目前常用的软判决译码方法主要是置信传播(belief propagation,BP)译码算法。

LDPC 码中 BP 译码算法的每次迭代包括两个步骤:变量节点的处理和校验节点的处理。在每次迭代中,变量节点从其相邻的校验节点处接收到消息,处理之后再传回到相邻的校验节点,然后全部校验节点进行同样的过程。最后,变量节点收集到全部可利用的消息来判决。在 LDPC 码的迭代译码算法过程中,将每一个节点当作一个处理器同时进行处理,由此看出可以利用并行结构构造出高速的 LDPC 码译码器。根据消息的表示形式,置信传播(BP)译码算法可以分为概率 BP 译码算法和 LLR BP 译码算法。用概率形式表示消息的 BP 算法称为概率 BP 译码算法,用对数似然比形式表示消息的 BP 算法称为 LLR BP 算法。有关各种译码算法的细节,感兴趣者可参阅相关资料。

7.5 基于卷积码信道编码的 MATLAB 仿真分析

基于卷积码信道编码的系统仿真模型如图 7-30 所示,在相同的基带输入的情况下,上支路的信道没有经过信道编码,下支路信道采用了卷积编码,卷积码网络结构为 poly2trellis(4, [13 17]),这里两个 AWGN 信道参数应该设置相同的信噪比,两个显示器 display1 和 display2 对这两个系统的

误码率进行统计,运行结果应该是加了信道编码的系统的误码率要小于没有信道编码的通信系统,也就是说在通过系统中加入差错控制编码可以减小误差率。

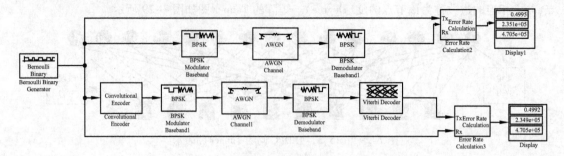

图7-30　有无信道编码的对比仿真分析

小　　结

信道是信号传输的通道,是传输电、电磁波或光信号的物理媒质,是通信系统重要组成部分。

所谓差错控制,就是在发送端利用信道编码器在数字信息中增加一些监督元(冗余度),接收端的信道译码器利用这些码元的内在规律来检错、纠错。差错控制编码是提高信息传输可靠性的一种技术,当然它是以牺牲数字传输的有效性为代价的。

本章学习了差错控制方式和编码分类,最小码距与纠检错能力的关系,常用几种检错码有:奇偶校验码、行列奇偶校验码和恒比码等。常见的纠错码主要有线性分组码、循环码和卷积码。

本章还学习了线性分组码的生成、监督和纠错;循环码的生成多项式、生成矩阵、编码和译码;卷积码的矩阵、多项式和图形描述方式。

习　　题

一、简答题

1. 简述随参信道和恒参信道的特点。

2. 什么是码的生成矩阵和校验矩阵? 一个(n,k)线性分组码的生成矩阵和校验矩阵各是几行几列的矩阵?

3. 试述码的距离和重量的概念。线性分组码的最小距离有何实际意义?

4. 简述分组码和卷积码的区别。

5. 试用香农公式来解释调频方式与调幅方式性能上的优劣关系。

6. 何为香农公式中的"三要素"? 简述信道容量与"三要素"的关系。

7. 请说明差错控制方式的目的是什么? 常用的差错控制方式有哪些?

8. 已知线性分组的八个码字为:000000,001110,010101,011011,100011,101101,110110,111000,求该码组的最小码距,若用给出的码组用于检错,能检出几位错码? 若用于纠错,能纠几位错? 若同时用于纠错,检错如何?

9. (5,1)重复码若用于检错,能检出几位错? 若用于纠错,能纠正几位错? 若同时用于检错与纠错,情况又如何?

二、计算题

1. 某信源集包含32个符号,各符号等概出现,且相互统计独立。现将该信源发送的一系列符号通过一带宽为4 kHz的信道进行传输,要求信道的信噪比不小于26 dB。

试求:(1)信道容量;

(2)无差错传输时的最高符号速率。

2. 设一幅黑白数字相片有400万个像素,每个像素有16个亮度等级。若用3 kHz带宽的信道传输它,且信号噪声功率比为10 dB,需要传输多少时间?

3. 设视频的图像分辨率为320×240个像素,各像素间统计独立,每像素灰度等级为256级(等概率出现),每秒传送25幅画面,且信道输出端的信噪比为30 dB,试求传输系统所要求的最小信道带宽。

4. 某高斯信道带宽为3 kHz,输出信噪比为63倍,且相互独立,求等概率的二进制数据无误码传送的最高传码率是多少?

5. 具有6.5 MHz的某高斯信道,若信道中的信号功率与噪声功率谱密度之比为45.5 MHz,试求其信道容量。

6. 已知电话信道的带宽为3.4 kHz,试求:

(1)接收信噪比 $S/N = 30$ dB 时的信道容量。

(2)若要求该信道能传输 4 800 bit/s 的数据,则要求接收端最小信噪比 S/N 为多少 dB?

7. 有如下所示两个生成矩阵 G_1 和 G_2,试说明它们能否生成相同的码字?

$$G_1 = \begin{pmatrix} 1 & 0 & 1 & 1 & 0 & 0 & 0 \\ 0 & 1 & 0 & 1 & 1 & 0 & 0 \\ 0 & 0 & 1 & 0 & 1 & 1 & 0 \\ 0 & 0 & 0 & 1 & 0 & 1 & 1 \end{pmatrix} \qquad G_2 = \begin{pmatrix} 1 & 0 & 0 & 0 & 1 & 0 & 1 \\ 0 & 1 & 0 & 0 & 1 & 1 & 1 \\ 0 & 0 & 1 & 0 & 1 & 1 & 0 \\ 0 & 0 & 0 & 1 & 0 & 1 & 1 \end{pmatrix}$$

8. 已知一个 $(7,3)$ 码的生成矩阵为

$$G = \begin{pmatrix} 1 & 0 & 0 & 1 & 1 & 1 & 0 \\ 0 & 1 & 0 & 0 & 1 & 1 & 1 \\ 0 & 0 & 1 & 1 & 1 & 0 & 1 \end{pmatrix}$$

试列出其所有许用码组,并求出其监督矩阵。

9. 一线性码的生成矩阵为

$$G = \begin{pmatrix} 0 & 0 & 1 & 0 & 1 & 1 \\ 1 & 0 & 0 & 1 & 0 & 1 \\ 0 & 1 & 0 & 1 & 1 & 0 \end{pmatrix}$$

(1)求监督矩阵 H,确定 (n,k) 码中 n 和 k。

(2)写出监督关系式及该 (n,k) 码的所有码字。

(3)确定最小码距 $d_{\min}$。

10. 已知一线性码监督矩阵为

$$H = \begin{pmatrix} 1110100 \\ 1101010 \\ 1011001 \end{pmatrix}$$

求生成矩阵,并列出所有许用码组。

11. 已知 $(7,4)$ 循环码的生成多项式 $g(x) = x^3 + x + 1$,请写出它的典型生成矩阵和典型监督

矩阵。

12. 某系统$(7,4)$码 $c = (c_6 \quad c_5 \quad c_4 \quad c_3 \quad c_2 \quad c_1 \quad c_0) = (m_3 \quad m_2 \quad m_1 \quad m_0 \quad c_2 \quad c_1 \quad c_0)$其三位校验位与信息位的关系为

$$\begin{cases} c_2 = m_3 + m_1 + m_0 \\ c_1 = m_3 + m_2 + m_1 \\ c_0 = m_2 + m_1 + m_0 \end{cases}$$

(1) 求对应的生成矩阵和校验矩阵。

(2) 计算该码的最小距离。

(3) 列出可纠差错图案和对应的伴随式。

(4) 若接收码字 $R = 1110011$，求发码。

13. 令 $g(x) = x^{10} + x^8 + x^5 + x^4 + x^2 + x + 1$ 为$(15,5)$循环码的码生成多项式。

(1) 写出该码的生成矩阵 $\boldsymbol{G}$。

(2) 当信息多项式 $m(x) = x^4 + x + 1$ 时，求码多项式及码字。

(3) 求出该码的一致校验多项式。

14. 已知某线性分组码生成矩阵为

$$\boldsymbol{G} = \begin{pmatrix} 0 & 0 & 1 & 1 & 1 & 0 & 1 \\ 0 & 1 & 0 & 0 & 1 & 1 & 1 \\ 1 & 0 & 0 & 1 & 1 & 1 & 0 \end{pmatrix}$$

试求:(1) 系统码生成矩阵 $\boldsymbol{G} = (\boldsymbol{I}, \boldsymbol{P})$ 表达形式;

　　　(2) 写出典型监督矩阵 $\boldsymbol{H}$。

　　　(3) 若译码器输入 $y = (0011111)$，计算相应的校正子 S。

　　　(4) 若译码器输入 $y = (1000101)$，计算相应的校正子 S。

第8章　数字信号的复用和同步

所谓多路复用是指在同一个信道上同时传输多路信号而互不干扰的一种技术,多路复用的主要目的是:(1) 提高通信链路利用率;(2) 提高通信能力;(3) 通过共享线路分摊成本,降低通信费用。

同步是指收发双方在时间上步调一致。同步是数字通信系统,以及某些采用相干解调的模拟通信系统中一个重要的实际问题,是进行信息传输的必要和前提,其性能好坏直接影响着通信系统的性能。本章主要讨论频分多路复用和时分多路复用、同步的基本原理,实现方法,同步的性能指标等。

8.1　数字信号的复用

常用的多路复用技术有:频分多路复用、时分多路复用、波分多路复用和码分复用。

频分多路复用(frequency – division multiplexing, FDM),是指信道带宽被划分为多种不同频带的子信道,将各路信号分别调制到不同的频段进行传输,多用于模拟通信,例如载波通信。时分多路复用是利用各路信号在信道上占有不同的时间间隔的特征来分开各路信号的。具体来说,将时间分成为均匀的时间间隔,将各路信号的传输时间分配在不同的时间间隔内,以达到互相分开的目的,时分多路复用用于数字通信,例如 PCM 通信。波分复用(wavelength division multiplexing, WDM)是将两种或多种不同波长的光载波信号在发送端经复用器汇合在一起,并耦合到光线路的同一根光纤中进行传输的技术。码分多路复用(code division multiplexing access, CDMA)是靠不同的码型结构来区分各路原始信号的一种复用方式,每一个用户可以在同样的时间使用同样的频带进行通信,各用户使用经过特殊挑选的不同码型,因此彼此不会造成干扰。

📖 多路复用和多址技术的联系与区别

相同:两者都是为了通信资源共享。

区别:多路复用中,用户对资源共享的需求是固定的,或者至多是缓慢变化的,资源是预先分配给各用户。多址接入中,网络资源通常是动态分配的,并且可以由用户在远端提出共享要求。因此必须按照用户对网络资源的需求,随时动态地改变网络资源的分配。

8.1.1　频分复用

在实际中,信道所提供的频带宽度往往比一路信号所占用的带宽要宽很多。例如,在一个 10 MHz 带宽的超短波信道中传输话音信号,当采用窄带调频方式调制时,已调信号带宽大约 20 kHz

左右。用 10 MHz 带宽的信道只传输一路 20 kHz 带宽的信号显然太浪费信道资源了。为了提高频谱利用率,充分利用信道资源,就需要采用多路复用技术,实现在同一信道中同时传输多路信号。

1. FDM 的原理

频分复用的原理是利用调制技术将各路信息信号调制到不同载频上,将传输信道的频带分成若干个相互不重叠的频段,每个频段构成一个子信道,每路信号占用其中一个频段,合成后送入信道传输。因而在接收端可以采用一系列不同中心频率的带通滤波器将多路已调信号分离出来。

频分复用系统组成原理图如图 8-1 所示。图中,各路基带信号要首先通过低通滤波器,限制基带信号的带宽,避免它们的频谱出现相互混叠。然后,各路信号分别对各自的载波进行调制、合成后送入信道传输。在接收端,分别采用不同中心频率的带通滤波器分离出各路已调信号,解调后恢复出基带信号。

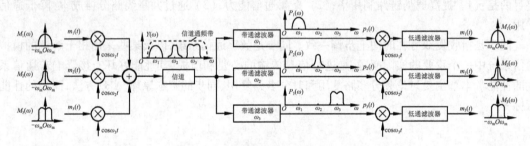

图 8-1　3 路频分复用电话通信系统原理

频分复用是利用各路信号在频率域不相互重叠来区分的。若相邻信号之间产生相互干扰,将会使输出信号产生失真。为了防止相邻信号之间产生相互干扰,应合理选择载波频率 $f_{c1}, f_{c2}, \cdots, f_{cn}$,并使各路已调信号频谱之间留有一定的保护间隔,如图 8-2 所示。

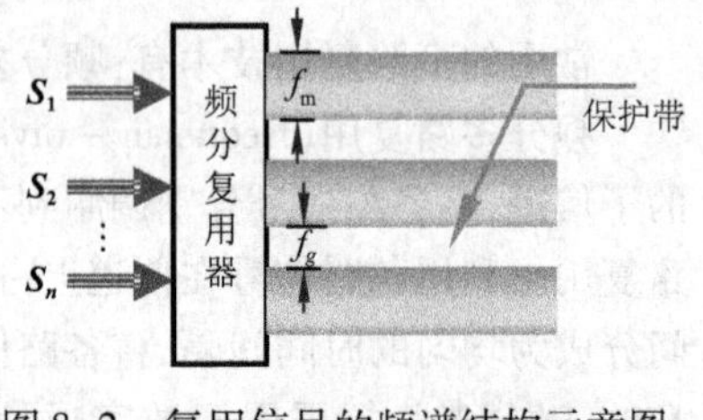

设相邻信道之间需加防护频带 f_g,基带信号的带宽为 f_m,因此,n 路频分复用信号的总带宽为

图 8-2　复用信号的频谱结构示意图

$$B_n = nf_m + (n-1)f_g \tag{8-1-1}$$

如通信卫星机构(Intelsat)采用一种固定分配的 FDMA 制式来传送多路模拟话音(见图 8-3)。世界各地多个地面站共用卫星的某 36 MHz 的转发器;每个站点按预先分配好的频带使用。

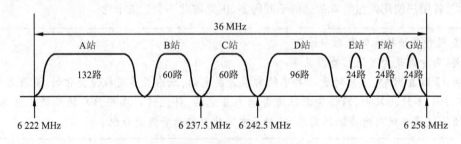

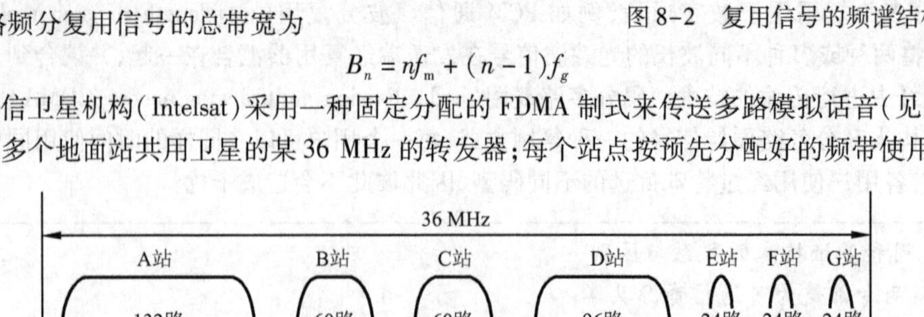

图 8-3　卫星模拟通信的 FDMA

2. 模拟电话多路复用系统

目前,多路载波电话系统是按照 CCITT 建议,采用单边带调制频分复用方式。北美多路载波

电话系统中,由 12 路电话复用为一个基群(basic group),如图 8-4 所示。

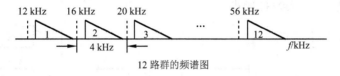

12 路群的频谱图

图 8-4 14 路电话复用为一个基群

每路电话信号的频带限制在 300 ~ 3 400 Hz,为了在各路已调信号间留有保护间隔,每路电话信号取 4 000 Hz 作为标准带宽。

如果需要传输更多的话路数,可以将 5 个基群复用为一个超群(supergroup),共 60 路电话;由 10 个超群复用为一个主群(mastergroup),共 600 路电话;可以将多个主群进行复用,组成超主群,如图 8-5 所示。

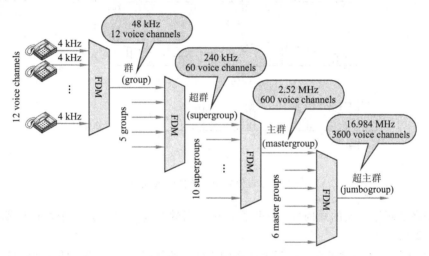

图 8-5 FDM 分层多路复用(载波电话)

FDM 技术主要用于模拟信号的传输。其主要优点是信道利用率高,技术成熟;缺点是设备复杂,滤波器难以制作,并且在复用和传输过程中,调制、解调等过程会不同程度地引入非线性失真,而产生各路信号的相互干扰,因此频分复用信号的抗干扰性能较差。

8.1.2 时分多路复用与复接技术

1. 时分多路复用

时分多路复用通信,是各路信号在同一信道上占有不同时间间隙进行通信。时分多路复用是建立在抽样定理基础上,因为抽样定理使连续的基带信号变成在时间上离散的抽样脉冲,一般而言,抽样脉冲是相当窄的,因此已抽样信号只占用了有限的时间。而在两个抽样脉冲之间将空出较大的时间间隔,可以利用这些时间间隔传输其他信号的抽样值,达到在一条信道同时传输多个基带信号的目的。

图 8-6 为时分多路复用系统框图,图 8-7 为其波形图。各路信号经低通滤波器将频带限制在 3 400 Hz 以下,然后加到快速电子旋转开关(称分配器)S_1,S_1 开关不断重复地做匀速旋转,每旋转一周的时间等于一个抽样周期 T,这样就做到对每一路信号每隔周期 T 时间抽样一次。由此可见,发端分配器不仅起到抽样的作用,同时还起到复用合路的作用。合路后的抽样信号送到 PCM

编码器进行量化和编码,然后将数字信码送往信道。在送入信道之前,根据信道特性可先进行调制,将信号变换成适于信道传输的形式。

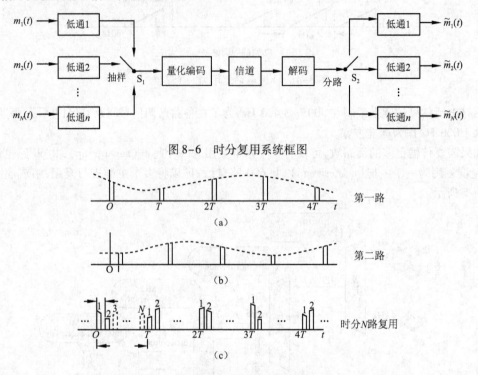

图 8-6　时分复用系统框图

图 8-7　时分复用系统框图及波形

抽样时各路每轮一次的总时间(即开关旋转一周的时间),也就是一个抽样周期称为 1 帧(125 μs),即 8 000 帧/s。

在接收端,有一个与发送端转换开关严格同步的接收转换开关,顺序地将各路抽样信号分开并送入相应的低通滤波器,重建成话音信号。由此可见收端的分配器起到解复用的作用,所以收端旋转开关相当于叫分路门。

与 FDM 方式相比,TDM 方式主要有以下两个突出优点:

(1)多路信号的复接和分路都是采用数字处理方式实现,通用性和一致性好,比 FDM 的模拟滤波器分路简单、可靠、且易于集成,成本较低。

(2)信道的非线性会在 FDM 系统中产生交调失真和高次谐波,引起路间串话。因此,要求信道的线性特性要好。而 TDM 系统对信道的非线性失真要求可降低。

要注意的是:为保证正常通信,收、发端旋转开关 S_1,S_2 必须同频同相。同频是指 S_1,S_2 的旋转速度要完全相同。同相是指发端的旋转开关 S_1 从接点 1 开始,按顺序、周期性地接入接点 $1,2,\cdots,$ N 时,则 S_2 也必须按发端相同的顺序从接点 1 开始,周期性地接入接点 $1,2,\cdots,N$。以保证收发两端各路信号的轮流排队次序一致,否则收端将收不到本路信号。为此要求收、发双方必须保持严格的同步。

2. 时分复用中的同步技术

时分复用通信中的同步技术包括位同步(或时钟同步)和帧同步,这是数字通信的又一个重要特点。位同步是最基本的同步,是实现帧同步的前提。位同步的基本含义是收、发两端的时钟频率必须同频、同相,这样接收端才能正确接收和判决发送端送来的每一个码元。为了达到收、发端同频、同相,在设计传输码型时,一般要考虑传输的码型中应含有发送端的时钟频率成分。这样,接收端从接收到 PCM 码中提取出发端时钟频率来控制收端时钟,就可做到位同步。

帧同步是为了保证收、发各对应的话路在时间上保持一致,这样接收端就能正确接收发送端送来的每一个话路信号,当然这必须是在位同步的前提下实现。为了建立收、发系统的帧同步,需要在每一帧(或几帧)中的固定位置插入具有特定码型的帧同步码。这样,只要收端能正确识别出这些帧同步码,就能正确辨别出每一帧的首尾,从而能正确区分出发端送来的各路信号。

3. 时分复用 PCM30/32 路系统的帧结构

现以 PCM30/32 路电话系统为例,来说明时分复用的帧结构,PCM30/32 路电话系统又称为 PCM 一次群信号(或基群)。PCM30/32 路系统的高次群,如二次群、三次群等均是以基群系统作为基本单元的。

在讨论时分多路复用原理时曾指出,时分多路复用的方式是用时隙来分割的,每一路信号分配一个时隙称为路时隙,帧同步码和信令码也各分配一个路时隙。PCM30/32 系统的意思是整个系统共分为 32 个路时隙,其中 30 个路时隙分别用来传送 30 路话音信号,一个路时隙用来传送帧同步码,另一个路时隙用来传送信令码。图 8-8 是 CCITT 建议 G.732 规定的 PCM30/32 路电话系统的帧结构。

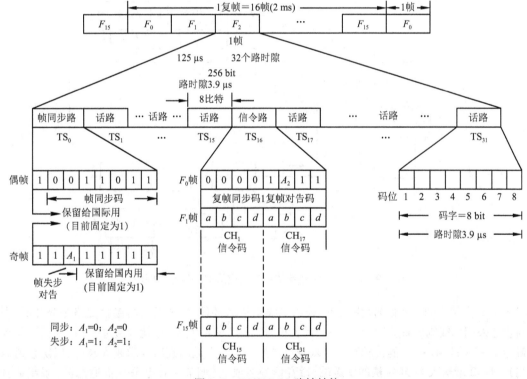

图 8-8 PCM30/32 路帧结构

从图中可看出,PCM30/32 路系统每一帧(每帧的时间为 125 μs)包含有 32 个路时隙,其编号为 TS_0,TS_1,$\cdots$,TS_{31},每个路时隙的时间为 $125/32 = 3.9$ μs。每一路时隙包含有 8 个位时隙,其编号为 D_1,D_2,$\cdots$,D_8,每个位时隙的时间为 $3.9/8 = 0.488$ μs。

路时隙 $TS_1 \sim TS_{15}$ 分别传送第 $1 \sim 15$ 路的信码,路时隙 $TS_{17} \sim TS_{31}$ 分别传送第 $16 \sim 30$ 路的信码。偶帧 TS_0 时隙传送帧同步码,其码型为 $\{\times 0011011\}$。奇帧 TS_0 时隙码型为 $\{\times 1 A_1 SSSSS\}$,其

中 A_1 是对端告警码，$A_1=0$ 时表示帧同步，$A_1=1$ 时表示帧失步；S 为备用比特，可用来传送业务码；× 为国际备用比特或传送循环冗余校验码（CRC 码），它可用于监视误码。

为保证电话通信的顺利进行，PCM 通信系统除了完成话音信号的编、译码及传输外，还必须在交换机和用户之间以及交换机和交换机之间，迅速、准确地完成占用、拨号、振铃、应答等信号的传递和交换。PCM 系统称上述信号为信令信号。信令信号抽样频率 500 Hz，抽样周期 2 ms，因此只要每隔 16 帧传一次，这样又将 16 帧合为一复帧，编号为 F_0 帧，F_1 帧，…，F_{15} 帧。

F_0 帧 TS_{16} 时隙前 4 位码为复帧同步码，其码型为 0000，保证收发两端各路信令码在时间上对准；另 F_0 TS_{16} 时隙的第 6 位 A_2 为复帧失步对告码。

$F_1 \sim F_{16}$ 帧的 TS_{16} 时隙用来传送 30 个话路的信令码。F_1 帧 TS_{16} 时隙前 4 位码用来传送第 1 路信号的信令码，后 4 位码用来传送第 16 路信号的信令码……直到 F_{16} 帧 TS_{16} 时隙前后各 4 位码分别传送第 15 路和第 30 路信号的信令码，这样一个复帧中各个话路分别轮流传送信令码一次。按图 8-8 所示的帧结构，并根据抽样理论，每帧频率应为 8 000 帧/s，帧周期为 125 μs，所以 PCM30/32 路系统的总数码率是

$$f_s = 8\ 000(帧/s) \times 32(路时隙/帧) \times 8(bit/路时隙) = 2\ 048\ kbit/s = 2.048\ Mbit/s$$

图 8-9 所示为 PCM30/32 路系统单片集成编解码器原理框图。

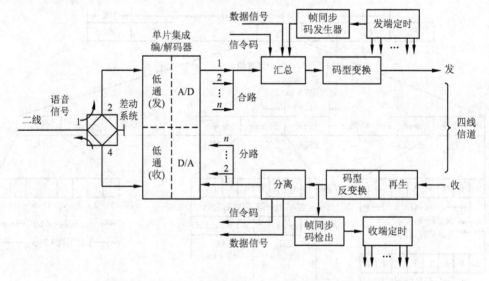

图 8-9 PCM30/32 路系统单片集成编解码器原理框图

图 8-9 中用户的话音信号（发与收）采用二线制传输，但端机的发送与接收支路是分开的，即发与收是采用四线制传输。因此，用户的话音信号需经 2/4 线变换，也就是通过差动变量器（差动变量器 1→2 端与 4→1 端的传输衰减要求越小越好，但 4→2 端的衰减要求越大越好，以防止通路振鸣）。1→2 端送入 PCM 端机的发送端，话音信号经放大（调节话音电平）、低通滤波（限制话音频带、防止折叠噪声）、抽样、合路和编码。编码后的 PCM 码与帧同步码、信令码汇总，汇总电路里按 PCM30/32 系统帧结构排列，最后经码型变换成适宜于信道传输的码型送往信道。接收端首先将接收到信号进行再生和整形，然后经过码型反变换，恢复成原来的码型，再由分离电路将 PCM 码、信令码、帧同步码、数据信号码分离，分离出的话路信码经解码、分路门恢复出每一路的 PCM 信号，然后经低通平滑，恢复成每一路的话音模拟信号，最后经放大、差动变量器 4→1 端送至用户。收端定时电路所提取定时时钟，除了用于抽样判决、识别每一个码元外，还由它来控制收端定

时系统产生收端所需的各种脉冲信号。

【例8-1】 已知 32 路时分多路复用 PCM 数字电话系统,每个话路的抽样速率是 8 kHz,每个样值编成 8 位二进制数码。

试求(1) 路时隙宽度 T_c;

(2)输出码流速率 R_b;

(3)信道的最小传输带宽 B_{min};

(4)平均每路电话占用的最小带宽。

解 由于 $n = 8$, $N = 32$, $f_s = 8\ 000$ Hz,可求得

(1)帧时隙宽度 $T = 1/f_s = 125$ μs

路时隙宽度 $T_e = T/N = 125/32 = 3.9$ μs

(2)输出码流数码率 R_b: $R_b = n/T_c = nNf_s = 2.048$ Mbit/s

(3)信道的最小传输带宽 B_{min}; $B_{min} = R_b/2 = 1.024$ MHz

(4)平均每路电话占用的最小带宽。 $1.024 \times 10^6 \div 32 = 32$ kHz

4. 数字复接技术

在数字通信系统中,为了扩大传输容量,通常将若干个低等级的支路比特流汇集成一个高等级的比特流在信道中传输。这种将若干个低等级的支路比特流合成为高等级比特流的过程称为数字复接。完成复接功能的设备称为数字复接器。在接收端,需要将复接数字信号分离成各支路信号,该过程称为数字分接,完成分接功能的设备称为数字分接器。由于在时分多路数字电话系统中每帧长度为 125 μs,因此,传输的路数越多,每比特占用的时间就越少,实现的技术难度也就越高。

📖 需指出,时分复用和数字复接具有相同的本质,对于数字复接设备,参与处理和处理后的信号都是数字的,而对时分复用设备则没有这个限制。数字复接是一种时分复用,因而时分复用具有更广的含义,它是构成所有数字通信的基础。

关于复用和复接,ITU - T 对 TDM 多路电话通信系统,制定了准同步数字体系(PDH)和同步数字体系(SDH)两套标准建议。

8.2 准同步数字体系和同步数字体系

8.2.1 准同步数字体系(PDH)

CCITT 已推荐了两类准同步数字速率系列和复接等级,两类数字速率系列(E 体系和 T 体系)的数字复接等级如表 8-1 所示。

表 8-1 PDH 两类数字速率系列

体系	层 次	比特率/(Mbit/s)	路数/(路×64kbit/s)
E 体系	E - 1	2.048	30
	E - 2	8.448	120
	E - 3	34.368	480
	E - 4	139.264	1920
	E - 5	565.148	7680

体系	层　　次	比特率(Mbit/s)	路数(路×64kbit/s)
T 体 系	T－1	1.544	24
	T－2	6.312	96
	T－3	32.064(日本)	480
		44.736(北美各国)	672
	T－4	97.728(日本)	1440
		4032	274.176(北美各国)
	T－5	397.200(日本)	5760
		8064	560.160(北美各国)

E 体系为我国、欧洲各国及国际连接采用,T 体系为北美各国、日本和其他少数国家和地区采用。这样的复接系列具有如下优点:(1)易于构成通信网,便于分支与插入,并具有较高的传输效率,复用倍数适中,多在 3～5 倍之间;(2)可视电话和电视信号等能与某个高次群相适应。(3)与传输系统,如对称电缆、同轴电缆、微波、波导和光纤等的传输容量相匹配。

CCITT 对 PCM 各等级信号接口码型的建议如表 8-2 所示。

表 8-2　CCITT 对 PCM 各等级信号接口码型

群路等级	一　次　群	二　次　群	三　次　群	四　次　群
接口速率(kbit/s)	2 048	8 448	34 368	139 264
接口码型	HDB3	HDB3	HDB3	CMI

1. PCM 复用和数字复接

扩大数字通信容量有两种方法。一种方法是采用 PCM30/32 路系统(又称基群或一次群)复用的方法。例如需要传送 120 路电话时,可将 120 路话音信号分别用 8 kHz 抽样频率抽样,然后对每个抽样值编 8 位码,其数码率为 $8\,000 \times 8 \times 120 = 7\,680$ kbit/s。由于每帧时间为 125 μs,每个路时隙的时间只有 1 μs 左右,这样每个抽样值编 8 位码的时间只有 1 μs 时间,其编码速度非常高,对编码电路及元器件的速度和精度要求很高,实现起来非常困难。但这种方法从原理上讲是可行的,这种对 120 路话音信号直接编码复用的方法称 PCM 复用。

另一种方法是数字复接,就是将几个经 PCM 复用后的数字信号(如 4 个 PCM30/32 系统)再进行时分复用,形成更多路的数字通信系统。显然,经过数字复用后的信号的数码率提高了,但是对每一个基群编码速度没有提高,实现起来容易,目前广泛采用这种方法提高通信容量。由于这种数字复用是采用数字复接的方法来实现的,又称数字复接技术。

2. 数字复接的实现

数字复接的实现方法从码元的排列方式来划分,主要有按位复接、按字复接和按帧复接,

按位复接又叫比特复接,即复接时每支路依次复接一个比特。图 8-10(a)所示是 4 个 PCM30/32 系统 TS$_1$ 时隙(CH$_1$ 话路)的码字情况。图 8-10(b)是按位复接后的二次群中各支路数字码排列情况。按位复接方法简单易行,设备也简单,存储器容量小,目前 PDH 大多采用这种方式,其缺点是破坏了字节的完整性,对以字节为单位的信号交换和处理不利。

图 8-10 (c)是按字复接,对 PCM30/32 系统来说,一个码字有 8 位码,它是将 8 位码先储存起来,在规定时间四个支路轮流复接,这种方法有利于数字电话交换,但要求有较大的存储容量。SDH 大多采用这种方式。

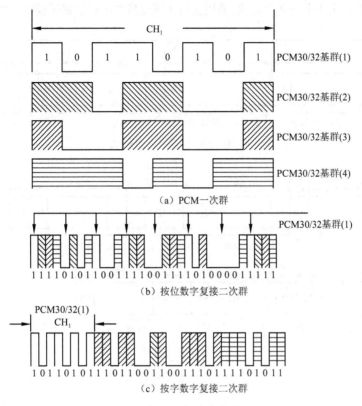

（a）PCM一次群

（b）按位数字复接二次群

（c）按字数字复接二次群

图 8-10　按位复接与接字复接示意图

按帧复接是每次复接一个支路的一个帧（如 PCM 一次群一帧含有 256 bit），这种方法的优点是复接时不破坏原来的帧结构，有利于交换，但要求更大的存储容量，目前较少使用。

3. 数字复接同步的方法

数字复接同步的方法（有时也简称为数字复接的方法）有两种，即同步复接和异步复接，是从时钟来源进行划分的。

同步复接是用一个高稳定的主时钟来控制被复接的几个低次群，使这几个低次群的码速统一在主时钟的频率上，这样就达到系统同步的目的。这种同步方法的缺点是主时钟一旦出现故障，相关的通信系统将全部中断。它只限于在局部区域内使用。

异步复接是各低次群使用各自的时钟。这样，各低次群的时钟速率就不一定相等，因而在复接时先要进行码速调整，使各低次群同步后再复接。

不论同步复接或异步复接，都需要码速变换。虽然同步复接时各低次群的数码率完全一致，但复接后的码序列中还要加入帧同步码、对端告警码等码元，这样数码率就要增加，因此需要码速变换。

CCITT 规定以 2 048 kbit/s 为一次群的 PCM 的速率，二次群的数码率为 8 448 kbit/s。按理说，PCM 二次群的数码率是 4 × 2 048 kbit/s = 8 192 kbit/s。当考虑到 4 个 PCM 一次群在复接时插入了帧同步码、告警码、插入码和插入标志码等码元，这些码元的插入，使每个基群的数码率由 2 048 kbit/s 调整到 2 112 kbit/s，这样 4 × 2 112 kbit/s = 8 448 kbit/s。码速调整后的速率高于调整前的速率，称正码速调整。

【例 8-2】　PCM 异步复接二次群帧结构。以二次群复接为例，分析其帧结构。根据 ITU-

TG. 742 建议,二次群由 4 个一次群合成,采用正码速调整的二次群复接子帧结构如图 8-11 所示。

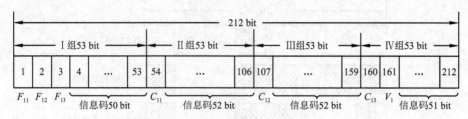

（a）基群支路插入码及信息码分配

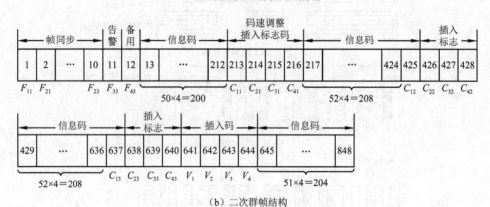

（b）二次群帧结构

图 8-11　二次群复接子帧结构

一次群码率为 2.048 Mbit/s,二次群码率为 8.448 Mbit/s。二次群每一帧共有 848 bit(所以帧周期为 100.38 μs),分成四组,每组 212 比特,称为子帧,子帧码率为 2.112 Mbit/s。

经计算得出,各一次群(支路)码速调整之前(速率 2 048 kbit/s 左右)100.38 μs 内有 205 ～ 206 个码元,因码速调整之后(速率为 2 112 kbit/s)100.38 μs 内应有 212 个码元(bit),所以应插入 6 ～ 7 个码元。以第 1 个一次群为例 100.38 μs 内插入码及信息码分配情况如图 8-11(a)所示,其他支路与之类似。一个子帧有 212 bit 分为四组,每组 53 bit。第一组中的前 3 bit,即 F_{11}、F_{12}、F_{13} 用于帧同步和管理控制,然后是 50 bit 信息。第二、三、四组中的第 1 bit,即 C_{11}、C_{12}、C_{13} 为码速调整标志比特。第四组的第 2 bit(本子帧的第 161 bit)V_1 为码速调整插入比特,其作用是调整基群码速,使其瞬时码率保持一致并和复接器主时钟相适应。具体调整方法是:在第一组结束时刻进行是否需要调整的判决,若需要进行调整,则在 V_1 位置插入调整比特;若不需要调整,则 V_1 位置传输信息比特。为了区分 V_1 位置是插入调整比特还是传输信息比特,用码速调整标志比特 C_{11}、C_{12}、C_{13} 来标志。若 V_1 位置插入调整比特,则在 C_{11}、C_{12}、C_{13} 位置插入 "1";若 V_1 位置传输信息比特,则在 C_{11}、C_{12}、C_{13} 位置插入 "0"。

可见插入标志码的作用就是用来通知收端第 161 位有无插入,以便收端"消插"。在分接器中,除了需要对各支路信号分路外,还要根据 C_{11}、C_{12}、C_{13} 的状态将插入的调整比特扣除。若 C_{11}、C_{12}、C_{13} 为"111",则 V_1 位置插入的是调整比特,需要扣除;若 C_{11}、C_{12}、C_{13} 为"000",则 V_1 位置是传输信息比特,不需要扣除。采用 3 位码"111"和"000"来表示两种状态,是为了防止由于信道误码而导致的收端错误判决。判决的方法为"三中取二",即当收到两个以上的"1"码时,认为有 V_1 插入,当收到两个以上的"0"码时,认为无 V_1 插入,因此具有一位纠错能力,从而提高了对 V_1 码识别的可靠性。

综上所述,异步复接二次群的帧周期为 100.38 μs,帧长度为 848 bit。其中有 $4 \times 205 = 820$ bit

通信原理

（最少）为信息码（这里的信息码指的是四个一次群码速调整之前的码元，即不包括插入的码元），有 28 bit 的插入码（最多）。28bit 的插入码具体安排如表 8-3 所示。

表 8-3　比特插入码的具体安排

插入码个数/bit	作　　用
10	二次群帧同步码（1111010000）
1	告警
1	备用
4（最多）	码速调整用的插入码
4×3 = 12	插入标志码

图 8-11（b）的二次群是四个一次群分别码速调整后，即插入一些附加码以后按位复接得到的。

8.2.2　同步数字体系（SDH）

PDH 准同步数字系列主要是为话音业务设计的，已远不能适应现代通信网中对传输信号的宽带化、多样化、智能化的要求，PDH 存在的不足如下：

（1）只有地区性的数字信号速率和帧结构而不存在世界性的标准。现行国际上有三种信号速率等级，即欧洲系列、北美系列和日本系列。这三种通行的信号速率等级互不兼容，造成了国际互通的困难。

（2）没有世界性的标准光接口规范。各个厂家自行开发的专用光接口互不兼容。

（3）PDH 是建立在点对点传输基础上的复用结构。它只支持点对点传输，PDH 网络拓扑缺乏灵活性，数字设备的利用率较低，不能提供最佳的路由选择。

（4）在 PDH 系统的帧结构中，用于网络操作、管理和维护的额外比特太少，无法满足新一代传输网的发展要求。

（5）只有 1.5 Mbit/s 和 2 Mbit/s 是同步复用的，其他从低次群到高次群采用异步复接，要插入/取出低速分路信号需要采用逐级分接/复接方法（背靠背），如图 8-12 所示。结构复杂、成本高。为了解决上述问题，SDH 作为一种结合高速大容量光传输技术和智能网络技术的新体制，就在这种情况下诞生了。

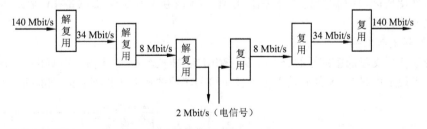

图 8-12　PDH 分插复用

1. SDH 的概念

SDH 网是由一些 SDH 的网络单元（NE）组成的，在光纤上进行同步信息传输、复用、分插和交叉连接的网络（SDH 网中不含交换设备，它只是交换局之间的传输手段）。SDH 网有以下几个优点：

（1）SDH网有全世界统一的网络节点接口（NNI），从而简化了信号的互通以及信号的传输、复用、交叉连接等过程。

（2）SDH网有一套标准化的信息结构等级，称为同步传递模块，并具有一种块状帧结构，允许安排丰富的开销比特（即比特流中除去信息净负荷后的剩余部分）用于网络的OAM。

（3）SDH网有一套特殊的复用结构，允许现存准同步数字体系（PDH）、同步数字体系和B-ISDN的信号都能纳入其帧结构中传输，即具有兼容性和广泛的适应性。

（4）SDH网大量采用软件进行网络配置和控制，增加新功能和新特性非常方便，适合将来不断发展的需要。

（5）SDH网有标准的光接口，即允许不同厂家的设备在光路上互通。

（6）SDH网的基本网络单元有终端复用器（TM）、分插复用器（ADM）、再生中继器（REG）和同步数字交叉连接设备（SDXC）等。

SDH的缺点主要有：

（1）SDH的频带利用率不如传统的PDH系统。

（2）采用指针调整技术会使时钟产生较大的抖动，造成传输损伤。

（3）大规模使用软件控制和将业务量集中在少数几个高速链路和交叉节点上，这些关键部位出现问题可能导致网络的重大故障，甚至造成全网瘫痪。

2. 同步体系（SDH）的速率等级

SDH具有统一规范的速率，信息以同步传输模块（STM）的结构进行传输，各级的容量（路数）之间为4倍关系，如表8-4所示。

表8-4　SDH的速率

SDH等级	比特率/（Mbit/s）
STM-1（1920CH）	155.52
STM-4（7680CH）	622.08
STM-16（30720CH）	2488.32
STM-64（122880CH）	9953.28

由于帧周期的恒定使STM-N信号的速率有其规律性。例如STM-4的传输数速恒定的等于STM-1信号传输数速的4倍，STM-16恒定等于STM-4的4倍，等于STM-1的16倍。SDH信号的这种规律性使高速SDH信号直接分/插出低速SDH信号成为可能，如图8-13所示，因此特别适用于大容量的传输情况。

3. STM-N的帧结构

为了便于实现支路低速信号的分/插、复用和交换，即从高速SDH信号中直接上/下低速支路信号。ITU-T规定了STM-N的帧是以字节（8 bit）为单位的矩形块状帧结构，如图8-14所示。

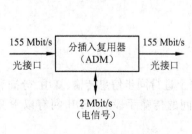

图8-13　SDH分插复用

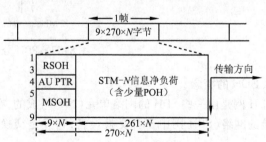

图8-14　STM-N帧结构图

通信原理

📖 为了便于对信号进行分析,往往将信号的帧结构等效为块状帧结构,这不是 SDH 信号所特有的,PDH 信号、ATM 信号分组交换的数据包,它们的帧结构都算是块状帧。例如,E1 信号的帧是 32 个字节组成的 1 行×32 列的块状帧,ATM 信号是 53 个字节构成的块状帧。将信号的帧结构等效为块状,仅仅是为了分析方便。

SDH-N 帧是由 9 行×270×N 列($N=1,4,16,64,\cdots\cdots$)的 8 bit 字节组成的码块,此处的 N 与 STM-N 的 N 相一致,表示此信号由 N 个 STM-1 信号通过字节间插复用而成。故帧长 $=9\times270\times N\times8=19\,440\times N$ 比特。SDH 信号帧传输的原则是:帧结构中的字节(8 bit)从左到右,从上到下一个字节一个字节(一个比特一个比特)地传输,传完一行再传下一行,传完一帧再传下一帧。

📖 STM-N 帧中单独一个字节的比特传输速率的计算:STM-N 的帧频为 8 000 帧/s,这就是说信号帧中某一特定字节每秒被传送 8 000 次,那么该字节的比特速率为 $8\,000\times8$ bit $=64$ kbit/s。这个数字 64 kbit/s 就是一路数字电话的传输速率。

从图 8-14 中看出,STM-N 的帧结构由 3 部分组成:段开销(SOH)区域,包括再生段开销(RSOH)、复用段开销(MSOH),以及管理单元指针(AU-PTR)和信息净负荷(payload)。对 STM-1 来说,SOH 的速率为 $[8\,000\times(3+5)\times9\times8]=4.608$ Mbit/s。AU-PTR 的速率为 $[8\,000\times1\times9\times8]=0.576$ Mbit/s。信息净负荷的速率为 $[8\,000\times9\times261\times8]$ bit/s $=150.336$ Mbit/s

(1)信息净负荷(payload):是在 STM-N 帧结构中存放将由 STM-N 传送的各种信息码块的地方。图 8-14 中横向 $10\times N\sim270\times N$,纵向第 1 行至第 9 行的 $2\,349\times N$ 字节都属于这个区域。信息净负荷区还包含少量的通道开销(POH)字节,用于监视、管理和控制通道性能。

📖 STM-1 信号可复用进 63×2 Mbit/s 的信号,换一种说法可将 STM-1 信号看成一条传输大道,在这条大路上又分成了 63 条小路,每条小路通过相应速率的低速信号,那么每一条小路就相当于一个低速信号通道,通道开销的作用就可以看成监控这些小路的传送状况了。这 63 个 2 Mbit/s 通道复合成了 STM-1 信号这条大路——此处可称为"段"了。因此所谓通道指相应的低速支路信号,POH 的功能就是监测这些低速支路信号在由 STM-N 这辆货车承载,在 SDH 网上运输时的性能。

另外信息净负荷并不等于有效负荷,因为信息净负荷中存放的是经过打包的低速信号,即将低速信号加上了相应的 POH。

(2)段开销(SOH):为了保证信息净负荷正常、灵活传送所必须附加的供网络运行、管理和维护(OAM)使用的字节。帧结构中左边 $9\times N$ 列×8行(除去第 4 行)分配给段开销。

段开销又分为再生段开销(RSOH)和复用段开销(MSOH),分别对相应的段层进行监控。每经过一个再生段更换一次 RSOH,每经过一个复用段更换一次 MSOH。再生段开销 RSOH 负责对整个 STM-N 信号的监控管理。复用段开销 MSOH 负责对 STM-N 中每一个 STM-1 信号的监控管理。图 8-15 标出在 SDH 网实际系统组成中的再生段、复用段和通道的位置。

📖 RSOH、MSOH、POH 提供了对 SDH 信号的层层细化的监控功能。例如,2.5G 系统,RSOH 监控的是整个 STM-16 的信号传输状态;MSOH 监控的是 STM-16 中每一个 STM-1 信号的传输状态;POH 则是监控每一个 STM-1 中每一个打包了的低速支路信号(例如 2 Mbit/s)的传输状态。这样通过开销的层层监管功能,使你可以方便地从宏观(整体)和微观(个体)的角度来监控信号的传输状态,便于分析、定位。

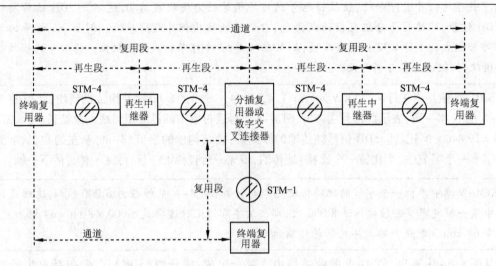

图 8-15　再生段、复用段和通道在 SDH 网中的位置

再生段开销在 STM-N 帧中的位置是第一到第三行的第一到第 $9 \times N$ 列,共 $3 \times 9 \times N$ 个字节;复用段开销在 STM-N 帧中的位置是第 5 到第 9 行的第一到第 $9 \times N$ 列,共 $5 \times 9 \times N$ 个字节。与 PDH 信号的帧结构相比较,段开销丰富是 SDH 信号帧结构的一个重要的特点。

(3)管理单元指针(AU-PTR):管理单元指针位于 STM-N 帧中第 4 行的 $9 \times N$ 列,共 $9 \times N$ 个字节,它是用来指示信息净荷的第一个字节在 STM-N 帧中的准确位置,以便在接收端能正确地分路。SDH 能够从高速信号中直接分/插出低速支路信号(例如 2 Mbit/s),就是因为低速支路信号在高速 SDH 信号帧中的位置有预见性或有规律性。预见性的实现就在于 SDH 帧结构中指针开销字节功能。

指针有高、低阶之分,高阶指针是 AU-PTR,低阶指针是 TU-PTR(支路单元指针),TU-PTR 的作用类似于 AU-PTR,它指示 VC 净负荷起点在 TU 帧内的位置。AU-PTR 指示 VC 净负荷起点在 AU 帧内的位置。

📖此处有两个指针 AU-PTR 和 TU-PTR,为什么要两个？两个指针提供了两级定位功能,AU-PTR 使收端正确定位、分离 VC-4;而 VC-4 可装载 3 个 VC-3,TU-PTR 则相应的定位每个 VC-3 起点的具体位置。从而,在接收端通过 AU-PTR 定位到相应的 VC-4,又通过 TU-PTR 定位到相应的 VC-3。

AU-PTR 的作用可以这样来理解:若仓库中以堆为单位存放了很多货物,每堆货物中的各件货物(低速支路信号)的摆放是有规律的(字节间插复用),那么若要定位仓库中某件货物的位置,知道这堆货物的具体位置就可以了,也就是说只要知道这堆货物的第一件货物放在哪里,然后通过本堆货物摆放位置的规律性,就可以直接定位出本堆货物中任一件货物的准确位置,这样就可以直接从仓库中搬运(直接分/插)某一件特定货物(低速支路信号)。AU-PTR 的作用就是指示这堆货物中第一件货物的位置。

4. SDH 的复用结构和步骤

SDH 的复用包括两种情况:一种是低阶的 SDH 信号复用成高阶 SDH 信号;另一种是低速支路信号(如 2 Mbit/s、34 Mbit/s、140 Mbit/s)复用成 SDH 信号 STM-N。

第一种情况在前面已有所提及,复用主要通过字节间插复用方式来完成的,复用的个数是四合一,即 $4 \times STM-1 \to STM-4, 4 \times STM-4 \to STM-16$。在复用过程中保持帧频不变(8 000 帧/s),这就意味着高一级的 STM-N 信号速率是低一级的 STM-N 信号速率的 4 倍。在进行字节间插复用过程中,各帧的信息净负荷和指针字节按原值进行间插复用,而段开销则会有些取舍。在复用成的 STM-N 帧中,SOH 并不是所有低阶 SDH 帧中的段开销间插复用而成,而是舍弃了一些低阶帧中的段开销。第二种情况用得最多的就是将 PDH 信号复用进 STM-N 信号中去。

各种业务信号复用进 STM-N 帧的过程都要经历映射(相当于信号打包)、定位(相当于指针调整)、复用(相当于字节间插复用)三个步骤。

ITU-T 规定了一整套完整的复用结构(也就是复用路线),如图 8-16 所示。通过这些路线可将低速数字信号以多种方法复用成 STM-N 信号。

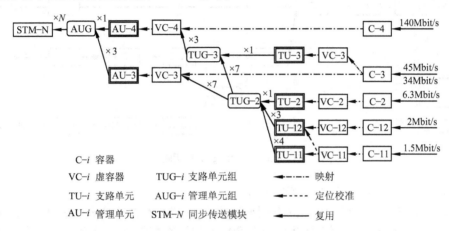

图 8-16 G.709 复用映射结构

从图 8-16 中可以看到此复用结构包括了一些基本的复用单元:C 为容器、VC 为虚容器、TU 为支路单元、TUG 为支路单元组、AU 为管理单元、AUG 为管理单元组,这些复用单元的下标表示与此复用单元相应的信号级别。

STM-N 的复用过程有如下 6 个步骤:

(1)首先,异步信号被放入相应尺寸的容器 C。

(2)由标准尺寸容器 C 加上通道附加字节 POH 便形成虚容器 VC,即 C + POH → VC。

(3)VC 加 VC 指针便形成支路单元 TU。高阶 VC(VC-3,VC-4)加指针便形成管理单元 AU,即低阶 VC + VC-PTR→TU,高阶 VC + VC-PTR→AU。

(4)多个支路单元 TU 复用后形成支路单元组 TUG,即 $N \times TU \to TUG$。TUG 也可理解为多个 TU 按一定规则顺序插入高阶 VC 的过程。

(5)高阶 VC(即 VC-3 或 VC-4)加上管理单元指针便形成管理单元 AU,即 VC-4 + AU-PTR→AU-4。AU 是一种高阶通道层和复用段层提供适配功能的信息结构,AU-PTR 用来指明高阶 VC 在 STM-N 帧的位置。一个或多个在 STM-N 帧内占有固定位置的 AU 组成管理单元组 AUG,即 $N \times AU \to AUG, N = 1$ 或 3。

(6)最后在 N 个 AUG 基础上加上段开销(SOH)便形成 STM-N 帧结构,即 $N \times AUG + SOH \to STM-N$。

从以上的复接过程来看,SDH 的形成包含映射(C→ VC)、定位校准(VC→ TU 及 VC→ AU)和同步复用($N \times AU \to AUG$)三个过程。

在图 8-16 中从一个有效负荷到 STM-N 的复用路线不是唯一的,有多条路线(也就是说有多种复用方法）。例如：2 Mbit/s 的信号有两条复用路线，也就是说可用两种方法复用成 STM-N 信号。注意：8 Mbit/s 的 PDH 信号是无法复用成 STM-N 信号的。

尽管一种信号复用成 SDH 的 STM-N 信号的路线有多种，但是对于一个国家或地区则必须使复用路线唯一化。

我国的光同步传输网技术体制规定了以 2 Mbit/s 信号为基础的 PDH 系列作为 SDH 的有效负荷，并选用 AU-4 的复用路线，其结构见图 8-17 所示。

我国的 SDH 复用结构规范可有 3 个 PDH 支路信号输入口。一个 139.264 Mbit/s 可被复用成一个 STM-1(155.520 Mbit/s)；63 个 2.048 Mbit/s 可被复用成一个 STM-1；3 个 34.368 Mbit/s 也能复用成一个 STM-1。下面以一个实例来说明 SDH 复用映射过程。

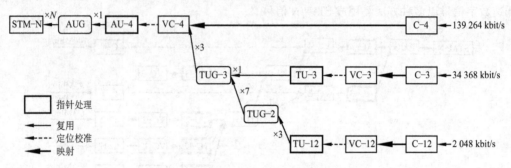

图 8-17 我国的 SDH 基本复用映射结构

【例 8-3】 140 Mbit/s 复用进 STM-N 信号。

(1)首先将 140 Mbit/s 的 PDH 信号经过码速调整（比特塞入法）适配进 C-4，C-4 是用来装载 140 Mbit/s 的 PDH 信号的标准信息结构。参与 SDH 复用的各种速率的业务信号都应首先通过码速调整适配技术装进一个与信号速率级别相对应的标准容器：2 Mbit/s→C-12、34 Mbit/s→C-3、140 Mbit/s→C-4。容器的主要作用就是进行速率调整。140 Mbit/s 的信号装入 C-4 也就相当于将其打了个包封，使 140 Mbit/s 信号的速率调整为标准的 C-4 速率。

C-4 的帧结构是以字节为单位的块状帧，帧频是 8 000 帧/s，也就是说经过速率适配，140 Mbit/s 的信号在适配成 C-4 信号时已经与 SDH 传输网同步了。这个过程也就相当于 C-4 装入了异步 140 Mbit/s 的信号。C-4 的帧结构如图 8-18 所示。

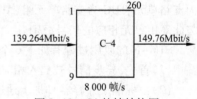

图 8-18 C4 的帧结构图

C-4 信号的帧有 260 列 × 9 行（PDH 信号在复用进 STM-N 中时，其块状帧一直保持是 9 行），那么 E-4 信号适配速率后的信号速率（也就是 C-4 信号的速率）为：8 000 帧/s × 9 × 260 × 8 bit = 149.760 Mbit/s。所谓对异步信号进行速率适配，其实际含义就是指当异步信号的速率在一定范围内变动时，通过码速调整可将其速率转换为标准速率。在这里，E-4 信号的速率范围是 139.264 Mbit/s × (1 ± 15 × 10^{-6})(G.703 规范标准) = (139.261 ~ 139.266)Mbit/s，那么通过速率适配可将这个速率范围的 E-4 信号，调整成标准的 C-4 速率 149.760 Mbit/s，也就是说能够装入 C-4 容器。

(2)为了能够对 140 Mbit/s 的通道信号进行监控，在复用过程中要在 C-4 的块状帧前加上一列通道开销字节（高阶通道开销 VC-4 POH），此时信号成为 VC-4 信息结构，见图 8-19 所示。

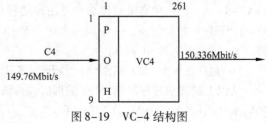

图 8-19 VC-4 结构图

VC-4 是与 140 Mbit/s PDH 信号相对应的标准虚容器,此过程相当于对 C-4 信号再打一个包封,将对通道进行监控管理的开销(POH)打入包封中去,以实现对通道信号的实时监控。

虚容器(VC)的包封速率也是与 SDH 网络同步的,不同的 VC(例如与 2 Mbit/s 相对应的 VC-12、与 34 Mbit/s 相对应的 VC-3)是相互同步的,而虚容器内部却允许装载来自不同容器的异步净负荷。虚容器这种信息结构在 SDH 网络传输中保持其完整性不变,也就是可将其看成独立的单位(货包),十分灵活和方便地在通道中任一点插入或取出,进行同步复用和交叉连接处理。

其实,从高速信号中直接定位上/下的是相应信号的 VC 这个信号包,然后通过打包/拆包来上/下低速支路信号。

在将 C-4 打包成 VC-4 时,要加入 9 个开销字节,位于 VC4 帧的第一列,这时 VC-4 的帧结构,就成了 9 行×261 列。可见 VC-4 其实就是 STM-1 帧的信息净负荷。将 PDH 信号经打包成 C,再加上相应的通道开销而成 VC 这种信息结构,这个过程就叫映射。

(3)货物都打成了标准的包封,现在就可以往 STM-N 这辆车上装载了。装载的位置是其信息净负荷区。在装载货物(VC)的时候会出现这样一个问题,当货物装载的速度和货车等待装载的时间(STM-N 的帧周期 125 μs)不一致时,就会使货物在车厢内的位置"浮动",那么在收端怎样才能正确分离货物呢? SDH 采用在 VC-4 前附加一个管理单元指针(AU-PTR)来解决这个问题。此时信号由 VC-4 变成了管理单元 AU-4 这种信息结构,如图 8-20 所示。

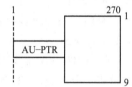

图 8-20　AU-4 结构图

AU-4 这种信息结构已初具 STM-1 信号的雏形,具有 9 行×270 列,只不过缺少 SOH 部分而已,这种信息结构其实也算是将 VC-4 信息包再加了一个包封(AU-4)。

管理单元为高阶通道层和复用段层提供适配功能,由高阶 VC 和 AU 指针组成。AU 指针的作用是指明高阶 VC 在 STM 帧中的位置。通过指针的作用,允许高阶 VC 在 STM 帧内浮动,即允许 VC-4 和 AU-4 有一定的频偏和相差;简单而言,容忍 VC-4 的速率和 AU-4 包封速率(装载速率)有一定的差异。这个过程形象的看,就是允许货物的装载速度与车辆的等待时间有一定的时间差异。这种差异性不会影响收端正确的定位、分离 VC-4。尽管货物包可能在车厢内(信息净负荷区)"浮动",但是 AU-PTR 本身在 STM 帧内的位置是固定的。由于 AU-PTR 不在净负荷区,而是和段开销在一起。这就保证了收端能正确的在相应位置找到 AU-PTR,进而通过 AU 指针定位 VC-4 的位置,进而从 STM-N 信号中分离出 VC-4。

一个或多个在 STM 帧中占用固定位置的 AU 组成 AUG→管理单元组。

(4)最后将 AUG 加上相应的 SOH 合成 STM-1 信号,N 个 STM-1 信号通过字节间插复用成 STM-N 信号。整个复用过程如图 8-21 所示。

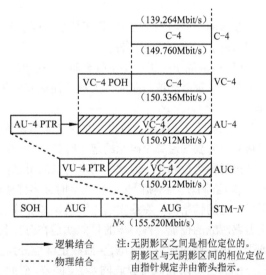

图 8-21　140Mbit/s 复用进 STM-N 信号过程示意

📖 从 140 Mbit/s 的信号复用进 STM-N 信号的过程可以看出,一个 STM-N 最多可承载 N 个 140 Mbit/s,一个 STM-1 信号只可以复用进 1 个 140 Mbit/s 的信号,此时 STM-1 信号的容量为 64 个

2 Mbit/s的信号。

同样的从34 Mbit/s的信号复用进STM-1信号,STM-1可容纳3个34 Mbit/s的信号,此时STM-1信号的容量为48×2 Mbit/s。

从2Mbit/s信号复用进STM-1信号,STM-1可容纳63(即3×7×3=63)个2 Mbit/s信号。

从上可看出,从140 Mbit/s和从2 Mbit/s复用进SDH的STM-N中,信号利用率较高。而从34 Mbit/s复用进STM-N,一个STM-1只能容纳48个2 Mbit/s的信号,利用率较低。

5. 映射、定位和复用的概念

在将低速支路信号复用成STM-N信号时,要经过3个步骤:映射、定位、复用。

定位指的是通过指针调整,将帧偏移信息收进支路单元或管理单元的过程,即以附加于VC上的支路单元或管理单元指针指示和确定低阶VC帧的起点在TU净负荷中或高阶VC帧的起点在AU净负荷中的具体位置,使收端能据此正确地分离相应的VC。

复用是一种使多个低阶通道层的信号适配进高阶通道层[例如TU-12(×3)→TUG-2(×7)→TUG3(×3)→VC-4]或把多个高阶通道层信号适配进复用层的过程[例如AU-4(×1)→AUG(×N)→STM-N]。复用也就是通过字节间插方式把TU组织进高阶VC或把AU组织进STM-N的过程。由于经过TU和AU指针处理后的各VC支路信号已相位同步,因此该复用过程是同步复用。

映射是一种在SDH网络边界处(例如SDH/PDH边界处),将支路信号适配进虚容器的过程。即将各种速率(140 Mbit/s、34 Mbit/s、2 Mbit/s)信号先经过码速调整,分别装入到各自相应的标准容器中,再加上相应的低阶或高阶的通道开销,形成各自相对应的虚容器的过程。

8.3 数字信号的同步

按照同步的功用来区分,数字信号的同步分为载波同步、位同步(又称为码元同步)、群同步(又称帧同步)和网同步四种。

(1)载波同步是指在相干解调时,接收端需要提供一个与接收信号中的调制载波同频同相的相干载波。这个载波的获取称为载波提取或称载波同步。因此,载波同步是实现相干解调的先决条件。

(2)位同步又称码元同步。在数字通信系统中,任何消息都是通过一连串码元序列传送的,所以接收时需要知道每个码元的起止时刻,以便在恰当的时刻进行抽样判决,提取这种定时脉冲序列的过程称为位同步。因此位同步的目的就是使每个码元得到最佳的解调和判决。

(3)群同步又称帧同步。在数字时分多路通信系统中,各路信码都安排在指定的时隙内传送,形成一定的帧结构。在接收端为了正确地分离各路信号,首先要识别出每帧的起始时刻,从而找出各路时隙的位置。群同步的目的就是在时分复用系统中使接收端能在所接收到的数字信号序列中找出一帧的开头和结尾,从而能正确地分路。

(4)网同步,在获得载波同步、位同步、群同步后,两点之间的通信就可以较可靠地进行。然而,随着数字通信的发展,尤其是计算机技术和通信系统相结合,出现了多点或多用户通信和数据交换,构成了数字通信网。为了保证通信网内各用户之间可靠地通信和数据交换,全网必须有一个统一的时间标准时钟,这就是网同步。

同步也是一种信息,同步的实现方法按照获取和传输同步信息方式的不同,又可分为外同步法(或插入导频法)和自同步法(或直接法)。

① 外同步法。由发送端发送专门的同步信息(常被称为导频),接收端把这个导频提取出来作为同步信号的方法,称为外同步法。

② 自同步法。发送端不发送专门的同步信息,接收端设法从收到的信号中提取同步信息的方法,称为自同步法。

在载波同步中,采用两种同步方法,而自同步法用得较多,这是由于外同步法需要传输独立的同步信号,因此,要付出额外功率和频带,在实际应用中较少采用;在位同步中,也是大多采用自同步法,外同步法也被采用;在群同步中,一般都采用外同步法。

8.3.1 载波同步

提取相干载波的方法有两种:插入导频法和直接法。插入导频法是已调信号中不存在载波分量,需要在发端插入导频的方法。直接法是已调信号中存在载波分量,可以从接收信号中直接提取载波同步信息。

1. 插入导频法

抑制载波的双边带信号(如 DSB、等概的 2PSK)本身不含有载波;残留边带(VSB)信号虽含有载波分量,但很难从已调信号的频谱中把它分离出来;单边带(SSB)信号,没有载波分量,对这些信号可以采用插入导频法。插入导频法是在发送信号的同时,在适当的频率位置上,插入一个称作导频的正弦波,在接收端可以利用窄带滤波器较容易地把它提取出来。经过适当的处理形成接收端的相干载波,用于相干解调。

(1)在抑制载波的双边带信号中插入导频:采用插入导频法应注意:①导频的频率应当是与载频有关的或者就是载频的频率;②导频的插入位置应该在信号频谱为零的位置,并且其附近信号频谱分量尽量小,否则导频与已调信号频谱成分重叠,接收时不易提取;③导频插入不应超出信号频谱范围,以免增加信号的带宽。

对于模拟调制中的 DSB 或 SSB 信号,在载频 f_c 附近信号频谱为 0,可以在 f_c 处插入导频信号;但对于数字调制中的 2PSK 或 2DPSK 信号,在 f_c 附近的频谱不但有,而且比较大,因此对这样的信号,在调制以前可以先对基带信号进行相关编码,相关编码的作用是对基带信号进行频谱变换。这样经过双边带调制以后可以在 f_c 处插入频率为 f_c 的导频。但应注意,如图 8-22 所示,插入的导频并不是加于调制器的那个载波,而是将该载波移相 90°后的所谓"正交载波"。

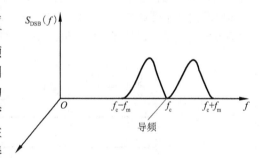

图 8-22 抑制载波双边带信号的导频插入

插入导频的发端框图如图 8-23 所示。设调制信号 $m(t)$ 中无直流分量,被调载波为 $a\sin\omega_c t$,将它经 90°移相形成插入导频(正交载波)$-a\cos\omega_c t$,其中 a 是插入导频的振幅。于是输出信号为

$$u_0(t) = am(t)\sin\omega_c t - a\cos\omega_c t \qquad (8\text{-}3\text{-}1)$$

如果不考虑信道失真及噪声干扰,并设接收端收到的信号与发端的信号完全相同,收到的信号就是发端输出 $u_0(t)$,则收端用一个中心频率为 f_c 的窄带滤波器提取导频 $-a\cos\omega_c t$,再将它经 90°移相后得到与调制载波同频同相的相干载波 $\sin\omega_c t$,收端的解调框图如图 8-24 所示。

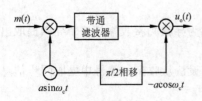

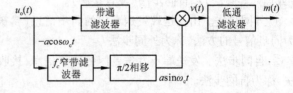

图 8-23 插入导频法发端框图   图 8-24 插入导频法收端框图

解调输出为

$$v(t) = u_0(t) \cdot \sin \omega_c t = am(t)\sin^2 \omega_c t - a\cos \omega_c t \sin \omega_c t$$

$$= \frac{a}{2}m(t) - \frac{a}{2}m(t)\cos 2\omega_c t - \frac{a}{2}\sin 2\omega_c t \qquad (8\text{-}3\text{-}2)$$

经过低通滤除高频部分后,就可恢复调制信号 $m(t)$。

如果发端加入的导频不是正交载波,而是调制载波,则此时得到的 $v(t)$ 信号等于:

$$v(t) = u_0(t) \cdot \sin \omega_c t = am(t)\sin^2 \omega_c t - a\sin \omega_c t \sin \omega_c t$$

$$= \frac{a}{2}m(t) - \frac{a}{2}m(t)\cos 2\omega_c t - \frac{a}{2}\sin 2\omega_c t + \frac{a}{2} \qquad (8\text{-}3\text{-}3)$$

从上式看出,虽然同样可以解调出 $m(t)/2$ 项,但却增加了一个直流项 $a/2$。这个直流项通过低通滤波器后将对数字信号产生不良影响。这就是发端导频应采用正交插入的原因。2PSK 和 DSB 信号都属于抑制载波的双边带信号,所以上述插入导频方法对两者均适用。

(2)时域插入导频:这种方法在时分多址通信卫星中应用较多。时域插入导频方法是按照一定的时间顺序,在指定的时间内发送载波标准,即把载波标准插到每帧的数字序列中,如图 8-25(a)所示。图中 $t_2 \sim t_3$ 就是插入导频的时间。由于时域插入导频与调制信号不同时传送,它们之间不存在相互干扰,故一般直接选择 f_c 作为导频频率。这种插入方法使得只是在每帧的一小段时间内才出现载波同步信号。接收端可以通过使用控制信号将载波标准取出。在实际中时域插入导频法常用锁相环来提取同步载波,如图 8-25(b)所示。

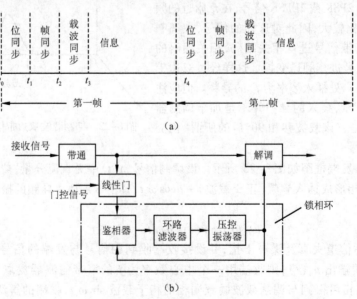

图 8-25 时域插入导频法

图 8-25 中模拟线性门在输入门控信号的作用下,一个帧周期内仅在导频时隙 $t_2 \sim t_3$ 打开,将接收的导频信号送往锁相环,使得压控振荡器 VCO 的振荡频率锁定在导频 f_c 上。而在一帧中所有其他不传送导频的时隙,模拟门关闭,锁相环无导频信号输入,VCO 的振荡输出频率完全靠自身的稳定性来维持。直到下一帧信号的导频时隙 $t_2 \sim t_3$ 到来后,模拟门再次打开,导频信号又一次被送入锁相环,VCO 的输出信号再次与导频信号进行比较,进而实现锁定。如此周而复始地通过与输入导频信号比较然后调整、锁定,压控振荡器的输出频率就一直维持 f_c,送到解调器,来实现载波同步。

2. 直接法

直接法又称自同步法。这种方法只需对接收波形进行适当的非线性变换,然后通过窄带滤波器,就可以从中提取载波的频率和相位信息。有些信号,如 DSB-SC、PSK 等,它们虽然本身不直接含有载波分量,但经过某种非线性变换后,将具有载波的谐波分量,因而可从中提取出载波分量来。

(1)平方变换法:平方变换法如图 8-26 所示,设调制信号 $m(t)$ 无直流分量,则抑制载波的双边带信号为

$$s_m(t) = m(t)\cos \omega_c t \qquad (8-3-4)$$

接收端将该信号经过非线性变换——平方律器件后得到

$$e(t) = [m(t)\cos \omega_c t]^2 = \frac{1}{2}m^2(t) + \frac{1}{2}m^2(t)\cos 2\omega_c t \qquad (8-3-5)$$

式(8-3-5)的第二项包含有载波的倍频 $2\omega_c$ 的分量。若用一窄带滤波器将 $2\omega_c$ 频率分量滤出,再进行二分频,就可获得所需的相干载波,如图 8-26 所示。

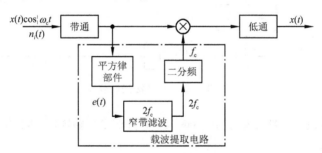

图 8-26　平方变换法提取载波

若 $m(t) = \pm 1$,则信号就成为二进制相移信号(2PSK),这时

$$e(t) = [m(t)\cos \omega_c t]^2 = \frac{1}{2} + \frac{1}{2}\cos 2\omega_c t \qquad (8-3-6)$$

因而,同样可以通过图 8-26 所示的方法提取载波。

(2)平方环法:由于伴随信号一起进入接收机的还有加性高斯白噪声,为了改善平方变换法的性能,使恢复的相干载波更为纯净,窄带滤波器常用锁相环代替,构成平方环法,平方环法提取载波原理框图如图 8-27 所示。锁相环将压控振荡器输出的频率和相位"锁定"到输入参考源的频率和相位上。由于锁相环具有良好的跟踪、窄带滤波和记忆功能,平方环法比一般的平方变换法具有更好的性能,其工作原理参见 5.1.3 的相干载波的提取和相位模糊这一小节。

应当注意,载波提取的框图中用了一个二分频电路,由于分频起点的不确定性,使其输出的载波相对于接收信号有 180°的相位模糊。

相位模糊对模拟通信关系不大,因为人耳听不出相位的变化。但它有可能使 2PSK 相干解调

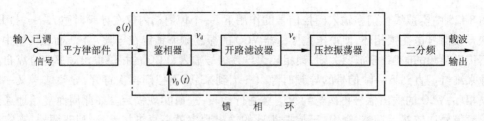

图 8-27　平方环法提取载波

后出现"反向工作"的问题,克服相位模糊对相干解调影响的常用而又有效的方法是采用相对移相(2DPSK)。

(3)同相正交环法:利用锁相环提取载波的另一种常用方法是同相正交环法[又叫科斯塔斯(Costas)环]。其框图如图 8-28 所示。它包括两个相干解调器,它们的输入信号相同,分别使用两个在相位上正交的本地载波信号,上支路叫作同相相干解调器,下支路叫作正交相干解调器。两个相干解调器的输出同时送入乘法器,并通过环路滤波器形成闭环系统,去控制压控振荡器(VCO),以实现载波提取。在同步时,同相支路的输出即为所需的解调信号,这时正交支路的输出为 0。因此,这种方法叫作同相正交法。

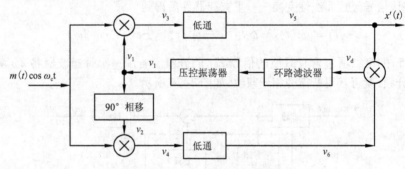

图 8-28　Cos tas 环法提取载波

设输入的抑制载波双边带信号为 $m(t)\cos(\omega_c t)$,并假定环路锁定,压控振荡器输出的两路正交的本地载波分别为

$$v_1 = \cos(\omega_c t + \theta) \tag{8-3-7}$$

$$v_2 = \cos(\omega_c t + \theta - 90°) = \sin(\omega_c t + \theta) \tag{8-3-8}$$

式中,θ 为 VCO 输出信号与输入已调信号载波之间的相位误差。当锁相环锁定时,取值应较小。它们和接收信号电压相乘后的值为

$$v_3 = m(t)\cos\omega_c t \cdot \cos(\omega_c t + \theta) = \frac{1}{2}m(t)[\cos\theta + \cos(2\omega_c t + \theta)] \tag{8-3-9}$$

$$v_4 = m(t)\cos\omega_c t \cdot \sin(\omega_c t + \theta) = \frac{1}{2}m(t)[\sin\theta + \sin(2\omega_c t + \theta)] \tag{8-3-10}$$

经低通滤波后分别为

$$v_5 = \frac{1}{2}m(t)\cos\theta, \quad v_6 = \frac{1}{2}m(t)\sin\theta \tag{8-3-11}$$

v_5, v_6 相乘后输出信号为

$$v_d = \frac{1}{8}m^2(t)\sin 2\theta \tag{8-3-12}$$

通信原理

式中,θ为本地锁相环中压控振荡器产生的本地载波相位与接收信号载波相位之差,当θ较小时,式(8-3-12)可近似写为

$$v_d = \frac{1}{8}m^2(t)\sin 2\theta \approx \frac{1}{4}m^2(t)\theta \qquad (8-3-13)$$

电压v_d通过环路滤波器滤波后加到 VCO 上,控制其振荡频率。环路滤波器是一个低通滤波器,它只允许接近直流的电压通过,此电压用来调整压控振荡器输出的相位θ,使θ尽可能地小。此时压控振荡器的输出电压$v_1 = \cos(\omega_c t + \theta)$就是所需的同步载波,而$v_5 = \frac{1}{2}m(t)\cos\theta \approx \frac{1}{2}m(t)$就是解调输出。

Costas 环与平方环具有相同的鉴相特性(v_d-θ曲线),如图 8-29 所示。$\theta = n\pi$(n为任意整数)为 PLL 的稳定平衡点。PLL 工作时可能锁定在任何一个稳定平衡点上,考虑到在周期π内θ取值可能为 0 或π,这意味着恢复出的载波可能与理想载波同相($\theta = 0$),也可能反相($\theta = \pi$)。这种相位关系的不确定性,称为 0、π的相位模糊度。这是用锁相环从抑制载波的双边带信号(2PSK 或 DSB)中提取载波时不可避免的共同问题。Costas 环与平方环都是利用锁相环提取载波的常用方法。Costas 环与平方环相比,虽然在电路上要复杂一些,但它的工作频率即为载波频率,而平方环的工作频率是载波频率的两倍,显然当载波频率很高时,工作频率较低的 Costas 环易于实现;其次,当环路正常锁定后,Costas 环可直接获得解调输出,而平方环则没有这种功能。

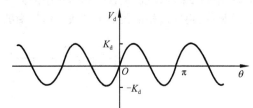

图 8-29　平方环和科斯塔斯环的鉴相特性

8.3.2　位同步

位同步是指从接收端的基带信号中提取码元定时脉冲的过程,如图 8-30 所示。位同步是正确抽样判决的基础,只有数字通信才需要,并且不论基带传输还是频带传输都需要位同步。所提取的位同步信息是其频率等于码元速率的定时脉冲,相位则根据判决时信号波形决定,可能在码元中间,也可能在码元终止时刻或其他时刻。实现位同步的方法和载波同步类似,有插入导频法(外同步法)和直接法(自同步法)两类。

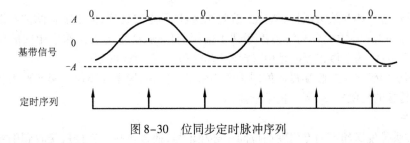

图 8-30　位同步定时脉冲序列

1. 插入导频法

插入导频法一般在基带信号频谱的零点处插入所需的位定时导频信号如图 8-31 所示。图中所示为常见的双极性不归零基带信号的功率谱,插入导频的位置是$1/T_s$;图 8-31(b)表示经某种相关变换的基带信号,其谱的第一个零点为$1/(2T_s)$,插入导频应在$1/(2T_s)$处,即在频谱分量为 0处插入,这是因为导频附近频谱分量很小,易于滤出导频。

在接收端,对图 8-31(a)的情况,经中心频率为$1/T_s$的窄带滤波器,就可从解调后的基带信号

中提取出位同步所需的信号;对图 8-31(b)的情况,窄带滤波器的中心频率应为 $1/(2T_s)$,所提取的导频需经倍频后,才能得到所需的位同步脉冲。

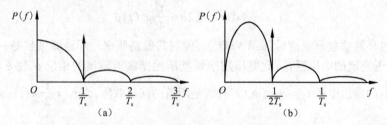

图 8-31　插入导频法频谱图

图 8-32 画出了插入位定时导频的系统框图,它对应于图 8-31(b)所示的情况。发端插入的导频为 $1/(2T_s)$,接收端在解调后复用 $1/(2T_s)$ 窄带滤波器,其作用是取出位定时导频。为消除导频对信号的影响,应从接收的总信号中减去导频信号。由窄带滤波器取出的导频 $(f_s/2)$ 经过移相和倒相后,再经过相加器把基带数字信号中的导频成分抵消。

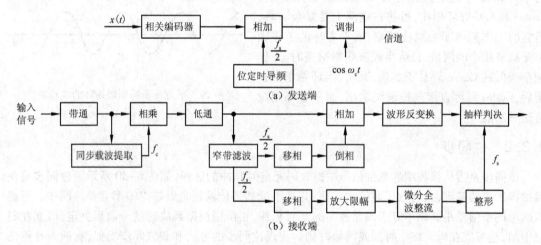

图 8-32　插入位定时导频系统框图

导频信号经过移相和放大限幅、微分全波整流、整形等电路处理,由于窄带滤波器取出的导频为 $1/(2T_s)$,图 8-32(b)中微分全波整流起到了倍频的作用,产生与码元速率相同的位定时信号 $1/T_s$。图 8-32(b)中两个移相器都是用来消除窄带滤波器等引起的相移。

插入导频法的优点是接收端提取位同步电路简单。但是,发送导频信号必然要占用部分发射功率,降低了传输的信噪比,减弱了抗干扰能力。

2. 直接法

这一类方法是发送端不用专门发送位同步导频信号,而接收端可直接从接收到的数字信号中提取位同步信号。直接提取位同步的方法又分滤波法和数字锁相法等。

(1)滤波法(波形变换):不归零的随机二进制序列,当 $P(0) = P(1) = 1/2$ 时,都没有 $f = 1/T_s$,$f = 2/T_s$ 等线谱,因而不能直接提取出 $f = 1/T_s$ 的位同步信号分量。但是,若对该信号进行某种变换,变成归零脉冲则其谱中含有 $f = 1/T_s$ 的分量,然后可以用窄带滤波器取出该分量,再经移相调整后就可得到位定时脉冲。这种方法的原理框图如图 8-33 所示。

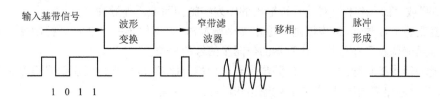

图 8-33　滤波法原理图

图中波形变换法是由微分、全波整流两部分构成,微分的作用是将不归零信号变换为归零信号,全波整流的作用是将双极性随机序列变为单极性随机序列。

(2)滤波法(包络检法):这是一种从频带受限的中频 2PSK 信号中提取位同步信息的方法,当接收端带通滤波器的带宽小于信号带宽时,频带受限的 2PSK 信号在相邻码元相位反转点处形成幅度的"陷落"。经包络检波后得到图 8-34(b)所示的波形,它可看成是一直流与图 8-34(c)所示的波形相减,而图 8-34(c)波形是具有一定脉冲形状的归零脉冲序列,含有位同步的线谱分量,可用窄带滤波器取出。

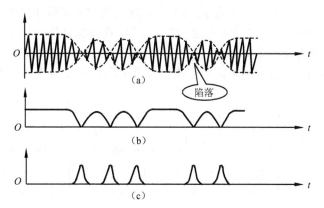

图 8-34　从 2PSK 信号中提取位同步信息

(3)数字锁相法:用于位同步的全数字锁相环的原理框图如图 8-35 所示。它由信号钟、控制器、分频器和相位比较器等组成。

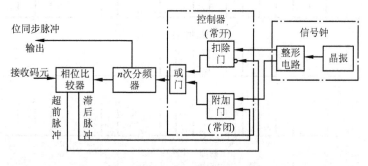

图 8-35　数字锁相原理框图

信号钟包括一个高稳定度的振荡器(晶体)和整形电路。若接收码元的速率为 $f = 1/T_s$,那么振荡器频率设定在 nf,经整形电路之后,输出周期性脉冲序列,其周期 $T_0 = 1/(nf) = T_s/n$。

控制器包括扣除门(常开)、附加门(常闭)和"或门",它根据相位比较器输出的控制脉冲

（"超前脉冲"或"滞后脉冲"）对信号钟输出的序列实施扣除或添加脉冲。

分频器是一个计数器,每当控制器输出 n 个脉冲时,它就输出一个脉冲。控制器与分频器共同作用的结果就调整了加至相位比较器的位同步信号的相位。

相位比较器将接收脉冲序列与位同步信号进行相位比较,以判别位同步信号究竟是超前还是滞后,若超前就输出超前脉冲,若滞后就输出滞后脉冲。

位同步数字环的工作过程简述如下:由高稳定晶体振荡器产生的信号,经整形后得到周期为 T_0 和相位差 $T_0/2$ 的两个脉冲序列如图 8-36(a)、(b)所示。脉冲序列(a)通过常开门、或门并经 n 次分频后,输出本地位同步信号,如图 8-36(c)所示。为了与发端时钟同步,分频器输出与接收到的码元序列同时加到相位比较器进行比相。如果两者完全同步,此时相位比较器没有误差信号,本地位同步信号作为位同步时钟;如果本地位同步信号相位超前于接收码元序列时,相位比较器输出一个超前脉冲加到常开门(扣除门)的禁止端将其关闭,扣除一个(a)路脉冲,如图 8-36(d)所示,使分频器输出脉冲的相位滞后 $1/n$ 周期(即 $360°/n$),如图 8-36(e)所示;如果本地同步脉冲相位滞后于接收码元脉冲,相位比较器输出一个滞后脉冲去打开"常闭门(附加门)",使脉冲序列(b)中的一个脉冲能通过此门和或门,正因为两脉冲序列(a)和(b)相差半个周期,所以脉冲序列(b)中的一个脉冲能插到"常开门"输出脉冲序列(a)中,如图 8-36(f)所示,使分频器输入端附加了一个脉冲,于是分频器的输出相位就提前 $1/n$ 周期,如图 8-36(g)所示。经过若干次调整后,使分频器输出的脉冲序列与接收码元序列达到同步的目的,即实现了位同步。

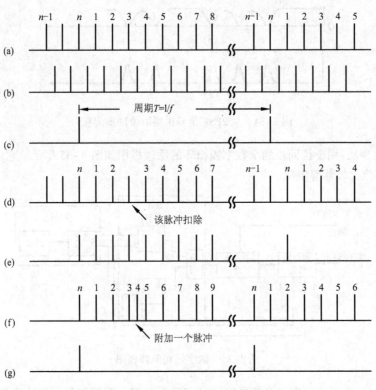

图 8-36 位同步脉冲的相位调整

8.3.3 群同步

数字通信时,一般总是以若干码元组成一个字、若干字组成一个句,即组成一个个的"群"进行传输。群同步的任务就是在位同步的基础上识别出这些数字信息群(字、句、帧)"开头"和"结尾"的时刻,使接收设备的群定时与接收到的信号中的群定时处于同步状态。

实现群同步,通常采用的方法是起止式同步法和插入特殊同步码组的同步。而插入特殊同步码组的方法有两种:一种为连贯式插入法,另一种为间隔式插入法。

1. 起止式同步法

数字电传机中广泛使用的是起止式同步法。在电传机中,常用的是五单位码。为标志每个字的开头和结尾,在五单位码的前后分别加上一个单位的起码(低电平)和1.5个单位的止码(高电平),共7.5个码元组成一个字,如图8-37所示。收端根据高电平第一次转到低电平这一特殊标志来确定一个字的起始位置,从而实现字同步。

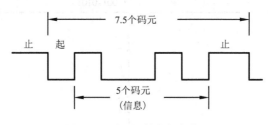

图8-37 起止式同步波形

这种7.5单位码(码元的非整数倍)给数字通信的同步传输带来一定困难。另外,在这种同步方式中,7.5个码元中只有5个码元用于传递消息,因此传输效率较低。

2. 连贯式插入法

连贯式插入法,又称集中插入法。它是指在每一信息群的开头集中插入作为群同步码组的特殊码组。该码组应在信息码中很少出现,即使偶尔出现,也不可能依照群的规律周期出现。接收端按群的周期连续数次检测该特殊码组,这样便获得群同步信息

连贯插入法的关键是寻找实现群同步的特殊码组。对该码组的基本要求是:具有尖锐单峰特点的自相关函数;便于与信息码区别;码长适当,以保证传输效率。目前常用的群同步码组是巴克码。

(1)巴克码:巴克码是一种有限长的非周期序列。它的定义如下:一个 n 位长的码组 $\{x_1, x_2, x_3 \cdots x_n\}$,其中 x_i 的取值为 $+1$ 或 -1,若它的局部相关函数 $R(j) = \sum_{i=1}^{n-j} x_i x_{i+j}$ 满足:

$$R(j) = \sum_{i=1}^{n-j} x_i x_{i+j} = \begin{cases} n & \text{当} j = 0 \\ 0 \text{ 或 } \pm 1 & \text{当} 0 < j < n \\ 0 & \text{当} j \geqslant n \end{cases} \tag{8-3-14}$$

则称这种码组为巴克码。目前已找到的所有巴克码组如表8-5所示。其中的 $+$、$-$ 号表示 x_i 的取值 $+1$ 或 -1,分别对应二进码的"1"或"0"。

以7位巴克码组 $\{+ \ + \ + \ - \ - \ + \ -\}$ 为例,它的局部自相关函数为:

$$\text{当} j = 0 \text{ 时}, R(j) = \sum_{i=1}^{7} x_i^2 = 1 + 1 + 1 + 1 + 1 + 1 + 1 = 7$$

$$\text{当} j = 1 \text{ 时}, R(j) = \sum_{i=1}^{6} x_i x_{i+1} = 1 + 1 - 1 + 1 - 1 - 1 = 0$$

同样可求出 $j=3,5,7$ 时 $R(j)=0$，$j=2,4,6$ 时 $R(j)=-1$。根据这些值，利用自相关函数 $R(\cdot)$ 具有偶对称的性质，可以做出 7 位巴克码的 $R(j)$ 与 j 的关系曲线，如图 8-38 所示。其自相关函数在 $j=0$ 时具有尖锐的单峰特性。这正是连贯式插入群同步码组的主要要求之一。

表 8-5　巴 克 码 组

N	巴克码组
2	＋＋（11）
3	＋＋－（110）
4	＋＋＋－（1110）；＋＋－＋（1101）
5	＋＋＋－＋（11101）
7	＋＋＋－－＋－（1110010）
11	＋＋＋－－－＋－－＋－（11100010010）
13	＋＋＋＋＋－－＋＋－＋－＋（1111100110101）

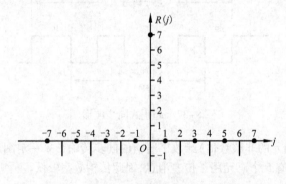

图 8-38　7 位巴克码的自相关函数

巴克码的位数越多，它的 $R(j)$ 曲线峰值越大，自相关性就越好，识别这个码组就越容易。通过计算，不难发现，7 位巴克码的单峰形状比 5 位巴克码更为陡峭，说明 7 位巴克码的自相关特性优于 5 位巴克码，识别更容易。

（2）巴克码识别器（见图 8-39）：仍以 7 位巴克码为例。用 7 级移位寄存器、相加器和判决器就可以组成一个巴克码识别器。

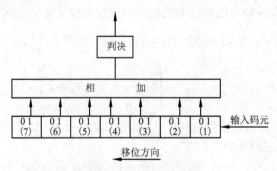

图 8-39　巴克码识别器

当输入码元的"1"进入某移位寄存器时，该移位寄存器的 1 端输出电平为 ＋1，0 端输出电平为 －1。反之，进入"0"码时，该移位寄存器的 0 端输出的电平为 ＋1，1 端输出的电平为 －1。各移位寄存器输出端的接法与巴克码的规律一致。这样识别器实际上是对输入的巴克码进行相关运算。

只有当 7 位巴克码在某一时刻正好已全部进入 7 位寄存器时,7 位移位寄存器输出端都输出 +1,相加后得最大输出 +7,若判别器的判决门限电平定为 +6,那么就在 7 位巴克码的最后一位 0 进入识别器时,识别器输出一个同步脉冲表示一群的开头,如图 8-40 所示。

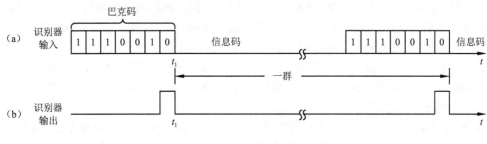

图 8-40　识别器的输出波形

3. 间隔式插入法

间隔式插入法又称为分散插入法,它是将群同步码以分散的形式均匀插入信息码流中。这种方式比较多地用在多路数字电路系统中,如图 8-41 所示。为了便于提取,帧同步码不宜太复杂,如采用 1、0 交替码型作为帧同步码,PCM24 路数字电话系统的帧同步码就是采用分散插入方式。

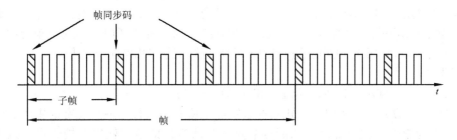

图 8-41　间歇插入群同步方式

分散插入的最大特点是同步码不占用信息时隙,每帧的传输效率较高,但是同步捕获时间较长,因为在检测多个连续的子帧才能得到同步码,它较适合于连续发送信号的通信系统。

间歇式插入法的缺点是当失步时,同步恢复时间较长,因为如果发生了群失步,则需要逐个码位进行比较检验,直到重新收到群同步的位置,才能恢复群同步。此方法的另一缺点是设备较复杂,因为它不像连贯式插入法那样,群同步信号集中插入在一起,而是要将群同步在每一子帧里插入一位码,这样群同步码编码后还需要加以存储。

分散插入常用滑动同步检测电路。所谓滑动检测,它的基本原理是接收电路开机时处于捕捉态,当收到第一个与同步码相同的码元,先暂认为它就是群同步码,按码同步周期检测下一子帧相应位码元,如果也符合插入的同步码规律,则再检测第三子帧相应位码元,如果连续检测 M 子帧,每帧均符合同步码规律,则同步码已找到,电路进入同步状态。如果在捕捉态接收到的某个码元不符合同步码规律,则码元滑动一位,仍按上述规律周期性地检测,看它是否符合同步码规律,一旦检测不符合,又滑动一位……如此反复进行下去。若一子帧共有 N 个码元,则最多滑动 $N-1$ 位,一定能把同步码找到。

8.3.4　网同步

　　数字通信网的发展,实现了数字传输和数字交换的综合。在一个由若干数字传输设备和数字交换设备构成的数字通信网中,网同步技术是必不可少的,它对通信系统的正常运行起决定性作用。任何数字通信系统均应在收发严格同步的状态下工作。就点对点通信而言,这个问题比较容易解决。但由点对多点或多点对多点构成的数字通信网,同步问题的解决就比较困难。在数字通信网中,虽然我们可以对所有的设备规定一个统一的数字速率,如 1 024 kbit/s、2 048 kbit/s、3 448 kbit/s 等,但这只是一个标称值。由于时钟的不精确性和不稳定性,实际的数字速率与标称值总会有偏离。由此可见,数字通信网中具有相同标称速率的交换和传输设备之间,必然存在时钟速率差,从而导致滑码,其结果将破坏接收系统帧结构的完整性,致使通信中断。因此在数字通信网中,必须采取措施,实现网同步。

　　对网同步的最基本要求:(1)长期的稳定性。当一部分发生故障时,对其他部分的影响最小。(2)具有较高的同步质量。(3)适应于网络的扩展。典型的网同步方法可以分为两大类:准同步法和同步法。

1. 准同步法

　　准同步法中各交换节点的时钟彼此是独立的,但它们的频率精度要求保持在极窄的频率容差之中,各节点设立一个高精度的时钟(采用铯原子钟,频率精度达 10^{-12})。这样,滑动的影响就可以忽略不计,网络接近于同步工作状态。

　　准同步工作方式的优点:网络结构简单,各节点时钟彼此独立工作,节点之间不需要有控制信号来校准时钟精度;网络的增设和改动都很灵活。准同步方式的缺点:不论时钟的精度有多高,由于各节点是独立工作的,所以在节点入口处总是要产生周期性滑动(CCITT 规定滑动周期大于 70 天);原子钟需要较大的投资和高的维护费用。目前,国际网络采用准同步方式。

2. 同步法

　　同步法分为主从同步、相互同步及主从相互同步三种方式。

　　(1)主从同步方式:主从同步方式是指数字网中所有节点都以一个规定的主节点时钟作为基准(一般为铯钟),主节点之外的所有节点或者从直达的数字链路上接收主节点来的定时基准,或者是从经过中间节点转发后的数字链路上接收主节点来的定时基准,然后把交换节点的本地振荡器相位锁定到所接收的定时基准上,使节点时钟从属于主节点时钟。其主要优点:能避免准同步网中固有的周期性滑动;只需要较低频率精度的锁相环路,降低了费用;控制简单,特别适用于星状或树状网。其主要缺点:系统采用单端控制,任何传输链路中的抖动及漂移都将导致定时基准的抖动和漂移。这种抖动将沿着传输链路逐段累积,直接影响数字网定时信号的质量。而且,一旦主节点基准时钟和传输链路发生故障,将造成从节点定时基准的丢失,导致全系统或局部系统丧失网同步能力。因此,主节点基准时钟须采用多重备份以提高可靠性。

　　(2)相互同步方式:相互同步技术是指数字网中没有特定的主节点和时钟基准,网中每一个节点的本地时钟,通过锁相环路受所有接收到的外来数字链路定时信号的共同加权控制。因此,节点的锁相环路是一个具有多个输入信号的环路,而相互同步方式构成将多输入锁相环相互连接的一个复杂的多路反馈系统。其主要优点:当某些传输链路或节点时钟发生故障时,网络仍然处于同步工作状态;可以降低节点时钟频率稳定度的要求,使设备较便宜。其主要缺点:由于系统稳定频率的不确定性,很难与其他同步方式兼容。而且,由于整个同步网构成一个闭路反馈系统,系统参数的变化容易引起系统性能变坏,甚至引起系统不稳定。

（3）主从相互同步方式：这种同步方式将数字网中所有节点分级,网中设立一个主基准时钟,级与级之间的同步方式采用主从同步方式,同级之间的节点通过传输链路联结,采用相互同步方式。全网各节点的时钟频率都锁定在主时钟频率上。这种方式具有主从和相互同步的优点,但控制技术复杂程度和相互同步方式相当。

8.4　课程扩展:码分多路复用

码分多路复用(code division multiplexing,CDM),通常被称为码分多址(code division multiple access,CDMA),它是靠不同的编码来区分各路原始信号的一种复用方式,码分多路复用也是一种共享信道的方法,每个用户可在同一时间使用同样的频带进行通信。码分复用具有抗干扰性能好,复用系统容量灵活,保密性好,接收设备易于简化等优点,码分多路复用技术主要用于无线通信系统,特别是移动通信系统。

CDMA 的工作原理是给每个用户分配一种经过特殊挑选的编码序列,称为码片序列,也可看成是给每个用户分配了特定的地址码,用它来对通信的信号进行调制(用一个带宽远大于信号带宽的高速伪随机码进行调制,使原数据信号的带宽被扩展,再经载波调制并发送出去)。特殊挑选是指这些地址码应相互具有正交性,从而使得不同的用户可以在同一时间同一频带的公共信道上传输不同的信息。接收端使用完全相同的伪随机码,与接收的带宽信号做相关处理,把宽带信号换成原信息数据的窄带信号,即进行解扩,以实现信息通信。系统组成原理框图如图 8-42 所示。图中 $m_1(t),m_2(t),\cdots,m_k(t)$ 是 k 路基带信号;$c_1(t),c_2(t),\cdots,c_k(t)$ 是 k 组正交码组。

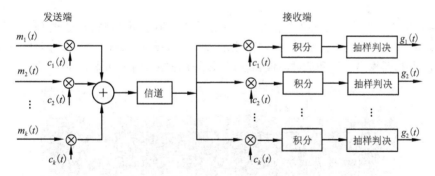

图 8-42　码分复用原理框图

由于这些扩频码应相互具有正交性,从而使得不同的用户可以在同一时间同一频带的公共信道上传输不同的信息,但知道某一用户的码片序列的接收器依然可以从所收到的信号中检测到该用户的信息,并将其分离出来,以便接收。

设计 CDMA 系统的关键问题之一就是要选好一组相互正交的地址码,通常 $c_k(t)$ 也是二进制数字序列,具有如下的相关特性:

$$R_{k,i}(\tau) = \int_0^T c_k(t-\tau)c_i(t)\mathrm{d}t = T \quad 当 k=i,且 \tau=0$$

$$R_{k,i}(\tau) = \int_0^T c_k(t-\tau)c_i(t)\mathrm{d}t < T \quad 当 k\neq i,或 \tau\neq 0$$

因此只有发送信号的地址码与接收机本地地址码完全一致(码型相同并且码位对准)时才可获得足够强度的解调信号,这里考虑接收信号与发射信号之间延时为 τ。

8.5　基于 Costas 环法 QPSK 载波提取的 MATLAB 仿真实现

Costas 环法实现 QPSK 载波同步信号提取和解调的总体仿真模型如图 8-43 所示。

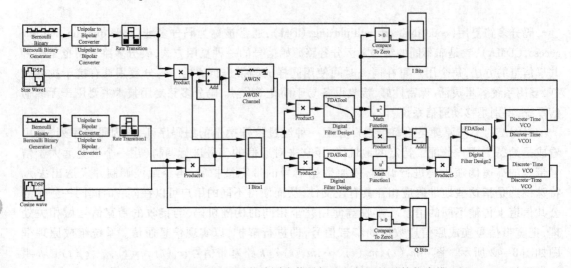

图 8-43　Costas 环法 QPSK 载波同步信号提取和解调的总体仿真模型图

图 8-43 中,首先产生一个 QPSK 信号,然后通过 AWGN 信道传输,再通过 Costas 环路解调。乘法器用来鉴相,然后进行低通滤波,滤除鉴相结果中的倍频分量,得到相位差信号。示波器观察的基带信息、鉴相器输出结果和低通滤波器输出(即解调输出)结果如图 8-44 所示。

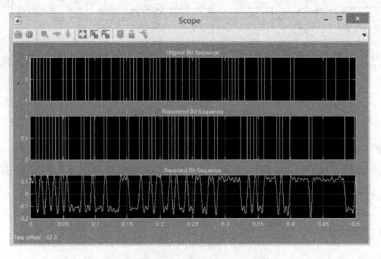

图 8-44　仿真输出结果

通过基带信息、鉴相器的输出和低通滤波器的输出即解调输出的对比,可以看出,解调输出与基带信息的波形完全相同,只是存在一定的时间延迟,在开始一段时间有一部分误码,这是在锁相过程中产生的。该仿真说明 Costas 环路正确实现了 BPSK 信号的解调。

小　　结

　　所谓多路复用是指在同一个信道上同时传输多路信号而互不干扰的一种技术,多路复用的主要目的如下:(1)提高通信链路利用率;(2)提高通信能力;(3)通过共享线路分摊成本,降低通信费用。常用的多路复用技术有:频分多路复用、时分多路复用、码分多路复用和波分多路复用。

　　本章学习了频分多路复用和时分多路复的原理、实现方式。学习了载波同步、码元同步、帧同步的目的和实现方法,介绍了网同步的基本方法。学习了平方环和科斯塔斯环提取载波同步的原理、特点和存在相位模糊的问题,以及巴克码的局部自相关特性。

习　　题

一、填空题

1. 模拟通信的多路复用多采用(　　　)技术,数字通信的多路复用多采用(　　　)。

2. PCM30/32 基群的信息速率为(　　　)。

3. PCM30/32 基群帧结构中,TS_0 时隙主要用于传输(　　　)信号,TS_{16} 时隙主要用于传输(　　　)信号。

4. 一个数字通信系统至少应包括的两种同步是(　　　)。

5. 位同步的方法主要有(　　　)和(　　　)。

6. PCM30/32 数字系统采用帧同步方法属于群同步法中的(　　　)法。

7. 在数字调制通信系统的接收机中,应先采用(　　　)同步,其次采用(　　　)同步,最后采用(　　　)同步。

8. 假设采用插入导频法来实现位同步,对于 NRZ 码其插入的导频频率应为(　　　),对于 RZ 码其插入的导频频率应为(　　　)。

9. 科斯塔斯环具有(　　　)和(　　　)的特点。

10. 不论是数字的还是模拟的通信系统,只要进行相干解调都需要(　　　)同步。

二、简答题

1. 什么是时分复用? 它与频分复用有什么区别?

2. 试简述采用插入导频法和直接法实现位同步各有何优缺点。

3. 简述时分复用的概念,说明帧同步的目的。

4. 一个采用非相干解调方式的数字通信系统是否必须有载波同步和位同步? 其同步性能的好坏对通信系统的性能有何影响?

5. 在我国的数字复接等级中,二次群的码元速率为 8 448 kbit/s,它是由四个码元速率为 2 048 kbit/s 的基群复合而成。试问:为什么二次群的码元速率不是基群码元速率的四倍(8 192 kbit/s)?

6. 简述集中式插入法帧同步的基本方法。

三、综合计算题

1. 设有 12 路电话信号,每路电话信号的带宽为 4 kHz(频谱 0 ～4 kHz,已包括防护频带),现将这 12 路电话信号采用频分复用的方式合成一个频谱为 60 Hz ～108 kHz 的信号。

试问：(1)用于 12 路电话频谱搬移的载波频率分别为多少(取上边带)？

(2)画出频分复用的频谱搬移图(4 kHz 的电话频谱用三角频谱表示)。

2. 设 10 路(每路带宽为 4 kHz)电话频分复用后的基群频谱为 30 kHz ～70 kHz,现将其采用 PCM 方式进行传输。

试求：

(1)频分复用后信号的抽样频率。

(2)试画出抽样后的频谱图(用三角频谱表示)。

(3)若编 8 位码,则所需要的奈奎斯特基带带宽为多少？

参 考 文 献

[1] 樊昌信,曹丽娜. 通信原理[M].7版. 北京:国防工业出版社,2012.

[2] 杨波,周亚宁. 大话通信:通信基础知识读本[M]. 北京:人民邮电出版社,2009.

[3] 李文海,毛京丽,石方文. 数字通信原理[M].2版. 北京:人民邮电出版社,2007.

[4] 毛京丽,石方文. 数字通信原理[M].3版. 北京:人民邮电出版社,2011.

[5] 孙学康,张政. 微波与卫星通信[M]. 北京:人民邮电出版社,2007.

[6] 唐贤远. 数字微波通信系统[M]. 北京:高等教育出版社,2011.

[7] 周炯槃,庞沁华等. 通信原理(合订本)[M]. 北京:北京邮电大学出版社,2005.

[8] 张树京. 通信系统原理[M]. 北京:中国铁道出版社,1999.

[9] 曹志刚,钱亚生. 现代通信原理[M]. 北京:清华大学出版社,2003.

[10] 王福昌,熊兆飞,黄本雄. 通信原理[M]. 北京:清华大学出版社,2006.

[11] 曹志刚. 通信原理与应用:系统案例部分[M]. 北京:高等教育出版社,2015.

[12] 张会生,陈树新. 现代通信系统原理[M]. 北京:高等教育出版社,2004.

[13] 冯穗力. 数字通信原理[M].2版. 北京:电子工业出版社,2015.

[14] 李晓峰,周宁,周亮. 通信原理[M]. 北京:清华大学出版社.2008.

[15] 陈爱军. 深入浅出通信原理. 通信人家园[EB/OL]. http://bbs. c114. net/forum. php? mod = viewthread&tid = 394879&page = 0.

[16] 张水英,徐伟强. 通信原理及 Matlab/Simulink 仿真[M]. 北京:人民邮电出版社,2012.

[17] 刘爱莲. 纠错编码原理及 MATLAB 实现. 北京:清华大学出版社,2013.

[18] 邵玉斌. Matlab/Simulink 通信系统建模与仿真实例分析. 北京:清华大学出版社,2008.

[19] 传特. 通信系统仿真原理与无线应用[M]. 北京:机械工业出版社,2005.

[20] 李永忠,徐静. 现代通信原理、技术与仿真[M]. 西安:西安电子科技大学出版社,2010.

[21] 曹志刚. 通信原理与应用:系统案例部分[M]. 北京:高等教育出版社,2015.

[22] 曹志刚. 通信原理与应用:基础理论部分[M]. 北京:高等教育出版社,2015.

[23] 冯玉珉,郭宇春. 通信系统原理[M].2版. 北京:清华大学出版社,2011.

[24] 冯穗力. 数字通信原理[M].2版. 北京:电子工业出版社,2016.

[25] 王兴亮,寇媛媛. 数字通信原理与技术[M].4版. 西安电子科技大学出版社,2016.

[26] 罗新民,薛少丽,田琛. 现代通信原理[M].3版. 北京:高等教育出版社,2017.

[27] 华为. SDH 原理. 51CTO 技术论坛[EB/OL]. http://bbs. 51cto. com/thread – 663320 – 1. html.

[28] LEON W. COUCH I I. 数字与模拟通信系统[M].8版. 罗新民,任品毅,译. 北京:电子工业出版社,2013.

[29] PROAKIS J G,MASOUD SALCHI M. 数字通信[M].5版. 张力军,张宗橙,宋荣方,等,译. 北京:电子工业出版社,2011.

[30] PROAKIS J G,MANOIAKIS D G. 数字信号处理:原理、算法与应用[M]. 方艳梅,刘永清,等,译. 北京:电子工业出版社,2014.

[31] ZIEMER R E. Tranter W H. 通信原理:系统、调制与噪声[M].5版. 袁东风,江铭炎,译. 北京:高等教育出版社,2004.

[32] SKLAR B. 数字通信:基础与应用[M].2版. 徐平平,宋铁成,叶芝慧,等,译. 北京:电子工

业出版社,2015.

[33] GLOVER A,GRANT P M. 数字通信[M].3 版. 关欣,宋晓炜,杨蕾,等,译. 北京:机械工业
出版社,2014.

[34] BLAKE R. 现代通信系统[M].2 版. 张晋峰,译. 北京:电子工业出版社,2003.

[35] HAYKIN S. 通信系统[M].4 版. 宋铁成,徐平平,徐智勇,等,译. 北京:电子工业出版
社,2012.

[36] PROAKIS J G,SELEHI M,BAOCH G. 现代通信系统(MATLAB 版)[M].2 版. 刘树棠,译.
北京:电子工业出版社,2005.

[37] HAYKIN S,MOHER M. 模拟与数字通信系统导论.2 版. 许波,夏玮玮,宋铁成,等,译. 北
京:电子工业出版社,2007.

[38] 曹丽娜,樊昌信. 通信原理(第 7 版)学习辅导与考研指导[M]. 北京:国防工业出版社,
2013.

[39] 杨鸿文,桑林. 通信原理习题集[M]. 北京:北京邮电大学出版社,2005.

[40] 肖大光,王玮. 通信原理典型题解析与实战模拟[M]. 北京:国防科技大学出版社,2003.

[41] 王福昌. 通信原理学习指导与题解[M]. 武汉:华中科技大学出版社,2002.